●**受験資格**……………………………………………………

制限がなく誰でも受験できます．

●**学科試験の実施方法**……………………………………………

学科試験は，筆記方式（問題用紙とマークシートを用いて行う試験方式）とCBT方式（パソコンを用いて行う試験方式）で実施され，そのどちらかを選択して受験することができます．CBT方式は，所定の期間内に受験場所，曜日，時間を選択して受験することが可能です．

●**試験実施日程等**……………………………………………………………………………………

項　目			上期試験	下期試験
試験実施日	学科試験	CBT方式	4月下旬～5月中旬	9月下旬～10月中旬
		筆記方式	5月下旬の日曜日	10月下旬の日曜日
	技能試験		7月下旬の土・日曜日	12月下旬の土・日曜日
受験申込受付期間 申込期間はCBT方式・筆記方式・技能試験（学科免除者）共に同じです．			3月中旬～4月上旬	8月下旬～9月上旬
受験手数料	インターネットによる申込み		9,300円	
	郵便による書面申込み		9,600円	

＊「上期試験」と「下期試験」のいずれかを選ぶことができますが，両方を受験することも可能です．

＊受験案内・申込書は，各申込受付開始の約1週間前から配布されます．**試験実施日，受験申込期間，受験手数料は年度によって変更されることがありますのでご注意下さい．**

●**試験の実施方法**……………………………………………………………………………………

＜学科試験＞

●試験方法　筆記方式は，一般問題，配線図の記号等を四肢択一方式によりマークシートで解答する方法で行われます．

CBT方式は，パソコンの画面に示された問題について，四肢択一方式により答えをクリックして解答する方式で行われます．

●試験問題　一般問題：30問，配線図：20問の計50問，四肢択一方式で出題されます．合格の基準点は60点以上です．

●試験時間　120分（2時間）

＜技能試験＞

●試験方法　持参した作業用工具により，配線図で与えられた問題を，支給される材料で一定時間内に完成させる方法で行われます．

●試験問題　「受験案内・申込書」や（一財）電気技術者試験センターのホームページに，前もって技能試験の候補問題（13問程度の単線図）が公表されます．その中から1つが選ばれて試験問題として出題されます．

●試験時間　40分程度

●作業用工具　電動工具以外のすべての工具を使用することができますが，下記の指定工具は，受験者各自が必ず持参しなければなりません．

（指定工具）ペンチ，ドライバ（プラス・マイナス），ナイフ，スケール，ウォータポンププライヤ，リングスリーブ用圧着工具

第二種電気工事士試験の受験ガイド

第二種電気工事士試験は，一般用電気工作物等の工事の作業に従事する人のための国家試験です．国から指定を受けた(一財)電気技術者試験センターが実施しています．

一次試験である「学科試験」と，その合格者や免除者が受験できる「技能試験」の２つで実施されます．

学科試験

科　目

- 電気に関する基礎理論
- 配電理論及び配線設計
- 電気機器・配線器具並びに電気工事用の材料及び工具
- 電気工事の施工方法
- 一般用電気工作物等の検査方法
- 配線図
- 一般用電気工作物等の保安に関する法令

技能試験

次に掲げる事項の全部又は一部について行う．

- 電線の接続
- 配線工事
- 電気機器及び配線器具の設置
- 電気機器・配線器具並びに電気工事用の材料及び工具の使用方法
- コード及びキャブタイヤケーブルの取付け
- 接地工事
- 電流，電圧，電力及び電気抵抗の測定
- 一般用電気工作物等の検査
- 一般用電気工作物等の故障箇所の修理

問い合わせ先

●一般財団法人 電気技術者試験センター●

TEL.03-3552-7691　FAX.03-3552-7847

＊9時から17時15分まで（土・日・祝日を除く）

ホームページ　https://www.shiken.or.jp/

第二種
電気工事士
学科試験
完全マスター

オーム社 編

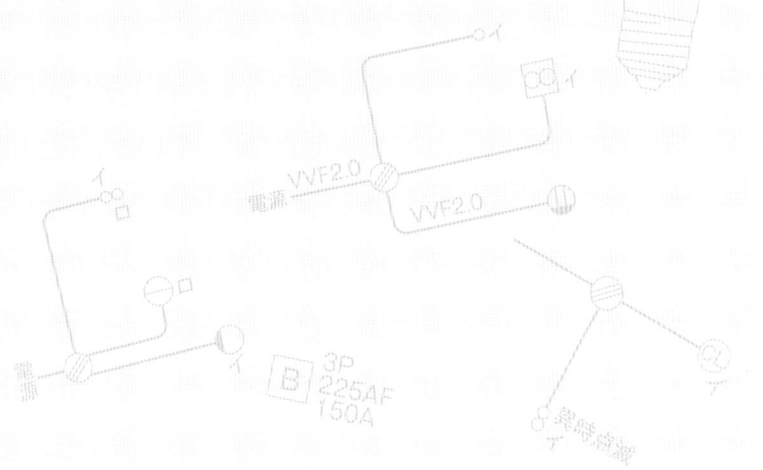

はしがき

第二種電気工事士は，電気工事関係の登竜門となる実用的な国家資格です．免状を取得すると，一般住宅や小規模の事務所ビルや工場の電気工事ができるようになります．

さらに，電気工事技術講習センターが実施する認定電気工事従事者認定講習を修了すると，高圧で受電する工場・ビルなどの低圧側の電気工事を行う資格を取得できます．

また，最大電力 100kW 未満の工場，ビルの許可主任技術者になることもでき，保守管理分野で働く場合も大変有利な資格です．

第二種電気工事士になるには，学科試験と技能試験に合格しなければなりません．学科試験では，電気理論の計算問題や電気工事の施工方法や配線図などの問題が出題されます．いずれにしても，初心者が勉強するには，少々やっかいな内容です．

そこで，初めて勉強する方が，効率よく学習できるように編集したのが本書です．本書の特色は次のとおりです．

- ✓ **過去問題を徹底的に分析，約 50 のテーマを設定**
- ✓ **図や写真を豊富に掲載，初心者が理解しやすいように解説**
- ✓ **過去に出題された重要な問題を豊富に掲げ，解答・解説をできるだけ詳しく説明し，問題を通じて実力がつけられる**

最近は，受験希望者の目にとまるように，派手な色使いの参考書や，受験者の多くが苦手とする計算問題を省いた参考書等が書店に並べられています．そうした中で，本書は，**受験に必要な知識を効率よく，しかもバランスよく学習できる参考書**として，自信を持っておすすめできる１冊です．

オーム社

第二種電気工事士
学科試験完全マスター

[学科試験問題あれこれ]

◉試験内容　次に掲げる内容について試験を行い，解答方式はマークシートに記入する四肢択一方式により行います．問題数は 50 問で，試験時間は 120 分です．

① 電気に関する基礎理論
② 配電理論及び配線設計
③ 電気機器・配線器具並びに電気工事用の材料及び工具
④ 電気工事の施工方法
⑤ 一般用電気工作物等の検査方法
⑥ 配線図
⑦ 一般用電気工作物等の保安に関する法令

◉配点と合格点　学科試験の配点・合格基準については下記のとおりです．

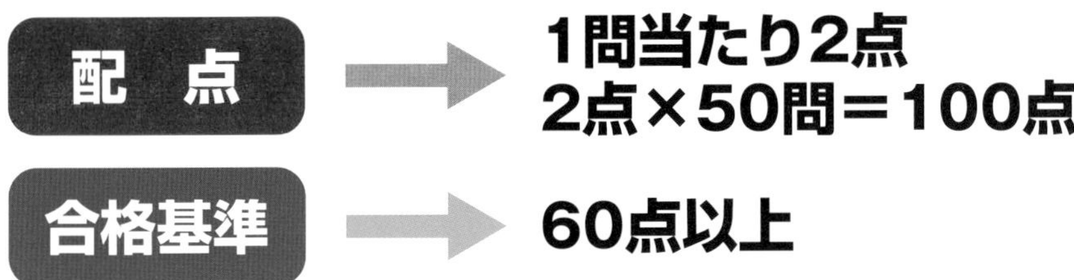

◉出題の傾向と対策

試験問題は，「一般問題」30 問，「配線図」20 問の計 50 問が出題されます．
過去に実施された試験の内容と出題数はおよそ次のようになっています．

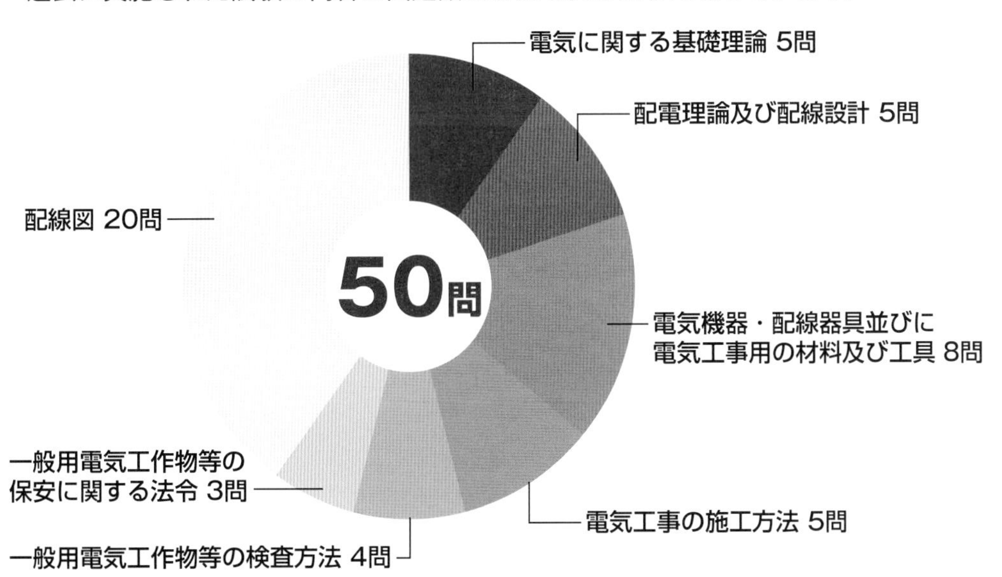

[本書の効果的な学習法]

100 点満点を目指して学習すると負担が大きくなりますが，合格点が 60 点ですから，とりあえず 70 ～ 80 点程度を目標にして学習するとよいでしょう．学科試験では，過去問題が繰り返して出題されますので，決して難しい目標ではありません．

計算問題は，「電気に関する基礎理論」と「配電理論及び配線設計」から 8 問程度出題されます．計算が苦手な方は，計算問題を捨てても配線図や鑑別の問題で高得点を得られれば，十分に合格点に達することができます．

「配線図」は比較的点数を取りやすい分野です．図記号や配線器具等の写真を覚え，関連した電気設備技術基準（解釈）を学習してから過去問題に取り組みますと，効果的に理解を深められます．

❶ 個人独学者へ

まず，各テーマの「ポイント」を学習して要点を理解します．次に「例題」を通じて問題の解き方をマスターして，「練習問題」に取り組んで実力を付けるようにします．

必ずしもテキストの順番に従って学習を進める必要はありません．計算問題が苦手な方は，「基礎理論」や「配電理論・配線設計」を飛ばして，「電気機器・配線器具・材料・工具」から学習を進めても結構です．得意な分野から学習を進めるのも効果的な学習方法の 1 つです．

❷ 講習会等でのご利用者へ

講習会でご利用される場合は，最初に「ポイント」を説明して要点を受講者に理解していただきます．次に，「例題」および「練習問題」から問題をいくつか選んで解き方を説明して，要点の確認と問題の解き方をマスターしていただきます．

❸ 過去問題「標準解答集」との併用をおすすめします

受験対策では，過去問題を多く解いて問題慣れするのが重要で，試験合格への近道です．本書でポイントと問題の解き方をマスターして，さらに年度版として発行されている「第二種電気工事士学科試験標準解答集」によって試験形式で問題を解くようにすれば，大変効果的に学習を進めることができます．

電気工事用材料・配線器具・工具・測定器

一般問題と配線図で，電気工事用の材料，配線器具，測定器等の写真が示されて，その用途や名称について出題されます．過去に『鑑別問題』として出題されたものを中心にして，今後出題が予想されるものを含めて示します．

初めて写真で見る品物があって，最初はなじめないかもしれませんが，繰り返し写真を見て，名称・用途など覚えるようにしてください．

● 電気工事用材料

1 アウトレットボックス	2 コンクリートボックス	3 プルボックス
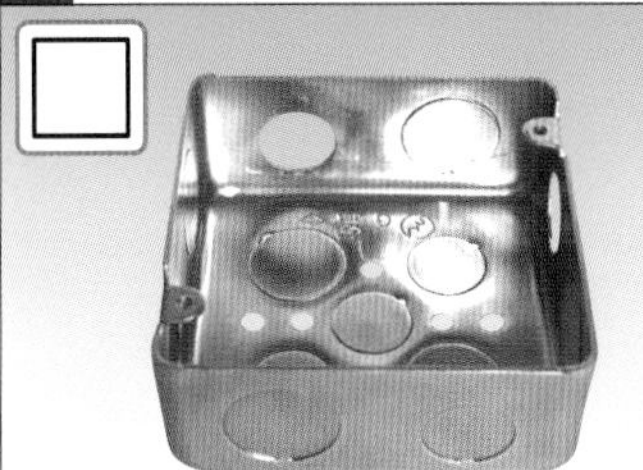	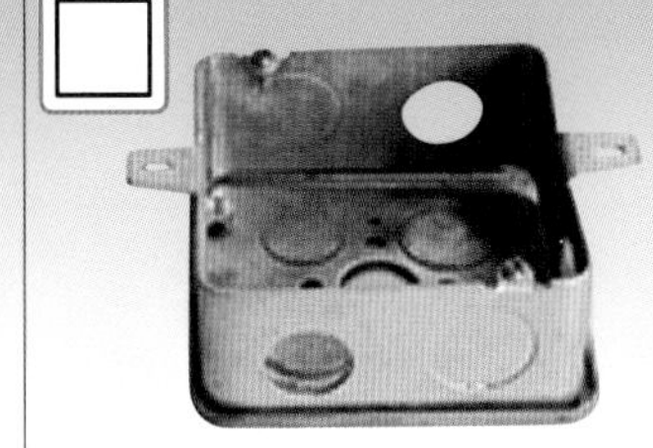	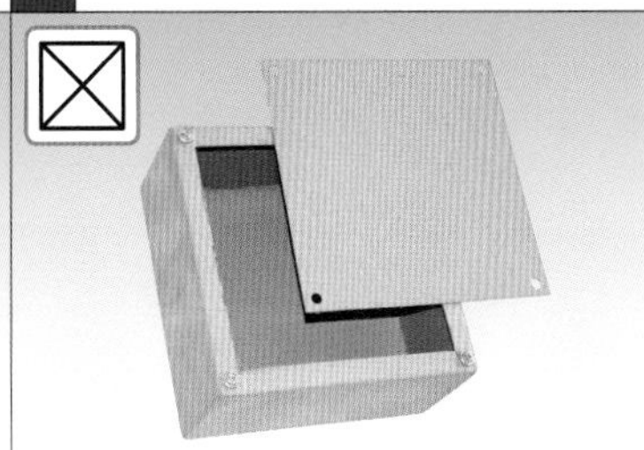
金属管工事で電線を接続したり，電灯やコンセントを取り付けるのに用いる．	コンクリートに埋め込んで，管の交差箇所や電灯などを取り付けるのに用いる．八角形もある．	多数の金属管が集合する箇所で使用し，電線を接続したり引き入れを容易にする．
4 埋込スイッチボックス	5 露出スイッチボックス	6 ぬりしろカバー

埋込金属管工事でスイッチやコンセントを取り付けるのに用いる．	露出金属管工事でスイッチやコンセントを取り付けるのに用いる．	埋込スイッチボックス等の表面に取り付け，埋込連用取付枠等を取り付ける．
7 ロックナット	8 ねじなしボックスコネクタ	9 リングレジューサ

薄鋼電線管とボックスを接続する場合に，ボックスの内外から締め付け，固定するのに用いる．	ねじなし電線管をボックスに接続するのに用いる．	ボックスのノックアウトの径が金属管の径より大きい場合に用いる．２枚で１組．

10 絶縁ブッシング	11 カップリング	12 ねじなしカップリング
薄鋼電線管の管端やボックスコネクタに取り付けて，絶縁電線の被覆を保護する．	薄鋼電線管相互を接続するのに用いる．	ねじなし電線管相互を接続するのに用いる．
13 ユニオンカップリング	**14 ノーマルベンド**	**15 ユニバーサル**
両方とも回すことのできない薄鋼電線管相互の接続に用いる．	金属管が直角に曲がる箇所に使用する．ねじなし電線管用．	露出金属管工事で，柱や梁の直角に曲がる箇所に用いる．
16 エントランスキャップ	**17 ターミナルキャップ**	**18 フィクスチュアスタッド**
屋外の金属管の管端に取り付けて，電線を引き出すのに用いる．	屋外で水平に配管された管端に取り付けて，電線を引き出すのに用いる．	コンクリートボックス等の底面に取り付け，吊りボルトを用いて重い電気器具を吊り下げる．
19 パイラック	**20 カールプラグ**	**21 インサート**
金属管を鉄骨等に固定するのに用いる金具で，パイラックは商品名である．	金属管を固定するサドルや電気器具等をコンクリート面に木ねじで取り付けるのに用いる．	コンクリート内に埋め込み，照明器具等を支持する吊りボルトを取り付ける．

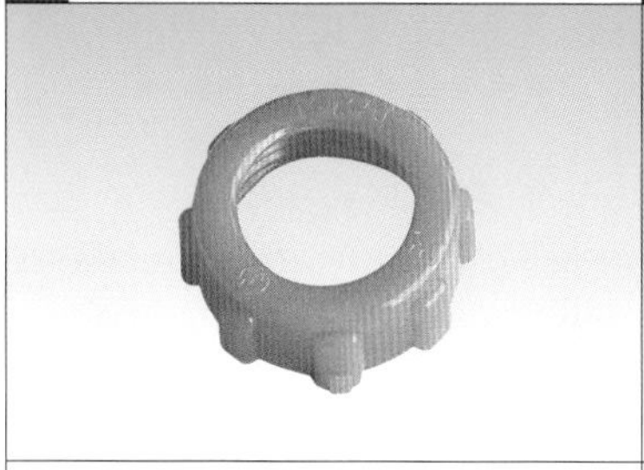

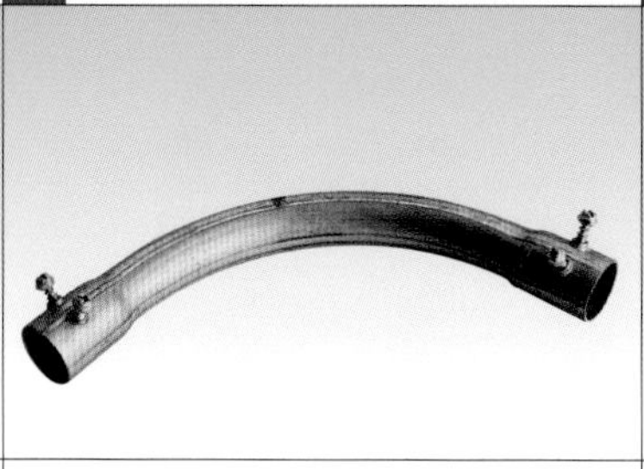

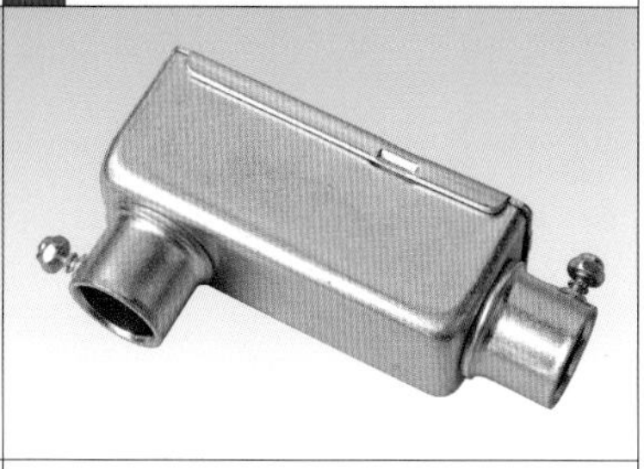

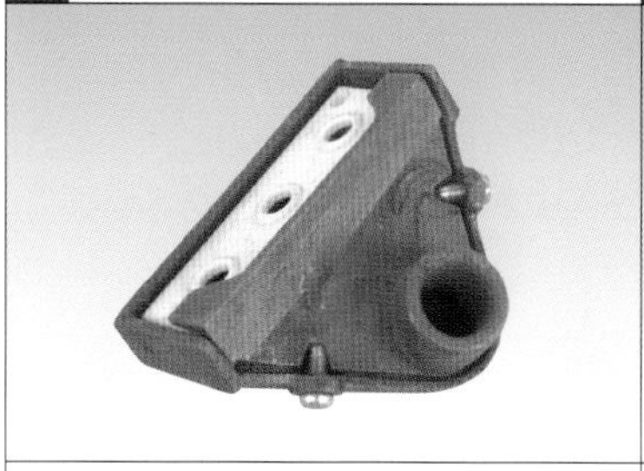

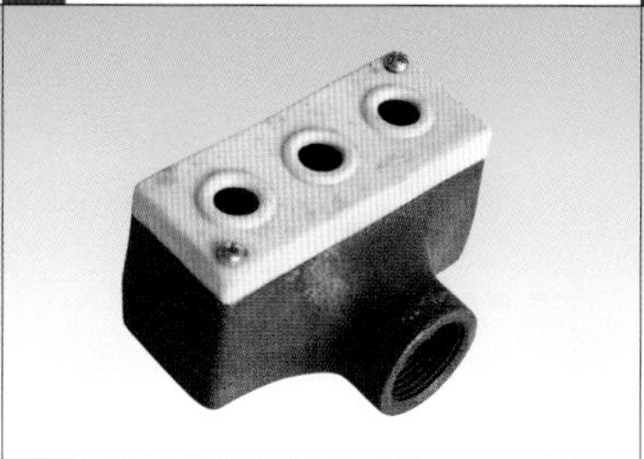

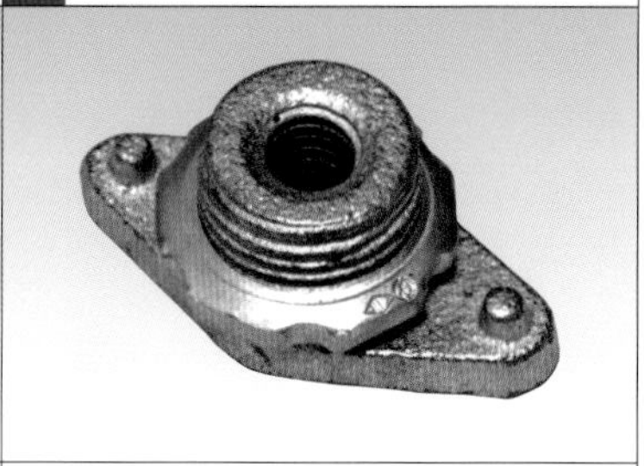

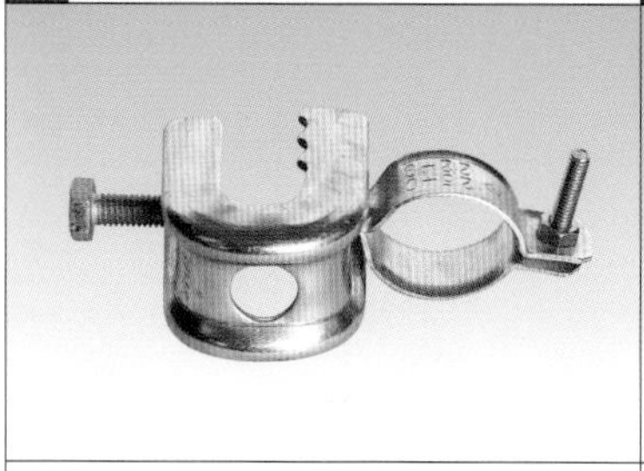

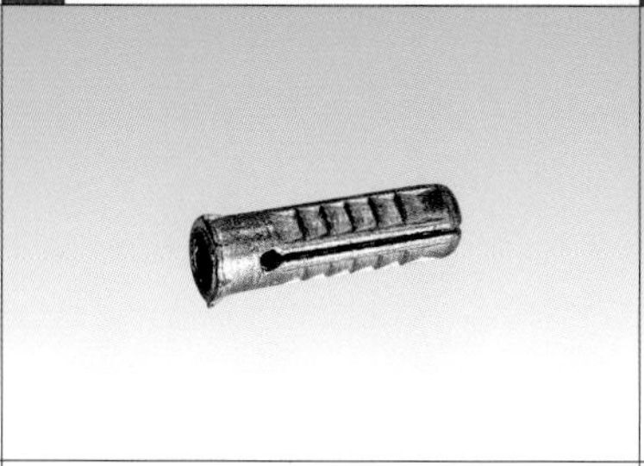

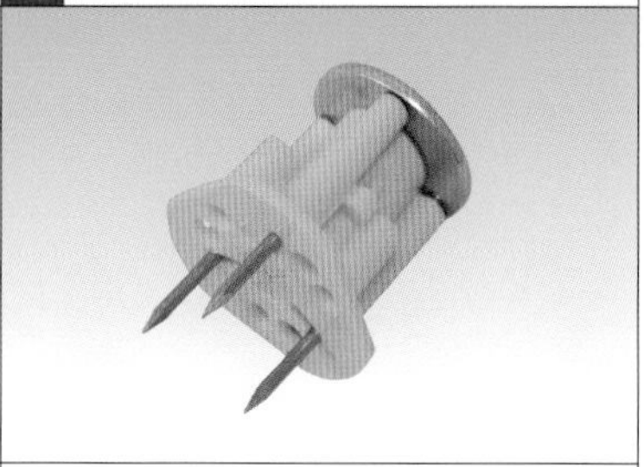

22 2種金属製可とう電線管

可とう性を有し，金属管と同様に使用できる．プリカチューブ（商品名）ともいう．

23 コンビネーションカップリング

2種金属製可とう電線管と金属管とを接続するのに用いる．

24 合成樹脂製可とう電線管（PF管）

可とう性があり，コンクリートに埋設したり展開した場所に使用できる．

25 PF管用ボックスコネクタ

PF管をボックスに接続するのに用いる．

26 PF管用カップリング

PF管相互を接続するのに用いる．

27 PF管用サドル

PF管を支持固定するのに用い，裏側に凸部がある．

28 PF管用露出スイッチボックス

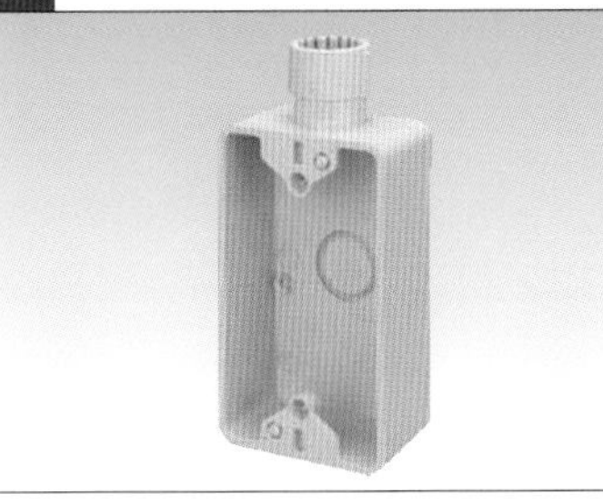

PF管に接続して，スイッチやコンセントを取り付ける．

29 合成樹脂製可とう電線管（CD管）

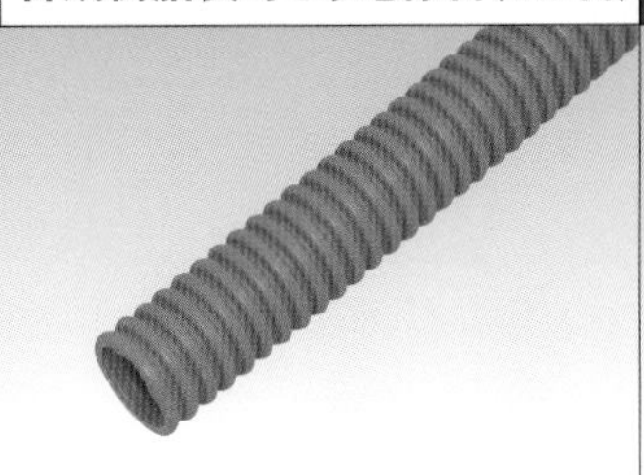

コンクリートに埋め込んで使用する．展開した場所や点検できる隠ぺい場所では使用できない．

30 2号コネクタ

硬質ポリ塩化ビニル電線管をアウトレットボックス等に接続するのに用いる．

31 TSカップリング

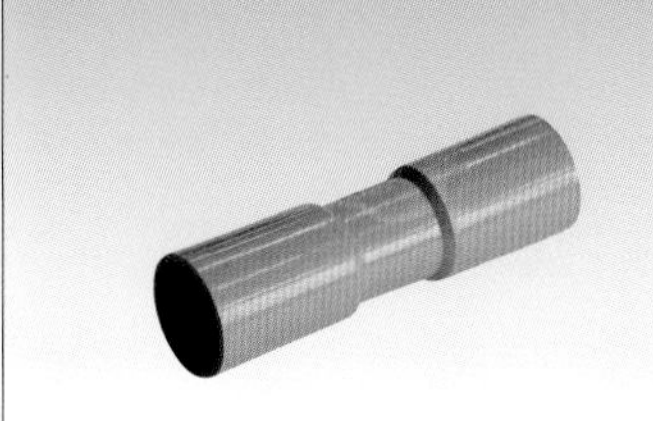

硬質ポリ塩化ビニル電線管相互を接続するのに用いる．

32 ライティングダクト

本体に導体が組み込まれ，照明器具等を任意の位置に取り付けて使用できる．

33 1種金属製線ぴ

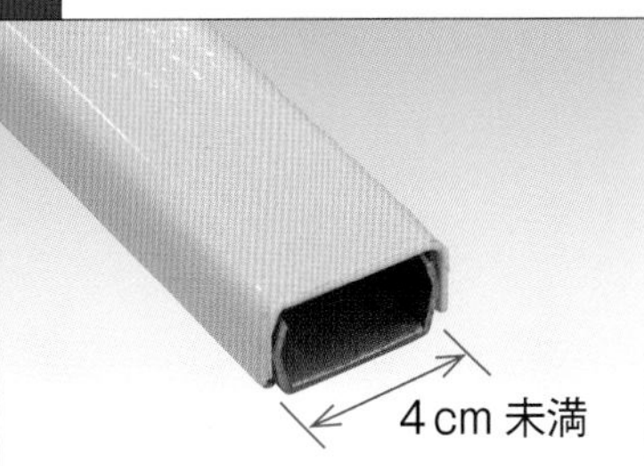

幅が4 cm 未満で，壁に固定して絶縁電線を収める．

34 2種金属製線ぴ

幅が 4 cm 以上 5 cm 以下で，天井に吊して，絶縁電線を収めたり照明器具等を取り付ける．

35 ケーブルラック

ケーブルを支持固定するのに用いる．

36 VVF 用ジョイントボックス

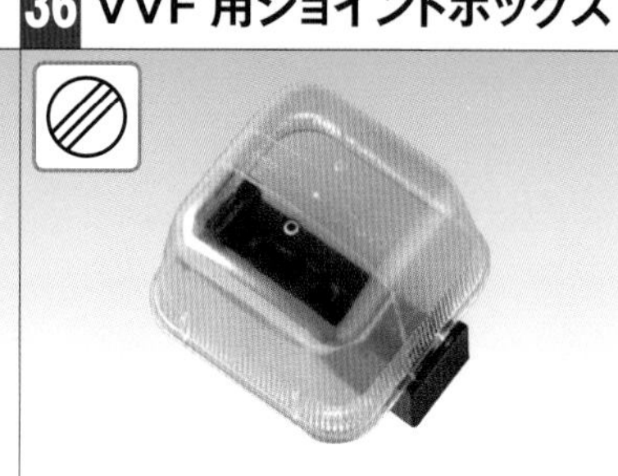

VVF ケーブルを接続する箇所に用いる．

37 樹脂製埋込スイッチボックス

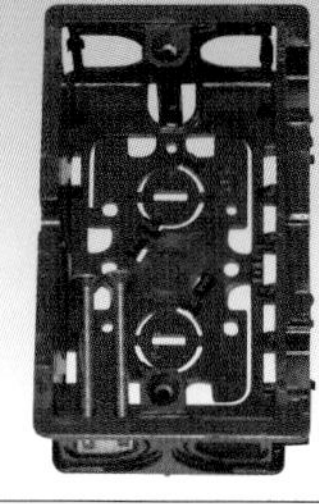

住宅のケーブル工事で，スイッチやコンセントを取り付けて収める．

38 コードサポート

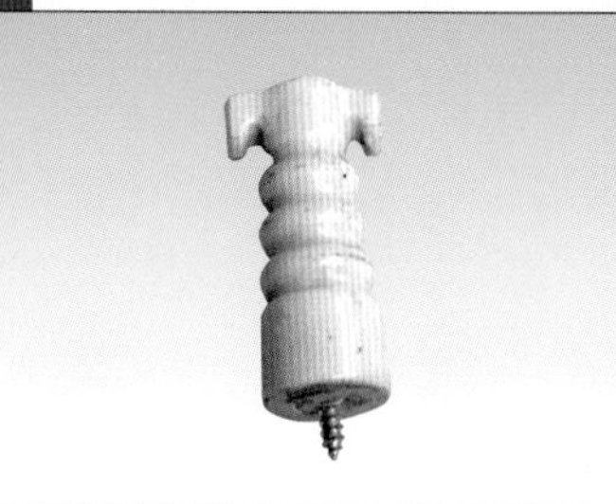

ネオン電線の支持に用いる．

39 チューブサポート

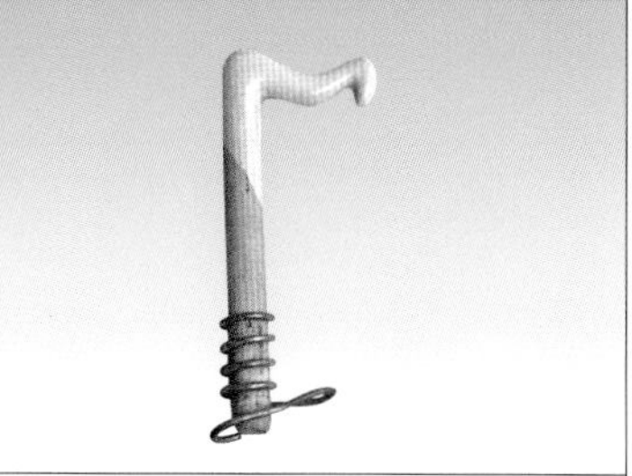

ネオン管の支持に用いる．

40 リングスリーブ

ボックス内で絶縁電線相互を圧着接続する．小・中・大のサイズがある．

41 差込形コネクタ

ボックス内で絶縁電線相互を接続するのに用い，電線を差し込んで接続する．

42 ねじ込み形コネクタ

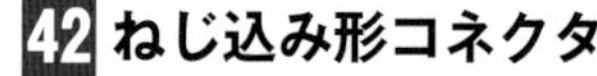

ボックス内で絶縁電線相互を接続する場合に用い，ねじ込んで接続する．

43 裸圧着端子

専用の圧着工具で電線の心線に取り付け，機器の端子に接続する．

44 引き留めがいし

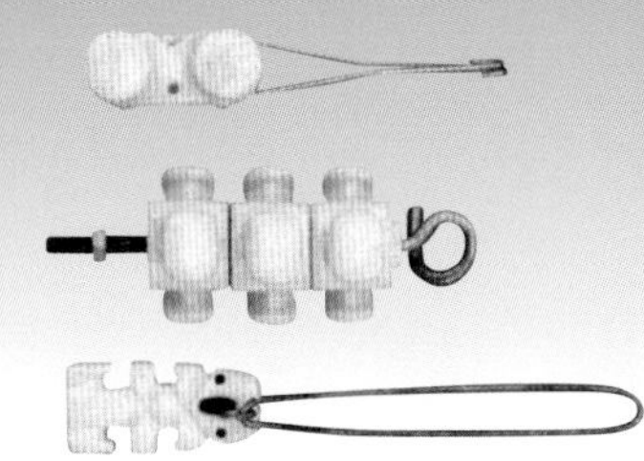
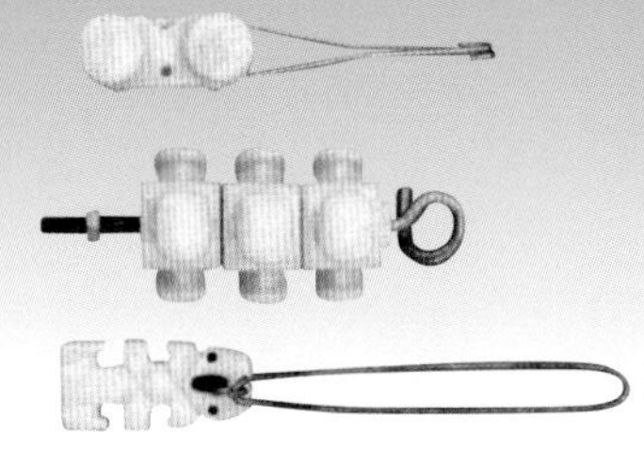

引込用ビニル絶縁電線（DV）を引き留めるのに用いる．

45 600Vポリエチレン絶縁耐燃性ポリエチレンシースケーブル平形

シースに「EM 600V EEF/F タイシガイセン＜ PS ＞ E」等が記されている．

難燃性を有し，リサイクルに対応しやすく，焼却時に有害なガスが発生しない．

● 配線器具・電気機器

1 引掛シーリング（丸形）

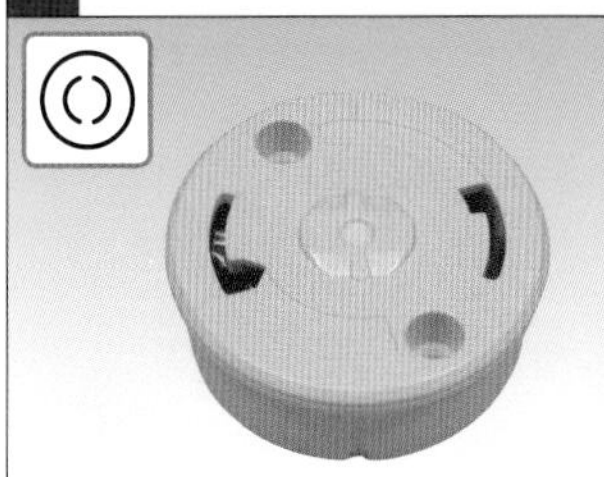

天井に照明器具を取り付けるのに使用する.

2 線付防水ソケット

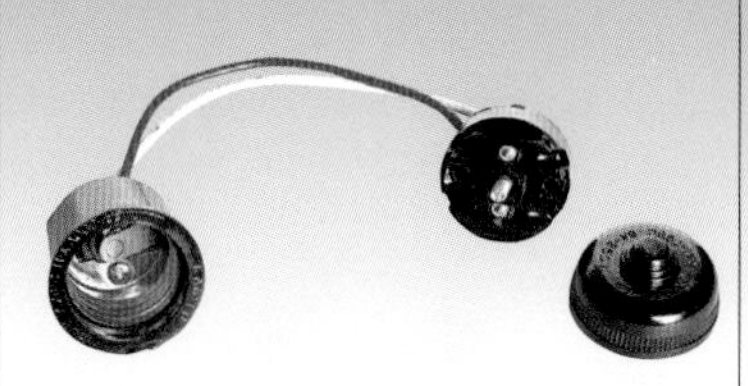

屋内外で臨時配線用の電球受口に使用する.

3 防爆型照明器具

可燃性ガス等の存在する場所の照明に使用する.

4 誘導灯

非常時の避難経路を表示する.

5 防雨形コンセント

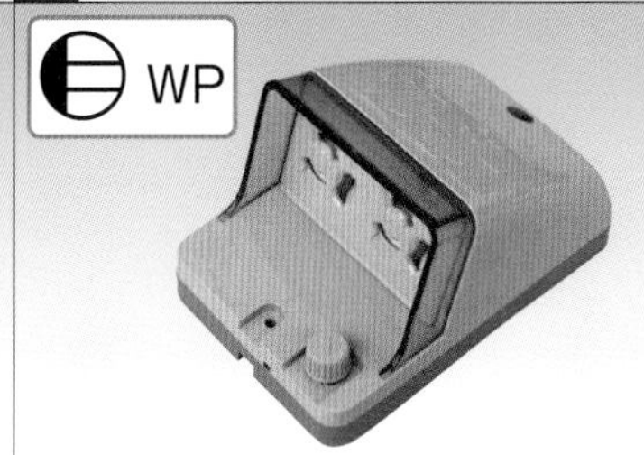

雨水のかかる場所のコンセントに用いる.

6 フロアコンセント

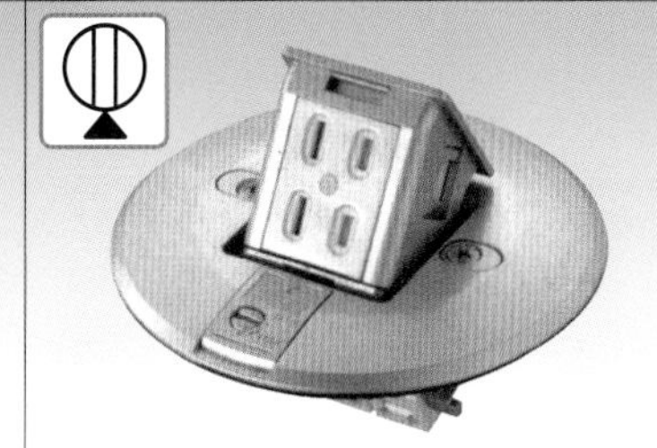

事務所等の床面に施設するコンセントに用いる.

7 蛍光灯用安定器

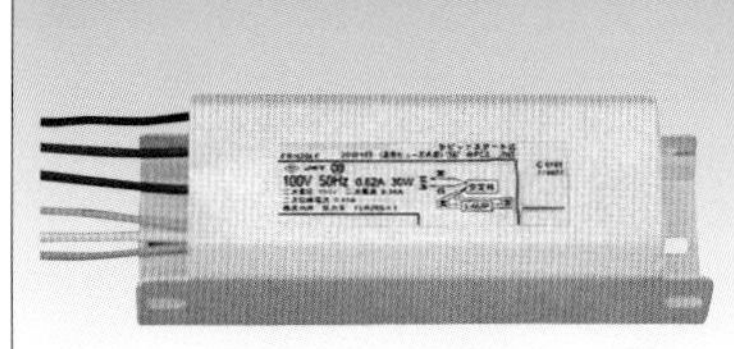

蛍光灯の放電を安定させるために用いる. 写真は, ラピッドスタート式のものである.

8 グローランプ

予熱始動式蛍光灯の点灯に用いる. 点灯管, グロースイッチ, グロースタータともいう.

9 熱線式自動スイッチ

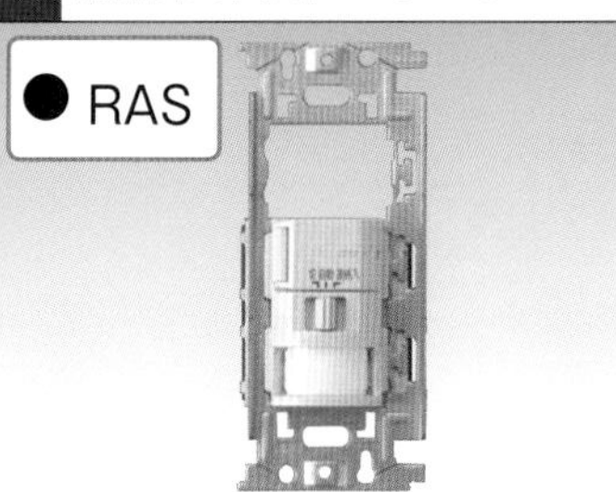

人の接近による自動点滅器に用いる.

10 調光器

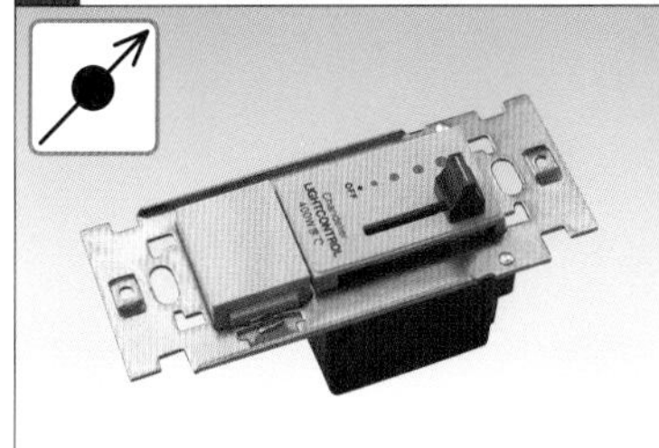

白熱灯の明るさの調節に用いる.

11 自動点滅器

A

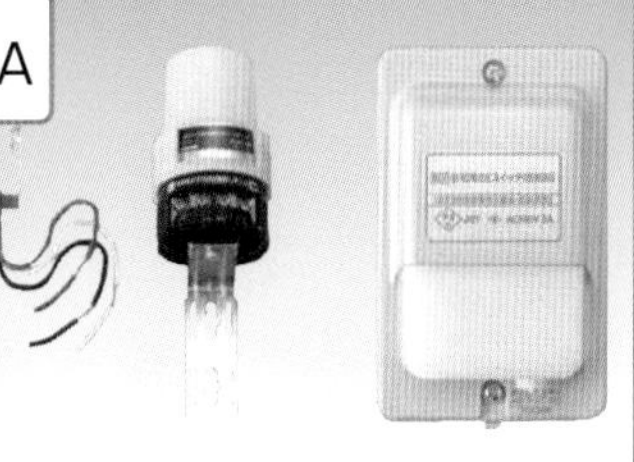

屋外灯等を, 明暗に応じて自動的に点滅させるのに用いる.

12 タイムスイッチ

TS

設定した時間に電灯を点滅させたり, 電気機器を運転・停止させるのに用いる.

13 リモコントランス

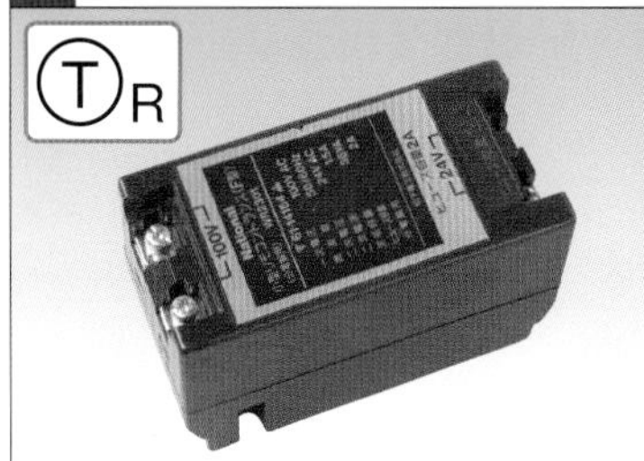

リモコン配線の電源となる単相小形変圧器として用いる.

14 リモコンスイッチ

リモコン配線のリモコンリレーを操作するスイッチとして用いる.

15 リモコンリレー

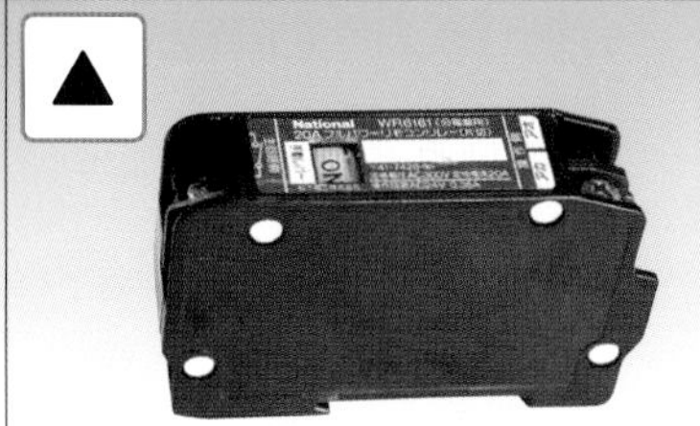

リモコン配線のリレーとして使用する.

16 配線用遮断器（2極）

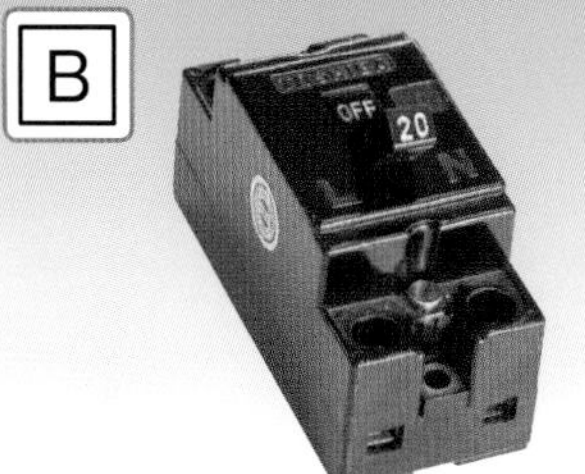

過電流や短絡電流が流れた場合に回路を遮断する．住宅の分電盤に使用されている.

17 配線用遮断器（3極）

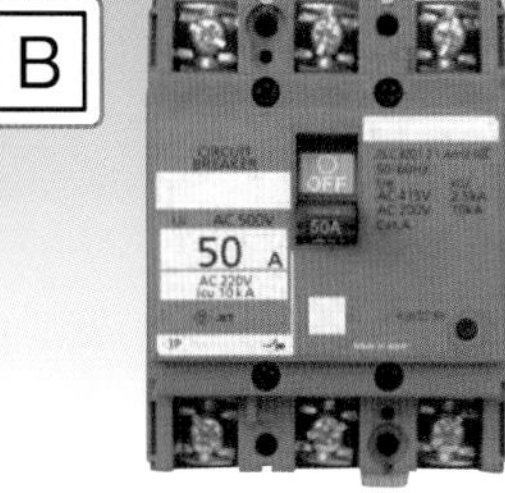

過電流や短絡電流が流れた場合に回路を遮断する．工場等の分電盤に使用される.

18 配線用遮断器（電動機保護兼用）

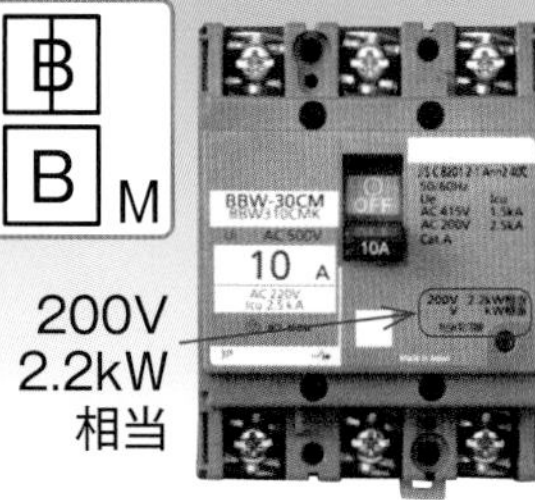

電動機の過負荷を保護するモータブレーカの機能を兼用した配線用遮断器である.

19 漏電遮断器

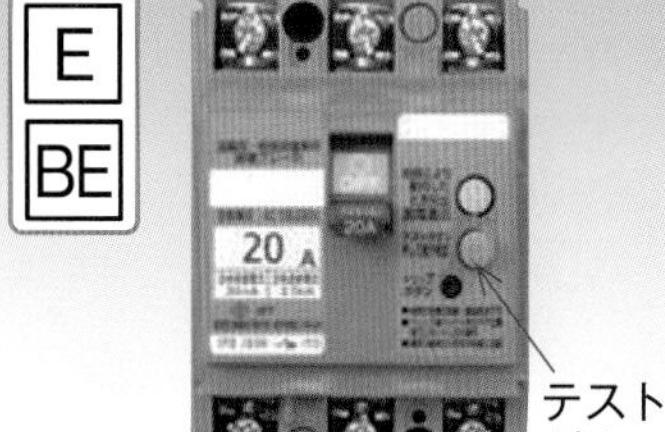

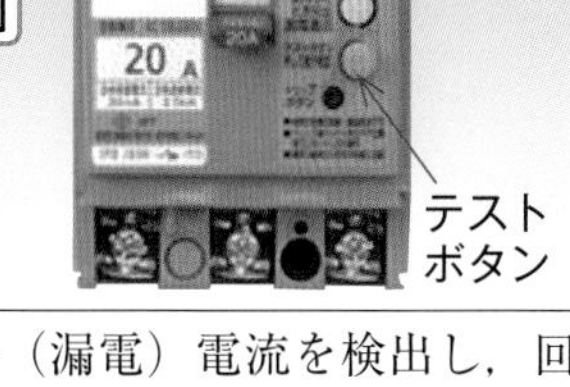

地絡（漏電）電流を検出し，回路を遮断する．動作を確認するテストボタンがある.

20 分電盤

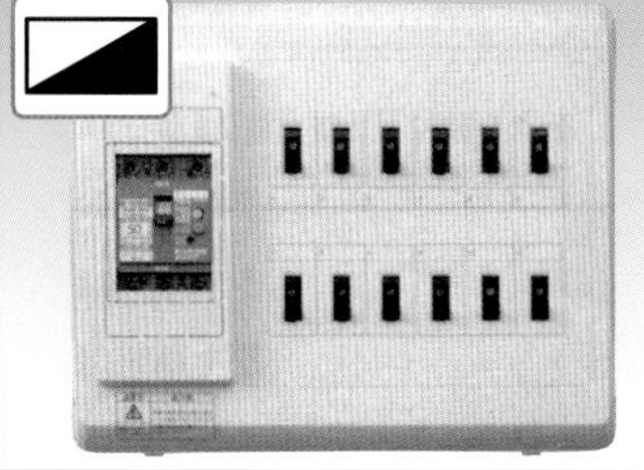

分岐回路用の配線用遮断器等を収納する.

21 箱開閉器

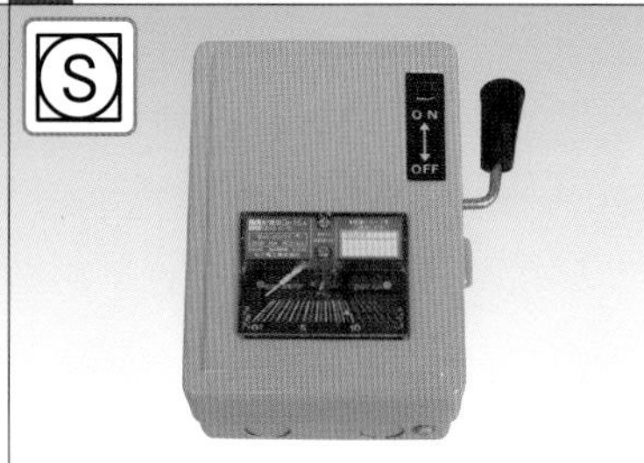

電動機の手元開閉器として用いる.

22 低圧進相コンデンサ

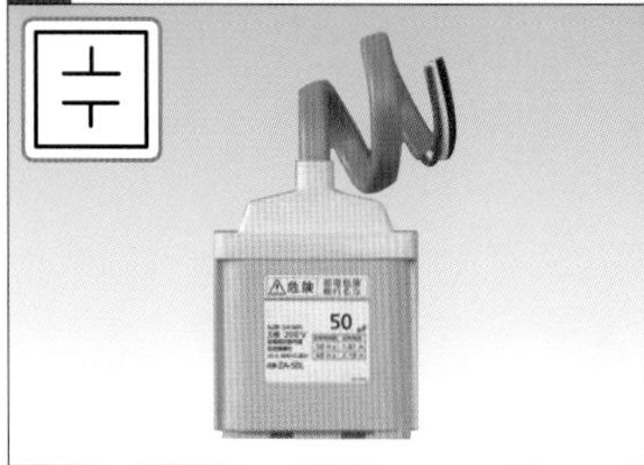

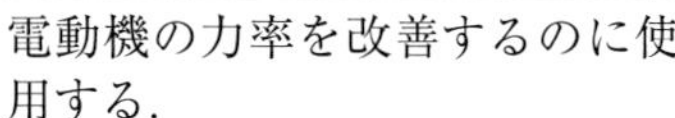

電動機の力率を改善するのに使用する.

23 電磁開閉器

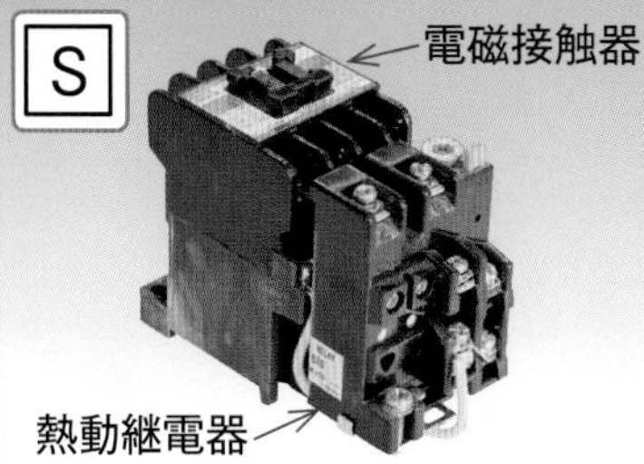

電動機を運転・停止する開閉器で，電磁接触器と熱動継電器を組み合わせたものである.

24 押しボタンスイッチ

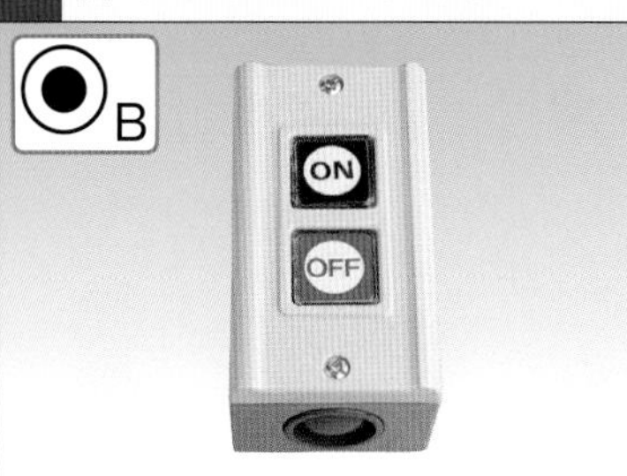

電磁開閉器を開閉操作するスイッチとして用いる.

25 ネオン変圧器	26 漏電火災警報器	27 フロートレススイッチ電極
Ⓣ N	F	LF
ネオン放電灯を点灯するのに用いる.	地絡電流を検出して，警報を発するのに用いる.	液面を検出する電極で，フロートレススイッチに接続する.

●工　具

1 パイプバイス	2 金切りのこ	3 クリックボール
金属管の切断やねじを切るときに，金属管を固定する.	金属管や硬質ポリ塩化ビニル電線管の切断に用いる.	先端にリーマを取り付けて金属管の面取りをする.
4 リーマ	**5 やすり**	**6 リード型ねじ切り器**
クリックボールに取り付けて，金属管の内側の面取りする.	電線管のバリを取り除いたり，切断面の仕上げに用いる.	金属管（薄鋼電線管）にねじを切るのに用いる.
7 パイプベンダ	**8 油圧式パイプベンダ**	**9 ウォータポンププライヤ**
金属管を曲げるのに用いる.	太い金属管を曲げるのに用いる.	金属管工事で，ロックナット等を締め付けるのに用いる.

10 呼び線挿入器

電線管に電線を通線するのに用いる．通線器ともいう．

11 ノックアウトパンチャ

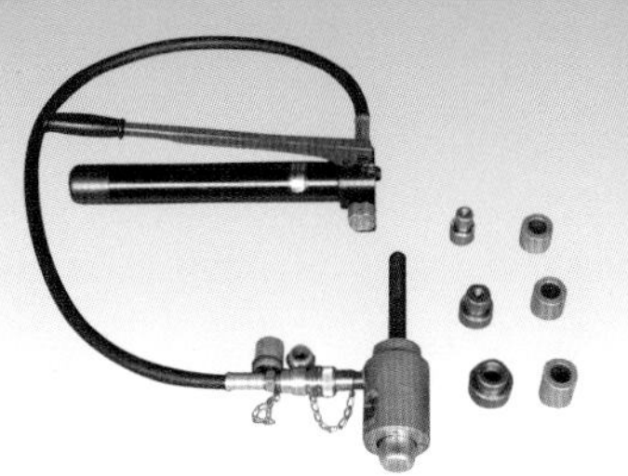

金属製のキャビネット等に電線管用の穴（ノックアウト）をあけるのに用いる．

12 ホルソ

鉄板，各種金属板の穴あけに使用する．

13 プリカナイフ

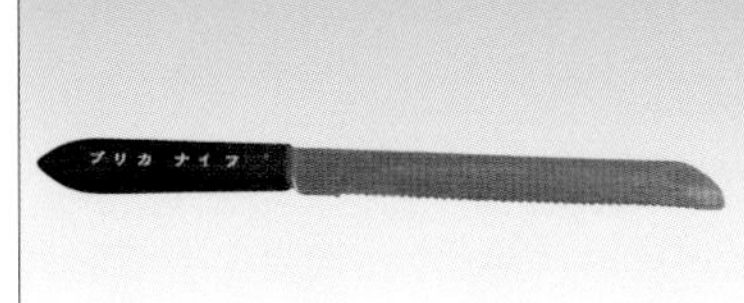

２種金属製可とう電線管を切断するのに用いる．

14 合成樹脂管用カッタ

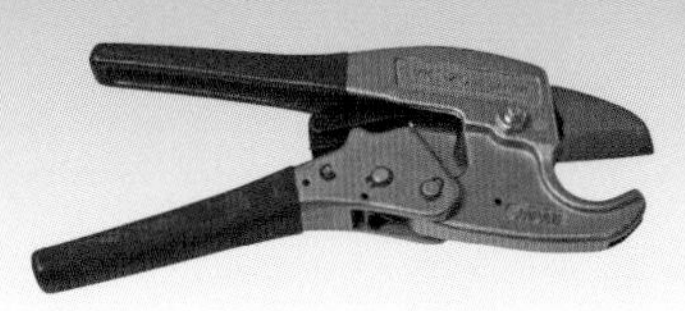

硬質ポリ塩化ビニル電線管を切断するのに用いる．塩ビカッタともいう．

15 面取器

硬質ポリ塩化ビニル電線管の切断面の面取りに用いる．

16 ガストーチランプ

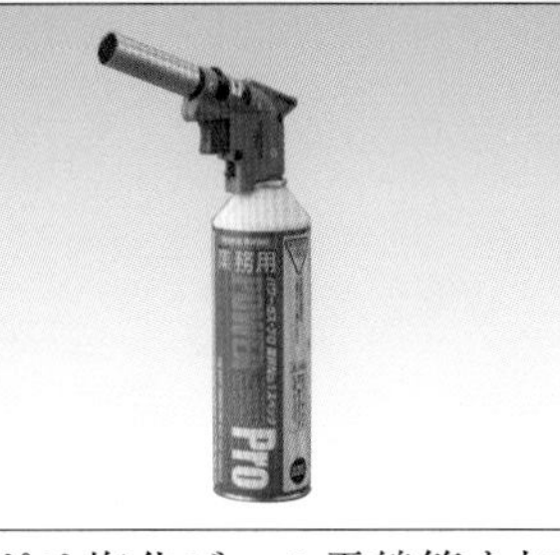

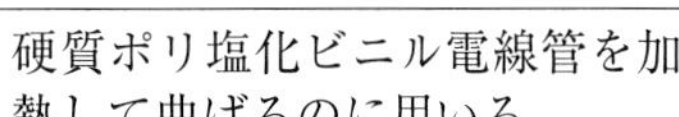

硬質ポリ塩化ビニル電線管を加熱して曲げるのに用いる．

17 木工用ドリルビット

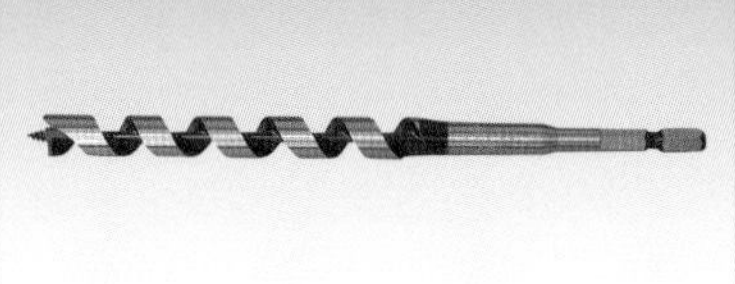

ドリルに取り付けて木材に穴をあける．

18 振動ドリル

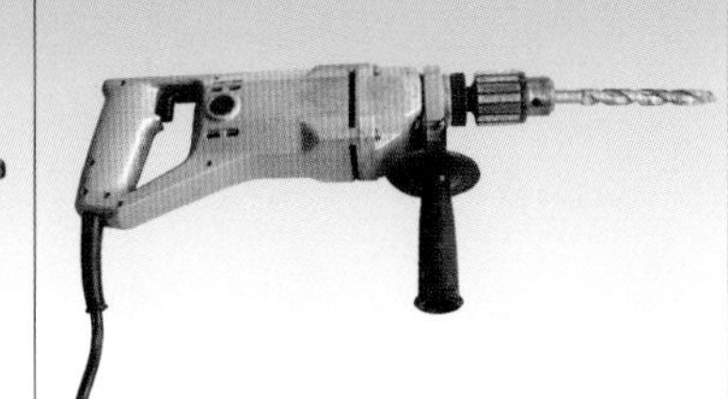

回転すると同時に振動するドリルで，コンクリートに穴をあけるのに用いる．

19 高速切断機

金属管や鋼材を切断するのに用いる．高速カッタともいう．

20 バンドソー

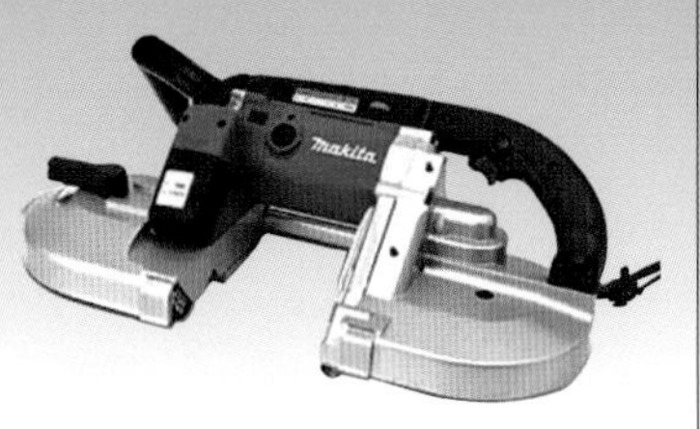

金属管や鋼材を切断するのに用いる．

21 ボルトクリッパ

メッセンジャワイヤや電線等の切断に使用する．

22 ケーブルカッタ	23 ワイヤストリッパ	24 ケーブルストリッパ
ケーブルや太い電線を切断するのに用いる.	電線の絶縁被覆のはぎ取りに用いる.	VVFケーブルの外装(シース)や絶縁被覆のはぎ取りに用いる.
25 リングスリーブ用圧着工具	**26 裸圧着端子・スリーブ用圧着工具**	**27 手動油圧式圧着器**
リングスリーブを圧着するのに用いる. 柄の色が黄色である.	裸圧着端子に電線を圧着接続したり, 裸圧着スリーブで電線を圧着接続するのに用いる.	太い電線の圧着接続に用いる.
28 手動油圧式圧縮器	**29 レーザー墨出し器**	**30 張線器**
T形コネクタおよびC形コネクタの圧縮接続に使用する.	器具等を取り付けるための基準線を投影するために用いる.	電線やメッセンジャワイヤのたるみを取るのに用いる.

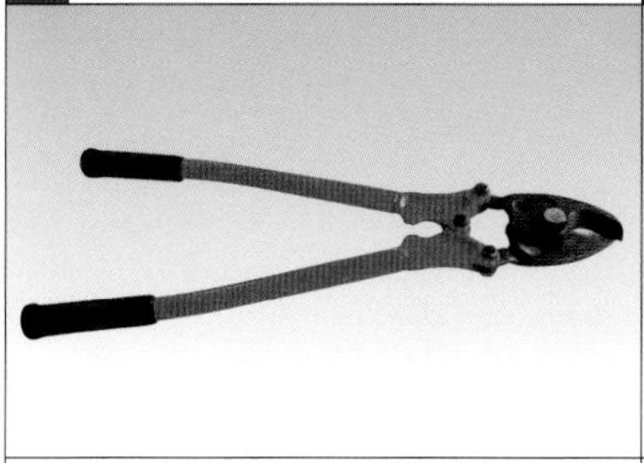

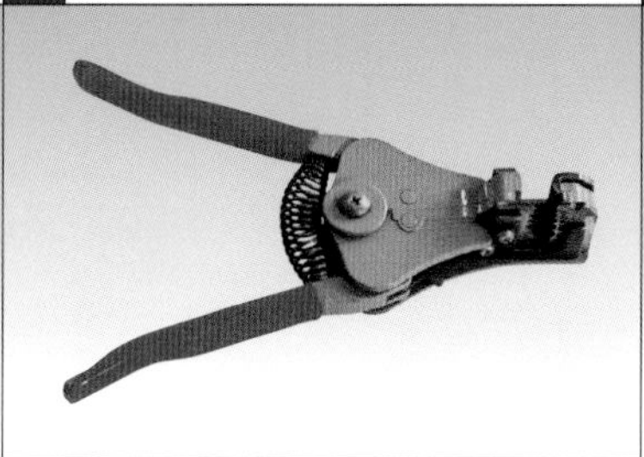

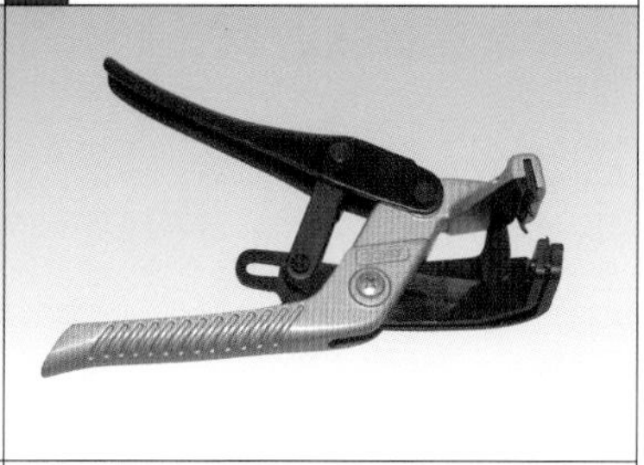

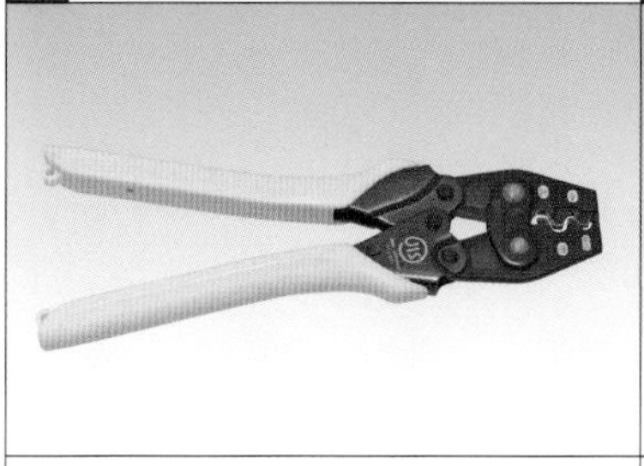

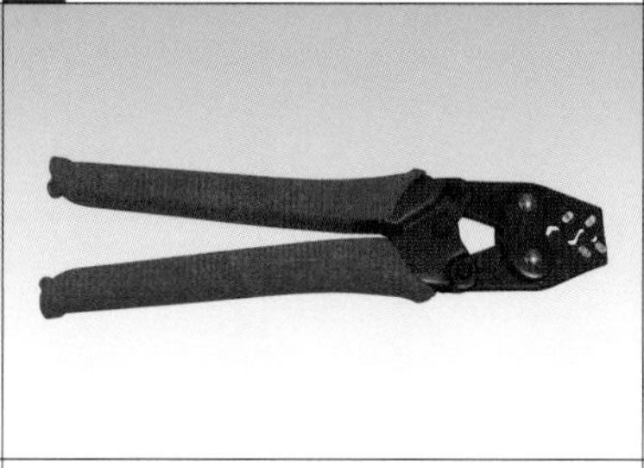

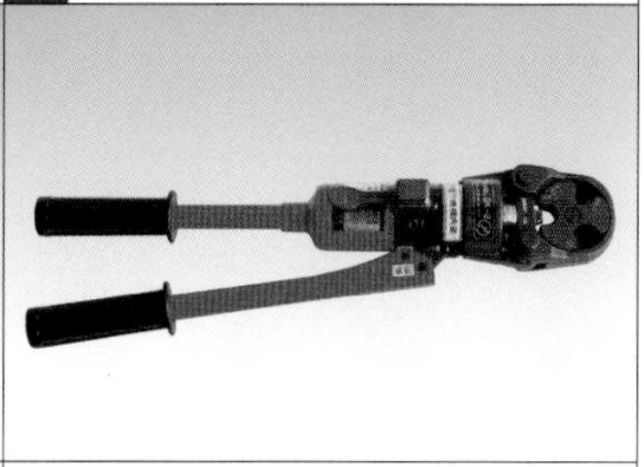

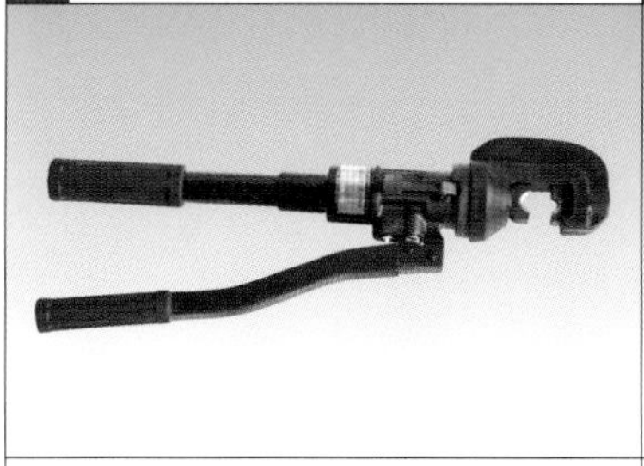

● 測定器

1 絶縁抵抗計	2 接地抵抗計	3 回路計
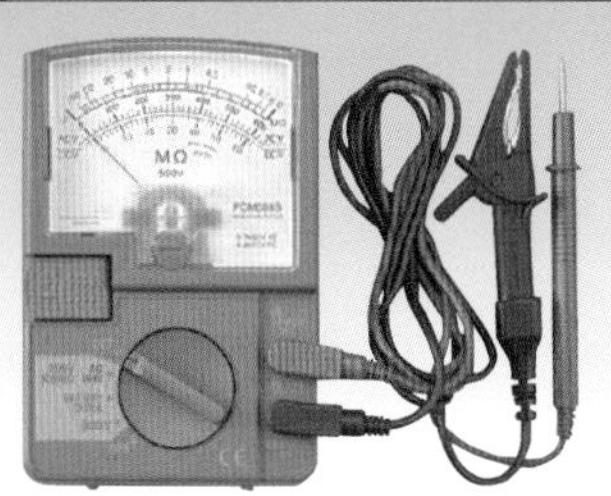	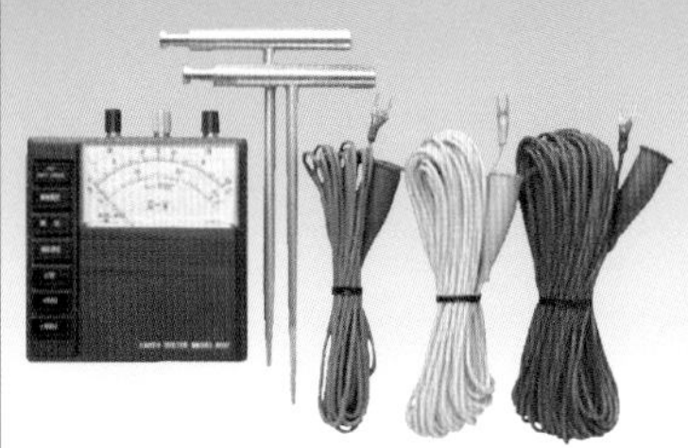	
絶縁抵抗を測定するのに用いる.	接地抵抗を測定するのに用いる.	回路の電圧や導通状態を調べるのに用いる.
4 クランプ形電流計	**5 クランプ形漏れ電流計**	**6 検相器(回転式)**
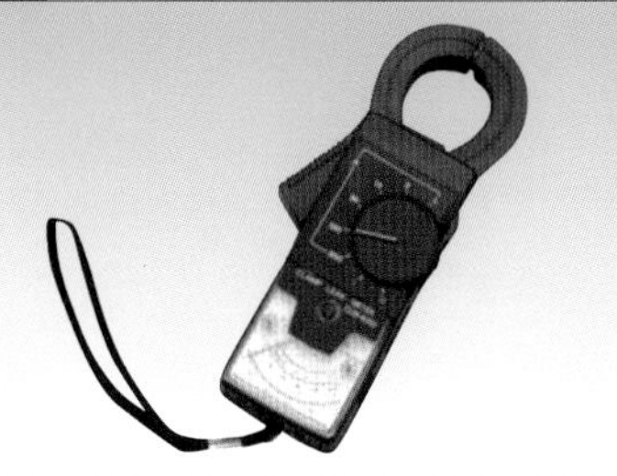	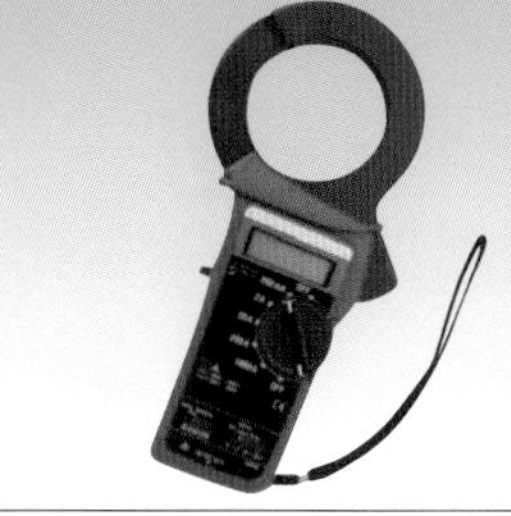	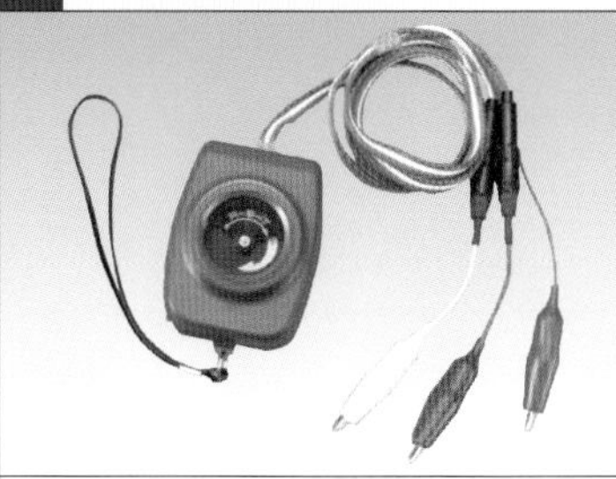
電線に流れる交流電流を測定するのに用いる.	配線や電気機器による漏れ電流を測定するのに用いる.	三相回路の相順を調べるのに用いる. 回転方向で表示する.
7 検相器(ランプ式)	**8 検電器**	**9 照度計**
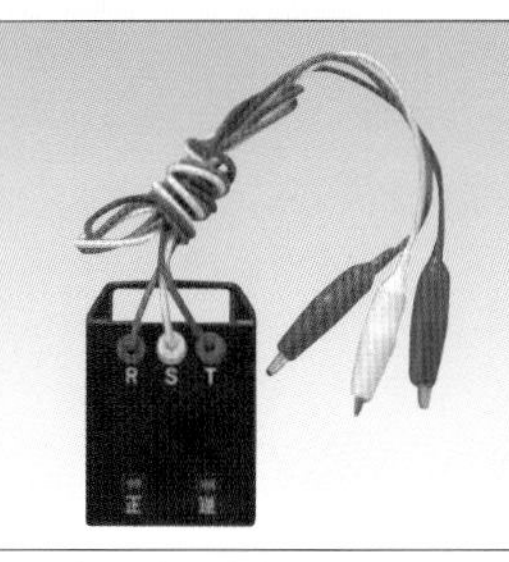	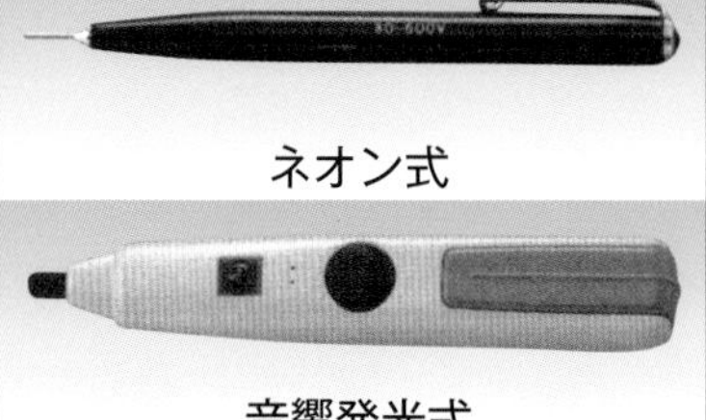 ネオン式 音響発光式	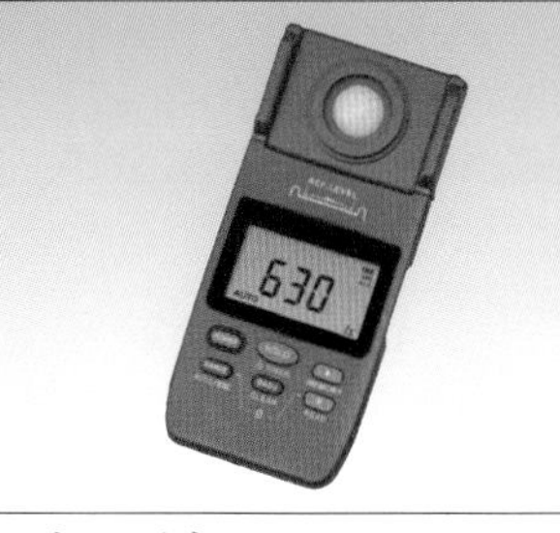
三相回路の相順を調べるのに用いる. ランプで表示する.	低圧電気回路の充電の有無を調べるのに用いる.	照度の測定に用いる.
10 回転計	**11 電力量計**	
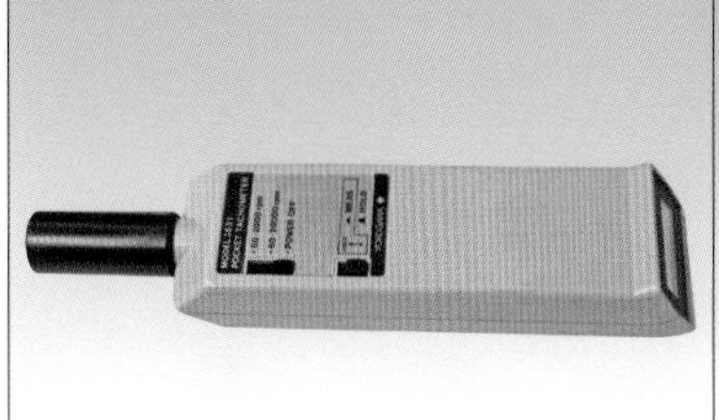	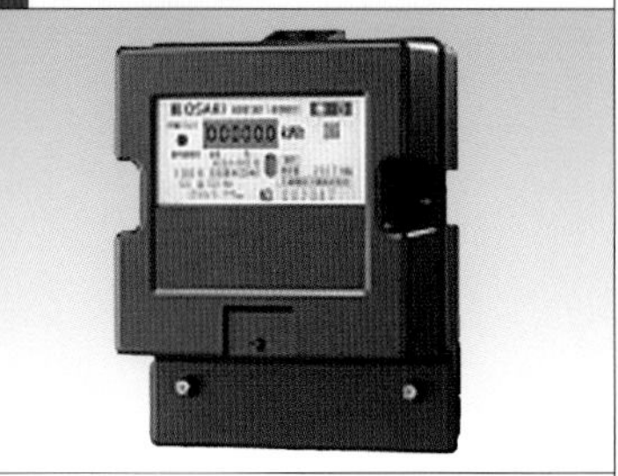	
電動機の回転速度の測定に用いる.	電力量を測定するのに用いる.	

Chapter 1

基礎理論

1 オームの法則・合成抵抗

ポイント！

◉オームの法則

電池に抵抗を接続すると電流が流れる．流れる電流は，加えた電圧に比例し，抵抗に反比例する．

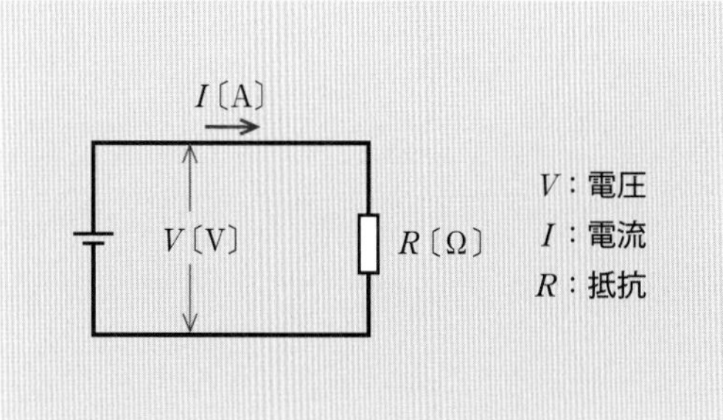

加えた電圧 V〔V〕と，接続した抵抗 R〔Ω〕と，流れる電流 I〔A〕には次の関係がある．

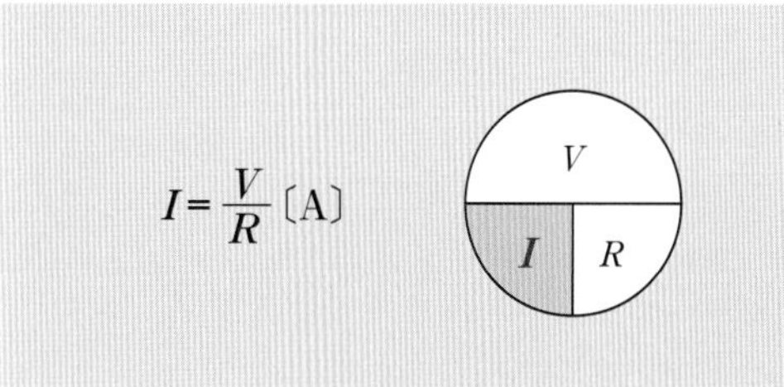

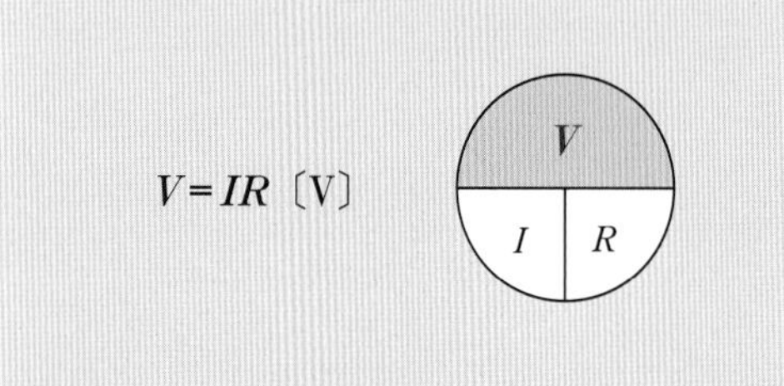

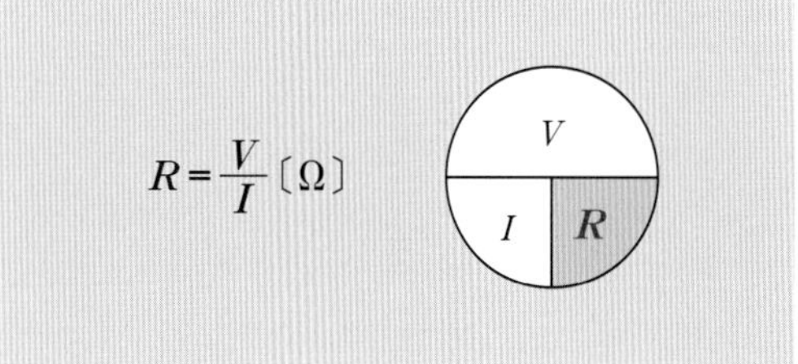

抵抗があれば，どの部分もオームの法則が適用される．

◉合成抵抗

いくつかの抵抗を１つにまとめたものを，合成抵抗という．

（１） 直列接続

抵抗を直列に接続すると，合成抵抗は大きくなる．

$$R = R_1 + R_2 + R_3 \text{〔Ω〕}$$

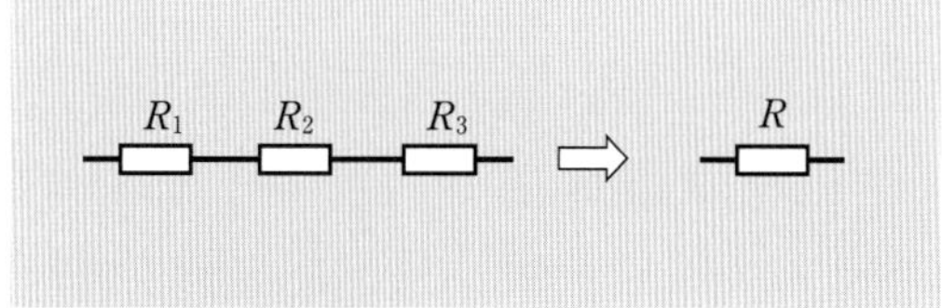

（２） 並列接続

抵抗を並列に接続すると，合成抵抗は小さくなる．

$$R = \frac{1}{\dfrac{1}{R_1} + \dfrac{1}{R_2} + \dfrac{1}{R_3}} \text{〔Ω〕}$$

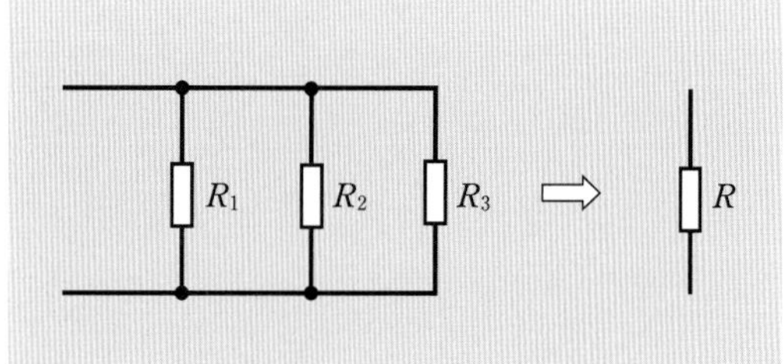

抵抗が２つの場合は，

$$R = \frac{1}{\dfrac{1}{R_1} + \dfrac{1}{R_2}} = \frac{R_1 R_2}{R_1 + R_2} \text{〔Ω〕} = \frac{\text{積}}{\text{和}}$$

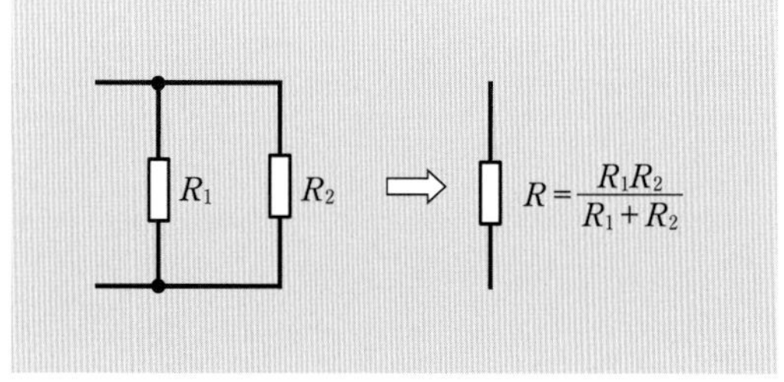

２つの抵抗値を掛けたもの（積）を，足したもの（和）で割れば合成抵抗が求められる．

例題1

図のような回路で，端子 a-b 間の合成抵抗〔Ω〕は.

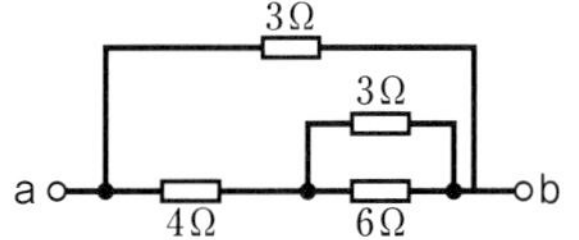

イ．1　　ロ．2
ハ．3　　ニ．4

解答・解説 ロ．2

3Ω と 6Ω の並列接続の合成抵抗は，

$$\frac{3\times6}{3+6}=\frac{18}{9}=2〔\Omega〕$$

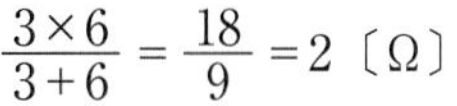

2Ω と 4Ω の直列接続の合成抵抗は，

$2+4=6〔\Omega〕$

したがって，a-b 間の合成抵抗は 3Ω と 6Ω の並列接続であるから，

$$\frac{3\times6}{3+6}=\frac{18}{9}=2〔\Omega〕$$

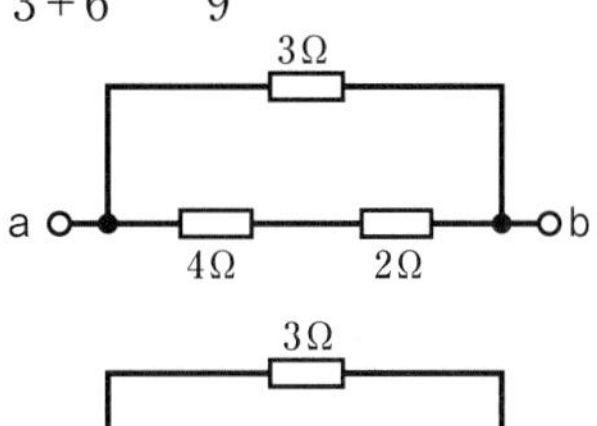

例題2

図のような回路で，a-b 間の電圧〔V〕は.

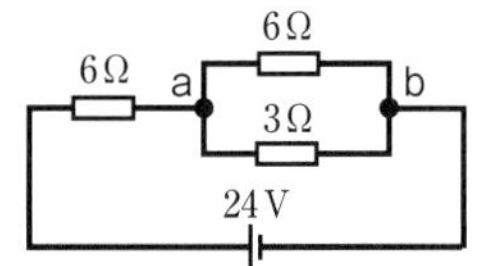

イ．2　　ロ．3
ハ．6　　ニ．8

解答・解説 ハ．6

a-b 間の合成抵抗は，

$$\frac{3\times6}{3+6}=\frac{18}{9}=2〔\Omega〕$$

a-b 間に流れる電流 I は，

$$I=\frac{24}{6+2}=\frac{24}{8}=3〔A〕$$

a-b 間の電圧 V_{ab} は，

$V_{ab}=I\times2=3\times2=6〔V〕$

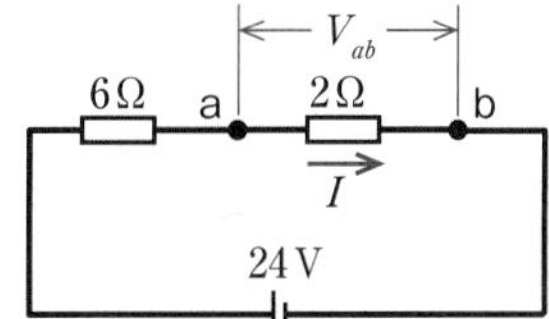

例題3

図のような回路で，Ⓐの指示値〔A〕は.

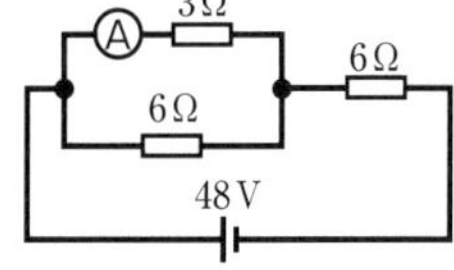

イ．2　　ロ．4
ハ．6　　ニ．8

解答・解説 ロ．4

3Ω と 6Ω の合成抵抗は，

$$\frac{3\times6}{3+6}=\frac{18}{9}=2〔\Omega〕$$

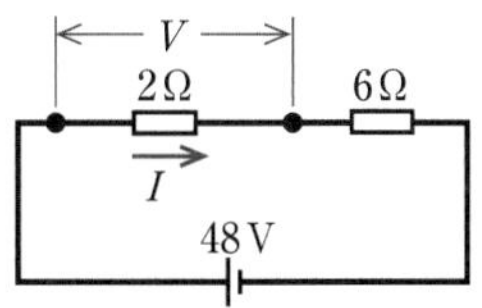

合成抵抗 2Ω に流れる電流 I は，

$$I=\frac{48}{2+6}=\frac{48}{8}=6〔A〕$$

3Ω と 6Ω を並列に接続した部分に加わる電圧 V は，

$V=I\times2=6\times2=12〔V〕$

3Ω に流れる電流は，

$$\frac{12}{3}=4〔A〕$$

練習問題

1	図のような回路で，端子 a－b 間の合成抵抗〔Ω〕は． 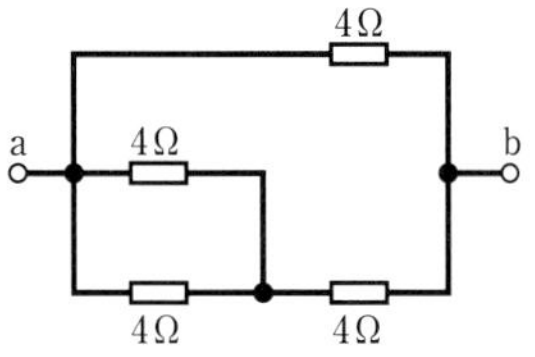 (図: a, b, 4Ω, 4Ω, 4Ω, 4Ω, 4Ω)	イ．1.5　ロ．1.8 ハ．2.4　ニ．3.0
2	図のような回路で，電流計Ⓐの値が 1A を示した．このときの電圧計Ⓥの指示値〔V〕は． 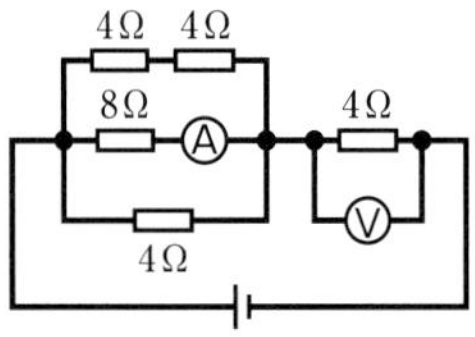 (図: 4Ω, 4Ω, 8Ω, Ⓐ, 4Ω, 4Ω, Ⓥ)	イ．16　ロ．32 ハ．40　ニ．48
3	図のような回路で，スイッチ S を閉じたとき，a－b 端子間の電圧〔V〕は． 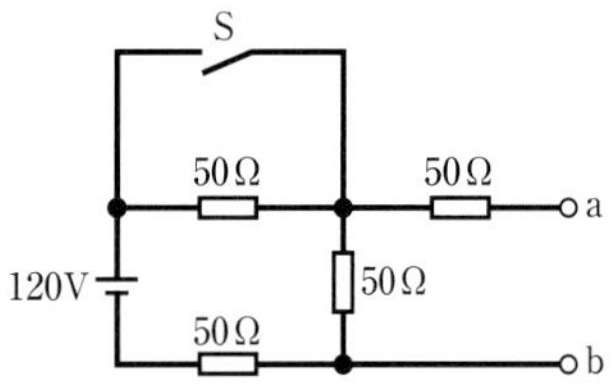 (図: S, 50Ω, 50Ω, a, 120V, 50Ω, 50Ω, b)	イ．30　ロ．40 ハ．50　ニ．60
4	図のような直流回路で，a－b 間の電圧〔V〕は． 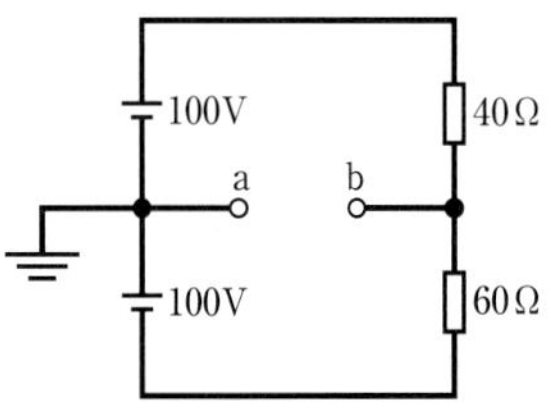 (図: 100V, 40Ω, a, b, 100V, 60Ω)	イ．20　ロ．30 ハ．40　ニ．50

解答・解説

1．ハ．2.4

4Ωと4Ωの並列接続の合成抵抗は，

$$\frac{4\times4}{4+4}=\frac{16}{8}=2〔\Omega〕$$

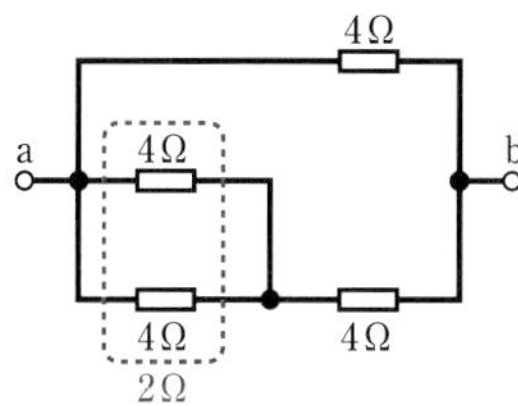

2Ω と 4Ω の直列接続の合成抵抗は，

$2+4=6〔\Omega〕$

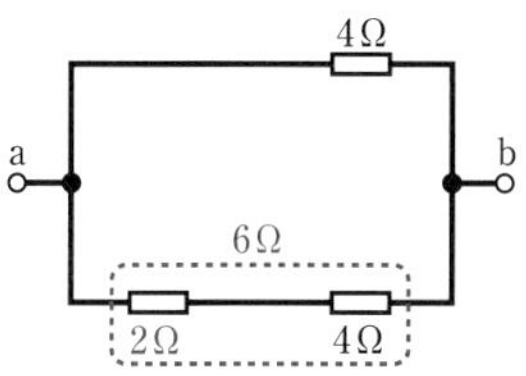

6Ω と 4Ω の並列接続の合成抵抗 R は，

$$R=\frac{6\times4}{6+4}=\frac{24}{10}=2.4〔\Omega〕$$

2．イ．16

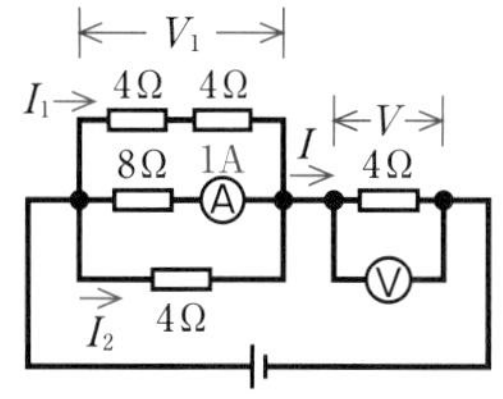

電流計が接続されている並列回路に加わる電圧 V_1 は，

$V_1 = 1\times8 = 8〔V〕$

I_1 と I_2 に流れる電流は，

$$I_1=\frac{V_1}{4+4}=\frac{8}{8}=1〔A〕$$

$$I_2=\frac{V_1}{4}=\frac{8}{4}=2〔A〕$$

回路全体に流れる電流 I は，

$I=1+I_1+I_2=1+1+2=4〔A〕$

電圧計Ⓥの指示値は，

$V=I\times4=4\times4=16〔V〕$

3．ニ．60

端子 a に接続された 50Ω には，電流が流れないので電圧降下を生じない．スイッチ S を閉じたときの a-b 端子間の電圧は，次の回路で求めることができる．

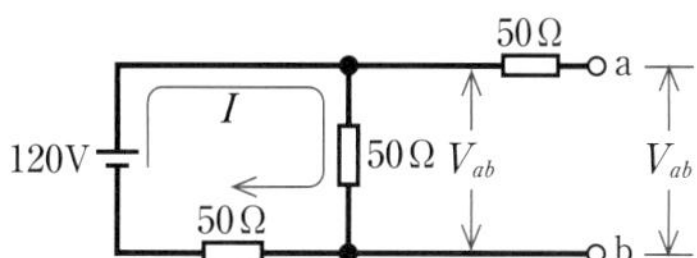

回路に流れる電流 I は，

$$I=\frac{120}{50+50}=1.2〔A〕$$

a-b 端子間の電圧 V_{ab} は，

$V_{ab}=I\times50=1.2\times50=60〔V〕$

4．イ．20

a－b 間の電圧 V_{ab}〔V〕は，抵抗 60Ω に加わる電圧と電池の電圧 100V の差になる．

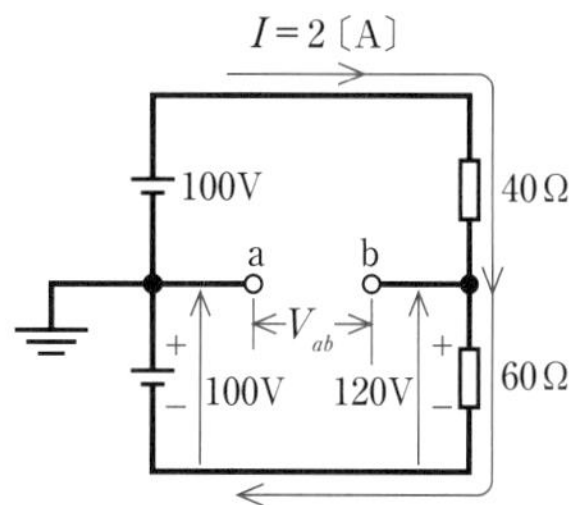

60Ω に流れる電流 I〔A〕は，

$$I=\frac{100+100}{40+60}=\frac{200}{100}=2〔A〕$$

60Ω 加わる電圧は，$2\times60=120$〔V〕

a-b 間の電圧 V_{ab}〔V〕は，

$V_{ab}=120-100=20〔V〕$

2 電線の抵抗

ポイント!

◉電線の抵抗の求め方

電線の抵抗は，導体の長さに比例して大きくなり，断面積に反比例して小さくなる.

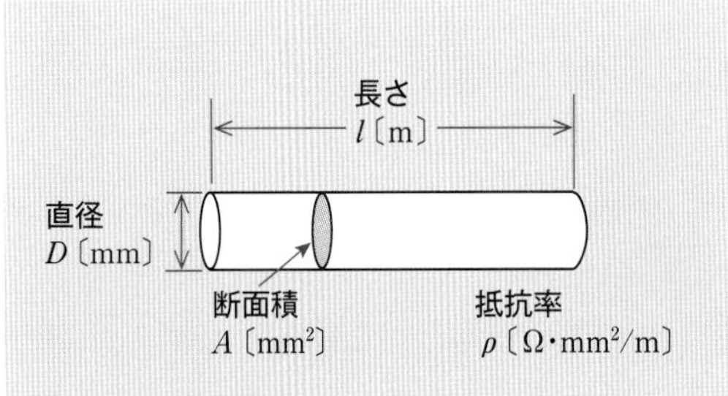

導体の抵抗 R は,

$$R = \rho\frac{l}{A}〔\Omega〕$$

ρ（ロー）は，導体の種類によって決まる比例定数で，**抵抗率**という.

抵抗率は，電気の通しにくさを表し，大きいほど電気を通さない性質がある.

主な導体の抵抗率

導体の種類	抵抗率 ρ〔Ω·mm²/m〕
銀	0.0162
軟銅	0.0172
金	0.0240
アルミニウム	0.0262
鉄	0.100

導体の断面積 A〔mm²〕は，直径を D〔mm〕とすると,

$$A = \pi r^2 = \pi\times\left(\frac{D}{2}\right)^2 = \frac{\pi D^2}{4}〔\mathrm{mm}^2〕$$

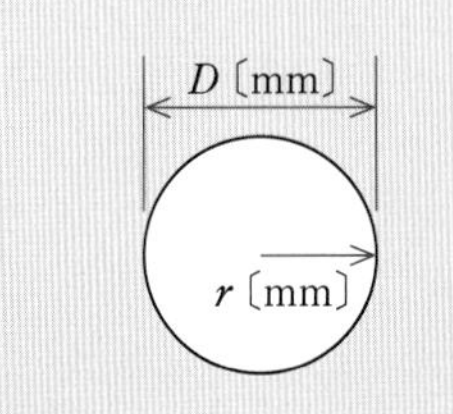

導体の直径が2倍になれば，断面積は4倍となり，導体の抵抗は1/4となる.

抵抗率が ρ〔Ω·m〕の単位で示された場合は，直径 D〔mm〕を $D\times10^{-3}$〔m〕として，断面積 A〔m²〕を次のようにして計算する.

$$A = \frac{\pi\times(D\times10^{-3})^2}{4} = \frac{\pi D^2\times10^{-6}}{4}〔\mathrm{m}^2〕$$

◉導電率

導電率は，導体の電気の通しやすさを表し，文字記号では σ（シグマ）で示す．大きさは，抵抗率の逆数である.

$$\sigma = \frac{1}{\rho}〔\mathrm{S\cdot m/mm^2}〕$$

$$\mathrm{S}(\text{ジーメンス}) = \frac{1}{\Omega}$$

例　題

直径1.6mm（断面積2mm²），長さ120mの軟銅線の抵抗値〔Ω〕は.

ただし，軟銅線の抵抗率は，0.017Ω・mm²/mとする.

イ．0.1　ロ．1.0　ハ．10　ニ．100

解答・解説 ロ．1.0

$$R = \rho\frac{l}{A} = 0.017\times\frac{120}{2} = 1.02〔\Omega〕$$

練習問題

	問題	選択肢
1	抵抗率 ρ〔Ω・m〕，直径 D〔mm〕，長さ L〔m〕の導線の電気抵抗〔Ω〕を表す式は．	イ．$\dfrac{4\rho L}{\pi D^2}\times10^6$　ロ．$\dfrac{\rho L^2}{\pi D^2}\times10^6$ ハ．$\dfrac{4\rho L}{\pi D}\times10^6$　ニ．$\dfrac{4\rho L^2}{\pi D}\times10^6$
2	直径 2.6mm，長さ 20m の銅導線と抵抗値が最も近い同材質の銅導線は．	イ．断面積 8mm²，長さ 40m ロ．断面積 8mm²，長さ 20m ハ．断面積 5.5mm²，長さ 40m ニ．断面積 5.5mm²，長さ 20m
3	長さ 10m 当たりの抵抗値が最も大きい電線は，次のうちどれか． ただし，a：導体の太さ　b：導体の材質を示す．	イ．a：直径 2.0mm　b：銅 ロ．a：直径 2.0mm　b：アルミニウム ハ．a：断面積 5.5mm²　b：銅 ニ．a：直径 2.6mm　b：アルミニウム
4	A，B 2 本の同材質の銅線がある．A は直径 1.6 mm，長さ 20m，B は直径 3.2mm，長さ 40m である．A の抵抗は B の抵抗の何倍か．	イ．2　ロ．3 ハ．4　ニ．5

解答・解説

1．イ．　$(4\rho L/\pi D^2)\times10^6$

抵抗率 ρ の単位が〔Ω・m〕で示されているので，導線の断面積は〔m²〕で計算しなければならない．

導線の断面積は，D〔mm〕は，$D\times10^{-3}$〔m〕であるから，

$$A=\frac{\pi(D\times10^{-3})^2}{4}=\frac{\pi D^2\times10^{-6}}{4}\ \text{〔m}^2\text{〕}$$

導線の電気抵抗 R は，

$$R=\rho\frac{L}{A}=\frac{\rho L}{\dfrac{\pi D^2\times10^{-6}}{4}}=\frac{4\rho L}{\pi D^2\times10^{-6}}$$

$$=\frac{4\rho L}{\pi D^2}\times10^6\ \text{〔Ω〕}$$

2．ニ．断面積 5.5mm²，長さ 20m

直径 2.6 mm の銅導線の断面積 A は，

$$A=\frac{\pi D^2}{4}=\frac{3.14\times2.6^2}{4}\fallingdotseq5.3\ \text{〔mm}^2\text{〕}$$

ニの断面積 5.5 mm² に近く，長さが同じ 20 m である．

3．ロ．a：直径2.0mm　b：アルミニウム

直径 2.0 mm の断面積は 3.14 mm² であり，直径 2.6 mm の断面積は 5.3 mm² である．

銅よりアルミニウムの方が抵抗率が大きい．

最も断面積が小さく抵抗率が大きいロが，最も抵抗値が大きくなる．

4．イ．2

直径 1.6mm の銅線の断面積 A_A は，

$$A_A=\frac{\pi D^2}{4}=\frac{3.14\times1.6^2}{4}\fallingdotseq2\ \text{〔mm}^2\text{〕}$$

直径 3.2mm の銅線の断面積 A_B は，

$$A_B=\frac{\pi D^2}{4}=\frac{3.14\times3.2^2}{4}\fallingdotseq8\ \text{〔mm}^2\text{〕}$$

銅線 A の抵抗は，抵抗率を ρ とすると，

$$R_A=\rho\frac{L_A}{A_A}=\rho\times\frac{20}{2}=10\rho\ \text{〔Ω〕}$$

銅線 B の抵抗は，抵抗率を ρ とすると，

$$R_B=\rho\frac{L_B}{A_B}=\rho\times\frac{40}{8}=5\rho\ \text{〔Ω〕}$$

したがって，

$$\frac{R_A}{R_B}=\frac{10\rho}{5\rho}=2$$

となり，銅線 A の抵抗は銅線 B の抵抗の 2 倍となる．

3 電力・電力量・熱量

ポイント!

◉電力

電気が1秒間にする仕事を電力という．電力を消費電力ともいい，単位は，ワット〔W〕が用いられる．抵抗に電流が流れると，電気は熱となって仕事をする．

電圧を V〔V〕，電流を I〔A〕，抵抗を R〔Ω〕とすると，電力 P〔W〕は次の式で表される．

$$P = VI = I^2R = \frac{V^2}{R} \text{〔W〕}$$

1 000〔W〕＝1〔kW〕

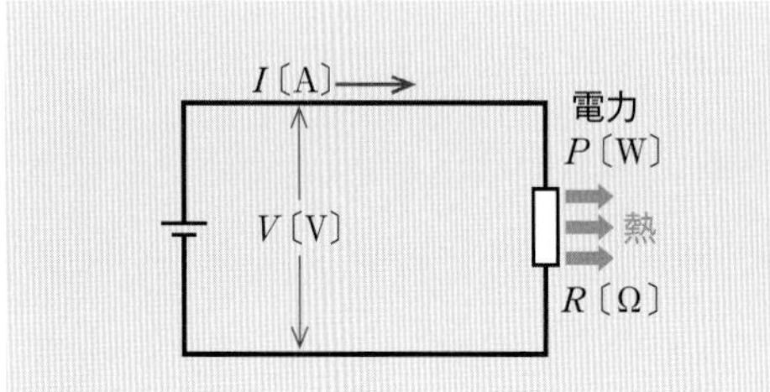

◉電力量

電気が，ある時間にする仕事の量を電力量という．電力量は，電力と時間の積である．1W の電力が 1s(秒)にする電力量は，1W･s である．

P〔kW〕の電熱器を t〔h〕(時間) 使用した場合の電力量 W〔kW･h〕(キロワット時)は，

$$W = Pt \text{〔kW・h〕}$$

◉熱量

熱量の単位は，〔J〕(ジュール)である．電力量 1W･s を熱量に換算すると，1J になる．

1〔kW･h〕＝1〔kW〕×1〔h〕
＝1 000〔W〕×60×60〔s〕
＝3 600×1 000〔W･s〕
＝3 600×1 000〔J〕
＝3 600〔kJ〕

P〔kW〕の電熱器を t〔h〕使用した場合に発生する熱量 Q〔kJ〕は，

$$Q = 3\,600Pt \text{〔kJ〕}$$

1kg の水を 1℃（1K）上昇するのに必要な熱量(比熱という)は，4.2kJ である．

例　題

抵抗 R〔Ω〕に電圧 V〔V〕を加えると，電流 I〔A〕が流れ，P〔W〕の電力が消費される場合，抵抗 R〔Ω〕を示す式として，**誤っているものは**．

イ．$\frac{V}{I}$　ロ．$\frac{P}{I^2}$　ハ．$\frac{V^2}{P}$　ニ．$\frac{PI}{V}$

解答・解説 ニ．PI/V

オームの法則から，$R = \frac{V}{I}$〔Ω〕

$P = I^2R$ から，$R = \frac{P}{I^2}$〔Ω〕

$P = \frac{V^2}{R}$ から，$R = \frac{V^2}{P}$〔Ω〕

練習問題

1	図のような回路で，8Ω の抑抗での消費電力〔W〕は． 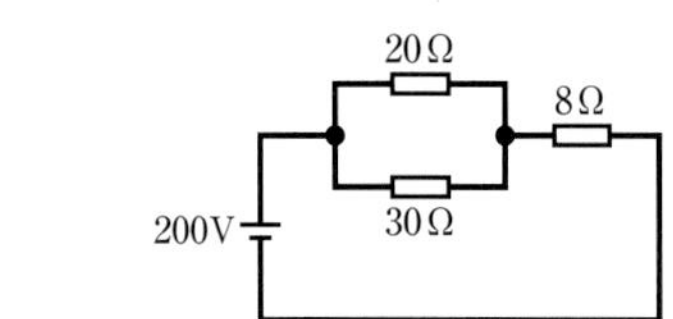	イ．200　ロ．800 ハ．1 200　ニ．2 000

2	抵抗に100Vの電圧を2時間30分加えたとき，電力量が4kW・hであった．抵抗に流れる電流〔A〕は．	イ．16　ロ．24 ハ．32　ニ．40
3	抵抗器に100Vの電圧を印加したとき，4Aの電流が流れた．1時間20分の間に抵抗器で発生する熱量〔kJ〕は．	イ．960　ロ．1 920 ハ．2 400　ニ．2 700
4	電線の接続不良により，接続点の接触抵抗が0.5Ωとなった．この電線に20Aの電流が流れると，接続点から1時間に発生する熱量〔kJ〕は． ただし，接触抵抗の値は変化しないものとする．	イ．72　ロ．144 ハ．720　ニ．1 440
5	電熱器により，90kgの水の温度を20K上昇させるのに必要な電力量〔kW・h〕は． ただし，水の比熱は4.2kJ/(kg・K)とし，熱効率は100%とする．	イ．0.7　ロ．1.4 ハ．2.1　ニ．2.8

解答・解説

1．ロ．800

回路全体の合成抵抗 R〔Ω〕は，

$$R=\frac{20\times30}{20+30}+8=\frac{600}{50}+8=12+8=20\ 〔\Omega〕$$

8Ω の抵抗に流れる電流 I〔A〕は，

$$I=\frac{200}{20}=10\ 〔A〕$$

8Ω の抵抗での消費電力 P〔W〕は，

$$P=I^2R=10^2\times8=800\ 〔W〕$$

2．イ．16

抵抗に100Vを加えた時間 t〔h〕は，

$$t=2+\frac{30}{60}=2.5\ 〔h〕$$

抵抗の電力Pは，$W=Pt$〔kW・h〕から，

$$P=\frac{W}{t}=\frac{4}{2.5}=1.6\ 〔kW〕=1\,600\ 〔W〕$$

抵抗に流れる電流 I は，$P=VI$〔W〕から，

$$I=\frac{P}{V}=\frac{1\,600}{100}=16\ 〔A〕$$

3．ロ．1 920

抵抗器の電力 P〔kW〕は，

$$P=VI=100\times4=400\ 〔W〕=0.4\ 〔kW〕$$

使用時間 t〔h〕は，

$$t=1+\frac{20}{60}=1+\frac{1}{3}=\frac{4}{3}\ 〔h〕$$

発生する熱量 Q〔kJ〕は，

$$Q=3\,600Pt=3\,600\times0.4\times\frac{4}{3}=1\,920\ 〔kJ〕$$

4．ハ．720

0.5Ω の接触抵抗で消費する電力 P は，

$$P=I^2R=20^2\times0.5=200〔W〕=0.2〔kW〕$$

この電力で1時間に発生する熱量 Q は，

$$Q=3\,600Pt=3\,600\times0.2\times1=720\ 〔kJ〕$$

5．ハ．2.1

K（ケルビン）は，絶対温度の単位である．絶対温度 T〔K〕とセルシウス温度 t〔℃〕には，次の関係がある．

$$T=t+273.15\ 〔K〕$$

温度差は，Kで表しても℃で表しても同じ値になる．

90kgの水を20K上昇させるのに必要な熱量 Q は，

$$Q=4.2\times90\times20=7\,560\ 〔kJ〕$$

1kW・hの電力量が3 600kJに相当するので，必要な電力量 W〔kW・h〕は，

$$W=\frac{Q}{3\,600}=\frac{7\,560}{3\,600}=2.1\ 〔kW\cdot h〕$$

4 交流の基礎・基本回路

ポイント！

◉正弦波交流

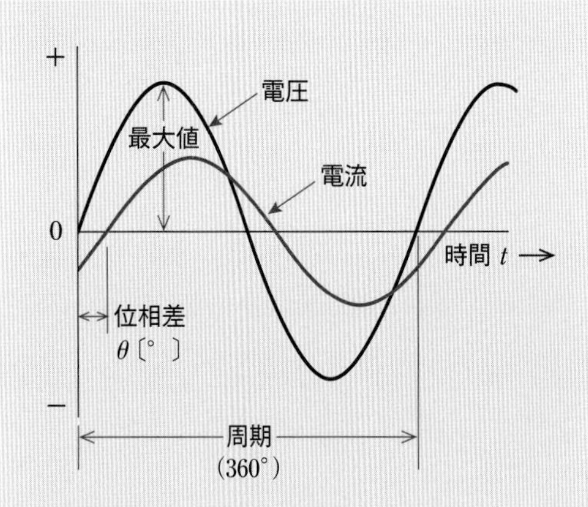

正弦波交流の電圧や電流は，図のように時間とともに大きさと向きが周期的に変化する．

1周波に要する時間を**周期**〔s〕といい，1秒間に繰り返す周波の数を**周波数**〔Hz〕という．

交流の電圧や電流の大きさは**実効値**で表し，**最大値**とは次の関係がある．

$$\textbf{実効値} = \frac{\textbf{最大値}}{\sqrt{2}}\text{〔V〕}\quad(\sqrt{2} \fallingdotseq 1.41)$$

$$\textbf{最大値} = \sqrt{2} \times \textbf{実効値}\text{〔V〕}$$

電圧と電流の時間的なずれを，**位相差**という．周期を角度の360°に換算して，何度ずれているかを表す．電圧と電流の大きさと位相の関係を，ベクトル図で表すとわかりやすい．

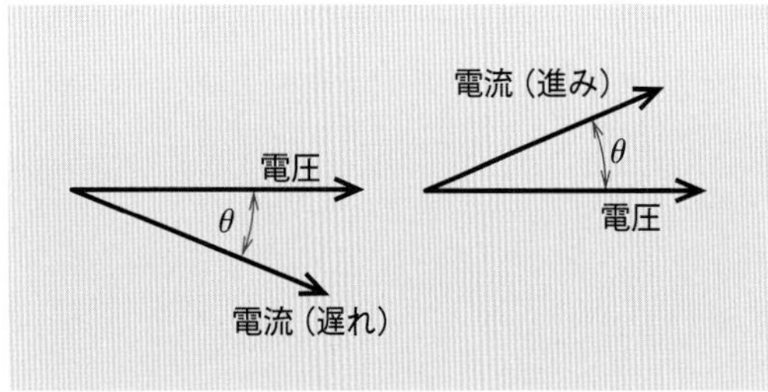

矢印の長さは電圧や電流の大きさを表し，角度は電圧と電流の時間的なずれを表す．

時間的に遅く変化する場合は，時計の針の回る方向に回転させて書き，早く変化する場合は，時計の針の回る方向と反対方向に回転させて書く．

◉交流の基本回路

（1） 抵抗回路

交流電源に抵抗 R〔Ω〕だけを接続すると，電圧と電流は位相の差がなく，同時に変化する．

$$I_R = \frac{V}{R}\text{〔A〕}$$

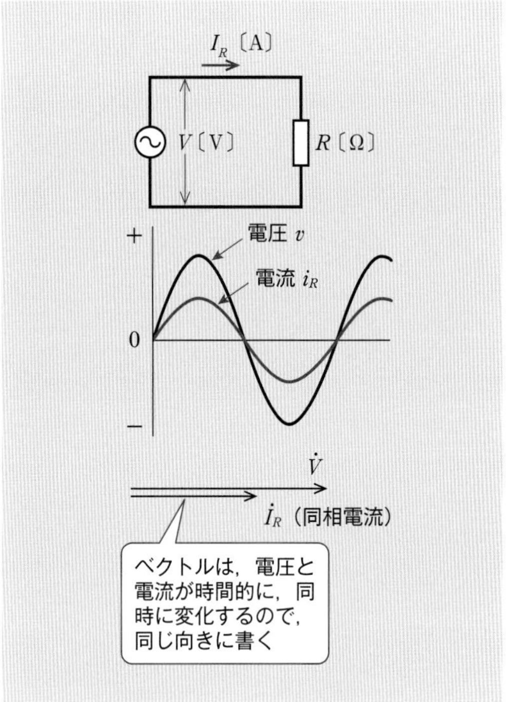

（2） 誘導性リアクタンス回路

コイルが，交流に対して電流の流れを妨げる大きさを誘導性リアクタンスといい，一般に X_L〔Ω〕で表される（X〔Ω〕で表すこともある）．

誘導性リアクタンス X_L〔Ω〕だけを接続すると，電圧より位相が90°遅れた電流が流れる．

$$I_L = \frac{V}{X_L} = \frac{V}{2\pi fL}\text{〔A〕}$$

ただし，$X_L = 2\pi fL$〔Ω〕

f：周波数〔Hz〕

L：自己インダクタンス〔H〕（ヘンリー）

誘導性リアクタンスに流れる電流は，周波数に反比例する．

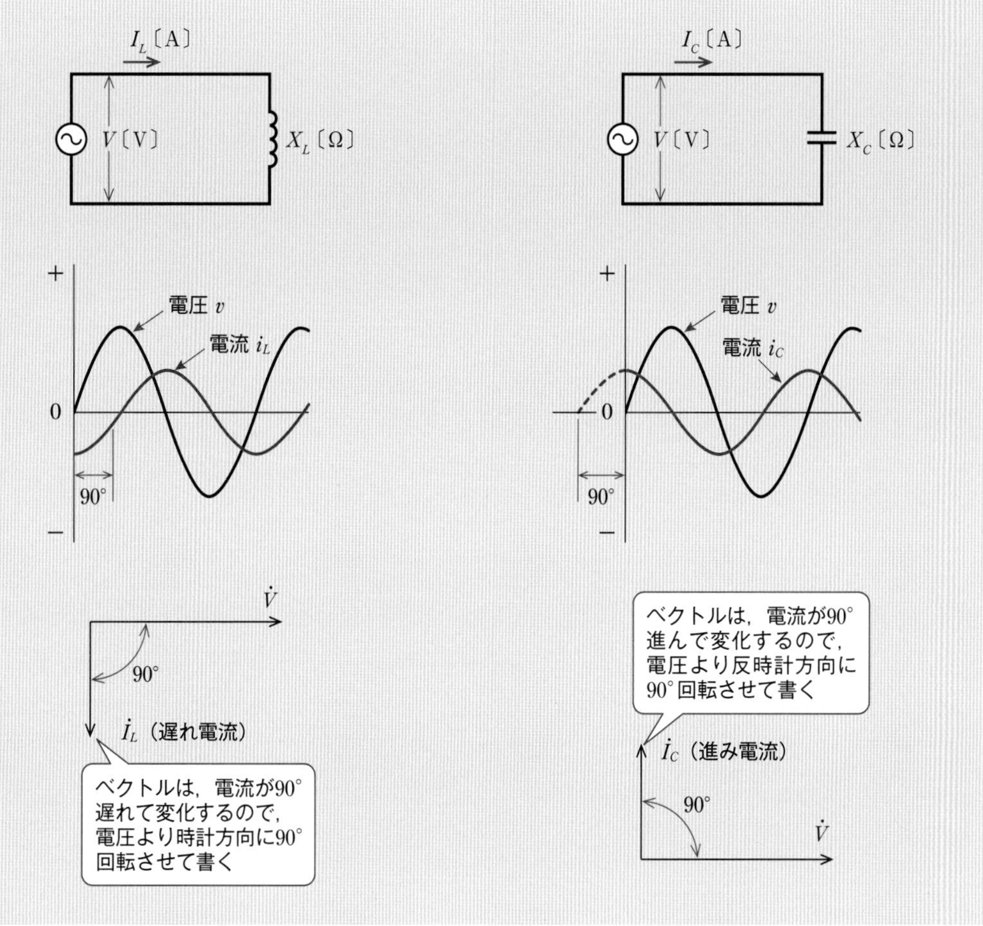

（3） 容量性リアクタンス回路

コンデンサが，交流に対して電流の流れを妨げる大きさを容量性リアクタンスといい，一般に X_C〔Ω〕で表される（X〔Ω〕で表すこともある）.

容量性リアクタンス X_C〔Ω〕だけを接続すると，電圧より位相が90°進んだ電流が流れる.

$$I_C = \frac{V}{X_C} = \frac{V}{1/2\pi fC} = 2\pi fCV \text{〔A〕}$$

ただし，$X_C = \dfrac{1}{2\pi fC}$〔Ω〕

f：周波数〔Hz〕

C：静電容量〔F〕（ファラド）

容量性リアクタンスに流れる電流は，周波数に比例する.

例　題

実効値 200 V の正弦波交流電圧の最大値〔V〕は.

イ．200　　ロ．282

ハ．346　　ニ．400

解答・解説 ロ．282

最大値 $=\sqrt{2}\times$ 実効値 $=1.41\times 200=282$〔V〕

練習問題

	問題	選択肢
1	正弦波交流電圧の実効値は.	イ. $\dfrac{最大値}{\sqrt{2}}$　ロ. $\sqrt{2}$ × 最大値 ハ. $\sqrt{3}$ × 最大値　ニ. $\dfrac{最大値}{\sqrt{3}}$
2	コイルに100V，50Hzの交流電圧を加えたら6Aの電流が流れた．このコイルに100V，60Hzの交流電圧を加えたときに流れる電流〔A〕は. ただし，コイルの抵抗は無視する.	イ. 4　ロ. 5 ハ. 6　ニ. 7
3	コンデンサに100V，50Hzの交流電圧を加えると3Aの電流が流れた．このコンデンサに100V，60Hzの交流電圧を加えたときに流れる電流〔A〕は.	イ. 0　ロ. 2.5 ハ. 3.0　ニ. 3.6
4	図のような正弦波交流回路の電源電圧 v に対する電流 i の波形として，**正しいものは**. 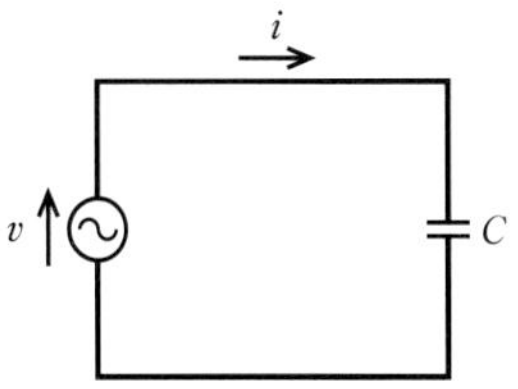 （図：v，i，C）	イ. 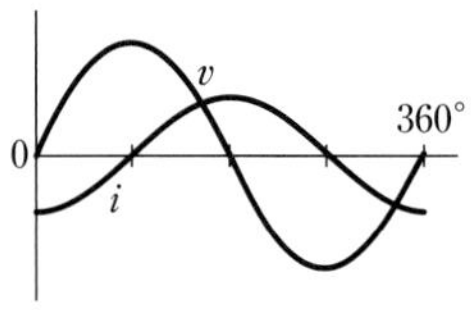　ロ. 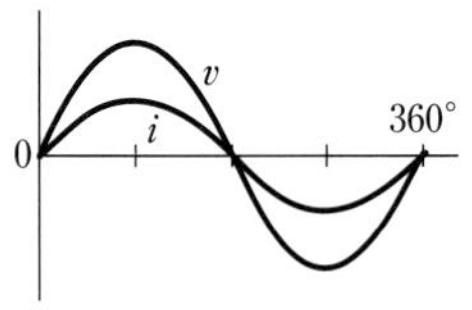　ハ. 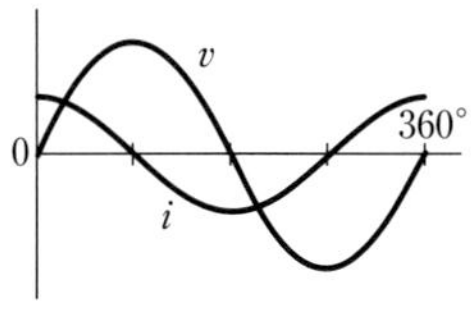　ニ.（各図：v，i，0，360°） 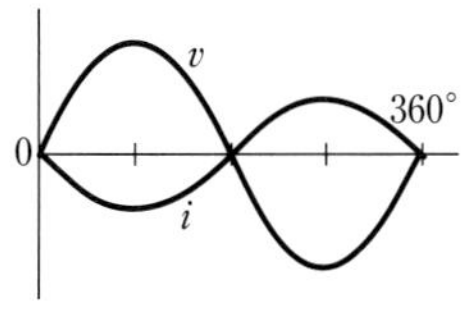
5	図のような正弦波交流回路の電源電圧 v に対する電流 i の波形として，**正しいものは**. 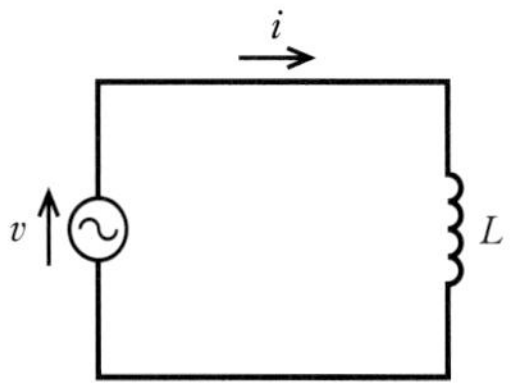 （図：v，i，L）	イ. 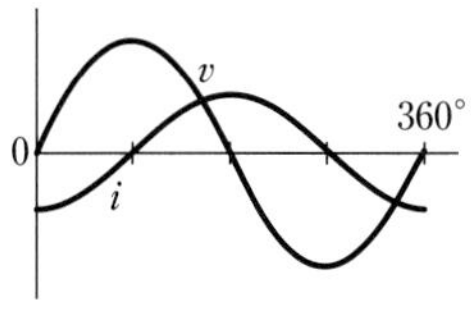　ロ. 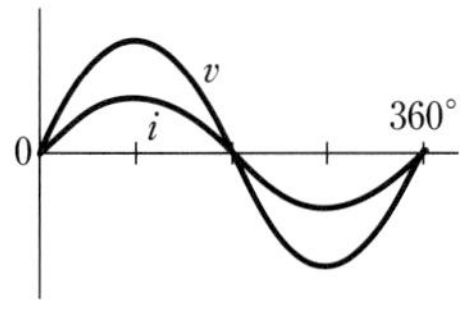　ハ. 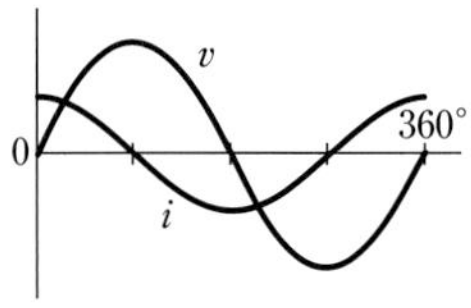　ニ.（各図：v，i，0，360°） 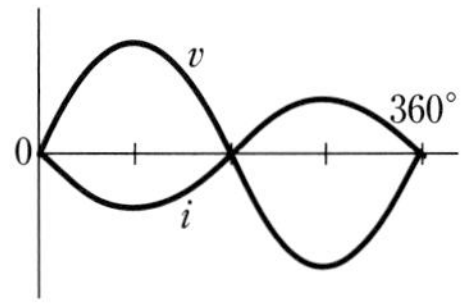

解答・解説

1．イ．最大値/$\sqrt{2}$

$$実効値 = \frac{最大値}{\sqrt{2}}$$

2．ロ．5

コイルに100V，50Hzの交流電圧を加えたら6Aの電圧が流れたことから，コイルの誘導性リアクタンスX_{L50}〔Ω〕は，

$$X_{L50} = \frac{100}{6}〔\Omega〕$$

コイルの自己インダクタンスL〔H〕は，

$$X_{L50} = 2\pi f L〔\Omega〕$$

$$L = \frac{X_{L50}}{2\pi f} = \frac{\frac{100}{6}}{2\pi \times 50}$$

$$= \frac{100}{6} \times \frac{1}{100\pi} = \frac{1}{6\pi}〔H〕$$

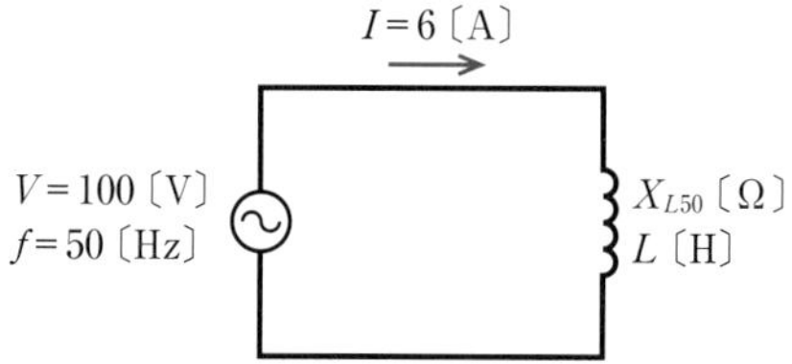

自己インダクタンス $L = 1/6\pi$〔H〕のコイルに周波数60Hzの交流電圧を加えると，誘導性リアクタンスX_{L60}〔Ω〕は，

$$X_{L60} = 2\pi f L = 2\pi \times 60 \times \frac{1}{6\pi} = 20〔\Omega〕$$

このコイルに100Vの交流電圧を加えたときに流れる電流I〔A〕は，

$$I = \frac{V}{X_{L60}} = \frac{100}{20} = 5〔A〕$$

3．ニ．3.6

コンデンサに100V，50Hzの交流電圧を加えたら3Aの電圧が流れたことから，コンデンサの容量性リアクタンスX_{C50}〔Ω〕は，

$$X_{C50} = \frac{100}{3}〔\Omega〕$$

コンデンサの静電容量C〔F〕は，

$$X_{C50} = \frac{1}{2\pi f C}〔\Omega〕$$

$$C = \frac{1}{2\pi f X_{C50}} = \frac{1}{2\pi \times 50 \times \frac{100}{3}}$$

$$= \frac{3}{10\,000\pi}〔F〕$$

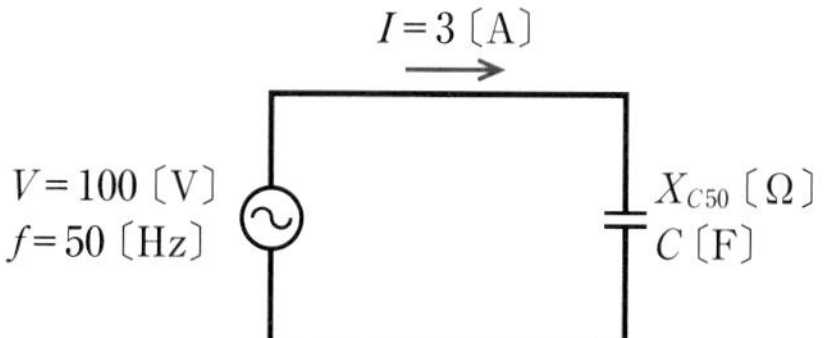

静電容量 $C = 3/10\,000\pi$〔F〕のコンデンサに，周波数60Hzの交流電圧を加えると，容量性リアクタンスX_{C60}〔Ω〕は，

$$X_{C60} = \frac{1}{2\pi f C} = \frac{1}{2\pi \times 60 \times \frac{3}{10\,000\pi}}$$

$$= \frac{1\,000}{36}〔\Omega〕$$

このコンデンサに100Vの交流電圧を加えたときに流れる電流I〔A〕は，

$$I = \frac{V}{X_{C60}} = \frac{100}{\frac{1\,000}{36}} = 100 \times \frac{36}{1\,000} = 3.6〔A〕$$

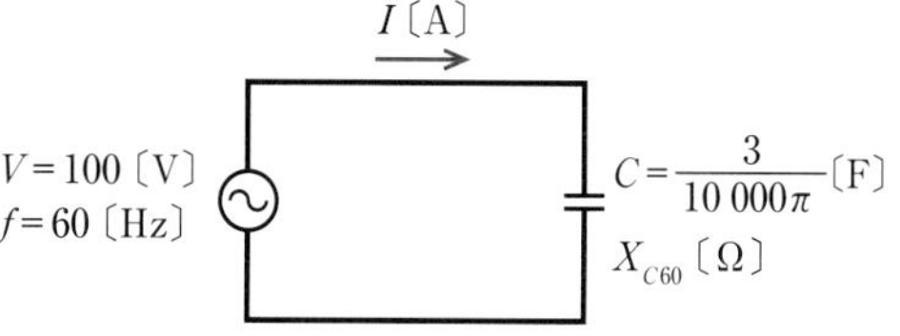

4．ハ．

コンデンサに流れる電流は，電圧より90°位相が進む．

5．イ．

コイルに流れる電流は，電圧より90°位相が遅れる．

5 交流の直列回路

ポイント!

●抵抗・誘導性リアクタンスの直列回路

電圧　$V=\sqrt{V_R^2+V_L^2}$〔V〕

インピーダンス　$Z=\sqrt{R^2+X_L^2}$〔Ω〕

電流　$I=\dfrac{V}{Z}$〔A〕

力率　$\cos\theta=\dfrac{R}{Z}=\dfrac{V_R}{V}$

電力　$P=VI\cos\theta$〔W〕

$=I^2R=V_RI$〔W〕

インピーダンスZは，交流回路の流れる電流を制限する．

力率$\cos\theta$は，電源電圧と電流の時間的なずれの程度を表す．

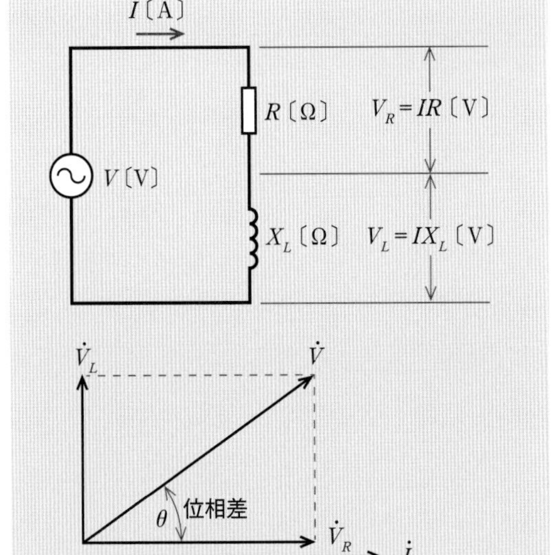

例題1

図のような交流回路において，抵抗8Ωの両端の電圧V〔V〕は．

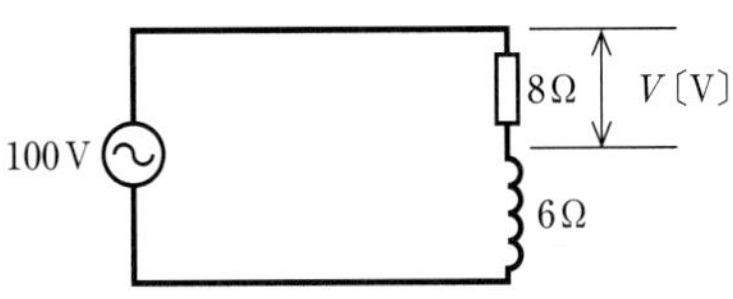

イ．43　　ロ．57

ハ．60　　ニ．80

解答・解説 ニ．80

インピーダンスZは，

$Z=\sqrt{R^2+X_L^2}$

$=\sqrt{8^2+6^2}=\sqrt{100}=10$〔Ω〕

回路に流れる電流Iは，

$I=\dfrac{V}{Z}=\dfrac{100}{10}=10$〔A〕

抵抗8Ωに加わる電圧は，

$V=IR=10\times8=80$〔V〕

例題2

図のような抵抗とリアクタンスとが直列に接続された回路の消費電力〔W〕は．

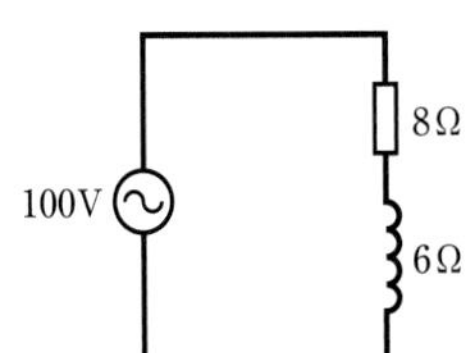

イ．　600　　ロ．　800

ハ．1 000　　ニ．1 250

解答・解説 ロ. 800

インピーダンス Z は,

$$Z=\sqrt{R^2+X_L^2}$$
$$=\sqrt{8^2+6^2}=\sqrt{64+36}=\sqrt{100}=10\ 〔\Omega〕$$

回路に流れる電流 I は,

$$I=\frac{V}{Z}=\frac{100}{10}=10\ 〔\mathrm{A}〕$$

力率 $\cos\theta$ は,

$$\cos\theta=\frac{R}{Z}=\frac{8}{10}=0.8\ (80\%)$$

消費電力 P は,

$$P=VI\cos\theta=100\times10\times0.8=800\ 〔\mathrm{W}〕$$

あるいは,

$$P=I^2R=10^2\times8=100\times8=800\ 〔\mathrm{W}〕$$

練習問題

	問題	選択肢
1	図のような交流回路において,抵抗 12Ω の両端の電圧 V〔V〕は. 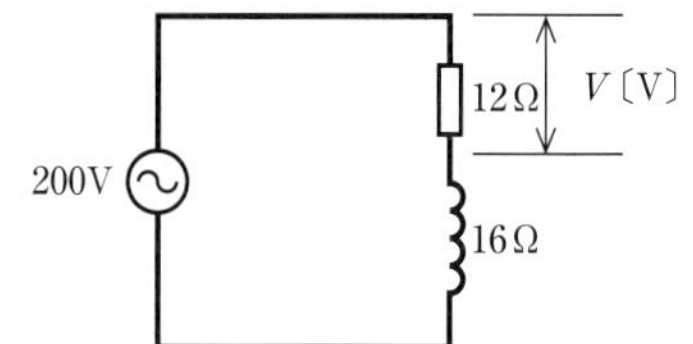 	イ. 86　ロ. 114 ハ. 120　ニ. 160
2	図のような交流回路で,電源電圧 204V,抵抗の両端の電力が 180V,リアクタンスの両端の電圧が 96V であるとき,負荷の力率〔%〕は. 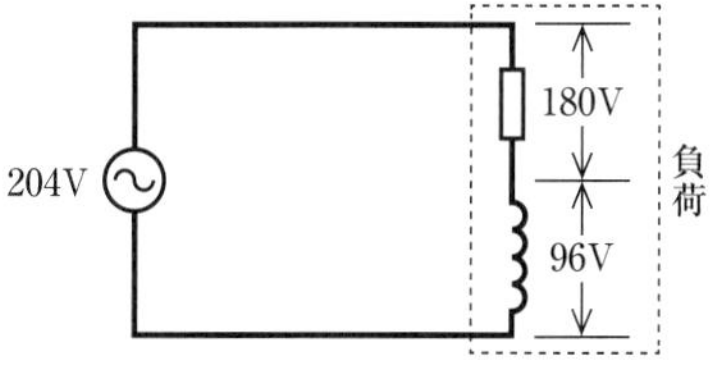 	イ. 35　ロ. 47 ハ. 65　ニ. 88
3	図のような交流回路の力率〔%〕を表す式は. 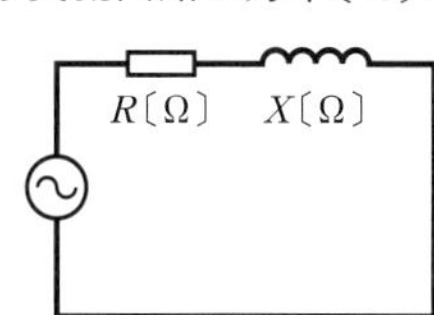 	イ. $\frac{100RX}{R^2+X^2}$　ロ. $\frac{100R}{\sqrt{R^2+X^2}}$ ハ. $\frac{100X}{\sqrt{R^2+X^2}}$　ニ. $\frac{100R}{R^2+X^2}$

解答・解説

1. ハ. 120

インピーダンス Z は,

$$Z=\sqrt{R^2+X_L^2}=\sqrt{12^2+16^2}=\sqrt{400}=20\ 〔\Omega〕$$

回路に流れる電流 I は,

$$I=\frac{200}{20}=10\ 〔\mathrm{A}〕$$

抵抗 12Ω の両端の電圧 V は,

$$V=IR=10\times12=120\ 〔\mathrm{V}〕$$

2. ニ. 88

負荷の力率 $\cos\theta$ は,

$$\cos\theta=\frac{V_R}{V}=\frac{180}{204}\fallingdotseq0.88\ (88\%)$$

3. ロ. $\frac{100R}{\sqrt{R^2+X^2}}$

回路のインピーダンス Z〔Ω〕は,

$$Z=\sqrt{R^2+X^2}\ 〔\Omega〕$$

力率 $\cos\theta$〔%〕を表す式は,

$$\cos\theta=\frac{R}{Z}\times100=\frac{R}{\sqrt{R^2+X^2}}\times100$$
$$=\frac{100R}{\sqrt{R^2+X^2}}\ 〔\%〕$$

6 交流の並列回路

ポイント！

◉抵抗・誘導性リアクタンスの並列回路

$I_R = \dfrac{V}{R}$〔A〕

$I_L = \dfrac{V}{X_L}$〔A〕

全電流　$I = \sqrt{I_R{}^2 + I_L{}^2}$〔A〕

力率　$\cos\theta = \dfrac{I_R}{I}$

電力　$P = VI\cos\theta = VI_R = I_R{}^2 R = \dfrac{V^2}{R}$〔W〕

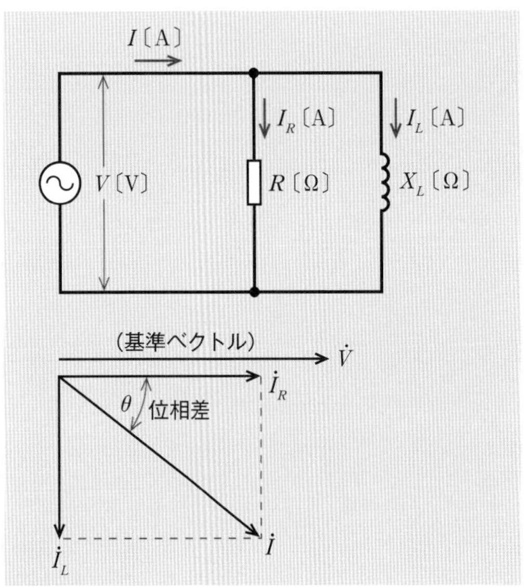

◉抵抗・容量性リアクタンスの並列回路

$I_R = \dfrac{V}{R}$〔A〕

$I_C = \dfrac{V}{X_C}$〔A〕

全電流　$I = \sqrt{I_R{}^2 + I_C{}^2}$〔A〕

力率　$\cos\theta = \dfrac{I_R}{I}$

電力　$P = VI\cos\theta = VI_R = I_R{}^2 R = \dfrac{V^2}{R}$〔W〕

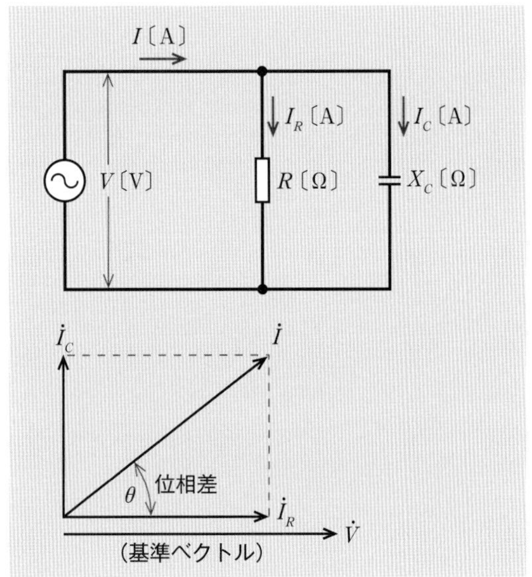

例題 1

図のような回路で，電流計Ⓐの指示値〔A〕は．

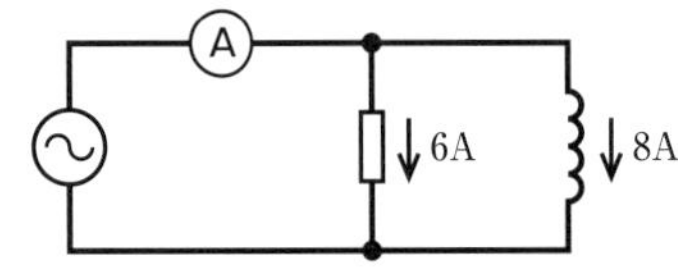

イ．2　　ロ．10

ハ．12　　ニ．14

解答・解説 ロ．10

$I = \sqrt{I_R{}^2 + I_L{}^2} = \sqrt{6^2 + 8^2} = \sqrt{36 + 64} = \sqrt{100}$

$= 10$〔A〕

例題2

図のような回路で，回路の力率〔%〕は．

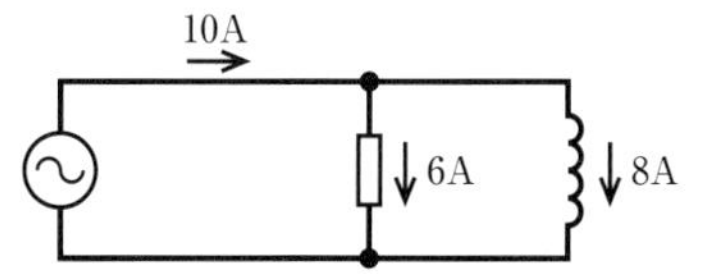

イ．43　　ロ．60
ハ．75　　ニ．80

解答・解説 ロ．60

$$\cos\theta = \frac{I_R}{I} = \frac{6}{10} = 0.6\ (60\%)$$

練習問題

	問題	選択肢
1	図のような回路で，抵抗 R に流れる電流が 4A，リアクタンス X に流れる電流が 3A であるとき，この回路の消費電力〔W〕は．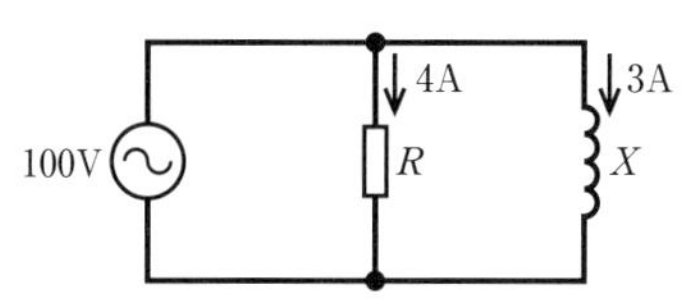	イ．300　ロ．400 ハ．500　ニ．700
2	図のような抵抗とリアクタンスとが並列に接続された回路の消費電力〔W〕は．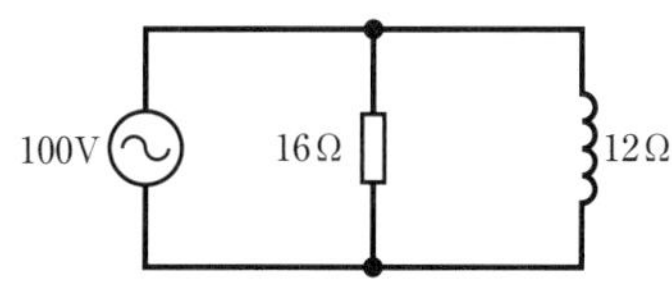	イ．500　ロ．625 ハ．833　ニ．1 042
3	図のような回路で，電源電圧が 24V，抵抗 R = 4Ω に流れる電流が 6A，リアクタンス X_L=3Ω に流れる電流が 8A であるとき，回路の力率〔%〕は．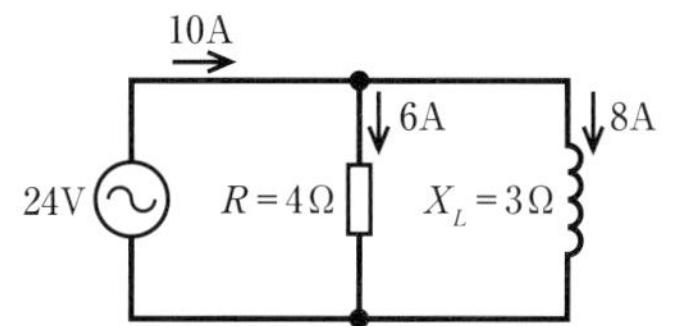	イ．43　ロ．60 ハ．75　ニ．80

解答・解説

1．ロ．400

電力を消費するのは，抵抗だけである．

$P = VI_R = 100 \times 4 = 400$〔W〕

2．ロ．625

抵抗Rで消費される電力P〔W〕は，

$$P = \frac{V^2}{R} = \frac{100^2}{16} = 625\ \text{〔W〕}$$

3．ロ．60

$$\cos\theta = \frac{I_R}{I} = \frac{6}{10} = 0.6\ (60\%)$$

7 三相交流回路

ポイント!

◉三相交流とは

位相が120°ずつずれた3つの単相交流の集まりである.

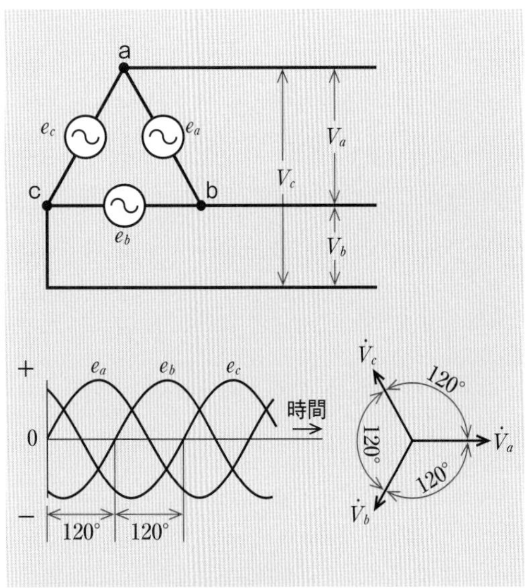

◉負荷の$\curlyvee$(スター)結線(星形結線)

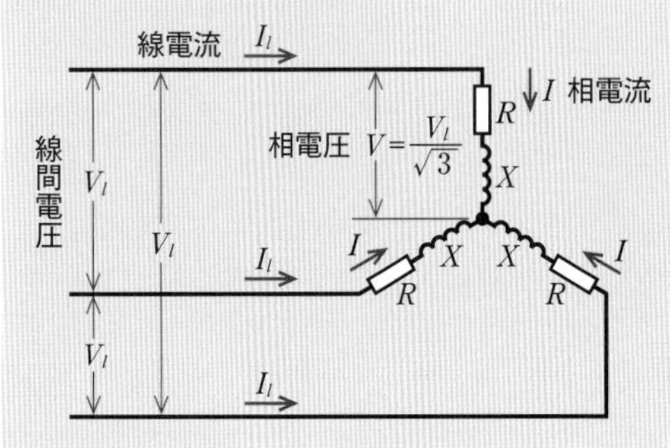

線間電圧 $=\sqrt{3}\times$ 相電圧　$V_l=\sqrt{3}\,V$〔V〕

相電圧 $=\dfrac{\text{線間電圧}}{\sqrt{3}}$　$V=\dfrac{V_l}{\sqrt{3}}$〔V〕

線電流 = 相電流　$I_l=I$〔A〕

電力　$P=\sqrt{3}\,V_lI_l\cos\theta=3I^2R$〔W〕

$\cos\theta$：力率

(抵抗負荷の場合は1である)

◉負荷の△(デルタ)結線(三角形結線)

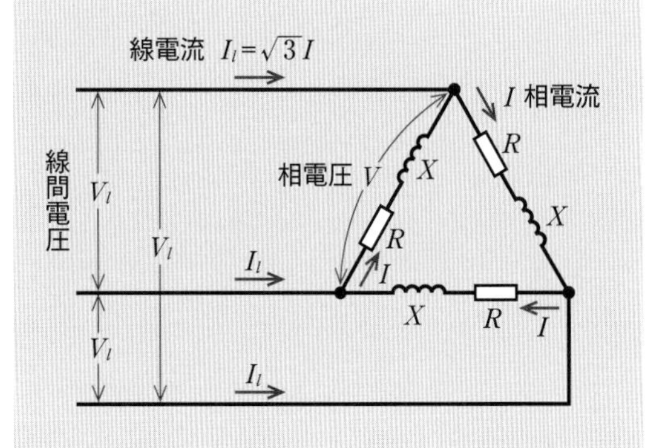

線間電圧 = 相電圧　$V_l=V$〔V〕

線電流 $=\sqrt{3}\times$ 相電流　$I_l=\sqrt{3}\,I$〔A〕

相電流 $=\dfrac{\text{線電流}}{\sqrt{3}}$　$I=\dfrac{I_l}{\sqrt{3}}$〔A〕

電力　$P=\sqrt{3}\,V_lI_l\cos\theta=3I^2R$〔W〕

$\cos\theta$：力率

(抵抗負荷の場合は1である)

例題 1

図のような回路で, 線間電圧 E〔V〕は.

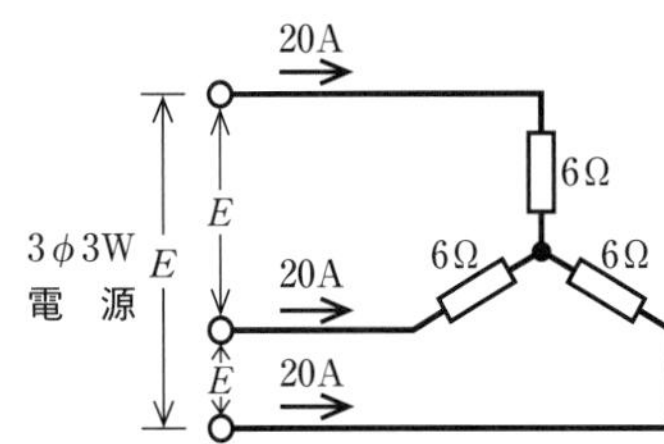

イ. 120　　ロ. 173

ハ. 208　　ニ. 240

解答・解説 ハ．208

相電圧 V は，

$V=20\times6=120$〔V〕

線間電圧 E は，

$E=\sqrt{3}\,V=1.73\times120\fallingdotseq208$〔V〕

例題２

三相 200 V の電源に図のような負荷を接続したとき，電流計Ⓐの指示値〔A〕は，

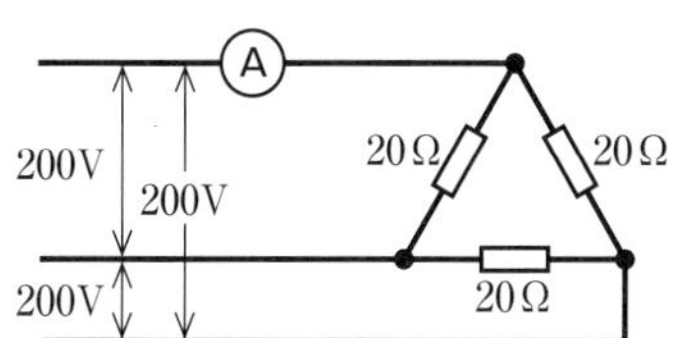

イ．10.0　　ロ．17.3

ハ．20.0　　ニ．34.6

解答・解説 ロ．17.3

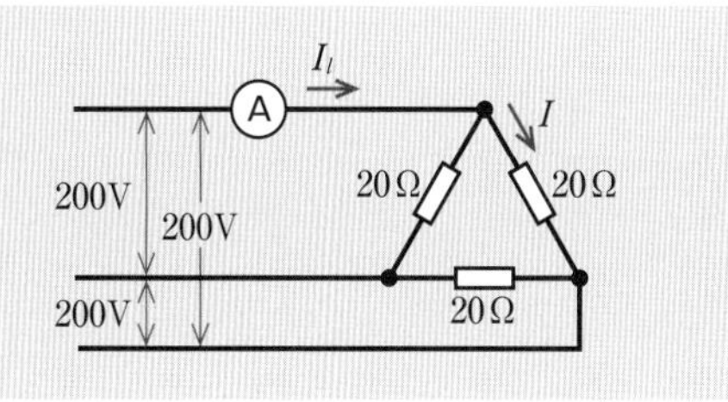

相電流 I は，

$$I=\frac{200}{20}=10\text{〔A〕}$$

線電流 I_l は，

$I_l=\sqrt{3}\,I=1.73\times10=17.3$〔A〕

電流計Ⓐは，線電流の17.3Aを指示する．

例題３

図のような三相３線式回路に流れる電流 I〔A〕は．

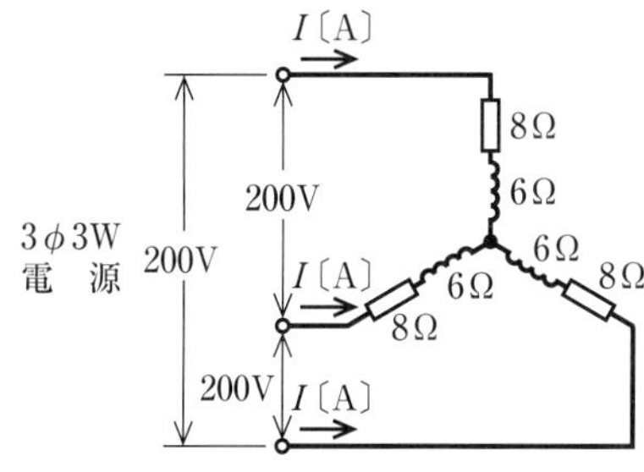

イ．8.3　　ロ．11.6

ハ．14.3　　ニ．20.0

解答・解説 ロ．11.6

１相のインピーダンス Z は，

$Z=\sqrt{8^2+6^2}=\sqrt{64+36}=\sqrt{100}=10$〔Ω〕

相電圧 V は，

$V=200/\sqrt{3}$〔V〕

三相３線式回路に流れる電流 I は，

$$I=\frac{V}{Z}=\frac{200/\sqrt{3}}{10}=\frac{200}{10\sqrt{3}}=\frac{20}{\sqrt{3}}$$

$\fallingdotseq11.6$〔A〕

練習問題

	問題	選択肢
1	図のような三相3線式回路に流れる電流 I〔A〕は.	イ. 8.3　ロ. 11.6 ハ. 14.3　ニ. 20.0
2	図のような電源電圧 E〔V〕の三相3線式回路で, 図中の×印点で断線した場合, 断線後の a－c 間の抵抗 R〔Ω〕に流れる電流 I〔A〕を示す式は. 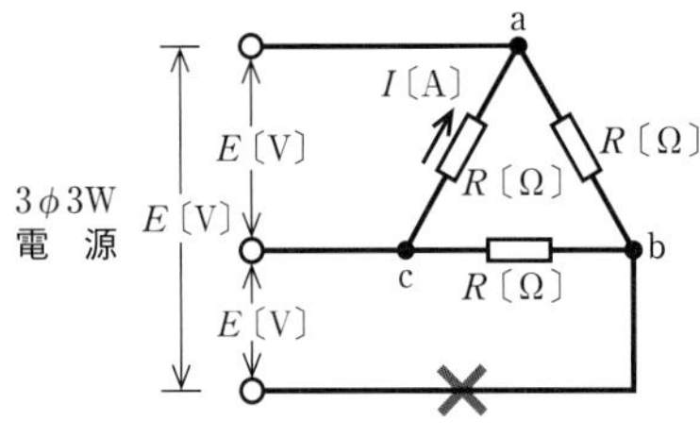 	イ. $\dfrac{E}{2R}$　ロ. $\dfrac{E}{\sqrt{3}R}$ ハ. $\dfrac{E}{R}$　ニ. $\dfrac{3E}{2R}$
3	図のような三相3線式 200 V の回路で, c－o 間の抵抗が断線した. 断線前と断線後の a－o 間の電圧 V の値〔V〕の組合せとして, **正しいものは**. 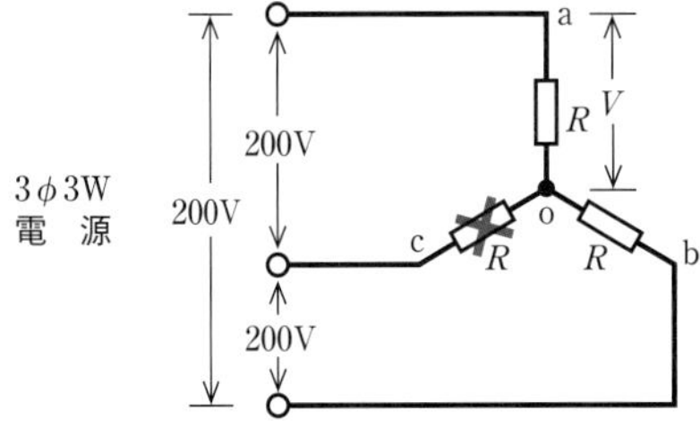 	イ. 断線前 116 断線後 116　ロ. 断線前 116 断線後 100 ハ. 断線前 100 断線後 116　ニ. 断線前 100 断線後 100
4	図のような三相3線式回路の全消費電力〔kW〕は. 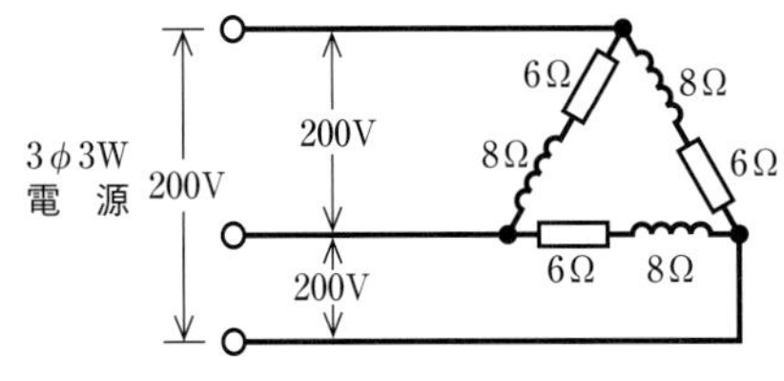 	イ. 2.4　ロ. 4.8 ハ. 7.2　ニ. 9.6

解答・解説

1. ロ. 11.6

10Ωに加わる相電圧 V は,

$$V=\frac{200}{\sqrt{3}}=\frac{200}{1.73}\fallingdotseq 116\ 〔\mathrm{V}〕$$

回路に流れる電流 I は,

$$I=\frac{116}{10}=11.6\ 〔\mathrm{A}〕$$

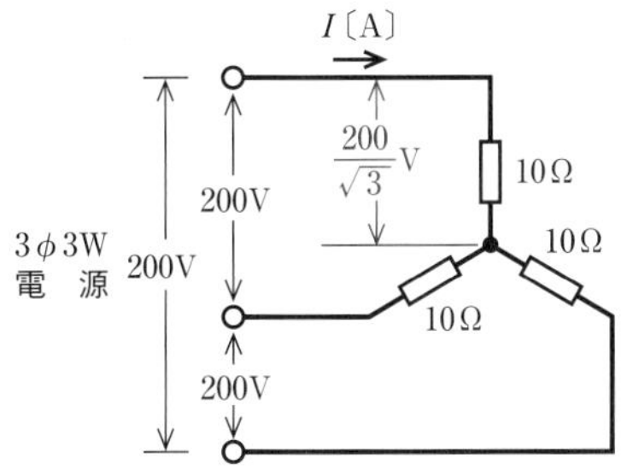

2. ハ. E/R

断線後に a－c 間の抵抗 R に加わる電圧は,断線前と同じ E〔V〕である.

したがって,断線後の a－c 間の抵抗 R に流れるる電流 I は,

$$I=\frac{E}{R}\ 〔\mathrm{A}〕$$

3. ロ. 断線前116　　断線後100

c－o 間の抵抗が断線する前は,抵抗 R が Y 結線になっているので,相電圧 V_1 が a－o 間に加わっている.

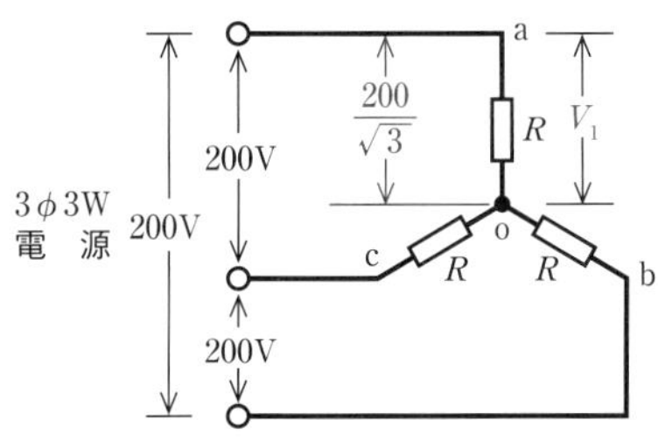

$$V_1=\frac{200}{\sqrt{3}}=\frac{200}{1.73}\fallingdotseq 116\ 〔\mathrm{V}〕$$

c－o 間の抵抗が断線すると,a－b 間に抵抗 R が2つ直列に接続されて,200 V の電圧が加わった状態になる.

このとき流れる電流 I は,

$$I=\frac{200}{R+R}=\frac{200}{2R}=\frac{100}{R}\ 〔\mathrm{A}〕$$

断線後に a－o 間に加わる電圧 V_2 は,

$$V_2=IR=\frac{100}{R}\times R=100\ 〔\mathrm{V}〕$$

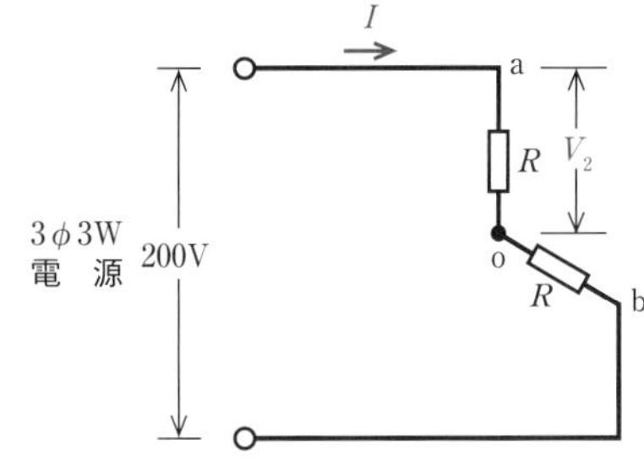

4. ハ. 7.2

1相のインピーダンス Z は,

$$Z=\sqrt{R^2+X_L{}^2}=\sqrt{6^2+8^2}=\sqrt{100}=10\ 〔\Omega〕$$

抵抗 6Ω に流れる電流 I は,

$$I=\frac{200}{Z}=\frac{200}{10}=20\ 〔\mathrm{A}〕$$

全消費電力 P は,

$$P=3I^2R=3\times 20^2\times 6=7\,200〔\mathrm{W}〕$$
$$=7.2〔\mathrm{kW}〕$$

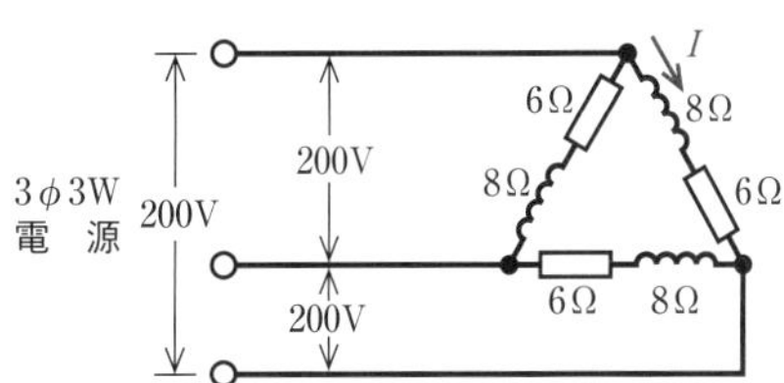

8 交流回路の電力・電力量・力率改善

ポイント！

◉単相交流電力・電力量

消費電力 P は，

$$P = V_l I_l \cos\theta \text{〔W〕}$$

電力量 W は，電力を P〔kW〕，使用時間を t〔h〕とすると，

$$W = Pt \text{〔kW·h〕}$$

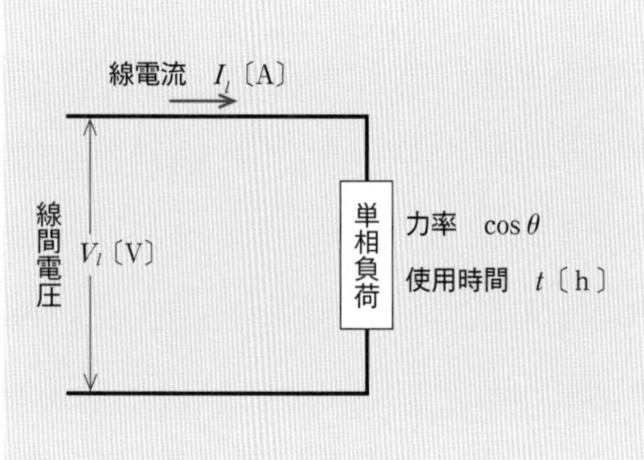

◉三相交流電力・電力量

消費電力 P は，

$$P = \sqrt{3}\, V_l I_l \cos\theta \text{〔W〕}$$

電力量 W は，電力を P〔kW〕，使用時間を t〔h〕とすると，

$$W = Pt \text{〔kW·h〕}$$

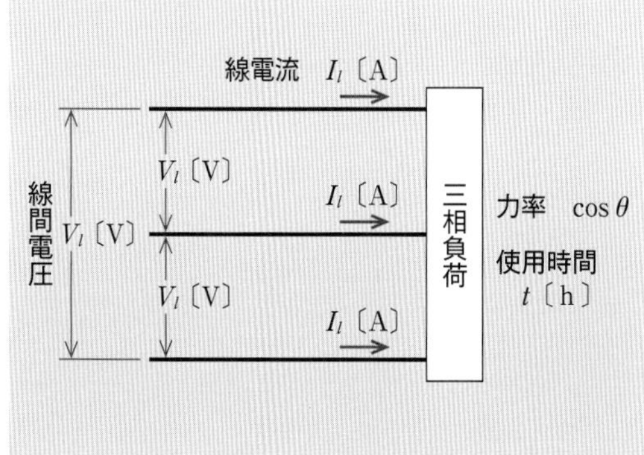

◉力率改善

交流回路では，一般的に電圧と電流が時間的にずれている．時間的なずれが大きいほど力率が低くなる．力率が低いと，同じ電力を消費しても流れる電流が大きくなり，電圧降下と電線の電力損失が大きくなる．

力率が低い場合には，コンデンサを負荷と並列に接続して力率を改善する必要がある．コンデンサを負荷と並列に接続すると，コンデンサに流れる進み電流が，負荷に流れる遅れ電流を打ち消し，電線に流れる電流を減少させる．

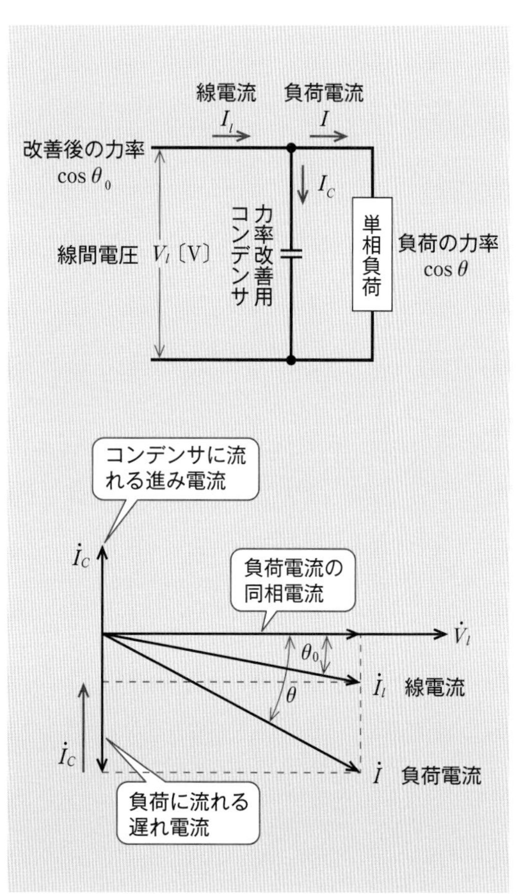

例題

単相 200 V の回路に，消費電力 2.0 kW，力率 80 %の負荷を接続した場合，回路に流れる電流〔A〕は．

イ．7.2　ロ．8.0　ハ．10.0　ニ．12.5

解答・解説 ニ．12.5

単相交流電力の計算式から，

$$P = VI\cos\theta \ 〔\mathrm{W}〕$$

$$I = \frac{P}{V\cos\theta} = \frac{2\,000}{200\times0.8} = 12.5〔\mathrm{A}〕$$

練習問題

	問題	選択肢
1	単相交流回路で 200V の電圧を力率 90%の負荷に加えたとき，15A の電流が流れた．負荷の消費電力〔kW〕は．	イ．2.4　ロ．2.7　ハ．3.0　ニ．3.3
2	定格電圧 V〔V〕，定格電流 I〔A〕の三相誘導電動機を定格状態で時間 t〔h〕の間，連続運転したところ，消費電力量が W〔kW・h〕であった．この電動機の力率〔%〕を表す式は．	イ．$\frac{Wt}{3VI}\times10^5$　ロ．$\frac{\sqrt{3}VI}{Wt}\times10^5$　ハ．$\frac{3VI}{Wt}\times10^5$　ニ．$\frac{W}{\sqrt{3}VIt}\times10^5$
3	図のような交流回路で，負荷に対してコンデンサ C を設置して，力率を 100%に改善した．このときの電流計の指示値は．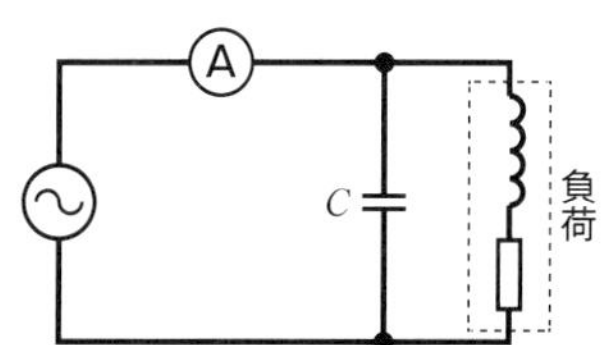	イ．零になる． ロ．コンデンサ設置前と比べて変化しない． ハ．コンデンサ設置前と比べて増加する． ニ．コンデンサ設置前と比べて減少する．

解答・解説

1．ロ．2.7

消費電力 P〔kW〕は，

$$P = VI\cos\theta = 200\times15\times0.9 = 2\,700〔\mathrm{W}〕= 2.7〔\mathrm{kW}〕$$

2．ニ．$(W/\sqrt{3}VIt)\times10^5$

$$W = \sqrt{3}VI\cos\theta\times10^{-3}t \ 〔\mathrm{kW\cdot h}〕$$

$$\cos\theta = \frac{W}{\sqrt{3}VIt\times10^{-3}} = \frac{W}{\sqrt{3}VIt}\times10^3 \ (\text{小数})$$

力率 $\cos\theta$ を%で表すと，

$$\cos\theta = \frac{W}{\sqrt{3}VIt}\times10^3\times100 = \frac{W}{\sqrt{3}VIt}\times10^5 \ 〔\%〕$$

3．ニ．コンデンサ設置前と比べて減少する．

負荷の遅れ電流がコンデンサの進み電流に打ち消されて，電流計の指示値は減少する．

[Chapter 1] 基礎理論の要点整理

1. オームの法則

$I = \dfrac{V}{R}$〔A〕

$V = IR$〔V〕

$R = \dfrac{V}{I}$〔Ω〕

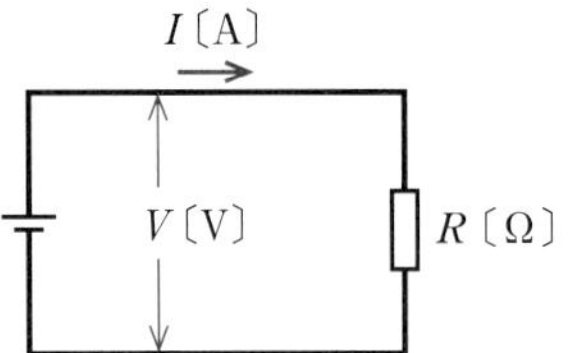

2. 合成抵抗

(1) 直列接続

$R = R_1 + R_2$〔Ω〕

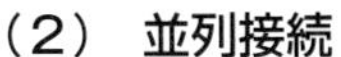

(2) 並列接続

$R = \dfrac{1}{\dfrac{1}{R_1} + \dfrac{1}{R_2}}$〔Ω〕

$= \dfrac{R_1 R_2}{R_1 + R_2}$〔Ω〕

3. 電線の抵抗

$R = \rho \dfrac{l}{A}$〔Ω〕

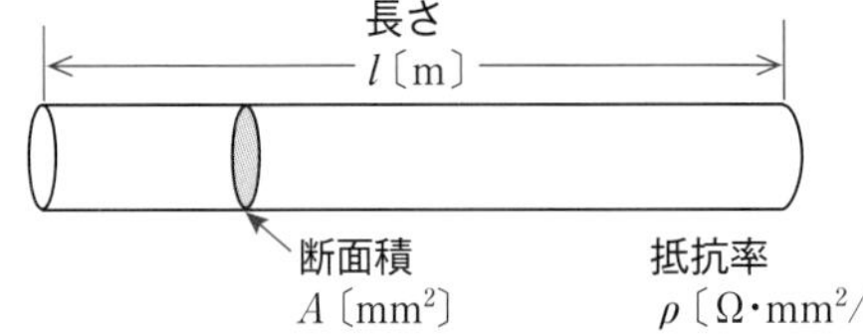

4. 電力・電力量・熱量

$P = VI = I^2 R$

$= \dfrac{V^2}{R}$〔W〕

$W = Pt$〔kW·h〕

(P〔kW〕)

$Q = 3\,600Pt$〔kJ〕

I〔A〕 V〔V〕 R〔Ω〕 P〔W〕

5. 単相交流回路

(1) 実効値と最大値

$実効値 = \dfrac{最大値}{\sqrt{2}}$　　$最大値 = \sqrt{2} \times 実効値$

(2) 抵抗・誘導性リアクタンスの直列回路

$V = \sqrt{V_R^2 + V_L^2}$〔V〕

$Z = \sqrt{R^2 + X_L^2}$〔Ω〕

$I = \dfrac{V}{Z}$〔A〕

$\cos\theta = \dfrac{R}{Z}$

$= \dfrac{V_R}{V}$

$P = VI\cos\theta$

$= I^2 R$〔W〕

$= V_R I$〔W〕

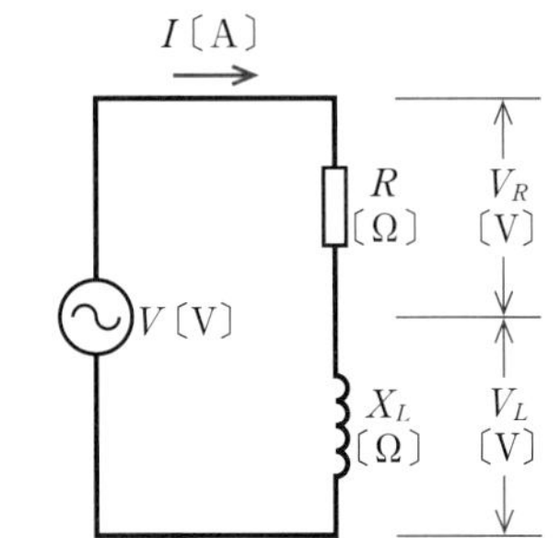

(3) 抵抗・誘導性リアクタンスの並列回路

$I_R = \dfrac{V}{R}$〔A〕　　$I_L = \dfrac{V}{X_L}$〔A〕

$I = \sqrt{I_R^2 + I_L^2}$〔A〕

$\cos\theta = \dfrac{I_R}{I}$

$P = VI\cos\theta = VI_R = I_R^2 R = \dfrac{V^2}{R}$〔W〕

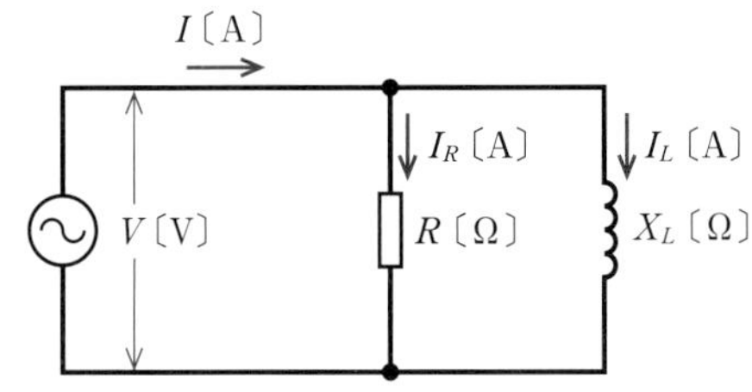

6. 三相交流回路

(1) スター結線

$V = \dfrac{V_l}{\sqrt{3}}$〔V〕

$P = \sqrt{3}\, V_l I_l \cos\theta$〔W〕

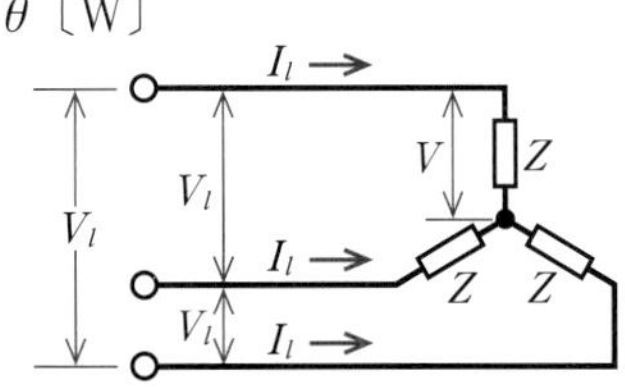

(2) デルタ結線

$I_l = \sqrt{3}\, I$〔A〕

$P = \sqrt{3}\, V_l I_l \cos\theta$〔W〕

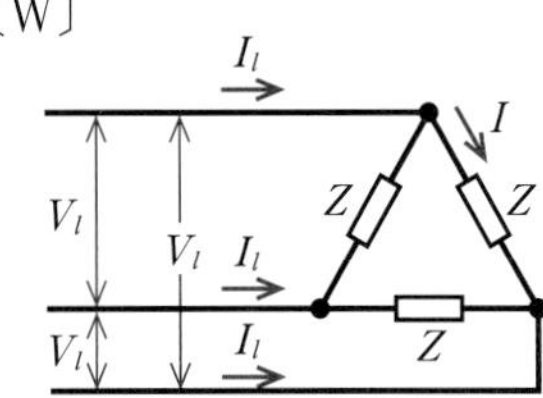

Chapter 2

配電理論・配線設計

1 電圧の種別・電気方式

ポイント！

◉電圧の種別

電圧は，電気設備技術基準第２条によって下表のように区分される．

電圧の種別	直　流	交　流
低　圧	750V 以下	600V 以下
高　圧	750V を超え 7 000V 以下	600V を超え 7 000V 以下
特別高圧	7 000V を超えるもの	

◉変圧器の低圧側の接地

配電用の変圧器は，高圧を低圧に下げる機器で，高圧側の巻線と低圧側の巻線が絶縁紙を隔てて密着して巻いてある．

絶縁不良になって，高圧側の巻線と低圧側の巻線が電気的に接続する（混触という）と，低圧側の電線と大地との電圧が上昇して危険な状態となる．混触をしても，大地との電圧が上昇しないように，低圧側を接地（Ｂ種接地工事）することになっている．

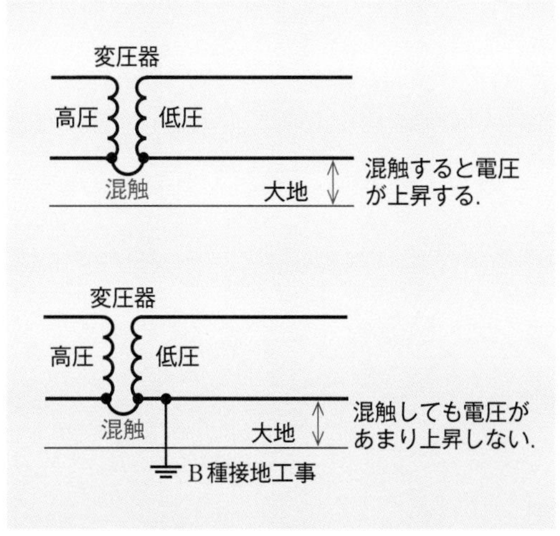

◉電気方式

電気方式の主なものは，単相２線式，単相３線式，三相３線式などがある．これらの線間電圧と対地電圧は，次のようになっている．

線間電圧は電線間の電圧を示し，対地電圧は非接地側電線と大地間の電圧を示す．

（１）　単相２線式（1ϕ2W 100V・1ϕ2W 200V）

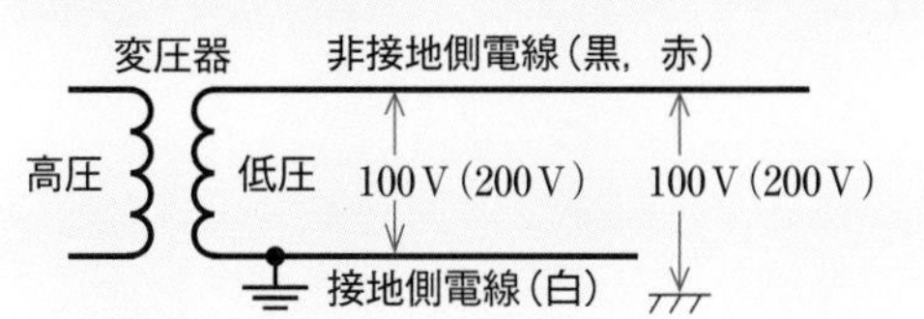

線間電圧	100V（200V）
対地電圧	100V（200V）
用　　途	電灯，コンセント，溶接機，電熱器

（２）　単相３線式（1ϕ3W 100/200V）

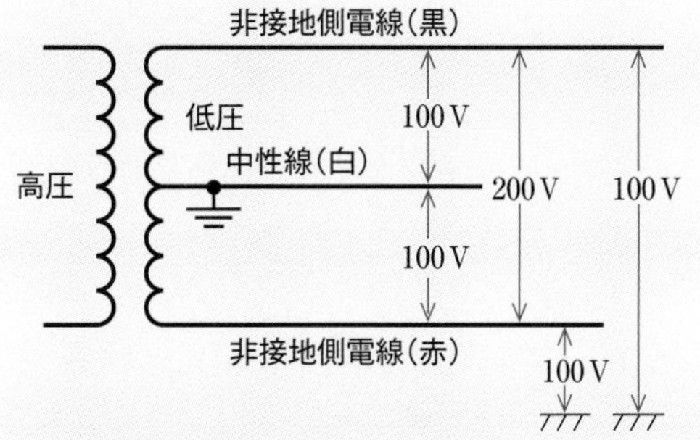

線間電圧	100V，200V
対地電圧	100V
用　　途	電灯，コンセント

（３）　三相３線式（3ϕ3W 200V）

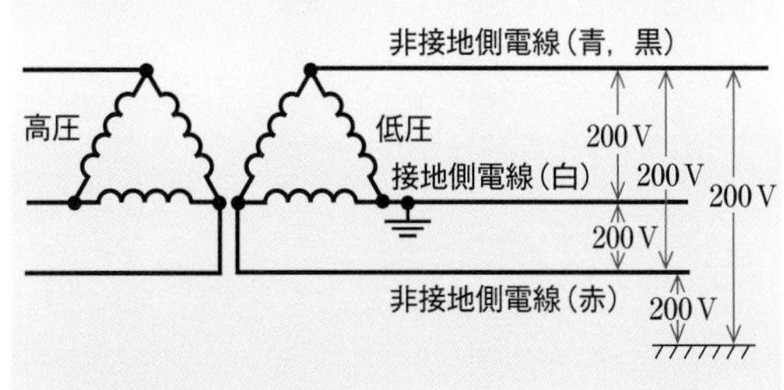

線間電圧	200V
対地電圧	200V
用　　途	三相電動機，溶接機，電熱器

例　題

「電気設備に関する技術基準を定める省令」における電圧の低圧区分の組合せで，**正しいものは．**

イ．交流600V以下，直流750V以下
ロ．交流600V以下，直流700V以下
ハ．交流600V以下，直流600V以下
ニ．交流750V以下，直流600V以下

解答・解説 **イ．交流 600V 以下，直流 750V 以下**

低圧は，交流が 600V 以下，直流が 750V 以下である．

練習問題

1	「電気設備に関する技術基準を定める省令」における電圧の低圧区分の組合せで，**正しいものは．**	イ．直流にあっては 600 V 以下，交流にあっては 600 V 以下のもの ロ．直流にあっては 750 V 以下，交流にあっては 600 V 以下のもの ハ．直流にあっては 600 V 以下，交流にあっては 750 V 以下のもの ニ．直流にあっては 750 V 以下，交流にあっては 750 V 以下のもの
2	絶縁被覆の色が赤色，白色，黒色の 3 種類の電線を使用した単相 3 線式 100/200V 屋内配線で，電線相互間及び電線と大地間の電圧を測定した．その結果として，電圧の組合せで，**適切なものは．** ただし，中性線は白色とする．	イ．赤色線と大地間　200 V　白色線と大地間 100 V 黒色線と大地間　0 V ロ．赤色線と黒色線間 100 V　赤色線と大地間　0 V 黒色線と大地間　200 V ハ．赤色線と白色線間 200 V　赤色線と大地間　0 V 黒色線と大地間　100 V ニ．赤色線と黒色線間 200 V　白色線と大地間　0 V 黒色線と大地間　100 V

解答・解説

1．ロ．

低圧は，直流にあっては 750 V 以下，交流にあっては 600 V 以下のものである．

2．ニ．

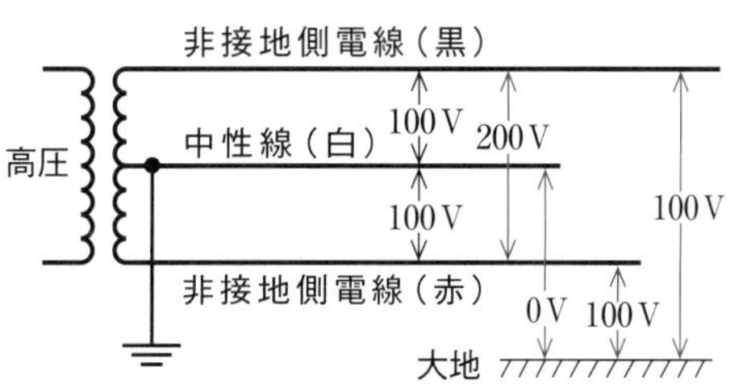

赤色線と黒色線間は 200 V，白色線と大地間は 0 V，黒色線と大地間は 100 V である．

2 単相2線式

ポイント！

◉電圧降下

電線には抵抗があるため，電流が流れると電圧が降下して，負荷に加わる電圧は電源電圧より下がる．

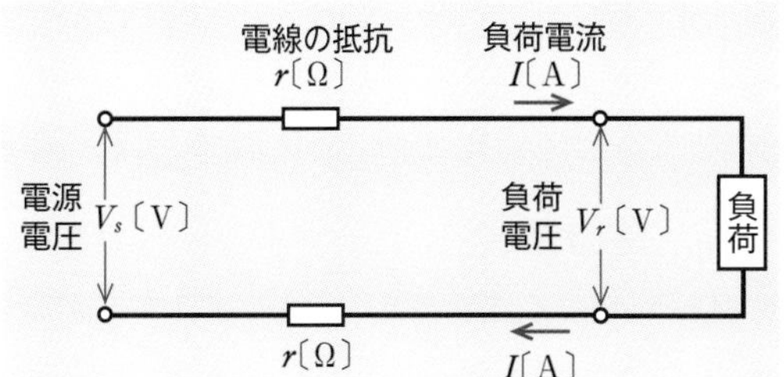

単相2線式は2本の電線で電気を送るため，1線当たりの電圧降下を求めて2倍すれば，全体の電圧降下となる．電線1本当たりの電圧降下はIr〔V〕であるから，全体の電圧降下は，

$$v = V_s - V_r = 2Ir \text{〔V〕}$$

◉電力損失

電線に電流が流れると，電線の抵抗によって電力損失を生ずる．単相2線式の電力損失は，1線当たりの電力損失の2倍となる．1本当たりの電力損失はI^2r〔W〕であるから，全体の電力損失は，

$$P_l = 2I^2r \text{〔W〕}$$

例題1

図のように，こう長16 mの配線により，消費電力2 000 Wの抵抗負荷に電力を供給した結果，負荷の両端の電圧は100 Vであった．この配線の電圧降下〔V〕は．ただし，電線の電気抵抗は長さ1 000 m当たり3.2 Ωとする．

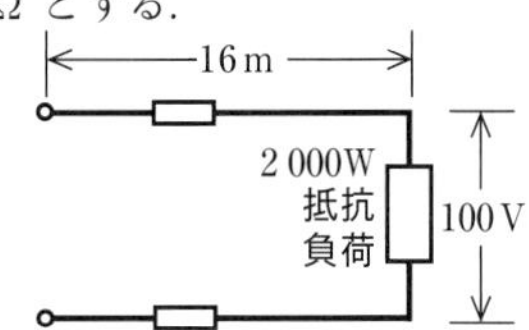

イ．1　　ロ．2

ハ．3　　ニ．4

解答・解説 ロ．2

電線に流れる電流は，

$$I = \frac{P}{V\cos\theta} = \frac{2\,000}{100 \times 1} = 20 \text{〔A〕}$$

電線1本16mの電気抵抗は，長さ1 000m当たり3.2Ωであるから，

$$r = \frac{3.2}{1\,000} \times 16 = 0.0512 \text{〔Ω〕}$$

したがって，配線の電圧降下は，

$$v = 2Ir = 2 \times 20 \times 0.0512 \fallingdotseq 2.05 \text{〔V〕}$$

例題2

図のような単相2線式回路において，c-c′間の電圧が100 Vのとき，a-a′間の電圧〔V〕は．
ただし，rは電線の電気抵抗〔Ω〕とする．

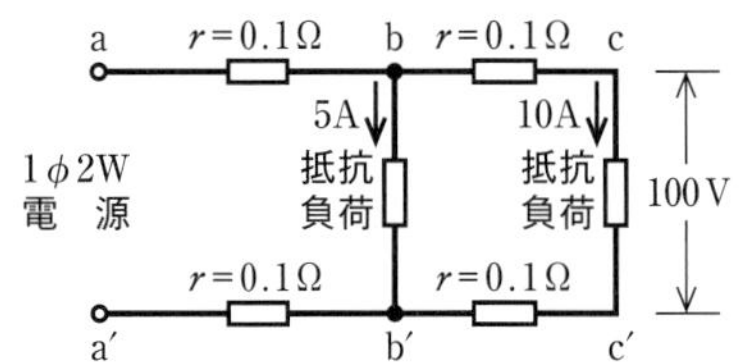

イ．102　　ロ．103

ハ．104　　ニ．105

解答・解説 ニ．105

a-b，a′-b′ 間に流れる電流は5＋10＝15A で，b-c，b′-c′ 間に流れる電流は10Aである．

全体の電圧降下v〔V〕は，

$v=2\times15\times0.1+2\times10\times0.1=3+2=5$〔V〕

a-a′ 間の電圧V〔V〕は，

$V=100+5=105$〔V〕

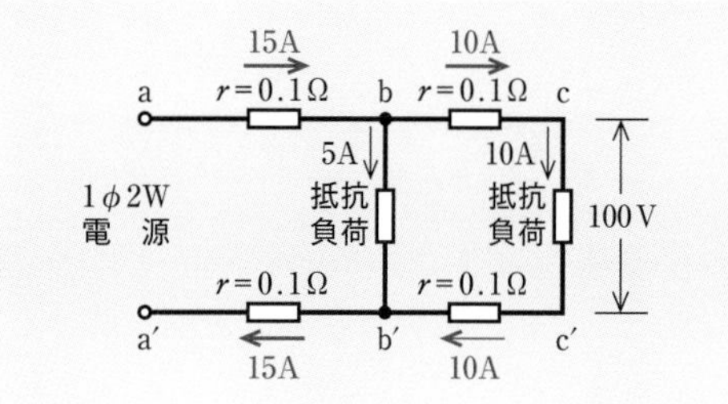

練習問題

	問題	選択肢
1	図のように，電線のこう長L〔m〕の配線により，抵抗負荷に電力を供給した結果，負荷電流が10Aであった．配線における電圧降下V_1-V_2〔V〕を表す式として，**正しいものは**．ただし，電線の電気抵抗は長さ1m当たりr〔Ω〕とする．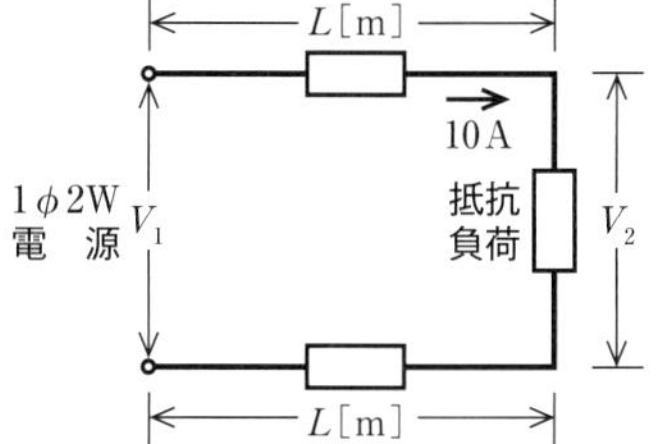	イ．rL　ロ．$2rL$ ハ．$10rL$　ニ．$20rL$
2	図のような単相2線式回路で，c-c′ 間の電圧が100Vのとき，a-a′ 間の電圧〔V〕は． ただし，r_1及びr_2は電線の電気抵抗〔Ω〕とする．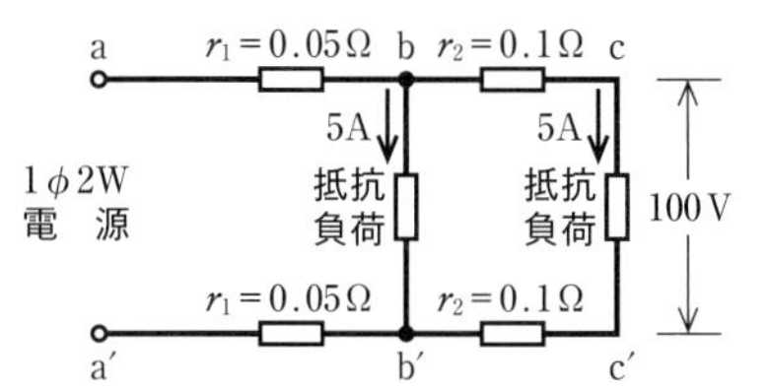	イ．101　ロ．102 ハ．103　ニ．104

解答・解説

1．ニ．$20rL$

電線1線L〔m〕の電気抵抗は，1m当たりr〔Ω〕であるから，rL〔Ω〕になる．

配線における電圧降下vは，

$v=2I\times rL=2\times10\times rL=20rL$〔V〕

2．ロ．102

a-b，a′-b′ 間に流れる電流は5＋5＝10Aで，b-c，b′-c′ 間に流れる電流は，5Aである．

全体の電圧降下v〔V〕は，

$v=2\times10\times0.05+2\times5\times0.1$
$=1+1=2$〔V〕

a-a′ 間の電圧V〔V〕は，

$V=100+2=102$〔V〕

3 単相3線式

ポイント！

◉各線に流れる電流

抵抗負荷1に流れる電流を I_1，抵抗負荷2に流れる電流を I_2 とすると，中性線に流れる電流 I_N は，I_1 と I_2 の差の値となる．

$$I_N = I_1 - I_2 〔A〕$$

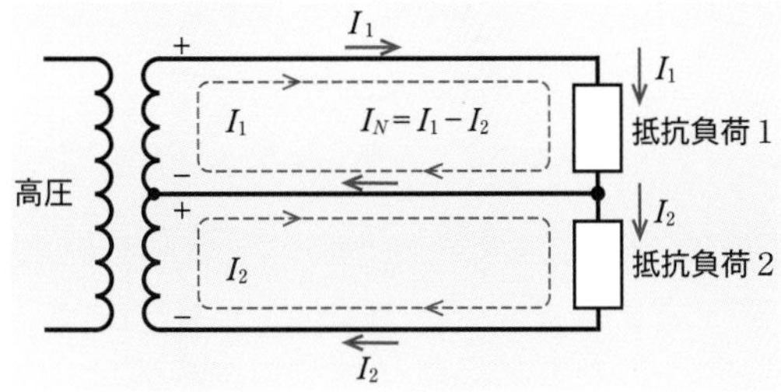

I_N の電流の方向は，$I_1 > I_2$ のときは右から左へ，$I_1 < I_2$ のときは左から右へと流れる．

抵抗負荷1と抵抗負荷2が等しい場合は，電流 I_1 と I_2 が等しいため，中性線に電流は流れない．この状態を，負荷が平衡したという．

◉電圧降下

（1） 負荷が平衡した場合

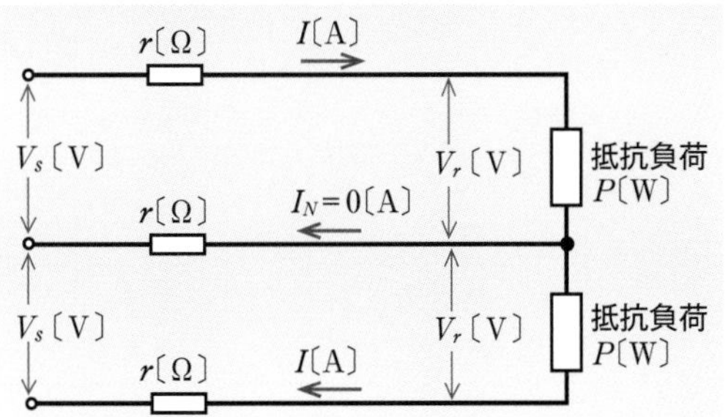

中性線に電流は流れないので電圧降下を生じない．中性線と非接地側電線との電圧降下は，

$$v = V_s - V_r = Ir 〔V〕$$

（2） 負荷が平衡していない場合

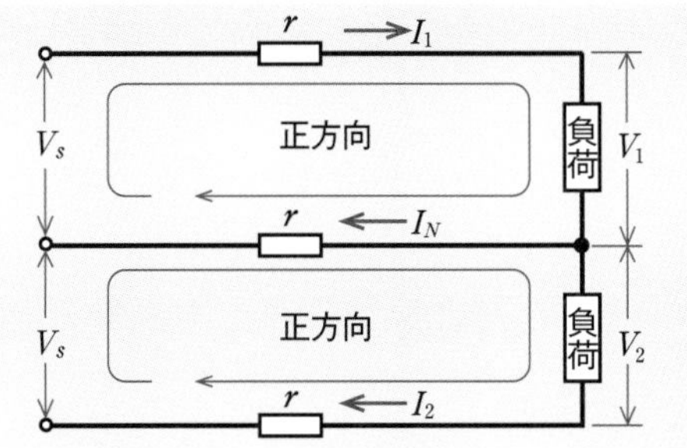

電流の正方向を図のように定め，正方向と同じ方向の電流を（＋）とし，反対方向の電流を（－）とする．電流の方向に注意し，次のようにして式を立てる．

（上の回路） $V_1 + I_1 r + I_N r = V_s$ ………… ❶

（下の回路） $V_2 - I_N r + I_2 r = V_s$ ………… ❷

❶式から V_1，❷式から V_2 が求められる．

◉負荷が平衡した場合の電力損失

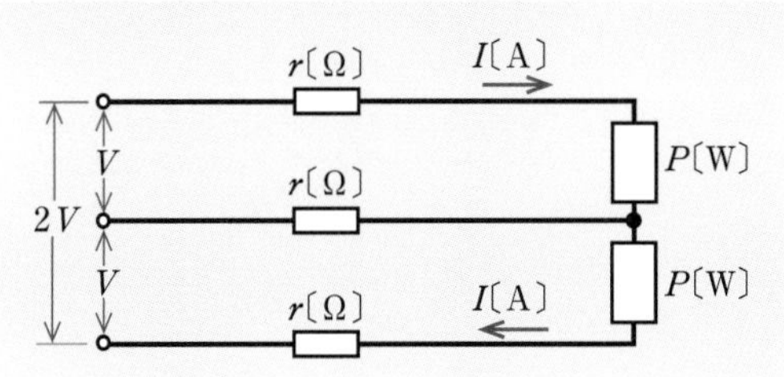

負荷が平衡していると中性線には電流が流れないので，電線の電力損失は次のようになる．

$$P_l = 2I^2 r 〔W〕$$

例題 1

図のような単相3線式回路においてa，b，c各線に流れる電流〔A〕の組合せで，**正しいものは**．

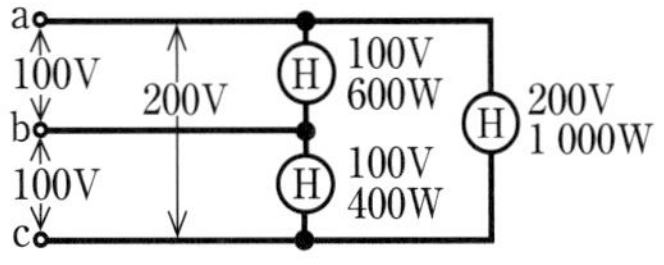

イ．a．6　b．2　c．4

ロ．a．11　b．2　c．9

ハ．a．16　b．10　c．14

ニ．a．11　b．10　c．9

解答・解説 ロ. a. 11　b. 2　c. 9

100V600W の電熱器に流れる電流は，

600/100 = 6〔A〕

100V400W の電熱器に流れる電流は，

400/100 = 4〔A〕

200V1 000W の電熱器に流れる電流は，

1 000/200 = 5〔A〕

各負荷によって各電線に流れる電流は図のようになる．したがって，各電線に流れる電流は，

$I_a = 5 + 6 = 11$〔A〕

$I_b = 6 - 4 = 2$〔A〕

$I_c = 4 + 5 = 9$〔A〕

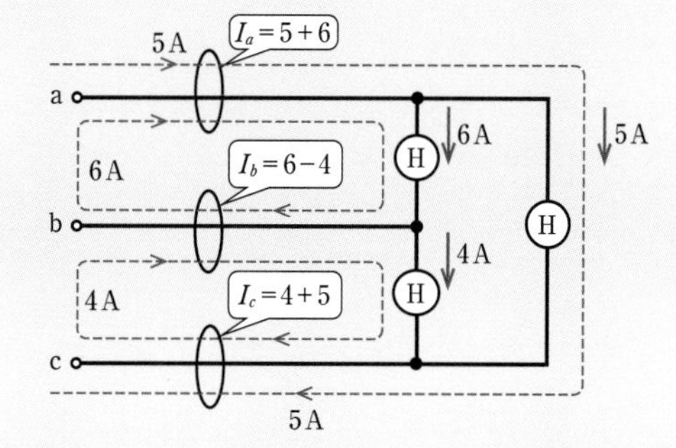

例題2

図のような単相３線式回路において，a-b 間の電圧〔V〕は．

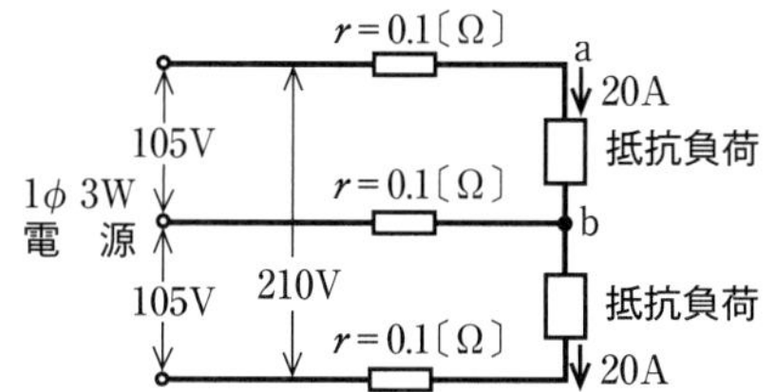

イ．97　　ロ．100

ハ．103　　ニ．106

解答・解説 ハ．103

負荷が平衡しているので，中性線には電圧降下を生じない．

非接地側電線の電圧降下は，

$v = Ir = 20 \times 0.1 = 2$〔V〕

したがって，負荷側の電圧は，

$V_{ab} = V_s - v = 105 - 2 = 103$〔V〕

例題3

図のような単相３線式回路において，電線１線当たりの電気抵抗が 0.2Ω，抵抗負荷に流れる電流がともに 10A のとき，配線の電力損失〔W〕は．

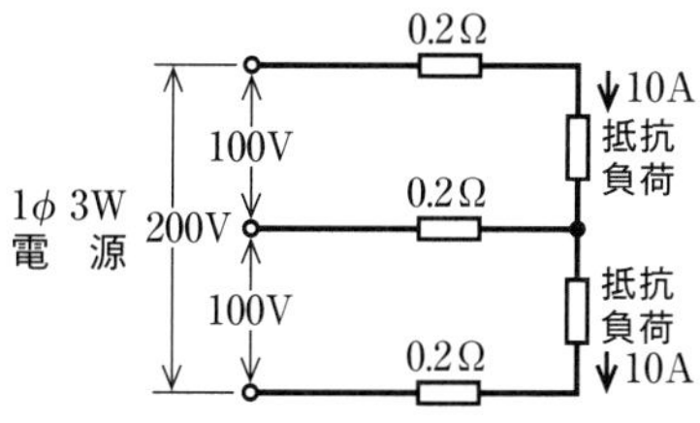

イ．4　　ロ．8

ハ．40　　ニ．80

解答・解説 ハ．40

負荷が平衡しているので，中性線には電力損失は生じない．

配線の電力損失は，

$P_l = 2I^2r = 2 \times 10^2 \times 0.2 = 40$〔W〕

練習問題

	問題	選択肢
1	図のような単相３線式回路でスイッチａだけを閉じたときの電流計Ⓐの指示値 I_1〔A〕とスイッチａ及びｂを閉じたときの電流計Ⓐの指示値 I_2〔A〕の組合せとして，**適切なものは.** ただし，Ⓗは定格電圧 100V の電熱器である. （図：1φ3W 電源，100V，200V，100V，a，b，Ⓗ 200W，Ⓗ 200W，Ⓐ）	**イ.** I_1　2　I_2　2 **ロ.** I_1　2　I_2　0 **ハ.** I_1　2　I_2　4 **ニ.** I_1　4　I_2　0
2	図のような単相３線式回路で，電流計Ⓐの指示値が最も小さいものは．ただし，Ⓗは定格電圧 100V の電熱器である. （図：1φ3W 電源，100V，200V，100V，a，b，c，d，Ⓗ 200W，Ⓗ 60W，Ⓗ 100W，Ⓗ 200W，Ⓐ）	**イ.** スイッチa，bを閉じた場合. **ロ.** スイッチc，dを閉じた場合. **ハ.** スイッチa，dを閉じた場合. **ニ.** スイッチa，b，dを閉じた場合.
3	図のような単相３線式回路において，電線１線当たりの抵抗が 0.05Ω のとき，a-b 間の電圧〔V〕は. （図：1φ 3W 電源，104V，208V，104V，0.05Ω，0.05Ω，0.05Ω，a，b，c，20A，20A，抵抗負荷，抵抗負荷）	**イ.** 100　**ロ.** 101 **ハ.** 102　**ニ.** 103
4	図のような単相３線式回路において，電線１線当たりの抵抗が 0.1Ω，抵抗負荷に流れる電流がともに 15A のとき，この電線路の電力損失〔W〕は. （図：1φ 3W 電源，100V，100V，200V，0.1Ω，0.1Ω，0.1Ω，15A，15A，抵抗負荷，抵抗負荷）	**イ.** 23　**ロ.** 39 **ハ.** 45　**ニ.** 68

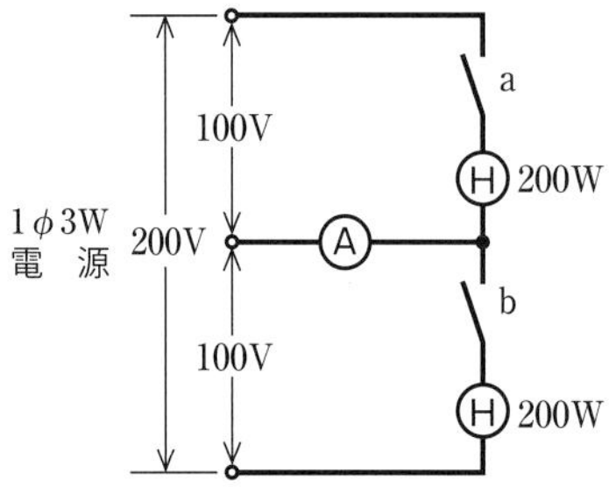

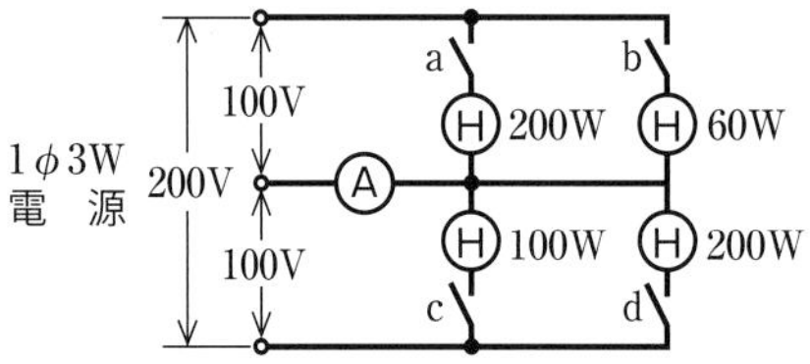

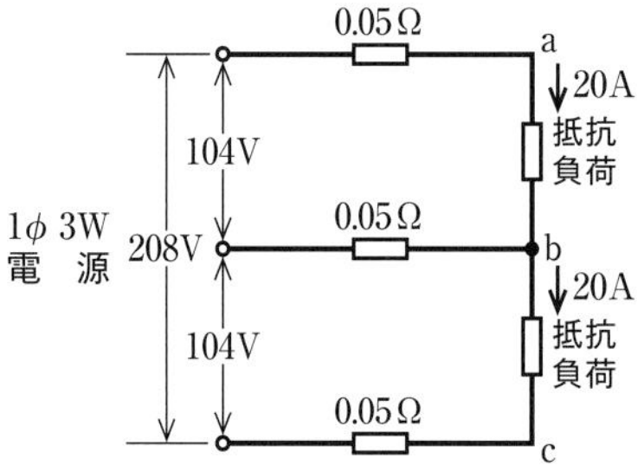

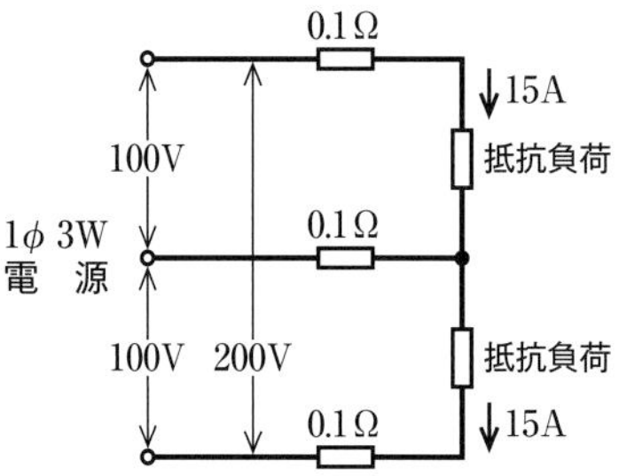

5	図のような単相3線式回路において，消費電力1 000W，200Wの2つの負荷はともに抵抗負荷である．図中の × 印点で断線した場合，a-b 間の電圧〔V〕は． ただし，断線によって負荷の抵抗値は変化しないものとする． 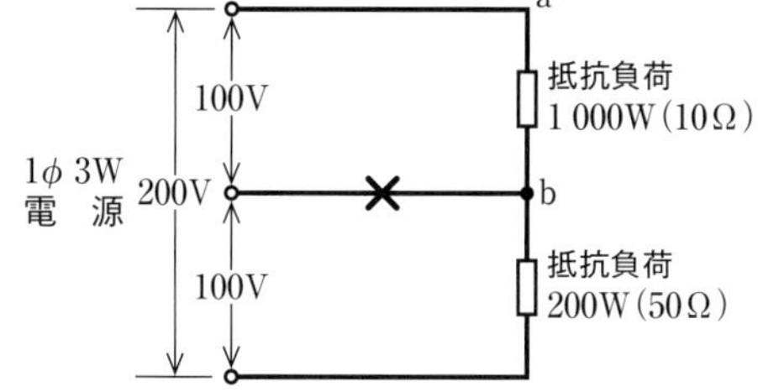 	イ．17　ロ．33 ハ．100　ニ．167
6	図のような単相3線式回路において，電線1線当たりの抵抗が 0.1Ω のとき，a-b 間の電圧〔V〕は． 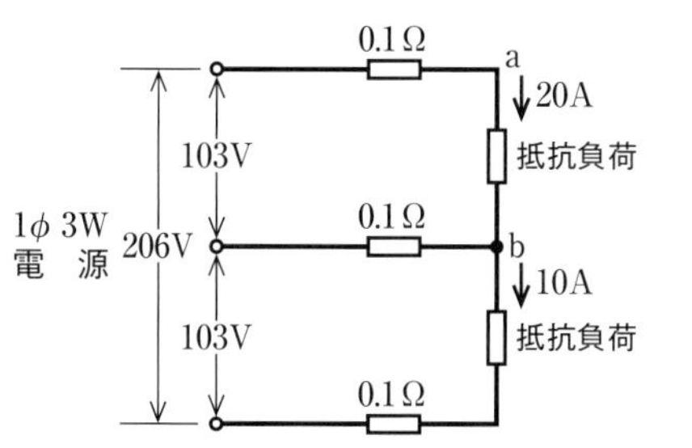 	イ．99　ロ．100 ハ．101　ニ．102

解答・解説

1．ロ．I_1　2　I_2　0

スイッチ a だけを閉じたとき電流計に流れる電流 I_1 は，

$$I_1 = \frac{P}{V} = \frac{200}{100} = 2〔A〕$$

スイッチ a 及びスイッチ b を閉じると負荷が平衡しているので，このとき電流計に流れる電流 I_2 は，

$$I_2 = 0〔A〕$$

2．ハ．スイッチ a，d を閉じた場合

スイッチ a，d を閉じると，負荷が平衡して中性線に電流が流れない．

3．ニ．103

負荷が平衡しているので，中性線の電圧降下はない．電圧降下 v は電線1本分なので，

$$v = Ir = 20 \times 0.05 = 1〔V〕$$

a-b 間の電圧は，

$$V_{ab} = 104 - v = 104 - 1 = 103〔V〕$$

4．ハ．45

負荷が平衡しているので，この電線路の電力損失 P_l は，

$$P_l = 2I^2r = 2 \times 15^2 \times 0.1 = 45〔W〕$$

5．ロ．33

断線したとき，a-b 間に流れる電流 I は，

$$I = \frac{200}{10 + 50} = \frac{200}{60} \fallingdotseq 3.3〔A〕$$

a-b 間の電圧 V_{ab} は，

$$V_{ab} = IR = 3.3 \times 10 = 33〔V〕$$

6．ロ．100

各電線に流れる電流の方向は，下図のようになる．

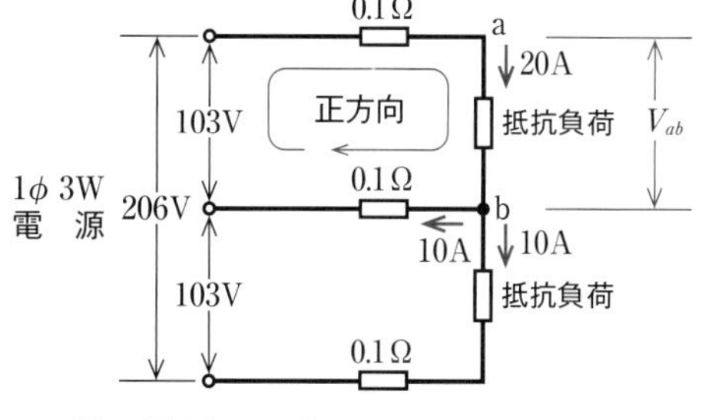

a-b 間の電圧 V_{ab} は，

$$V_{ab} + 20 \times 0.1 + 10 \times 0.1 = 103〔V〕$$

$$V_{ab} = 103 - 2 - 1 = 100〔V〕$$

4 三相3線式・需要率

ポイント!

◉三相３線式の電圧降下

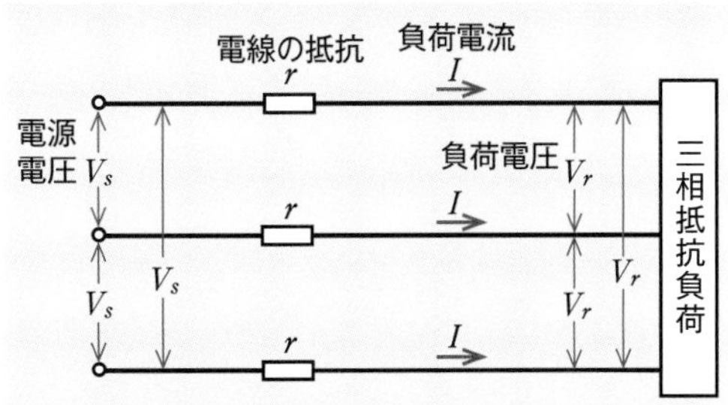

三相３線式の線間の電圧降下は，

$v=V_s-V_r=\sqrt{3}\,Ir$〔V〕

◉三相３線式の電力損失

三相３線式の電力損失は，１線当たりの電力損失の３倍になる．

$P_l=3I^2r$〔W〕

◉需要率

住宅，ビル，工場などに設置した電気設備は，全部を同時に使用することはない．設置した電気設備の何%を同時に使用するかを表す係数が需要率である．

$$需要率=\frac{最大需要電力〔kW〕}{設備容量〔kW〕}\times 100〔\%〕$$

例題１

図のような三相３線式回路で，電線１線当たりの抵抗が0.15Ω，線電流が10Aのとき，電圧降下（V_s-V_r）〔V〕は．

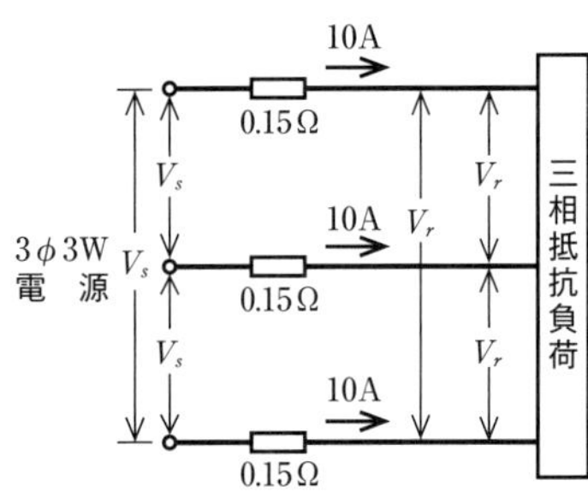

イ．1.5　　ロ．2.6

ハ．3.0　　ニ．4.5

解答・解説 ロ．2.6

電圧降下（V_s-V_r）〔V〕は，

$$v=V_s-V_r=\sqrt{3}\,Ir$$
$$=\sqrt{3}\times10\times0.15\fallingdotseq2.6〔V〕$$

例題２

図のような三相交流回路において，電線１線当たりの抵抗が0.2Ω，線電流が15Aのとき，この電線路の電力損失〔W〕は．

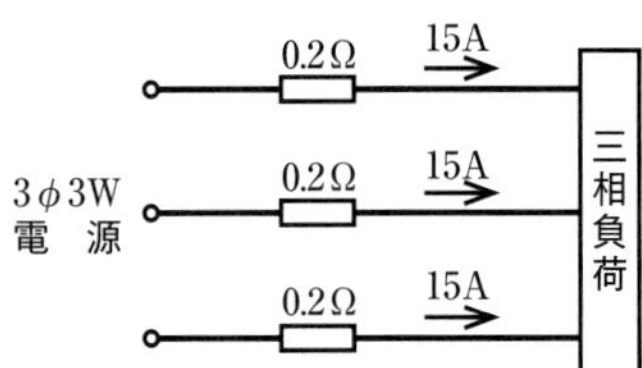

イ．78　　ロ．90

ハ．120　　ニ．135

解答・解説 ニ．135

電圧損失 P_l〔W〕は，

$$P_l = 3I^2r = 3\times15^2\times0.2 = 135 〔W〕$$

練習問題

	問題	選択肢
1	図のような三相3線式回路で，電線1線当たりの抵抗が r〔Ω〕，線電流が I〔A〕であるとき，電圧降下$(V_1 - V_2)$〔V〕を示す式は．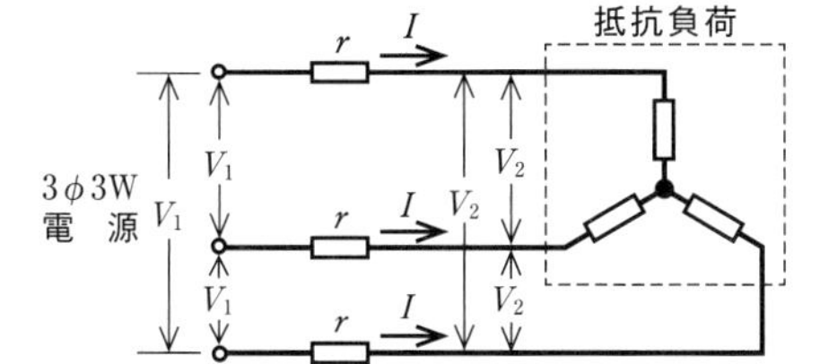	イ．$\sqrt{3}I^2r$　ロ．$\sqrt{3}Ir$ ハ．$2Ir$　ニ．$2\sqrt{2}Ir$
2	図のような三相3線式回路において，電線1線当たりの抵抗が r〔Ω〕，線電流が I〔A〕のとき，この電線路の電力損失〔W〕を示す式は．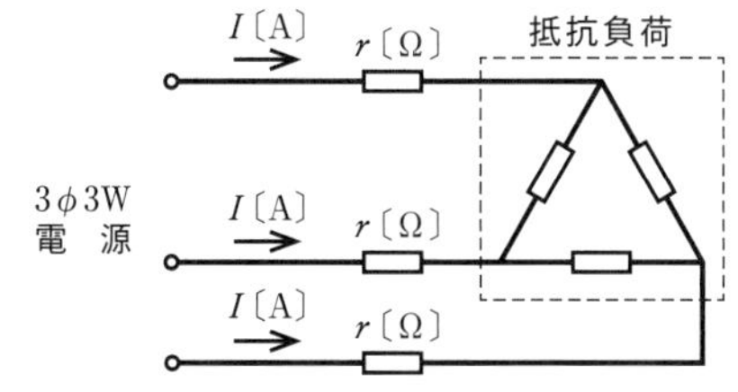	イ．$\sqrt{3}Ir$　ロ．$\sqrt{3}I^2r$ ハ．$3Ir$　ニ．$3I^2r$
3	図のような三相3線式回路で，電線1線当たりの抵抗が0.15 Ω，線電流が10 Aのとき，この電線路の電力損失〔W〕は．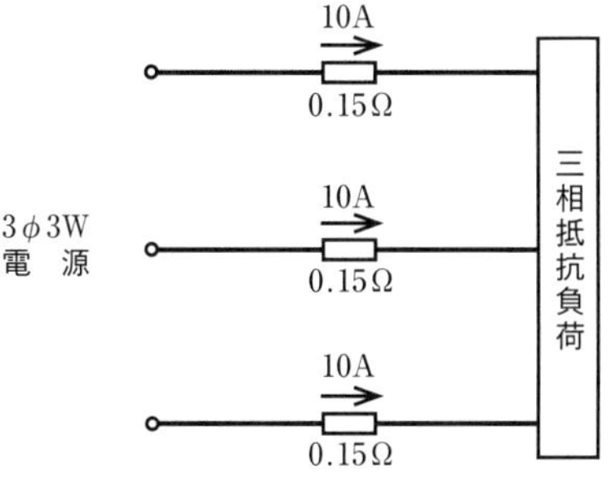	イ．15　ロ．26 ハ．30　ニ．45

解答・解説

1．ロ．$\sqrt{3}Ir$

三相3線式回路の線間の電圧降下は，1線の電圧降下 Ir〔V〕の$\sqrt{3}$倍となる．

2．ニ．$3I^2r$

電線路の電力損失 P_l〔W〕は，電線1本当たりの損失の3倍になり，

$$P_l = 3I^2r 〔W〕$$

3．ニ．45

電線路の電力損失 P_l〔W〕は，

$$P_l = 3I^2r = 3\times10^2\times0.15 = 45 〔W〕$$

5 電線の許容電流

ポイント!

◉ 600 V ビニル絶縁電線

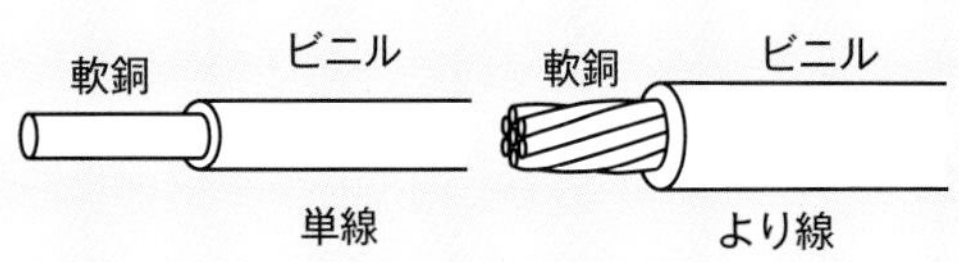

600 V ビニル絶縁電線は，導体に軟銅を用い，絶縁物にビニルを使用した電線であり，金属管等に収めて配線する．

電線の太さは，単線は導体の直径で，より線は導体の断面積で表す．

◉許容電流

電線に電流を流すと，電線の抵抗によって発熱する．絶縁物が著しい劣化をきたさない限界の電流の値を，許容電流という．

許容電流は，周囲の温度が上昇したり，電線を電線管に収めたりすると，小さくなる．

◉ 600V ビニル絶縁電線の許容電流

（1） 600V ビニル絶縁電線の許容電流

単線〔mm〕	許容電流〔A〕	より線〔mm^2〕	許容電流〔A〕
1.6	27	2	27
2.0	35	3.5	37
2.6	48	5.5	49

（周囲温度 30℃ 以下）

（2） 金属管等に収める場合

電線を，金属管や PF 管等に収める場合は，次のようにして許容電流を求める．

許容電流 = 600 V ビニル絶縁電線の許容電流 × 電流減少係数

（小数点以下 1 位を 7 捨 8 入）

同一管内の電線数	電流減少係数
3 本以下	0.70
4 本	0.63
5 ～ 6 本	0.56
7 本	0.49

◉ 600V ビニル絶縁ビニルシースケーブル

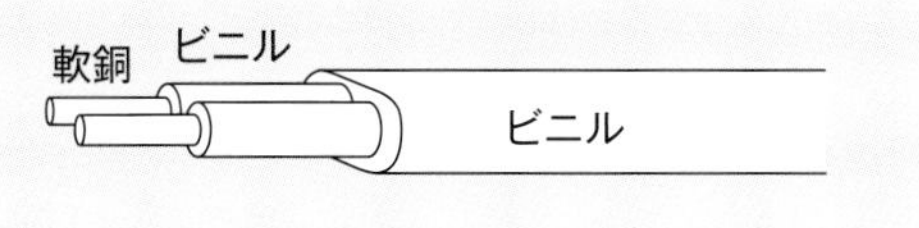

許容電流は，金属管等に 600 V ビニル絶縁電線を収めた場合と同様にして計算する．

線心数	電流減少係数
3 以下	0.70

◉コードの許容電流

断面積	許容電流
0.75 mm^2	7A
1.25 mm^2	12A
2.0 mm^2	17A

例題

低圧屋内配線工事で，600 V ビニル絶縁電線を金属管に収めて使用する場合，その電線の許容電流を求めるための電流減少係数に関して，同一管内の電線数と電線の電流減少係数との組合せで，**誤っているものは**．ただし，周囲温度は 30℃ 以下とする．

イ．2 本　0.80
ロ．4 本　0.63
ハ．5 本　0.56
ニ．7 本　0.49

解答・解説 イ．2 本　0.80

電流減少係数は，金属管に収める本数が多くなるほど小さくなる．

3 本以下：0.7
4 本　：0.63（0.7×0.9）
5 ～ 6 本：0.56（0.7×0.8）
7 本　：0.49（0.7×0.7）

練習問題

	問題	選択肢
1	金属管による低圧屋内配線工事で，管内に直径1.6 mmの600 Vビニル絶縁電線（軟銅線）3本を収めて施設した場合，電線1本当たりの許容電流〔A〕は． ただし，周囲温度は30℃以下，電流減少係数は0.70とする．	イ．19　ロ．24 ハ．27　ニ．34
2	金属管による低圧屋内配線工事で，管内に直径2.0 mmの600 Vビニル絶縁電線（軟銅線）4本を収めて施設した場合，電線1本当たりの許容電流〔A〕は． ただし，周囲温度は30℃以下，電流減少係数は0.63とする．	イ．22　ロ．31 ハ．35　ニ．38
3	低圧屋内配線工事に使用する600 Vビニル絶縁ビニルシースケーブル丸形（銅導体），導体の直径2.0 mm，3心の許容電流〔A〕は． ただし，周囲温度は30℃以下，電流減少係数は0.70とする．	イ．19　ロ．24 ハ．33　ニ．35
4	許容電流から判断して，公称断面積1.25 mm²のゴムコード（絶縁物が天然ゴムの混合物）を使用できる最も消費電力の大きな電熱器具は． ただし，電熱器具の定格電圧は100 Vで，周囲温度は30℃以下とする．	イ．600 Wの電気炊飯器 ロ．1 000 Wのオーブントースター ハ．1 500 Wの電気湯沸器 ニ．2 000 Wの電気乾燥器
5	ビニル絶縁電線（単線）の抵抗と許容電流に関する記述として，**誤っているものは**．	イ．許容電流は，周囲の温度が上昇すると大きくなる． ロ．許容電流は，導体の直径が大きくなると大きくなる． ハ．電線の抵抗は，導体の長さに比例する． ニ．電線の抵抗は，導体の直径の2乗に反比例する．

解答・解説

1．イ．19

1.6 mmの600 Vビニル絶縁電線の許容電流は27 Aで，電流減少係数が0.7であるから，

許容電流 = 27×0.7 = 18.9 → 19 A

（小数点以下1位を7捨8入）

2．イ．22

2.0 mmの600 Vビニル絶縁電線の許容電流は35 Aで，電流減少係数が0.63であるから，

許容電流 = 35×0.63 = 22.05 → 22 A

3．ロ．24

直径2.0 mmの600 Vビニル絶縁電線の許容電流は35Aで，電流減少係数が0.7であるから，

許容電流 = 35×0.7 = 24.5 → 24 A

4．ロ．1 000Wのオーブントースター

公称断面積1.25mm²のゴムコードの許容電流は12 Aで，使用できる消費電力は最大1 200Wである．

5．イ．

許容電流は，周囲の温度が上昇すると，小さくなる．

6 過電流遮断器

ポイント！

◉過電流遮断器

過電流遮断器は，電気回路に過電流や短絡電流が流れた場合に，自動的に電気回路を遮断するものである．

過電流遮断器には，溶断して回路を遮断する**ヒューズ**と電磁力等を利用して接点を開き，回路を遮断する**配線用遮断器**がある．

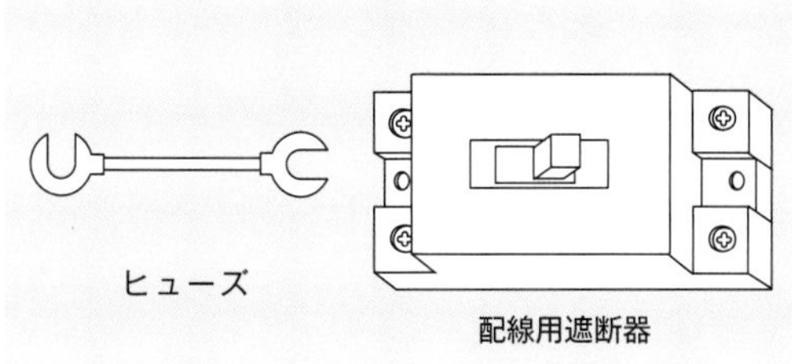

◉低圧用ヒューズの規格

1 定格電流の1.1倍の電流で溶断しないこと．

2 下表の時間内に溶断すること．

定格電流	溶断時間〔分〕	
	定格電流の1.6倍	定格電流の2倍
30A 以下	60	2
30A を超え 60A 以下	60	4

(60A を超えるものは省略)

◉配線用遮断器の規格

1 定格電流の 1 倍の電流で動作しないこと．

2 下表の時間内に動作すること．

定格電流	動作時間〔分〕	
	定格電流の1.25倍	定格電流の2倍
30A 以下	60	2
30A を超え 50A 以下	60	4

(50A を超えるものは省略)

◉単相３線式回路とヒューズ

単相３線式回路では，中性線にヒューズを施設してはならない．

中性線のヒューズが溶断すると，負荷が平衡していない場合には，容量が小さい方に過電圧が加わって，機器を焼損する場合がある．

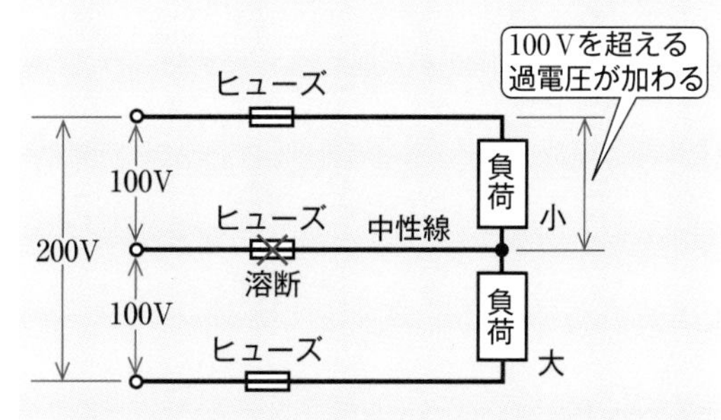

例　題

低圧電路に使用する定格電流 30A の配線用遮断器に 37.5A の電流が継続して流れたとき，この配線用遮断器が自動的に動作しなければならない時間〔分〕の限度(最大の時間)は．

イ．2　　ロ．4

ハ．60　　ニ．120

解答・解説 ハ．60

定格電流の 1.25 (37.5/30)倍の電流が流れている．

定格電流が 30A 以下の配線用遮断器は，定格電流の 1.25 倍の電流が流れた場合，60 分以内に自動的に動作しなければならない．

練習問題

	問題	選択肢
1	低圧電路に使用する定格電流 20 A の配線用遮断器に 40 A の電流が継続して流れたとき，この配線用遮断器が自動的に動作しなければならない時間〔分〕の限度（最大の時間）は.	イ. 1　ロ. 2　ハ. 4　ニ. 60
2	低圧電路に使用する定格電流が 20 A の配線用遮断器に 25 A の電流が継続して流れたとき，この配線用遮断器が自動的に動作しなければならない時間〔分〕の限度（最大の時間）は.	イ. 20　ロ. 30　ハ. 60　ニ. 120
3	過電流遮断器として低圧電路に施設する定格電流 40 A のヒューズに 80 A の電流が連続して流れたとき，溶断しなければならない時間〔分〕の限度（最大の時間）は. ただし，ヒューズは水平に取り付けられているものとする.	イ. 2　ロ. 4　ハ. 6　ニ. 8
4	定格電流 5 A のつめ付ヒューズで保護される電圧 100 V の電路に，定格電圧 100 V，定格容量 1 kW の抵抗負荷を接続した場合，ヒューズの最長溶断時間〔分〕は.	イ. 2　ロ. 20　ハ. 60　ニ. 120
5	単相 3 線式 100/200 V の引込口に施設するカバー付きナイフスイッチの中性線に入れるもので，**正しいものは**.	イ. 銅バーを入れ，ヒューズは入れない. ロ. 他の線のヒューズの1/2の容量のヒューズを入れる. ハ. 他の線のヒューズと同容量のヒューズを入れる. ニ. 他の線のヒューズの 2 倍の容量のヒューズを入れる.

解答・解説

1. ロ. 2

配線用遮断器は，定格電流が 30 A以下の場合，定格電流の 2 倍の電流が流れたら 2 分以内に自動的に動作しなければならない.

2. ハ. 60

配線用遮断器は，定格電流が 30 A以下の場合，定格電流の 1.25 倍の電流が流れたら 60 分以内に自動的に動作しなければならない.

3. ロ. 4

ヒューズには, 80/40 = 2〔倍〕の電流が流れている.

ヒューズで，定格電流が 30A を超え 60A 以下のものは，2 倍の電流が流れたら 4 分以内に溶断しなければならない.

4. イ. 2

ヒューズには, 1 000/100 = 10〔A〕の電流が流れる. 定格電流 5 A のヒューズに 10A が流れるので, 10/5 = 2〔倍〕の電流が流れることになる. したがって，定格電流が 30A 以下のヒューズは, 2 分以内に溶断しなければならない.

5. イ. 銅バーを入れ，ヒューズは入れない.

負荷が不平衡の場合，中性線のヒューズが溶断すると，負荷の容量が小さい方に過電圧が加わるので，ヒューズを取り付けてはならない.

7 幹線の設計

ポイント!

◉幹線の分岐

（1） 原則

分電盤や制御盤の電源側の電線を幹線という．太い幹線から細い幹線を分岐する場合は，接続箇所に過電流遮断器を施設する．

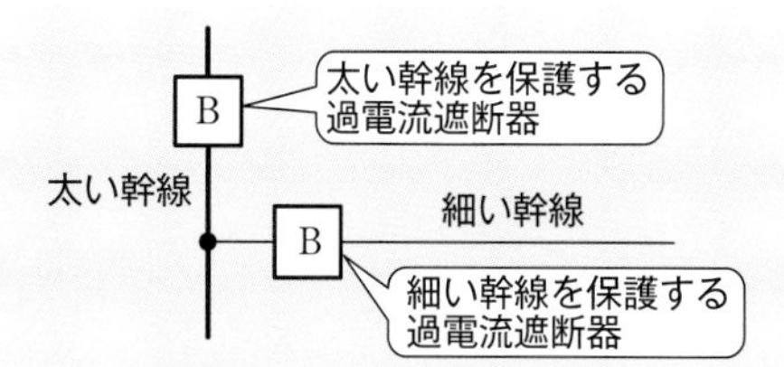

（2） 過電流遮断器の省略

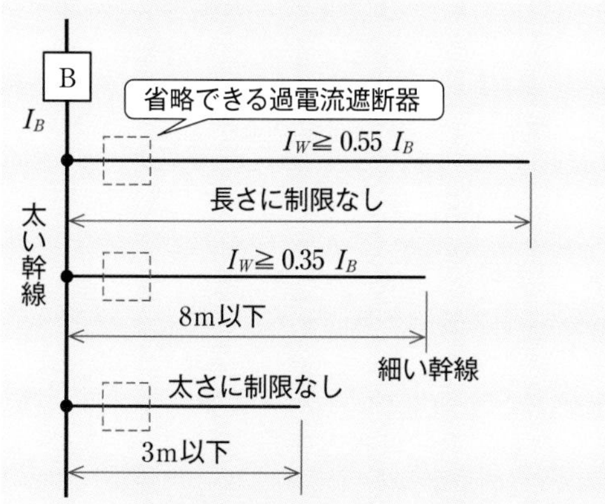

◉幹線の太さ

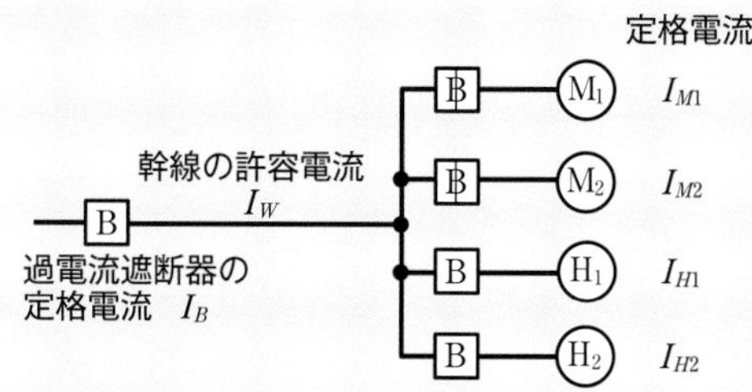

電動機の定格電流の合計

$I_M = I_{M1} + I_{M2}$〔A〕

他の電気機械機器の定格電流の合計

$I_H = I_{H1} + I_{H2}$〔A〕

（1） $I_M \leqq I_H$ の場合

電気機械器具の定格電流の合計値以上の許容電流のある太さにする．

$I_W \geqq I_M + I_H$

（2） $I_M > I_H$ の場合

電動機の定格電流の合計が，他の電気機械器具の定格電流の合計より大きい場合は次による．

❶ I_M が 50A 以下の場合（$I_M \leqq 50$）

$I_W \geqq 1.25 I_M + I_H$〔A〕

❷ I_M が 50A を超える場合（$I_M > 50$）

$I_W \geqq 1.1 I_M + I_H$〔A〕

◉幹線を保護する過電流遮断器

❶ $I_B \leqq 3I_M + I_H$〔A〕

❷ $I_B \leqq 2.5I_W$〔A〕

❶か❷のいずれか小さい値以下にする．

例題 1

定格電流 50 A の過電流遮断器で保護された低圧屋内幹線から，太さ 2.0 mm の電線（許容電流 24 A）で幹線を分岐する場合，分岐点から配線用遮断器を施設する位置までの最大長さ〔m〕は．

ただし，低圧屋内幹線に接続される負荷は，電灯負荷とする．

イ．3　　ロ．5

ハ．8　　ニ．10

解答・解説 ハ．8

細い幹線の許容電流が 24A，太い幹線を保護する過電流遮断器の定格電流が 50A であるので，24/50 = 0.48〔倍〕（48%）であり，分岐箇所に過電流遮断器を省略できるのは，8 m 以下である．

例題2

図のように，三相の電動機と電熱器が低圧屋内幹線に接続されている場合，幹線の太さを決める根拠となる電流の最小値〔A〕は．

ただし，需要率は 100％とする．

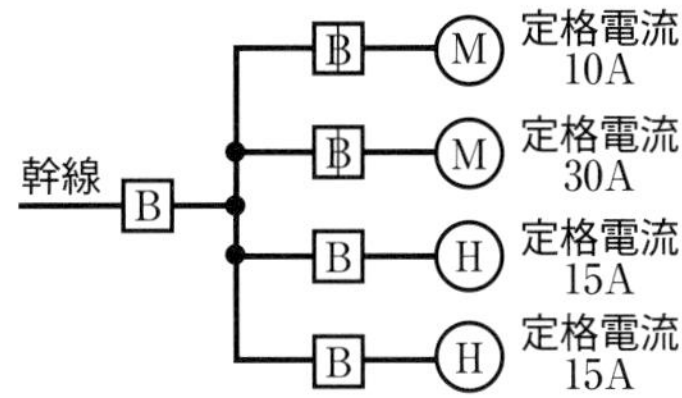

イ．70　　ロ．74

ハ．80　　ニ．150

解答・解説 ハ．80

電動機の定格電流の合計は，

$I_M = 10 + 30 = 40$〔A〕

電熱器の定格電流の合計は，

$I_H = 15 + 15 = 30$〔A〕

電動機の定格電流の合計 I_M が，電熱器の定格電流の合計 I_H より大きく，かつ I_M が 50A 以下なので，

$I_W \geqq 1.25I_M + I_H$

$\geqq 1.25 \times 40 + 30$

$\geqq 80$〔A〕

したがって，80A が最小値である．

例題3

図のような電熱器Ⓗ1台と電動機Ⓜ2台が接続された単相2線式の低圧屋内幹線がある．この幹線の太さを決定する根拠となる電流 I_W〔A〕と幹線に施設しなければならない過電流遮断器の定格電流を決定する根拠となる電流 I_B〔A〕の組合せとして，**適切なものは**．

ただし，需要率は 100％とする．

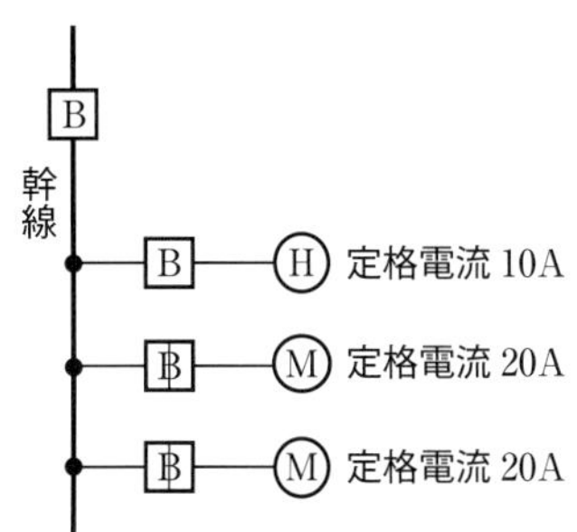

イ．I_W 50　I_B 125　　ロ．I_W 50　I_B 130

ハ．I_W 60　I_B 130　　ニ．I_W 60　I_B 150

解答・解説 ハ．I_W　60　I_B　130

電動機の定格電流の合計は，

$I_M = 20 + 20 = 40$〔A〕

電熱器の定格電流の合計は，

$I_H = 10$〔A〕

電動機の定格電流の合計 I_M が，電熱器の定格電流の合計 I_H より大きく，かつ I_M が 50A 以下なので，幹線の許容電流は，

$I_W \geqq 1.25I_M + I_H$

$\geqq 1.25 \times 40 + 10$

$\geqq 60$〔A〕

幹線の許容電流を 60A とすると，幹線を保護する過電流遮断器の定格電流は，

$I_B \leqq 3I_M + I_H = 3 \times 40 + 10 = 130$〔A〕

$I_B \leqq 2.5I_W = 2.5 \times 60 = 150$〔A〕

となり，130A 以下である．

練習問題

	問題	選択肢
1	図のような電熱器Ⓗ1台と電動機Ⓜ2台が接続された単相2線式の低圧屋内幹線がある。この幹線の太さを決定する根拠となる電流 I_W〔A〕と幹線に施設しなければならない過電流遮断器の定格電流を決定する根拠となる電流 I_B〔A〕の組合せとして，**適切なものは**. ただし，需要率は 100 % とする. （図：B ― Ⓗ 定格電流 5A，B ― Ⓜ 定格電流 5A，B ― Ⓜ 定格電流 15A）	イ. I_W 27 I_B 55 ロ. I_W 27 I_B 65 ハ. I_W 30 I_B 55 ニ. I_W 30 I_B 65
2	図のように，三相電動機と電熱器が低圧屋内幹線に接続されている場合，幹線の太さを決める根拠となる電流の最小値〔A〕は. ただし，需要率は 100 % とする. （図：幹線 B ― Ⓜ 定格電流 10A，Ⓗ 定格電流 15A，Ⓗ 定格電流 20A）	イ. 45 ロ. 50 ハ. 55 ニ. 60
3	図のように三相の電動機と電熱器が低圧屋内幹線に接続されている場合，幹線の太さを決める根拠となる電流の最小値〔A〕は. ただし，需要率は 100 % とする. （図：幹線 B ― Ⓜ 定格電流 30A，Ⓜ 定格電流 30A，Ⓜ 定格電流 20A，Ⓗ 定格電流 15A）	イ. 95 ロ. 103 ハ. 115 ニ. 225
4	定格電流 12 A の電動機 5 台が接続された単相2線式の低圧屋内幹線がある．この幹線の太さを決定するための根拠となる電流の最小値〔A〕は. ただし，需要率は 80%とする.	イ. 48 ロ. 60 ハ. 66 ニ. 75

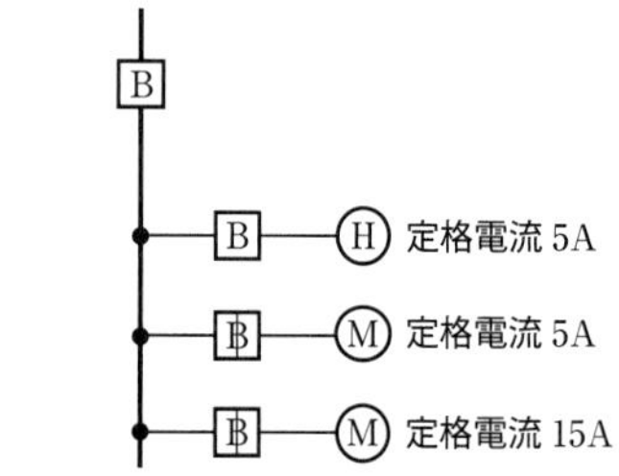

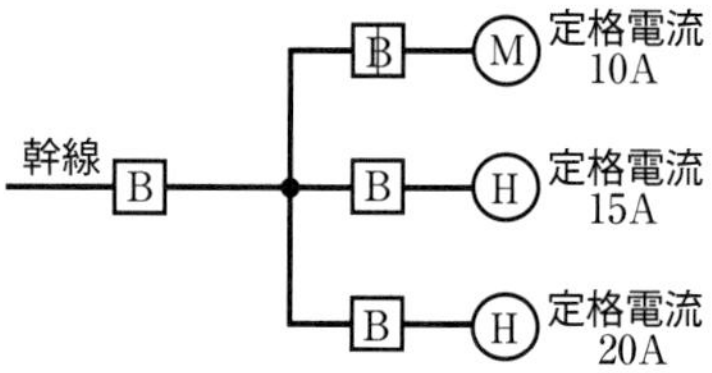

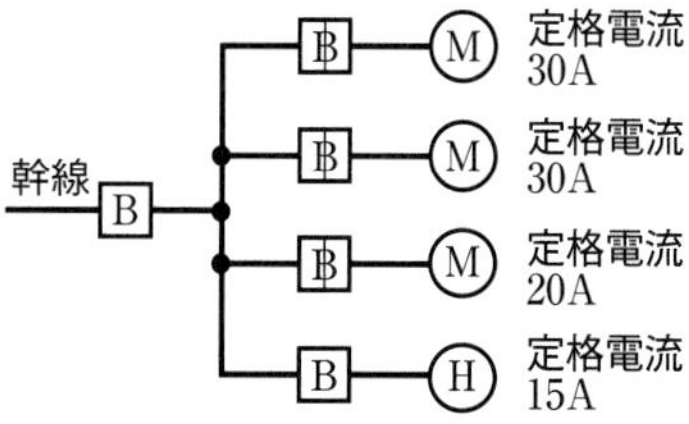

解答・解説

1．ニ．I_W 30 I_B 65

電動機の定格電流の合計 I_M は，

$I_M = 5 + 15 = 20$〔A〕

電熱器の定格電流の合計 I_H は，

$I_H = 5$〔A〕

$I_M > I_H$，$I_M \leqq 50$〔A〕であるから，幹線の許容電流 I_W は，

$I_W \geqq 1.25I_M + I_H = 1.25 \times 20 + 5 = 30$〔A〕

となり，30A 以上となる．

幹線を保護する過電流遮断器の定格電流 I_B〔A〕は，幹線の許容電流を 30A とすると，

$I_B \leqq 3I_M + I_H = 3 \times 20 + 5 = 65$〔A〕

$I_B \leqq 2.5I_W = 2.5 \times 30 = 75$〔A〕

となり，65A 以下となる．

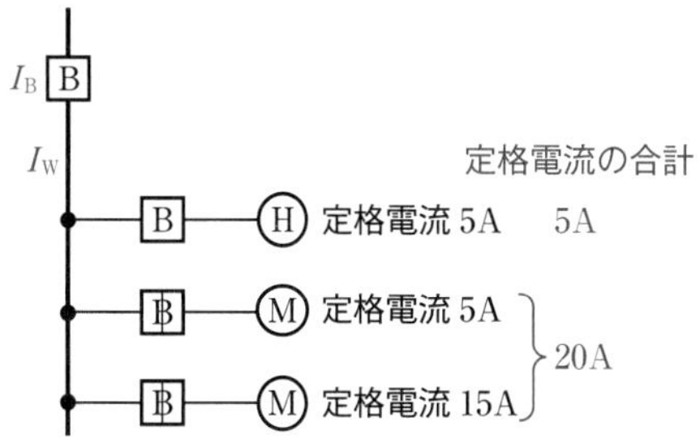

2．イ．45

電動機の定格電流の合計 I_M

$I_M = 10$〔A〕

電熱器の定格電流の合計 I_H

$I_H = 15 + 20 = 35$〔A〕

電動機の定格電流の合計 I_M が，電熱器の定格電流の合計 I_H より小さいので，幹線の許容電流 I_W は，

$I_W \geqq I_M + I_H = 10 + 35 = 45$〔A〕

3．ロ．103

電動機の定格電流の合計 I_M は，

$I_M = 30 + 30 + 20 = 80$〔A〕

電熱器の定格電流の合計 I_H は，

$I_H = 15$〔A〕

$I_M > I_H$，$I_M \geqq 50$〔A〕であるから，幹線の許容電流 I_W は，

$I_W \geqq 1.1I_M + I_H = 1.1 \times 80 + 15 = 103$〔A〕

4．ロ．60

電動機の定格電流の合計 I_M は，需要率 80% を考慮して，

$I_M = 12 \times 5 \times 0.8 = 60 \times 0.8 = 48$〔A〕

電動機の定格電流の合計 I_M が 50 A 以下であるので，幹線の許容電流 I_W は，

$I_W \geqq 1.25I_M = 1.25 \times 48 = 60$〔A〕

8 分岐回路の設計

ポイント!

◉開閉器及び過電流遮断器の取り付け

幹線から分岐して分岐用の過電流遮断器を経由し，電灯などの負荷に至る配線を分岐回路という.

分岐回路には，幹線との分岐点から3m以下の箇所に開閉器及び過電流遮断器を施設しなければならない.

次の図で❷及び❸の場合は，3mを超えて施設することができる.

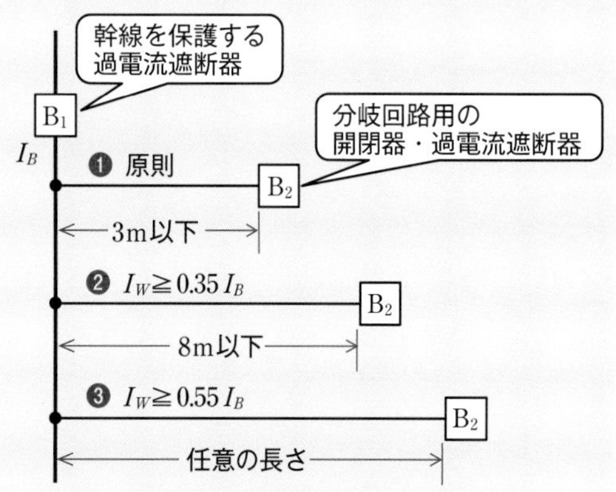

◉分岐回路の電線の太さ・コンセント

分岐回路の種類	電線の太さ	コンセント
15A	1.6mm 以上	15A 以下
20A 配線用遮断器	1.6mm 以上	20A 以下
20A ヒューズ	2.0mm 以上	20A
30A	2.6mm (5.5mm^2) 以上	20A 以上 30A 以下
40A	8mm^2 以上	30A 以上 40A 以下
50A	14mm^2 以上	40A 以上 50A 以下

（注） 20A ヒューズ分岐回路及び 30A 分岐回路は，定格電流が 20A 未満のプラグが接続できるものを除く.

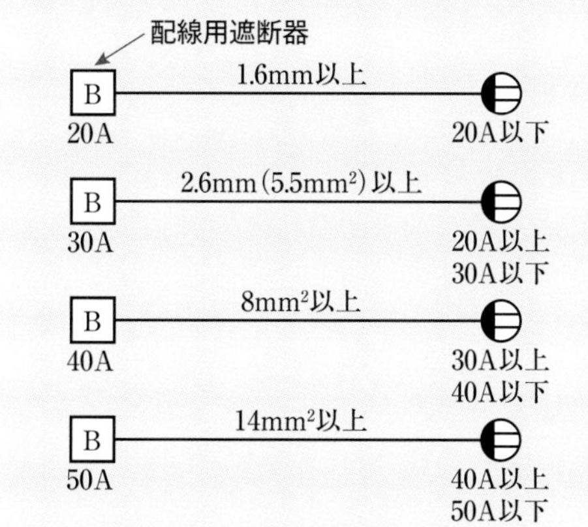

例 題

低圧屋内配線の分岐回路の設計で，配線用遮断器，分岐回路の電線の太さ及びコンセントの組合せとして，**適切なものは**.

ただし，分岐点から配線用遮断器までは3m，配線用遮断器からコンセントまでは8mとし，電線の数値は分岐回路の電線（軟銅線）の太さを示す.

また，コンセントは兼用コンセントではないものとする.

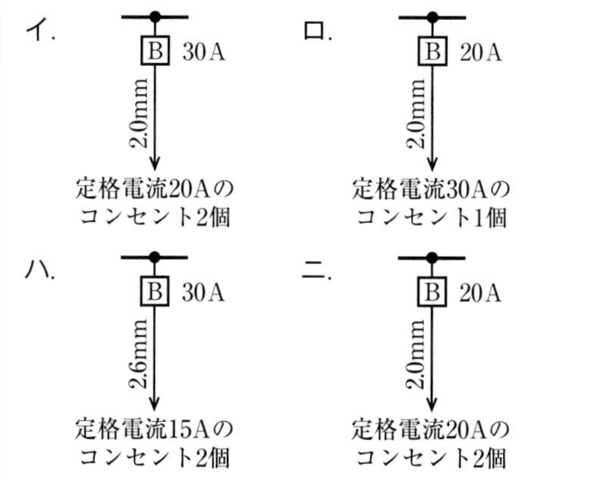

解答・解説 ニ.

イは2.6mm以上の電線でなければならない. ロは定格電流20A以下のコンセント，ハは定格電流20A以上30A以下のコンセントでなければならない.

練習問題

	問題	選択肢
1	図のように定格電流 50 A の過電流遮断器で保護された低圧屋内幹線から分岐して，7 m の位置に過電流遮断器を施設するとき，a-b 間の電線の許容電流の最小値〔A〕は. 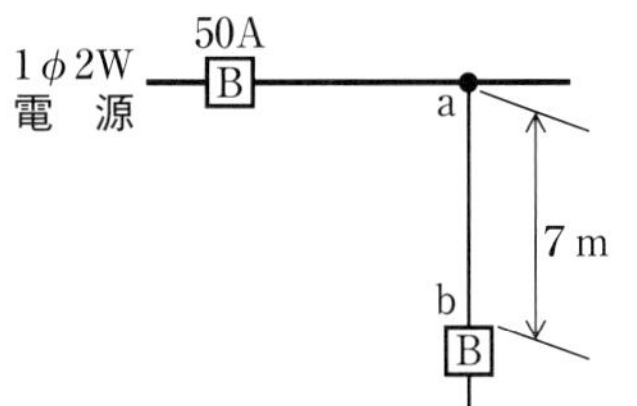 	イ. 12.5　　ロ. 17.5 ハ. 22.5　　ニ. 27.5
2	低圧屋内配線の分岐回路の設計で，配線用遮断器，分岐回路の電線の太さ及びコンセントの組合せとして，**不適切なものは**. ただし，分岐点から配線用遮断器までは 3m，配線用遮断器からコンセントまでは 8m とし，電線の数値は分岐回路の電線(軟銅線)の太さを示す. また，コンセントは兼用コンセントではないものとする.	イ. 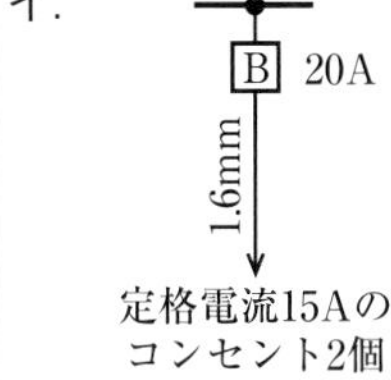 ロ. B 30A 2.0mm 定格電流30Aの コンセント2個 ハ. B 20A 2.0mm 定格電流20Aの コンセント3個 ニ. 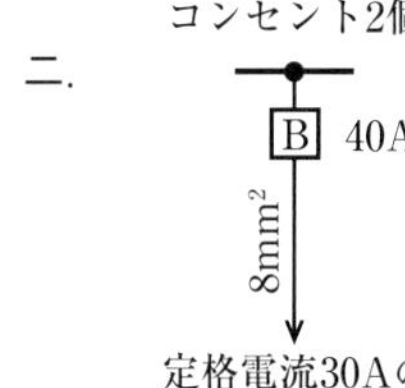
3	低圧屋内配線の分岐回路の設計で，配線用遮断器，分岐回路の電線の太さ及びコンセントの組合せとして，**適切なものは**. ただし，分岐点から配線用遮断器までは 3m，配線用遮断器からコンセントまでは 8m とし，電線の数値は分岐回路の電線(軟銅線)の太さを示す. また，コンセントは兼用コンセントではないものとする.	イ. B 20A 2.0mm 定格電流30Aの コンセント1個 ロ. B 30A 2.0mm 定格電流20Aの コンセント2個 ハ. B 30A 2.6mm 定格電流15Aの コンセント1個 ニ. B 50A 14mm² 定格電流50Aの コンセント1個

解答・解説

1. ロ. 17.5

過電流遮断器の定格電流 50 A の 0.35 倍(0.35 × 50 = 17.5〔A〕) 以上の許容電流の電線でなければならない.

2. ロ.

30 A の配線用遮断器には，2.6 mm (5.5 mm²) 以上の電線を接続しなければならない.

3. ニ.

イは定格電流 20 A 以下のコンセント，ロは 2.6 mm (5.5 mm²) 以上の電線，ハは定格電流 20 A 以上 30 A 以下のコンセント接続しなければならない.

9 過電流遮断器の取り付け

ポイント!

◉配線用遮断器の極・素子

住宅では，電灯・コンセント回路の配線用遮断器に，２極１素子，２極２素子が用いられている．極は開閉部を表し，素子は過電流によって開閉部を動作させる電磁コイル，バイメタルなどを表す．

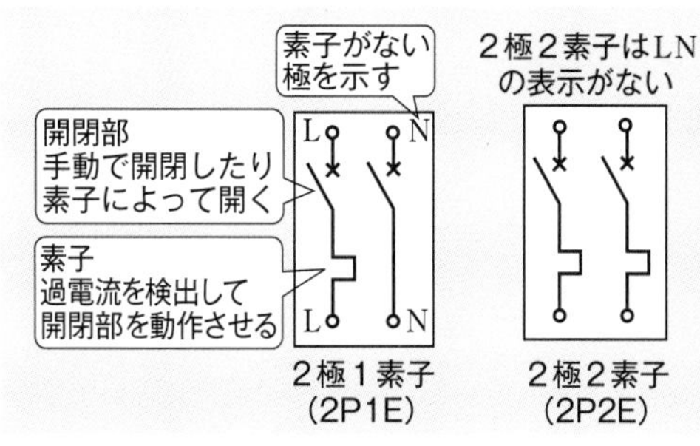

◉過電流遮断器の取り付け

分岐回路には，開閉器と過電流遮断器を各極に設置することが原則である．

対地電圧が150V 以下の２線式分岐回路では，接地側電線又は中性線の開閉器・素子・ヒューズを省略することができる．

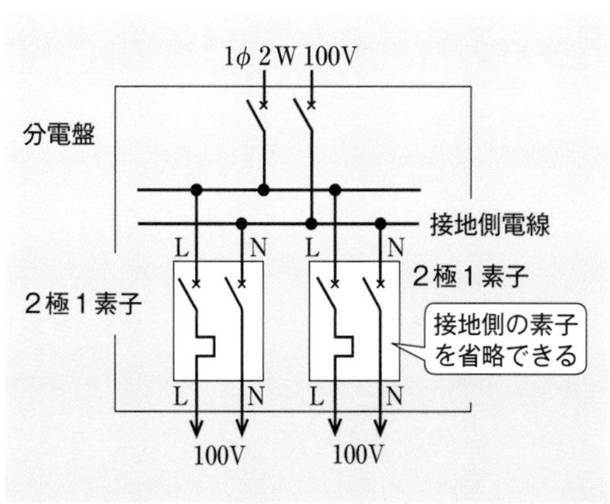

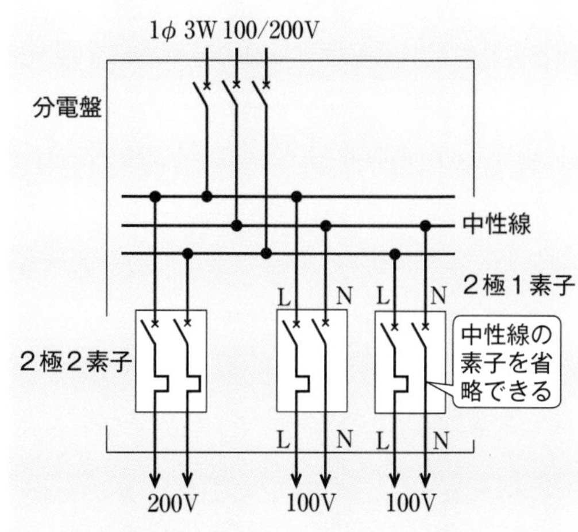

- ２極１素子（2P1E）　100V 分岐回路
- ２極２素子（2P2E）　100V，200V 分岐回路

２極１素子　　２極２素子

配線用遮断器

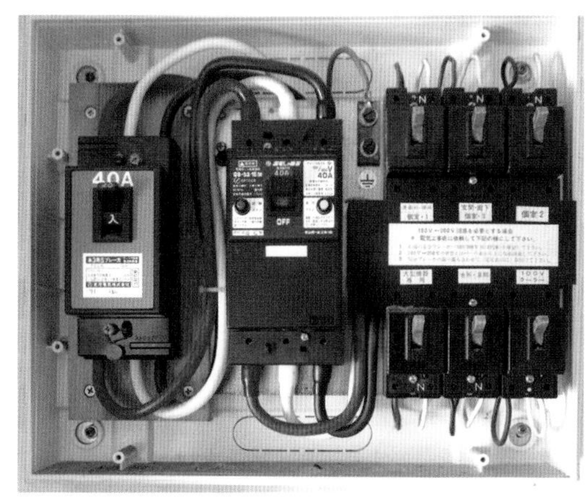

分電盤

例　題

単相３線式 100/200 V の分電盤に配線用遮断器を施設する場合で，**適切なものは**.

ただし，Nは配線用遮断器の端子の極性表示を表す.

イ.　　ロ.　　ハ.　　ニ.

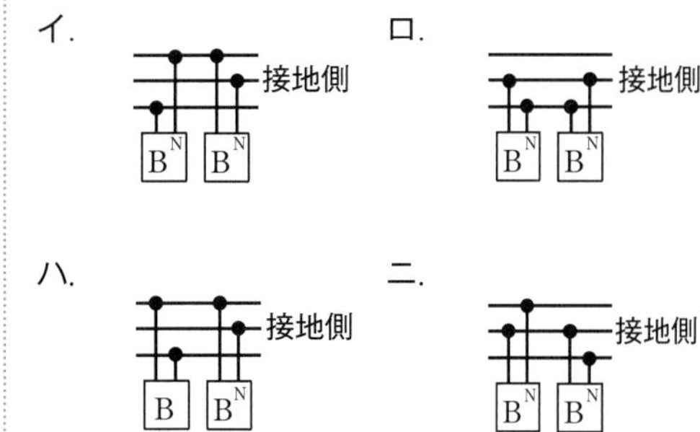

解答・解説 ハ.

配線用遮断器のNの表示がされた端子は，中性線又は接地側電線に接続する.

Nの表示のない配線用遮断器は，200 V回路に使用できる配線用遮断器である.

練習問題

	問題	選択肢
1	単相３線式 100/200 V の分電盤に配線用遮断器を施設する場合で，**適切なものは**. ただし, N は配線用遮断器の端子の極性表示を表す.	イ.　ロ. ハ.　ニ. 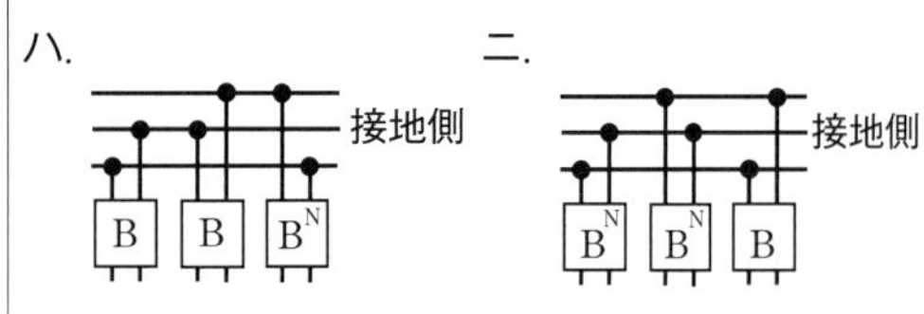
2	単相３線式 100/200 V 屋内配線の住宅用分電盤の工事を施工した. **不適切なものは**.	イ. ルームエアコン（単相200 V）の分岐回路に２極２素子の配線用遮断器を取り付けた. ロ. 電熱機器（単相100 V）の分岐回路に２極２素子の配線用遮断器を取り付けた. ハ. 主開閉器の中性線に銅バーを取り付けた. ニ. 電灯専用（単相100 V）の分岐回路に２極１素子の配線用遮断器を用い，素子のある極に中性線を結線した.

解答・解説

1. ニ.

配線用遮断器の N の表示がされた端子は, 中性線又は接地側電線に接続しなければならない.

2. ニ.

単相 100V 分岐回路に用いる２極１素子の配線用遮断器は，素子のない極に中性線を結線しなければならないので，ニは誤りである.

単相 200V の分岐回路は，いずれの極も非接地側となるため，２極２素子の配線用遮断器を取り付けなければならない. 単相 100V 分岐回路では，２極１素子又は２極２素子の配線用遮断器を取り付けることができる.

10 漏電遮断器の施設・住宅の屋内電路の対地電圧の制限

ポイント！

◉漏電遮断器の施設

（1） 漏電遮断器

漏電遮断器は，電気配線や電気機器からの漏電（地絡）電流を検出して，一定以上の電流が流れると回路を遮断する．

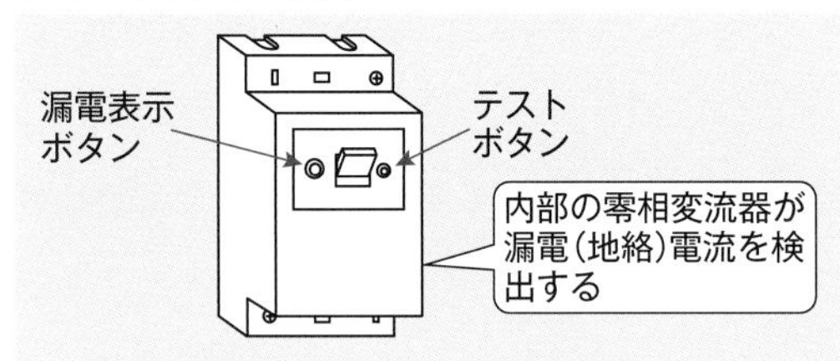

（2） 漏電遮断器の施設

金属製外箱を有する使用電圧が60Vを超える低圧の機械器具に電気を供給する電路には，漏電遮断器を施設しなければならない．

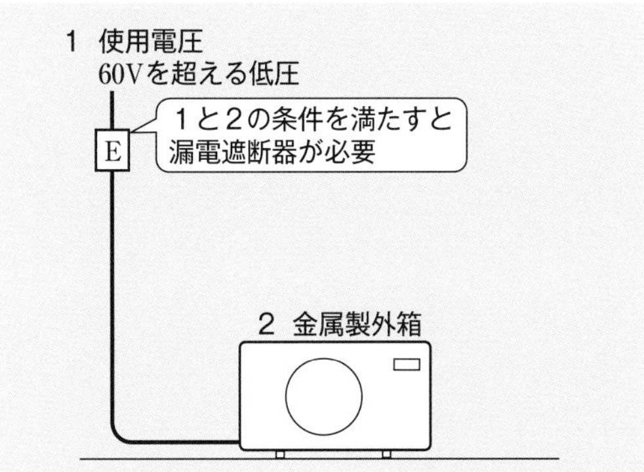

次のいずれかに該当する場合は，漏電遮断器を省略できる．

❶ 機械器具に簡易接触防護措置を施す場合
❷ 機械器具を乾燥した場所に施設する場合
❸ 対地電圧が150V 以下の機械器具を水気のある場所以外の場所に施設する場合
❹ 電気用品安全法の適用を受ける２重絶縁構造の機械器具を施設する場合
❺ 機械器具に施されたC種接地工事又はD種接地工事の接地抵抗値が３Ω 以下の場合
❻ 電源側に絶縁変圧器（二次電圧 300V 以下）を施設し，負荷側の電路を接地しない場合
❼ 機械器具内に電気用品安全法の適用を受ける漏電遮断器を取り付け，かつ，電源引出部が損傷を受けるおそれがないように施設する場合

◉住宅の屋内電路の対地電圧の制限

住宅の屋内電路の対地電圧は 150V 以下にしなければならない．

定格消費電力が２kW 以上の電気機械器具及びこれに電気を供給する屋内配線を次により施設する場合は，この限りでない．

❶ 屋内配線は，当該電気機械器具のみに電気を供給するものであること．
❷ 電気機械器具の使用電圧及び屋内配線の対地電圧は，300V 以下であること．
❸ 電気機械器具及び屋内配線には，簡易接触防護措置を施すこと．
❹ 電気機械器具は，屋内配線と直接接続して施設すること．
❺ 専用の開閉器及び過電流遮断器を施設すること．ただし，過電流遮断器が開閉機能を有する場合は，過電流遮断器のみとすることができる．
❻ 電気機械器具に電気を供給する電路には，漏電遮断器を施設すること．

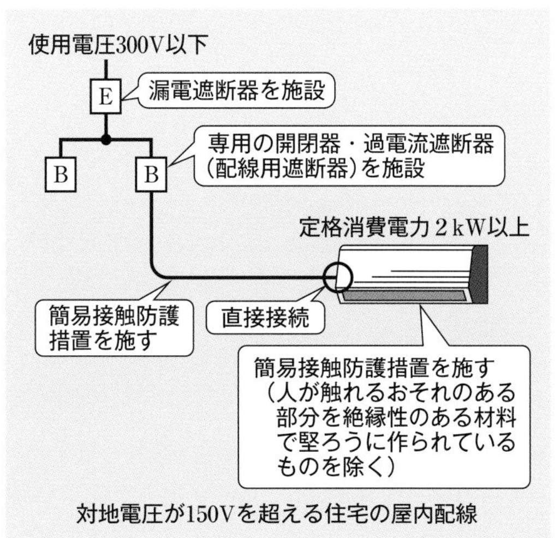

対地電圧が150Vを超える住宅の屋内配線

例　題

店舗付き住宅に三相 200V，定格消費電力 2.8kW のルームエアコンを施設する屋内配線工事の方法として，**不適切なものは**.

イ．屋内配線には簡易接触防護措置を施す.
ロ．電路には漏電遮断器を取り付ける.
ハ．電路には，他負荷の電路と共用の配線用遮断器を施設する.
ニ．ルームエアコンは，屋内配線と直接接続して施設する.

解答・解説 ハ.

ルームエアコンは，電路に専用の配線用遮断器を施設しなければならない.

練習問題

	問題	選択肢
1	低圧の機械器具に簡易接触防護措置を施してない場合，それに電気を供給する電路に漏電遮断器の取り付けが**省略できるものは**.	イ．100Vのルームエアコンの室外機を水気のある場所に施設し，その金属製外箱の接地抵抗値が100Ωであった. ロ．100Vの電気洗濯機を水気のある場所に設置し，その金属製外箱の接地抵抗値が80Ωであった. ハ．電気用品安全法の適用を受ける二重絶縁構造の機械器具を屋外に施設した. ニ．工場で200Vの三相誘導電動機機を湿気の多い場所に施設し，その鉄台の接地抵抗値が10Ωであった.
2	店舗付き住宅の屋内に三相３線式 200V，定格消費電力 2.5kW のルームエアコンを施設した．このルームエアコンに電気を供給する電路の工事方法として，**適切なものは**. ただし，配線は接触防護措置を施し，ルームエアコン外箱等の人が触れるおそれがある部分は絶縁性のある材料で堅ろうに作られているものとする.	イ．専用の過電流遮断器を施設し，合成樹脂管工事で配線し，コンセントを使用してルームエアコンと接続した. ロ．専用の漏電遮断器（過負荷保護付）を施設し，ケーブル工事で配線し，ルームエアコンと直接接続した. ハ．専用の配線用遮断器を施設して，金属管工事で配線し，コンセントを使用してルームエアコンと接続した. ニ．専用の開閉器のみを施設し，金属管工事で配線し，ルームエアコンと直接接続した.

解答・解説

1．ハ.

水気のある場所や湿気の多い場所では，接地抵抗値が 3Ω 以下でないと漏電遮断器を省略できない.

2．ロ.

ルームエアコンは，コンセントを使用しないで，屋内配線と直接接続しなければならない.

専用の過負荷保護付漏電遮断器を施設すると，専用の開閉器・過電流遮断器を施設し，漏電遮断器を施設したことになる.

[Chapter 2] 配電理論・配線設計の要点整理

1. 電圧の種別

電圧の種別	直　流	交　流
低　圧	750V 以下	600V 以下
高　圧	低圧を超えて 7 000V 以下	
特別高圧	7 000V を超えるもの	

2. 電圧降下・電力損失

電気方式	電圧降下〔V〕	電力損失〔W〕
単相２線式	$v = 2Ir$	$P_l = 2I^2r$
単相３線式（平衡負荷）	$v = Ir$	$P_l = 2I^2r$
三相３線式	$v = \sqrt{3}\ Ir$	$P_l = 3I^2r$

単相３線式の電圧降下は，中性線と非接地側電線の電圧降下を示す．

3. 600V ビニル絶縁電線の許容電流

（1） 600V ビニル絶縁電線の許容電流

単線〔mm〕	許容電流〔A〕	より線〔mm^2〕	許容電流〔A〕
1.6	27	2	27
2.0	35	3.5	37
2.6	48	5.5	49

（周囲温度 30℃以下）

（2） 電流減少係数

同一管内の電線数	電流減少係数
３本以下	0.70
４本	0.63
５～６本	0.56

（3） 電線管に収めた場合の許容電流

許容電流＝600V ビニル絶縁電線の許容電流×電流減少係数

（小数点以下１位を７捨８入）

4. 配線用遮断器

（1） 規格

❶ 定格電流の１倍の電流で動作しないこと．

❷ 表の時間内に動作すること．

定格電流	動作時間〔分〕	
	定格電流の 1.25 倍	定格電流の 2倍
30A 以下	60	2

（2） 極数・素子数

単相 100 V 回路………２極１素子
　　　　　　　　　　２極２素子

単相 200 V 回路………２極２素子

5. 幹線の設計

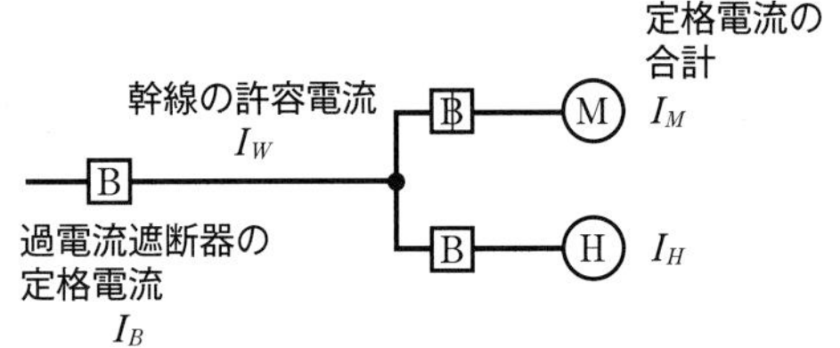

（1） 幹線の許容電流

❶ $I_M \leqq I_H$ の場合

$I_W \geqq I_M + I_H$〔A〕

❷ $I_M > I_H$ の場合

- $I_M \leqq 50$A

  $I_W \geqq 1.25I_M + I_H$〔A〕

- $I_M > 50$A

  $I_W \geqq 1.1I_M + I_H$〔A〕

（2） 幹線を保護する過電流遮断器

❶ $I_B \leqq 3I_M + I_H$〔A〕

❷ $I_B \leqq 2.5I_W$〔A〕

6. 分岐回路

配線用遮断器	電線の太さ	コンセント
20A	1.6mm 以上	20A 以下
30A	2.6mm 以上 5.5mm^2 以上	20A 以上 30A 以下
40A	8 mm^2 以上	30A 以上 40A 以下

Chapter 3

電気機器・配線器具・材料・工具

1 三相誘導電動機

ポイント!

三相かご形誘導電動機

◉回転速度

誘導電動機の同期速度 N_s〔min^{-1}〕は，周波数 f〔Hz〕に比例し，極数 p に反比例する．

$$N_s = \frac{120f}{p} \text{〔min}^{-1}\text{〕}$$

（min^{-1}：１分間当たりの回転数）

無負荷時は同期速度に近い回転速度であるが，負荷が大きくなると回転速度が低下する．

◉回転方向の変更

３線のうち，任意の２線の結線を入れ替える．

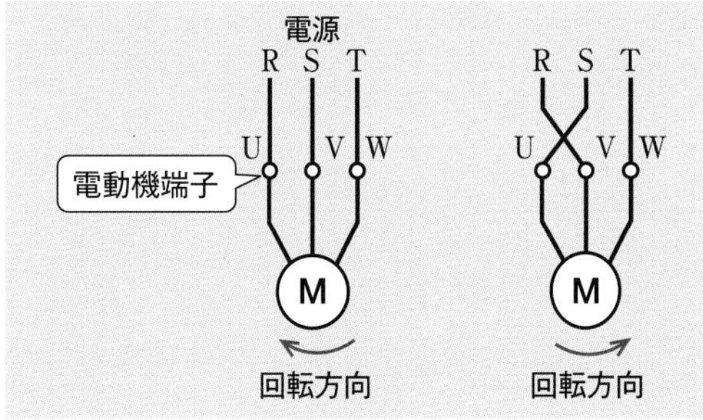

◉始動電流

三相誘導電動機は，運転開始時に大きな電流が流れる．これを始動電流といい，全負荷電流の４～８倍程度になる．

◉スターデルタ始動法

三相かご形誘導電動機の始動電流を抑制する方式に，スターデルタ始動法がある．

スターデルタ始動器を用いて，始動時に電動機の巻線をスター（Y）結線にし，運転時にデルタ（△）結線にする方法である．

スターデルタ始動法は，じか入れ始動に比べて始動電流が1/3になるが，始動時のトルクも1/3になり，始動時間が長くなる．

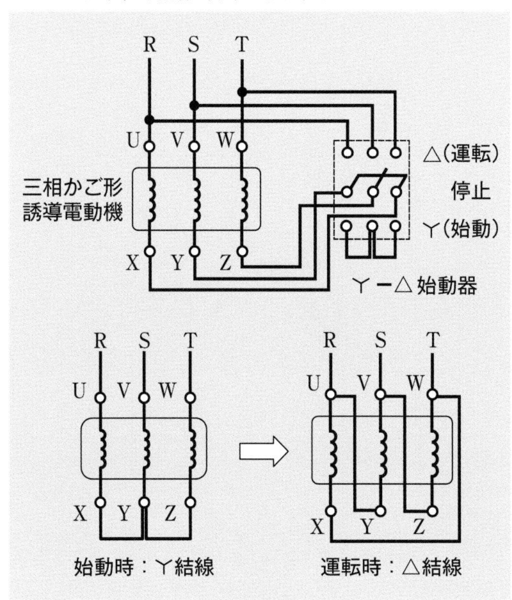

結線図

◉電動機の力率改善

低圧進相コンデンサを，三相誘導電動機と並列に接続して力率を改善する．力率を改善すると，電線に流れる電流を電動機に流れる電流より小さくすることができる．

低圧進相コンデンサは，手元開閉器の負荷側に，電動機と並列に接続する．

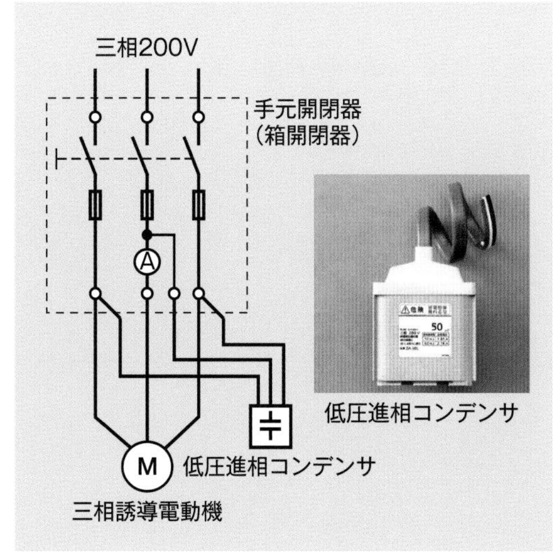

例 題

三相誘導電動機が，周波数 50Hz の電源で無負荷運転されている．この電動機を，周波数 60Hz の電源で無負荷運転した場合の回転の状態は．

イ．回転速度は変化しない．
ロ．回転しない．
ハ．回転速度が減少する．
ニ．回転速度が増加する．

解答・解説 ニ．回転速度が増加する．

電動機は，無負荷で運転するとほぼ同期速度で回転する．電動機の同期速度は電源の周波数に比例するので，電源周波数が 50Hz から 60Hz に変わると，回転速度は増加する．

練習問題

	問題	選択肢
1	三相誘導電動機の始動において，全電圧始動（じか入れ始動）と比較して，スターデルタ始動の特徴として，**正しいものは**．	イ．始動時間が短くなる． ロ．始動電流が小さくなる． ハ．始動トルクが大きくなる． ニ．始動時の巻線に加わる電圧が大きくなる．
2	一般用低圧三相かご形誘導電動機に関する記述で，**誤っているものは**．	イ．負荷が増加すると回転速度がやや低下する． ロ．全電圧始動（じか入れ）での始動電流は全負荷電流の２倍程度である． ハ．電源の周波数が60Hzから50Hzに変わると回転速度が低下する． ニ．３本の結線のうちいずれか２本を入れ替えると逆回転する．
3	定格周波数 60Hz，極数４の低圧三相かご形誘導電動機における回転磁界の同期速度〔min^{-1}〕は．	イ．1 200　ロ．1 500　ハ．1 800　ニ．3 000
4	三相誘導電動機回路の力率を改善するために，低圧進相コンデンサを接続する場合，その接続場所及び接続方法として，**最も適切なものは**．	イ．手元開閉器の負荷側に電動機と並列に接続する． ロ．主開閉器の電源側に各台数分をまとめて電動機と並列に接続する． ハ．手元開閉器の負荷側に電動機と直列に接続する． ニ．手元開閉器の電源側に電動機と並列に接続する．

解答・解答

1．ロ．

スターデルタ始動は，容量の大きい三相かご形誘導電動機の始動電流を小さくする始動方法である．始動電流は，全電圧始動（じか入れ始動）の 1/3 倍になる．

2．ロ．

全電圧始動（じか入れ）での始動電流は，全負荷電流の４～８倍程度である．

3．ハ．1 800

$$N_s = \frac{120f}{p} = \frac{120\times60}{4} = 1\,800\ 〔\mathrm{min}^{-1}〕$$

4．イ．

低圧進相コンデンサは，手元開閉器の負荷側に電動機と並列に接続する．

2 照明器具

ポイント!

◉光源の種類

光　源	特　徴
白熱電球	• 小形 • 瞬時に点灯する
ハロゲン電球	• 小形 • 白熱電球より長寿命 • 瞬時に点灯する
蛍光ランプ	• 発光効率（同じ明るさで消費電力が少ない）が高い • 長寿命 • 放電を安定させるために安定器が必要
水銀ランプ	• 発光効率が高い • 長寿命 • 放電を安定させるために安定器が必要 • 放電に時間を要する
ナトリウムランプ	• 発光効率が高い • トンネル内や霧が濃い場所の照明に適する • 放電を安定させるために安定器が必要 • 放電に時間を要する
LED ランプ	• 寿命長い（約 40 000 時間） • 発光効率が高い • 白熱電球に比べて価格が高い • 白熱電球に比べて力率が低い

◉予熱始動式蛍光灯

（1） 回路

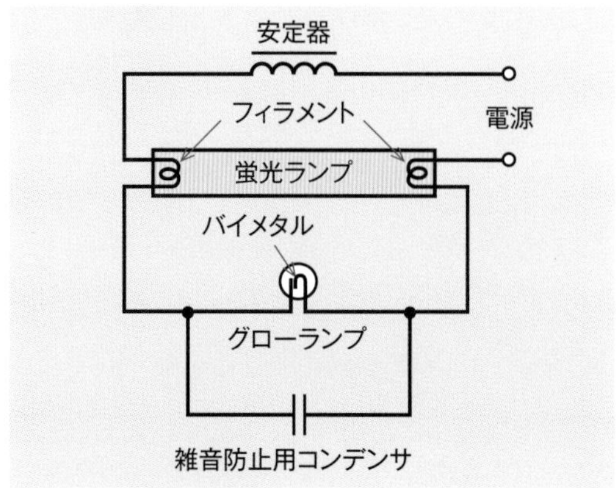

（2） 部品の働き

部　品	働　き
グローランプ（点灯管, グロースイッチ）	• 蛍光ランプのフィラメントを加熱する • 安定器から高電圧を発生させて，放電を開始させる
安定器	• 高電圧を発生して，蛍光ランプを放電させる • 蛍光ランプに流れる電流を安定させる
雑音防止用コンデンサ	• 蛍光ランプが発生した高調波電流を吸収する

◉高周波点灯形（インバータ式）蛍光灯

（1） 回路

電子式安定器のインバータ回路により，商用周波数を 20 ～ 50kHz 程度の高周波に変換して蛍光灯を点灯させる．

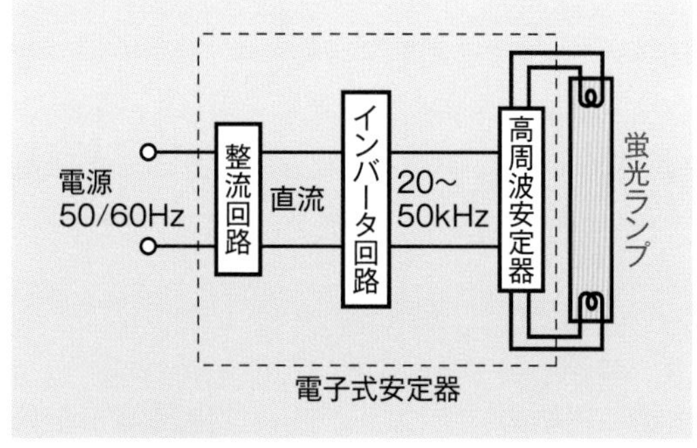

（2） 特徴

• 発光効率が高い
• ちらつきを感じない
• 点灯に要する時間が短い
• 低騒音

例　題

白熱電球と比較して，電球形LEDランプ（制御装置内蔵形）の特徴として，誤っているものは．

イ．力率が低い．
ロ．発光効率が高い．
ハ．価格が高い．
ニ．寿命が短い．

解答・解説 ニ．寿命が短い．

白熱電球の寿命は約1 000 ～ 2 000時間であるが，電球形LEDランプの寿命は約40 000時間で，電球形LEDランプの方が寿命が長い．

練習問題

	問題	選択肢
1	霧の濃い場所やトンネル内等の照明に**適しているものは**．	イ．ナトリウムランプ ロ．蛍光ランプ ハ．ハロゲン電球 ニ．水銀ランプ
2	水銀灯に用いる安定器の使用目的は．	イ．放電を安定させる． ロ．力率を改善する． ハ．雑音（電波障害）を防止する． ニ．光束を増やす．
3	蛍光灯を，同じ消費電力の白熱電灯と比べた場合，**正しいものは**．	イ．力率が良い． ロ．雑音（電磁雑音）が少ない． ハ．寿命が短い． ニ．発光効率が高い（同じ明るさでは消費電力が少ない）．
4	点灯管を用いる蛍光灯と比較して，高周波点灯専用形の蛍光灯の特徴として，**誤っているものは**．	イ．ちらつきが少ない． ロ．発光効率が高い． ハ．インバータが使用されている． ニ．点灯に要する時間が長い．
5	直管LEDランプに関する記述として，**誤っているものは**．	イ．すべての蛍光灯照明器具にそのまま使用できる． ロ．同じ明るさの蛍光灯と比較して消費電力が小さい． ハ．制御装置が内蔵されているものと内蔵されていないものとがある． ニ．蛍光灯に比べて寿命が長い．

解答・解説

1．イ．ナトリウムランプ

霧に対して透過性がよく，トンネル照明や道路照明に用いられる．

2．イ．放電を安定させる．

放電灯は安定器を取り付けて放電電流を安定させる．

3．ニ．

蛍光灯の発光効率は白熱灯の約5倍である．

蛍光灯は安定器があるため，白熱電灯より力率が低い．白熱電灯は雑音（電磁雑音）を発生しないが，蛍光灯は発生する．蛍光灯の寿命は，白熱電灯より長い．

4．ニ．点灯に要する時間が長い．

点灯管を用いる蛍光灯は，スイッチを入れてからランプが点灯するまでに数秒かかるが，高周波点灯専用形（インバータ式）の蛍光灯は約1秒で点灯する．

5．イ．

蛍光灯器具には，そのまま直管LEDランプを使用できない場合もある．

3 電線

ポイント!

◉低圧電線

(1) より線の構成

より線は，細い銅線(素線)をより合わせたもので，素線数〔本〕/素線径〔mm〕で表す.

より線の太さは，実際の断面積に近い公称断面積で表す.

公称断面積〔mm^2〕	素線数〔本〕/素線径〔mm〕
5.5	7/1.0
8	7/1.2
14	7/1.6
22	7/2.0

(2) 絶縁電線

名　称	記号	用　途
600V ビニル絶縁電線	IV	一般屋内配線（最高許容温度 60℃）
600V 耐燃性ポリエチレン絶縁電線	EM-IE/F	一般屋内配線（最高許容温度 75℃）
600V 二種ビニル絶縁電線	HIV	耐熱を必要とする屋内配線（最高許容温度 75℃）
引込用ビニル絶縁電線	DV	架空引込電線
屋外用ビニル絶縁電線	OW	低圧架空配線

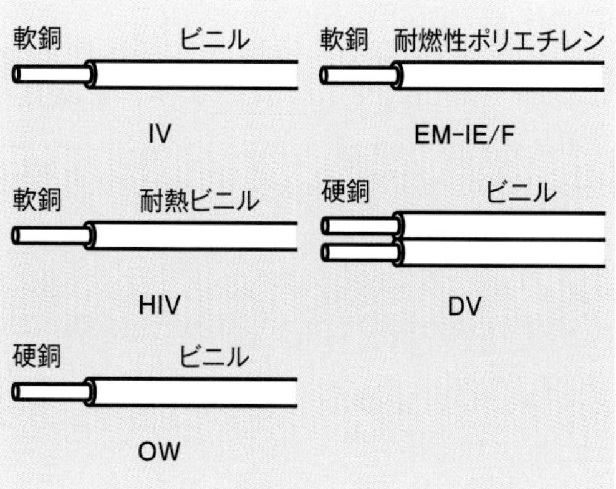

(3) ケーブル

名　称	記号	用　途
600V ビニル絶縁ビニルシースケーブル平形	VVF	屋内配線，屋外配線，地中配線
600V ポリエチレン絶縁耐燃性ポリエチレンシースケーブル平形	EM-EEF/F	屋内配線，屋外配線，地中配線
600V ビニル絶縁ビニルシースケーブル丸形	VVR	引込口配線，屋内配線，屋外配線，地中配線
600V 架橋ポリエチレン絶縁ビニルシースケーブル	CV	引込口配線，屋内配線，屋外配線，地中配線
MI ケーブル	MI	高温場所の配線
キャブタイヤケーブル	CT	移動用電線

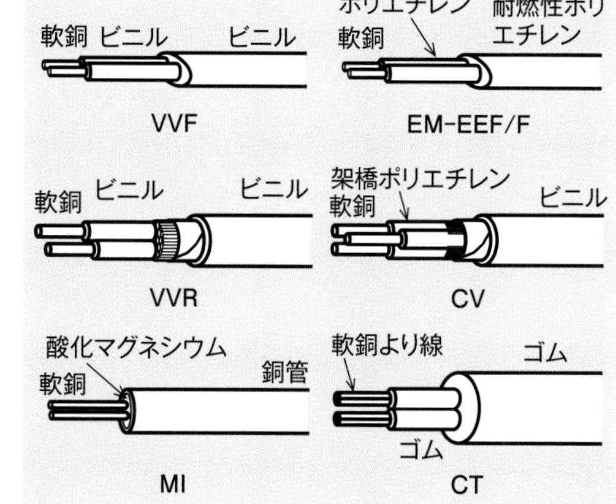

(4) コード

名　称	用　途
ビニルコード	発熱しない電気器具に使用できる
ゴムコード	白熱電球，電熱器具にも使用できる

(5) 絶縁物の最高許容温度

絶縁物	最高許容温度
ビニル	60℃
耐熱ビニル	75℃
ポリエチレン	75℃
架橋ポリエチレン	90℃

例題

耐熱性が最も優れているものは.

イ. 600V二種ビニル絶縁電線
ロ. 600Vビニル絶縁電線
ハ. MIケーブル
ニ. 600Vビニル絶縁ビニルシースケーブル

解答・解説 ハ. MIケーブル

MIケーブルは, 絶縁物に酸化マグネシウムを, シースに金属を使用しており, 1 000℃で連続10時間程度使用できる.

練習問題

	問題	選択肢
1	使用電圧が300V以下の屋内に施設する器具であって, 付属する移動電線にビニルコードが**使用できるものは.**	イ. 電気扇風機 ロ. 電気こたつ ハ. 電気こんろ ニ. 電気トースター
2	低圧屋内配線として使用する600Vビニル絶縁電線(IV)の絶縁物の最高許容温度[℃]は.	イ. 45　ロ. 60　ハ. 75　ニ. 90
3	600Vポリエチレン絶縁耐燃性ポリエチレンシースケーブル平形 (EM-EEF) の絶縁物の最高許容温度[℃]は.	イ. 60　ロ. 75　ハ. 90　ニ. 120
4	600V架橋ポリエチレン絶縁ビニルシースケーブル(CV)の絶縁物の最高許容温度[℃]は.	イ. 60　ロ. 75　ハ. 90　ニ. 120
5	絶縁物の最高許容温度が最も高いものは.	イ. 600V架橋ポリエチレン絶縁ビニルシースケーブル(CV) ロ. 600V二種ビニル絶縁電線(HIV) ハ. 600Vビニル絶縁ビニルシースケーブル丸形(VVR) ニ. 600Vビニル絶縁電線(IV)

解答・解説

1. イ. 電気扇風機

ビニルコードは, 絶縁物にビニルを使用しており, 高温になる電気器具には使用できない.

2. ロ. 60

絶縁物のビニルは, 耐熱に弱く, 最高許容温度が60℃である.

3. ロ. 75

ポリエチレンの最高許容温度は75℃である.

4. ハ. 90

架橋ポリエチレンの最高許容温度は90℃である.

5. イ.

CVの絶縁物は架橋ポリエチレンで, 最高許容温度は90℃で最も高い.

HIVの絶縁物は耐熱性のビニルで, 最高許容温度は75℃である. VVRとIVの絶縁物はビニルで, 最高許容温度は60℃である.

4 配線器具・材料等

ポイント！

◉配線器具

（1） タンブラスイッチ

1 単極スイッチ

1箇所で電灯を点滅する.

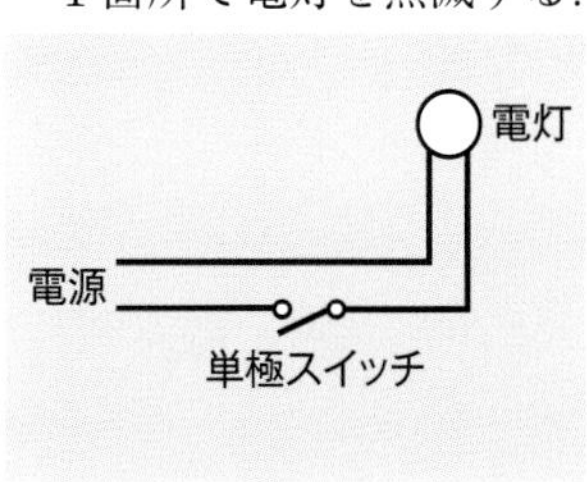

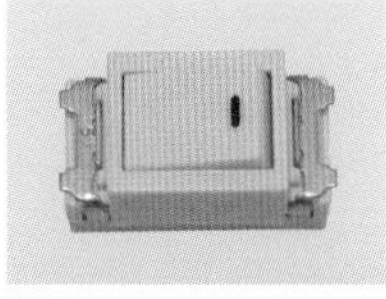

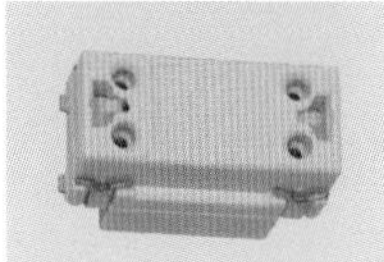

2 3路スイッチ

2箇所で任意に点滅する.

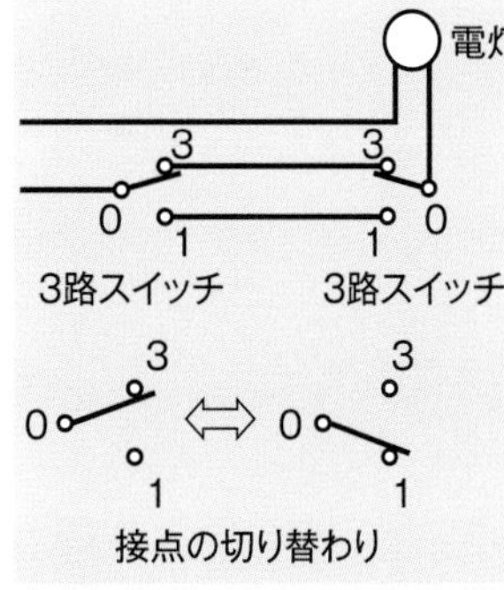

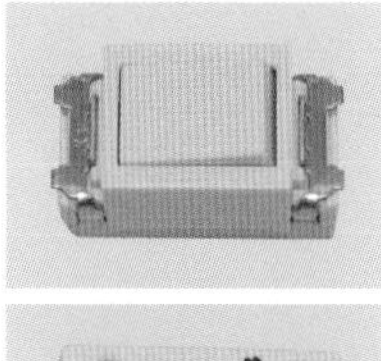

3 4路スイッチ

3路スイッチ2個と4路スイッチ1個を組み合わせて，3箇所で任意に点滅する.

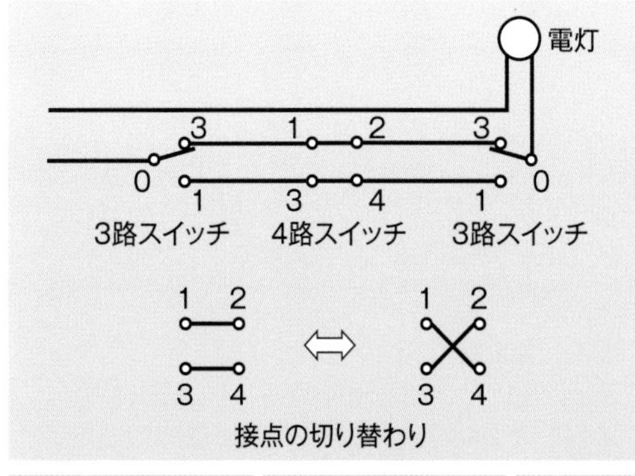

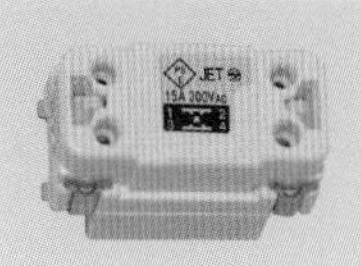

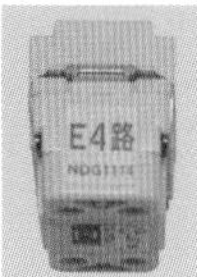

（2） パイロットランプ（確認表示灯）

パイロットランプは，電灯の点灯状態や電源の状態を表示する．電圧検知形のパイロットランプは，電圧が加わると点灯する.

常時点灯：常に点灯している（電源表示）.

同時点滅：電灯と同時に点灯する（電灯の点灯状態を表示）.

異時点滅：電灯が消灯しているときに点灯する（スイッチの位置表示）.

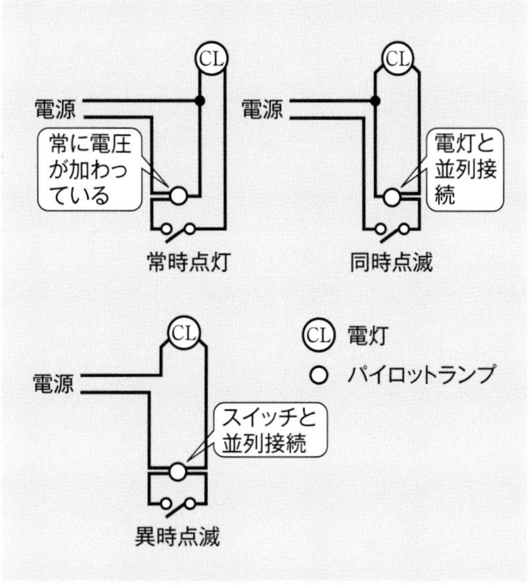

（3） コンセント

コンセントは，定格電圧及び定格電流によって，極の配置が異なる.

定格電圧	定格電流	一　般	接地極付
単相 125V	15A		
	20A		
単相 250V	15A		
	20A		
三相 250V	15A 20A		

接地極付接地端子付コンセントは，接地線を接地端子でねじ止めできたり，接地極付のプラグで接地することができるので，電気食器洗い機用のコンセントとして，最も適している．

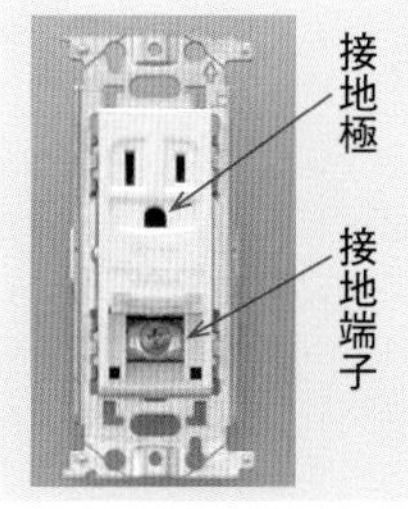

接地極付接地端子付コンセント

◉漏電遮断器（過負荷保護付）

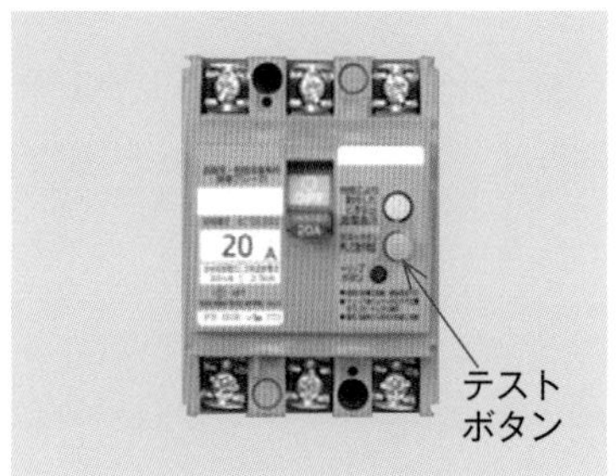

漏電遮断器（過負荷保護付）

過負荷保護付の漏電遮断器は，過負荷保護と地絡保護の機能がある．

感電防止用としては，定格感度電流が 30mA 以下で，動作時間が 0.1 秒以下の高感度高速形が使用される．

地絡電流を検出する零相変流器を内蔵し，漏電電流を模擬したテスト装置がある．

◉系統連系型小出力太陽光発電設備

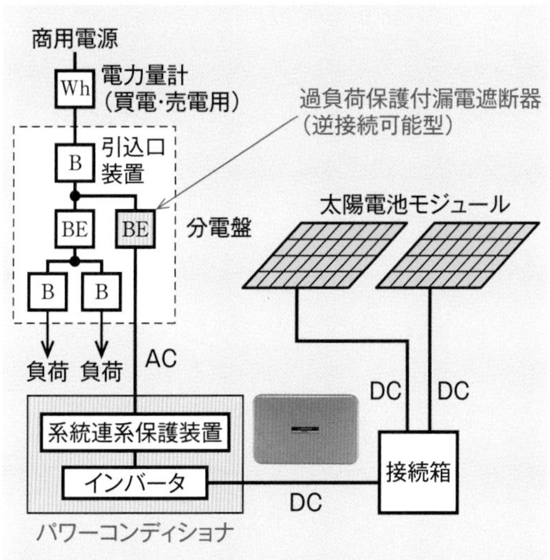

（1） パワーコンディショナ

パワーコンディショナは，太陽電池が発電した直流を交流に変換して，商用電源に接続できるようにするものである．

（2） 漏電遮断器

太陽光発電設備に至る回路に漏電遮断器を施設する場合は，漏電遮断器が「切」の状態で負荷側に電圧がかかっても故障するおそれのない逆接続可能型などのものでなければならない．

◉金属管工事用材料

名称	用途
アウトレットボックス 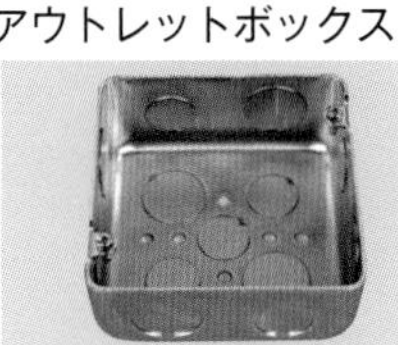	金属管が交差，屈曲する場所で，電線の引き入れを容易にし，電線相互の接続をする場合や，照明器具などを取り付ける部分で電線を引き出す場合に用いる．
プルボックス 	多数の金属管が交差，集合する場所で，電線の引き入れを容易にし，電線相互の接続をするために用いる．
ねじなしボックスコネクタ  	ねじなし電線管を，金属製アウトレットボックス等に接続する場合に用いる． ねじなし電線管との接続は止めねじを回して，ねじの頭部をねじ切る．
絶縁ブッシング 	金属管の管端やねじなしボックスコネクタに取り付けて，電線の被覆を損傷させないようにする．
リングレジューサ 	アウトレットボックスのノックアウト（打ち抜き穴）径が，接続する金属管の外形より大きいときに使用する．
エントランスキャップ 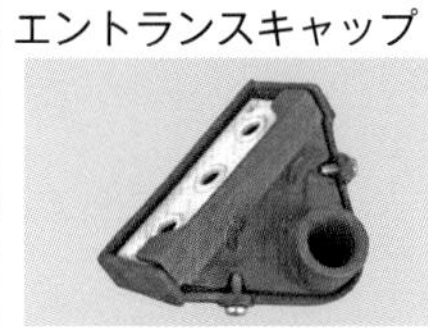	屋外で金属管の管端部に取り付けて，電線を引き出すのに用いる．垂直・水平の配管に使用できる．
ターミナルキャップ 	金属管の管端部に取り付けて，電線を引き出すのに用いる．屋外の垂直の配管には，雨水が浸入するので使用できない．

例　題

1灯の電灯を3箇所のいずれの場所からでも点滅できるようにするためのスイッチの組合せとして，**正しいものは**.

イ．3路スイッチ3個
ロ．単極スイッチ2個と3路スイッチ1個
ハ．単極スイッチ1個と4路スイッチ2個
ニ．3路スイッチ2個と4路スイッチ1個

解答・解説 ニ．

1灯の電灯を3箇所で任意に点滅するには，3路スイッチ2個と4路スイッチ1個の組み合わせで使用する．

練習問題

1	図に示す一般的な低圧屋内配線の工事で，スイッチボックス部分におけるパイロットランプの異時点滅（負荷が点灯していないときパイロットランプが点灯）回路は． ただし，ⓐは電源からの非接地側電線(黒色)，ⓑは電源からの接地側電線(白色)を示し，負荷には電源からの接地側電線が直接に結線されているものとする． 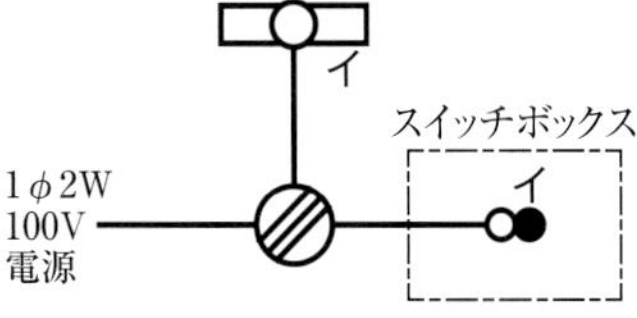	イ．（ⓐ 黒，（負荷へ）白） ロ．（ⓐ 黒，（負荷へ）白） ハ．　　　ニ． 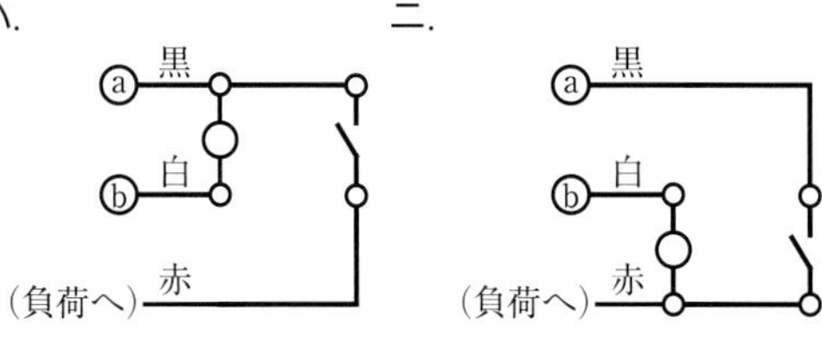
2	図に示す一般的な低圧屋内配線の工事で，スイッチボックス部分の回路は．ただし，ⓐは電源からの非接地側電線(黒色)，ⓑは電源からの接地側電線(白色）を示し，負荷には電源からの接地側電線が直接に結線されているものとする．なお，パイロットランプは100V用を使用する． 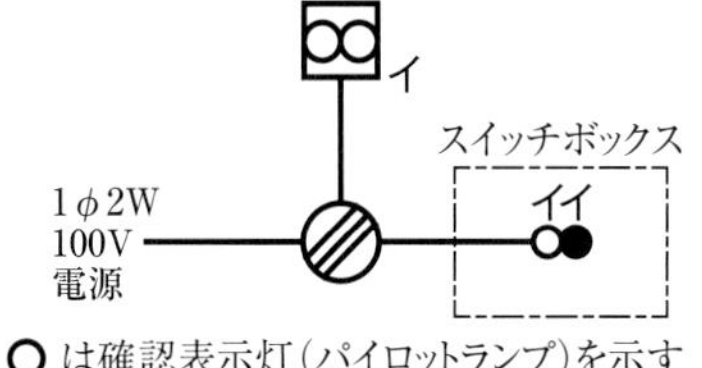 ○ は確認表示灯(パイロットランプ)を示す．	イ．（ⓐ 黒，（負荷へ）白） ロ． 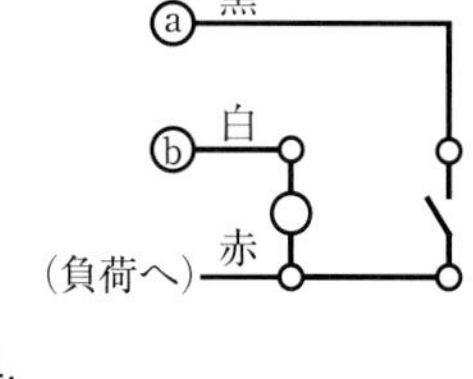 ハ．　　　ニ． 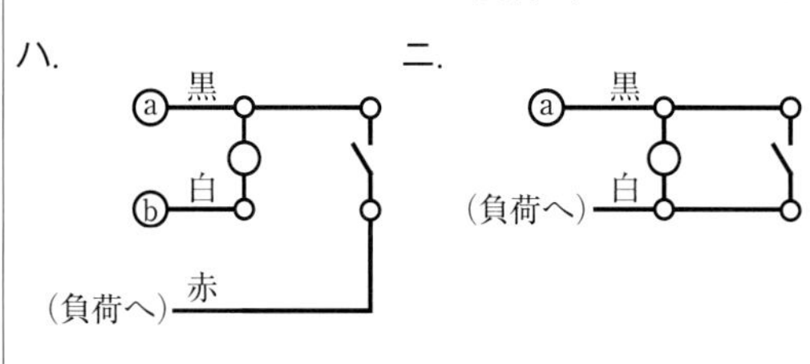
3	コンセントの使用電圧と刃受の極配置との組合せとして，**誤っているものは**. ただし，コンセントの定格電流は15Aとする．	イ．単相200V　ロ．単相100V　ハ．単相100V　ニ．単相200V
4	住宅で使用する電気食器洗い機用のコンセントとして，**最も適しているものは**.	イ．引掛形コンセント ロ．抜け止め形コンセント ハ．接地端子付コンセント ニ．接地極付接地端子付コンセント

5	漏電遮断器に関する記述として，**誤っているものは**．	イ．高速形漏電遮断器は，定格感度電流における動作時間が0.1秒以下である． ロ．漏電遮断器は，零相変流器によって地絡電流を検出する． ハ．高感度形漏電遮断器は，定格感度電流が1 000mA以下である． ニ．漏電遮断器には，漏電電流を模擬したテスト装置がある．
6	漏電遮断器に内蔵されている零相変流器の役割は．	イ．地絡電流の検出 ロ．短絡電流の検出 ハ．過電流の検出 ニ．不足電圧の検出
7	アウトレットボックス（金属製）の使用方法として，**不適切なものは**．	イ．金属管工事で電線の引き入れを容易にするのに用いる． ロ．金属管工事で電線相互を接続する部分に用いる． ハ．配線用遮断器を集合して設置するのに用いる． ニ．照明器具などを取り付ける部分で電線を引き出す場合に用いる．
8	プルボックスの主な使用目的は．	イ．多数の金属管が集合する場所で，電線の引き入れを容易にするために用いる． ロ．多数の開閉器類を集合して設置するために用いる． ハ．埋込みの金属管工事で，スイッチやコンセントを取り付けるために用いる． ニ．天井に比較的重い照明器具を取り付けるために用いる．
9	金属管工事において，絶縁ブッシングを使用する主な目的は．	イ．電線の被覆を損傷させないため． ロ．金属管相互を接続するため． ハ．金属管を造営材に固定するため． ニ．電線の接続を容易にするため．
10	金属管工事に使用される「ねじなしボックスコネクタ」に関する記述として，**誤っているものは**．	イ．ボンド線を接続するための接地用の端子がある． ロ．ねじなし電線管と金属製アウトレットボックスを接続するのに用いる． ハ．ねじなし電線管との接続は止めネジを回して，ネジの頭部をねじ切らないように締め付ける． ニ．絶縁ブッシングを取り付けて使用する．
11	金属管工事において使用されるリングレジューサの使用目的は．	イ．両方とも回すことのできない金属管相互を接続するときに使用する． ロ．金属管相互を直角に接続するときに使用する． ハ．金属管の管端に取り付け，引き出す電線の被覆を保護するときに使用する． ニ．アウトレットボックスのノックアウト（打ち抜き穴）の径が，それに接続する金属管の外径より大きいときに使用する．

12	エントランスキャップの使用目的は.	イ. 主として垂直な金属管の上端部に取り付けて，雨水の浸入を防止するために使用する. ロ. コンクリート打ち込み時に金属管内にコンクリートが侵入するのを防止するために使用する. ハ. 金属管工事で管が直角に屈曲する部分に使用する. ニ. フロアダクトの終端部を閉そくするために使用する.
13	図に示す雨線外に施設する金属管工事の末端Ⓐ又はⒷ部分に使用するものとして，**不適切なものは**. 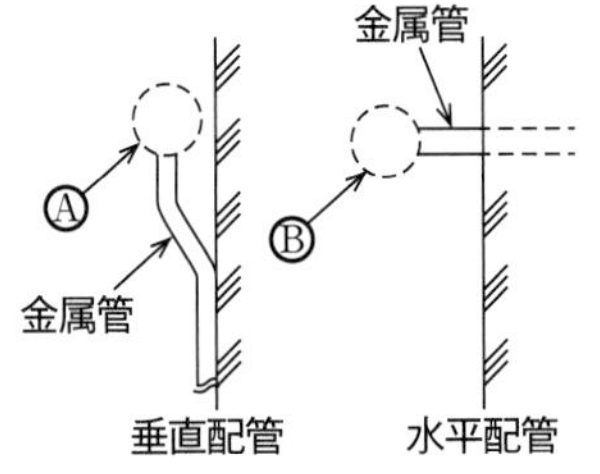 	イ. Ⓐ部分にエントランスキャップを使用した. ロ. Ⓐ部分にターミナルキャップを使用した. ハ. Ⓑ部分にエントランスキャップを使用した. ニ. Ⓑ部分にターミナルキャップを使用した.
14	住宅(一般用電気工作物)に系統連系型の発電設備(出力5.5kW)を，図のように太陽電池，パワーコンディショナ，漏電遮断器(分電盤内)，商用電源側の順に接続する場合，取り付ける漏電遮断器の種類として，**最も適切なものは**. 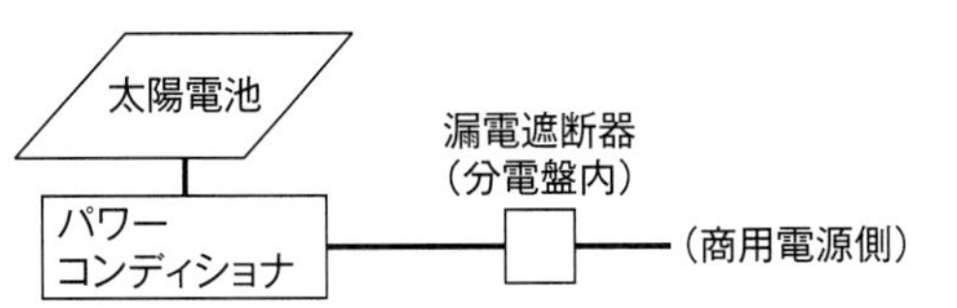 	イ. 漏電遮断器（過負荷保護なし） ロ. 漏電遮断器（過負荷保護付） ハ. 漏電遮断器（過負荷保護付　高感度形） ニ. 漏電遮断器（過負荷保護付　逆接続可能型）

解答・解説

1. ロ.

異時点滅回路は，パイロットランプを点滅器と並列に接続する.

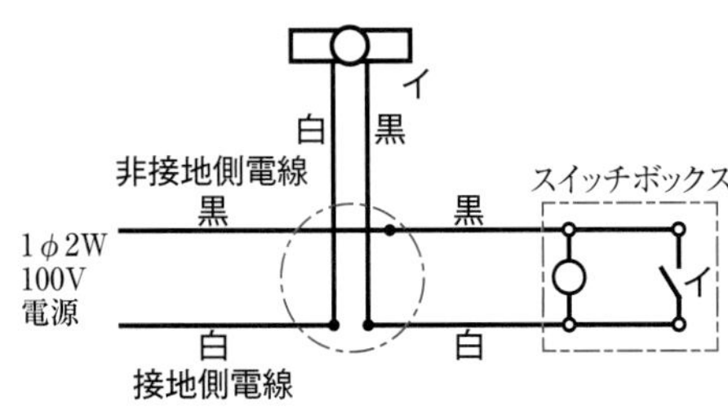

2. ロ.

パイロットランプ○に「イ」と傍記されているので，換気扇が運転しているときにパイロットランプが点灯する同時点滅の回路である．パイロットランプと換気扇が並列に接続された回路になる.

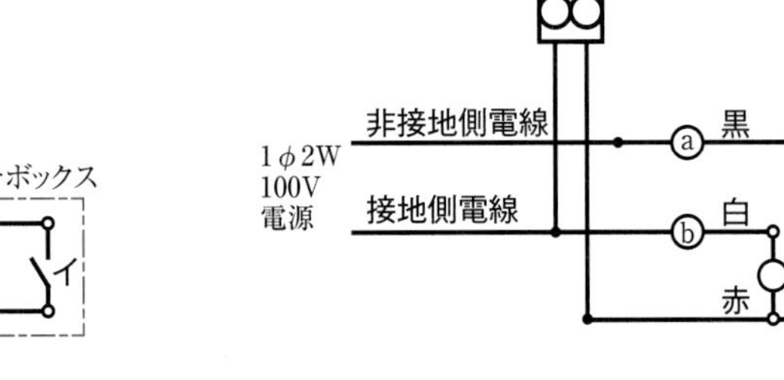

3. イ.

イは，単相100V用の15A125V接地極付コンセントである．ロは，単相用15A125V引掛形コンセントである.

4. ニ.

内線規程 3202-3（接地極付コンセントなどの施設）で，電気食器洗い機用のコンセントには，接地極付コンセントを使用することとなっており，接地極付コンセントには，接地用端子を備えることが望ましいとされている．接地極付接地端子付コンセントを施設すれば，接地極付差込器又は接地端子に接地線を取り付けて電気機器の接地をすることができる．

5. ハ.

高感度形漏電遮断器は定格感度電流が 30mA 以下のもので，高速形漏電遮断器は動作時間が 0.1 秒以下のものである．

6. イ.

漏電遮断器に内蔵されている零相変流器は，地絡電流（漏電電流）を検出するものである．

7. ハ.

配線用遮断器を集合して設置するのは，分電盤である．

8. イ.

プルボックスは，多数の金属管が集合する場所や，太い金属管がある場所に使用される．

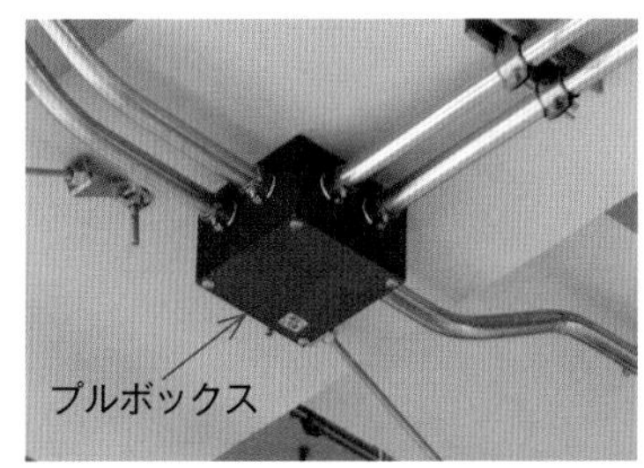

9. イ.

絶縁ブッシングは，電線を金属管に通線するときに，絶縁被覆を損傷させないようにねじなしボックスコネクタや，金属管の管端に取り付ける．

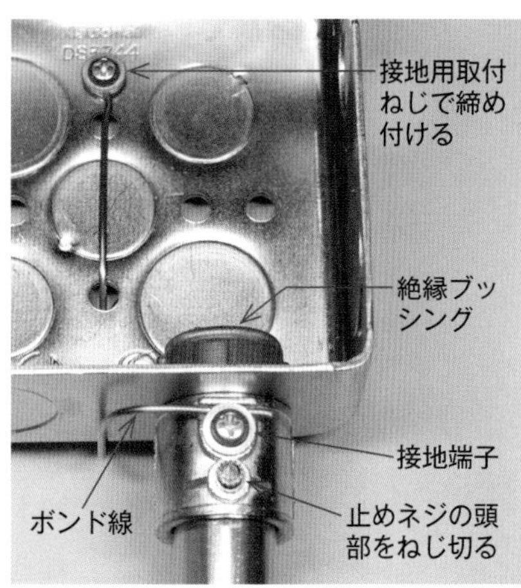

10. ハ.

ねじなし電線管をねじなしボックスコネクタに接続するときは，止めネジの頭部がねじ切れるまで締め付けて，電気的および機械的に完全に接続する．

11. ニ.

リングレジューサは２枚１組で，アウトレットボックス等のノックアウトの径が，それに接続する金属管の外径より大きいときに使用する．

12. イ.

エントランスキャップは，屋外の金属管の上端部に取り付けて，雨水が浸入するのを防止するために使用する．

13. ロ.

エントランスキャップは，垂直配管および水平配管の管端部に取り付けて使用することができる．ターミナルキャップは，垂直配管に取り付けると雨水が浸入するので使用できない．

雨線外とは，雨のかかる場所のことである．

14. ニ.

太陽光発電設備に至る回路に漏電遮断器を施設する場合は，漏電遮断器が「切」の状態で負荷側に電圧がかかっても故障するおそれのない逆接続可能型のものでなければならない．

5 工具

ポイント！

◉金属管用工具

名称・写真	用　途
パイプバイス	金属管を切断したりねじを切る場合に，金属管を固定する．
金切りのこ	金属管を切断する．硬質ポリ塩化ビニル電線管も切断できる．
やすり	金属管を切断した管端を仕上げる．
クリックボール	先端にリーマを取り付け，回転させて金属管の内側の面取りをする．
リーマ	クリックボールに取り付けて，金属管の管端の内側の面取りをする．
リード型ねじ切り器	薄鋼電線管にねじを切る．
パイプベンダ	金属管を曲げる．
ウォータポンププライヤ	カップリングやロックナットを締め付ける．
パイプレンチ	太い金属管のカップリングを締め付ける．

◉電線接続工具

ワイヤストリッパ	絶縁電線の被覆をはぎ取る．
リングスリーブ用圧着工具 	リングスリーブを圧着して電線を接続する．

◉合成樹脂管用工具

ガストーチランプ 	硬質ポリ塩化ビニル電線管を曲げる場合に，加熱して柔らかくする．
面取器 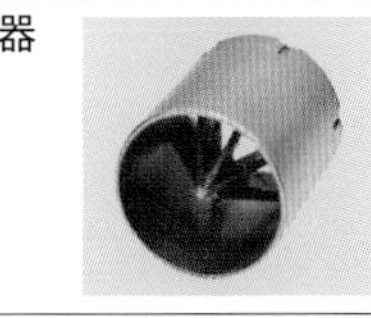	硬質ポリ塩化ビニル電線管の内側と外側の面取りをする．

◉穴あけ工具

ノックアウトパンチャ 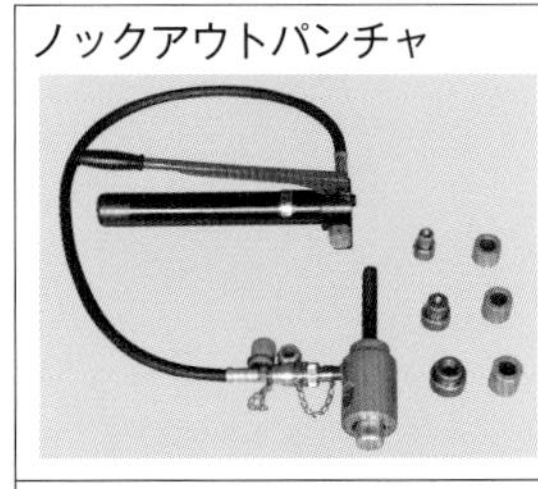	金属製のプルボックスやキャビネットに穴をあける．
ホルソ 	ノックアウトパンチャと同じ用途で，ドリルに取り付けて金属製のプルボックス等に穴をあける．
振動ドリル 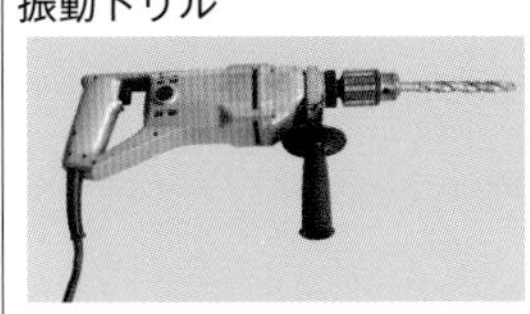	コンクリートドリルを取り付けて，コンクリート壁に穴をあける．
木工用ドリルビット	ドリルに取り付けて，木材の板等に穴をあける．

例 題

ノックアウトパンチャの用途で，**適切なものは.**

イ．金属製キャビネットに穴を開けるのに用いる．
ロ．太い電線を圧着接続する場合に用いる．
ハ．コンクリート壁に穴を開けるのに用いる．
ニ．太い電線管を曲げるのに用いる．

解答・解説 イ.

ノックアウトパンチャは，油圧を利用して金属製のキャビネットやプルボックス等に穴をあける工具である．

練習問題

	問題	選択肢
1	ねじなし電線管の曲げ加工に使用する工具は.	イ．トーチランプ ロ．ディスクグラインダ ハ．パイプレンチ ニ．パイプベンダ
2	金属管(鋼製電線管)工事で切断及び曲げ作業に使用する工具の組合せとして，**適切なものは.**	イ．リーマ　パイプレンチ　トーチランプ ロ．リーマ　金切りのこ　パイプベンダ ハ．やすり　金切りのこ　トーチランプ ニ．リーマ　パイプレンチ　パイプベンダ
3	電気工事の種類と，その工事で使用する工具の組合せとして，**適切なものは.**	イ．金属線ぴ工事とボルトクリッパ ロ．合成樹脂管工事とパイプベンダ ハ．金属管工事とクリックボール ニ．バスダクト工事と圧着ペンチ
4	コンクリート壁に金属管を取り付けるときに用いる材料及び工具の組合せとして，**適切なものは.**	イ．カールプラグ　ステープル　ホルソ　ハンマ ロ．サドル　振動ドリル　カールプラグ　木ねじ ハ．たがね　コンクリート釘　ハンマ　ステープル ニ．ボルト　ホルソ　振動ドリル　サドル

解答・解説

1．ニ．パイプベンダ

ねじなし電線管を曲げる工具は，パイプベンダである．

2．ロ．リーマ　金切りのこ　パイプベンダ

金切りのこで切断して，やすりで切断面を仕上げ，リーマで内側の面取りをする．金属管を曲げる工具は，パイプベンダである．

3．ハ．金属管工事とクリックボール

リーマをクリックボールに取り付けて，金属管の内側の面取りをする．

4．ロ．サドル　振動ドリル　カールプラグ　木ねじ

振動ドリルでコンクリート壁に穴をあけ，カールプラグを穴に埋め込んで，木ねじでサドルを固定する．

カールプラグ

サドル

6 鑑別

「電気工事用材料」「配線器具・電気機器」「工具」等の写真が示され，その用途や名称について出題される．過去に出題されたものを中心にして，今後出題が予想されるものを含めて示す．

◎電気工事用材料

1 アウトレットボックス	2 コンクリートボックス	3 プルボックス
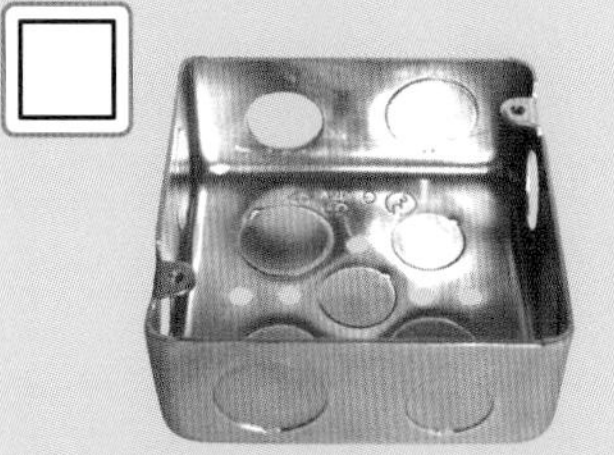	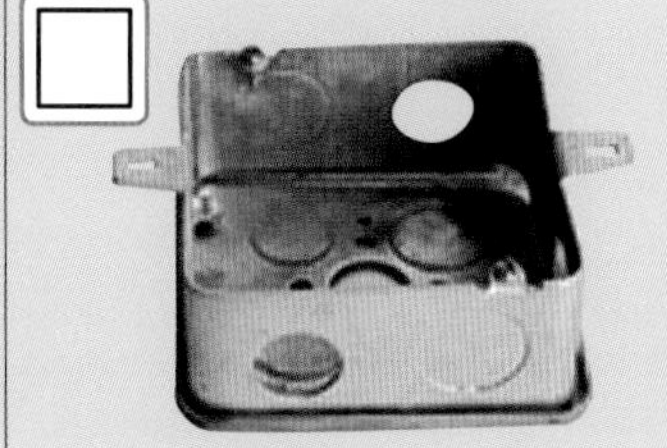	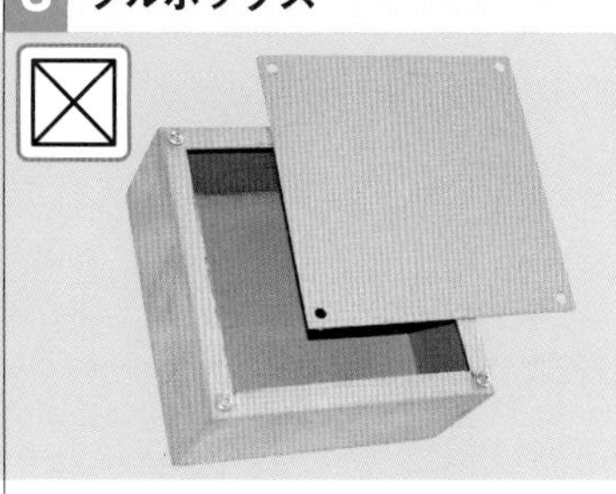
金属管工事で電線を接続したり，電灯やコンセントを取り付けるのに用いる．	コンクリートに埋め込んで，管の交差箇所や電灯などを取り付けるのに用いる．	多数の金属管が集合する箇所で使用し，電線を接続したり引き入れを容易にする．
4 埋込スイッチボックス	5 露出スイッチボックス	6 ぬりしろカバー
	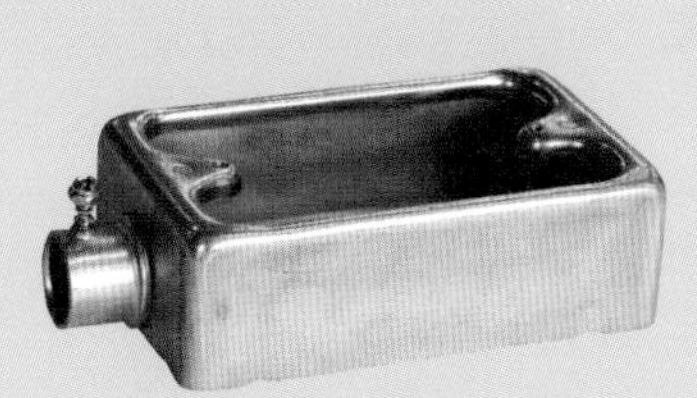	
埋込金属管工事でスイッチやコンセントを取り付けるのに用いる．	露出金属管工事でスイッチやコンセントを取り付けるのに用いる．	埋込スイッチボックス等の表面に取り付け，埋込連用取付枠等を取り付ける．
7 ロックナット	8 ねじなしボックスコネクタ	9 リングレジューサ
		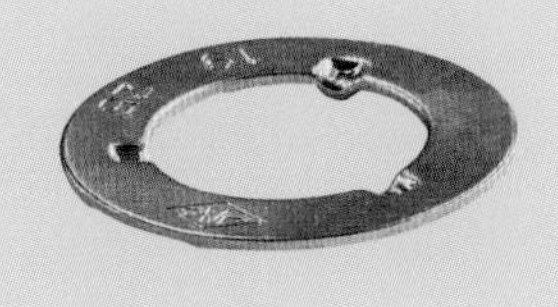
薄鋼電線管とボックスを接続する場合に，ボックスの内外から締め付け，固定するのに用いる．	ねじなし電線管をボックスに接続するのに用いる．	ボックスのノックアウトの径が金属管の径より大きい場合に用いる．２枚で１組．

10 絶縁ブッシング	11 カップリング	12 ねじなしカップリング
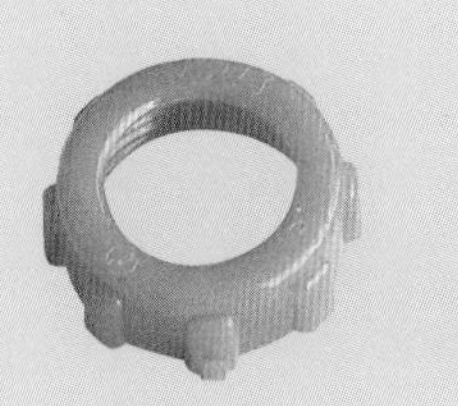		
薄鋼電線管の管端やボックスコネクタに取り付けて，電線の絶縁被覆を保護する．	薄鋼電線管相互を接続するのに用いる．	ねじなし電線管相互を接続するのに用いる．
13 ユニオンカップリング	**14 ノーマルベンド**	**15 ユニバーサル**
	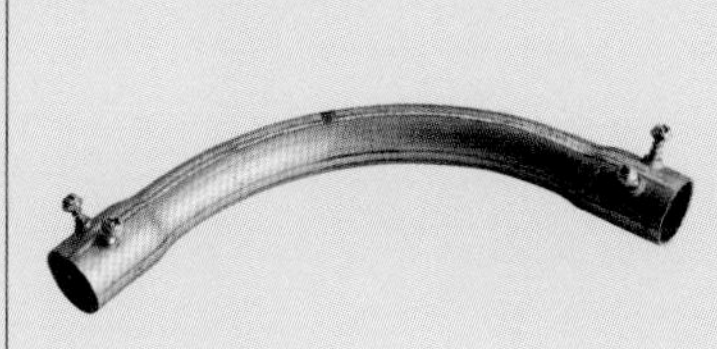	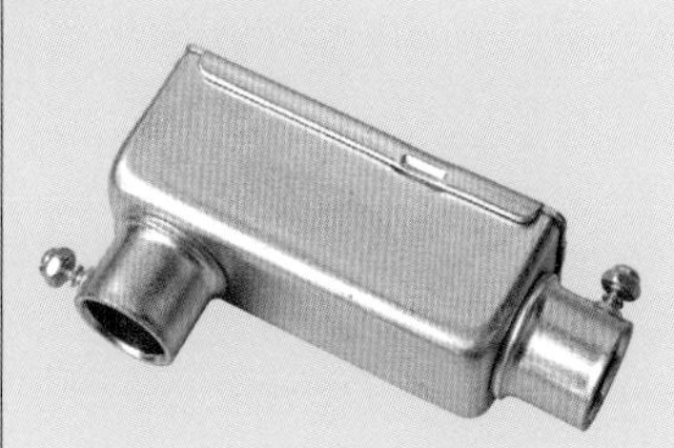
両方とも回すことのできない薄鋼電線管相互の接続に用いる．	金属管が直角に曲がる箇所に使用する．写真は，ねじなし電線管用である．	露出金属管工事で，柱や梁の直角に曲がる箇所に用いる．
16 エントランスキャップ	**17 ターミナルキャップ**	**18 フィクスチュアスタッド**
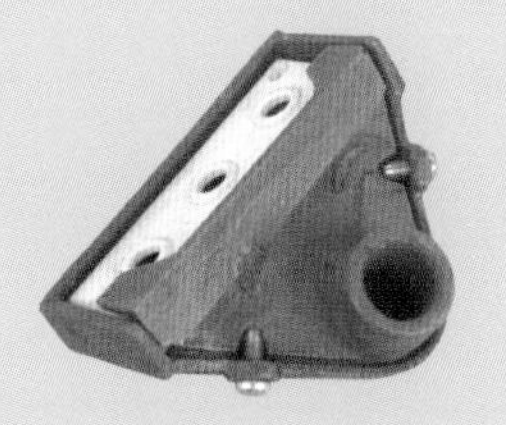	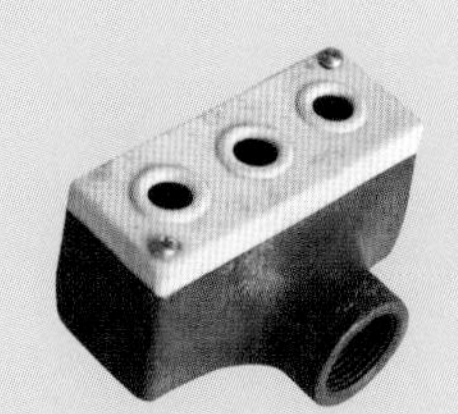	
屋外の金属管の管端に取り付けて，電線を引き出すのに用いる．	屋外で水平に配管された管端に取り付けて，電線を取り出すのに用いる．	コンクリートボックス等の底面に取り付け，吊りボルトを用いて重い電気器具を吊り下げる．
19 パイラック	**20 カールプラグ**	**21 インサート**
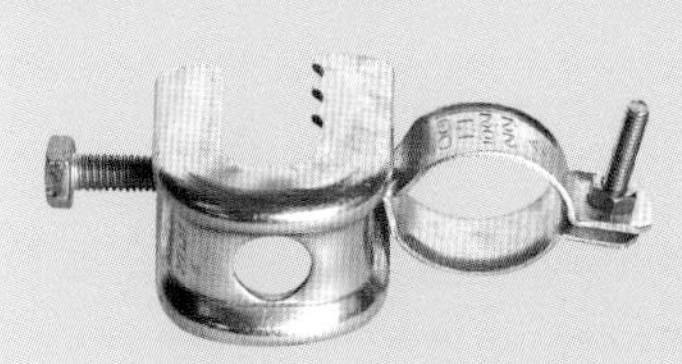	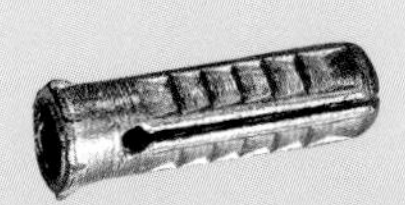	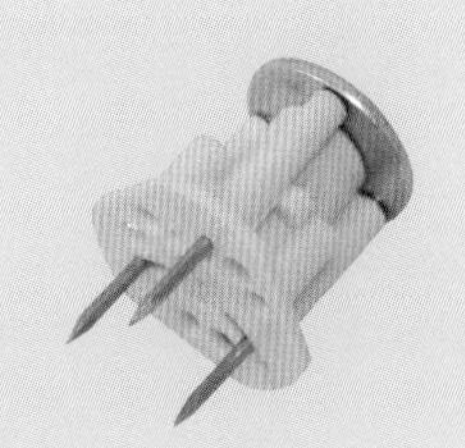
金属管を鉄骨等に固定するのに用いる金具で，パイラックは商品名である．	金属管を固定するサドルや電気器具等をコンクリート面に木ねじで取り付けるのに用いる．	コンクリート内に埋め込み，照明器具等を支持する吊りボルトを取り付ける．

22 2種金属製可とう電線管	23 コンビネーションカップリング	24 合成樹脂製可とう電線管(PF 管)
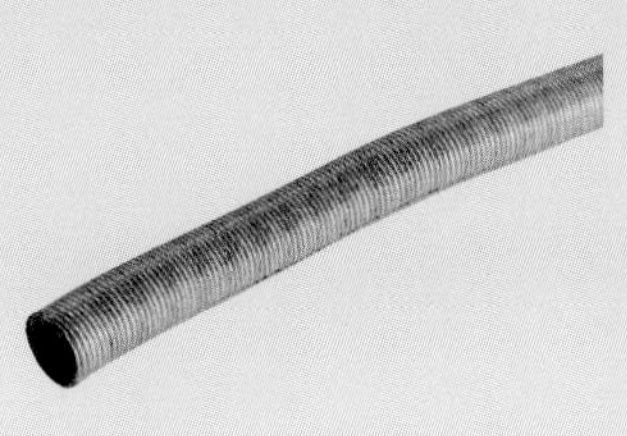		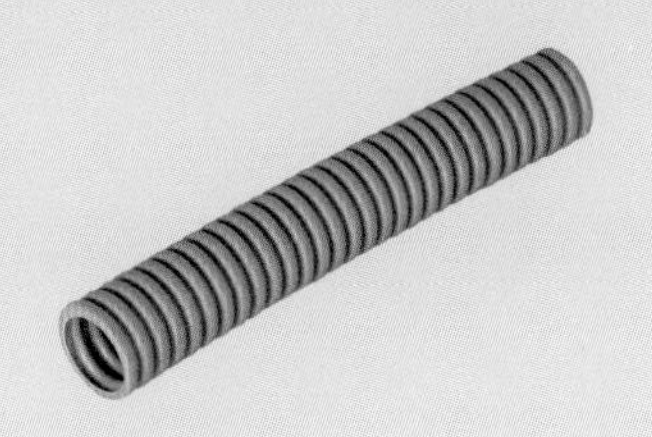
可とう性を有し，金属管と同様に使用できる．プリカチューブ(商品名)ともいう．	2種金属製可とう電線管と金属管とを接続するのに用いる．	可とう性があり，コンクリートに埋設したり，展開した場所や点検できる隠ぺい場所に使用できる．
25 PF 管用ボックスコネクタ	26 PF 管用カップリング	27 PF 管用サドル

PF管をボックスに接続するのに用いる．	PF 管相互を接続するのに用いる．	PF 管を支持固定するのに用い，裏側に凸部がある．
28 PF 管用露出スイッチボックス	29 合成樹脂製可とう電線管(CD 管)	30 2号コネクタ
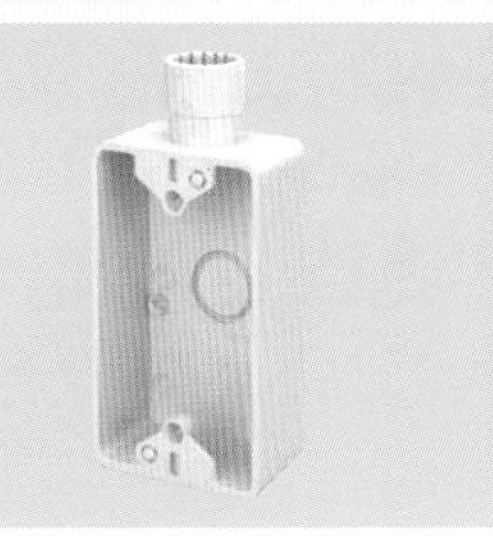	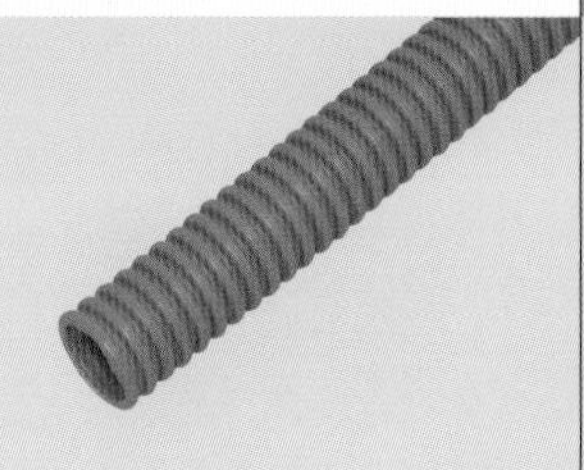	
PF 管に接続して，スイッチやコンセントを取り付ける．	コンクリートに埋め込んで使用する．展開した場所や点検できる隠ぺい場所では使用できない．	硬質ポリ塩化ビニル電線管をアウトレットボックス等に接続するのに用いる．
31 TS カップリング	32 ライティングダクト	33 1種金属製線ぴ
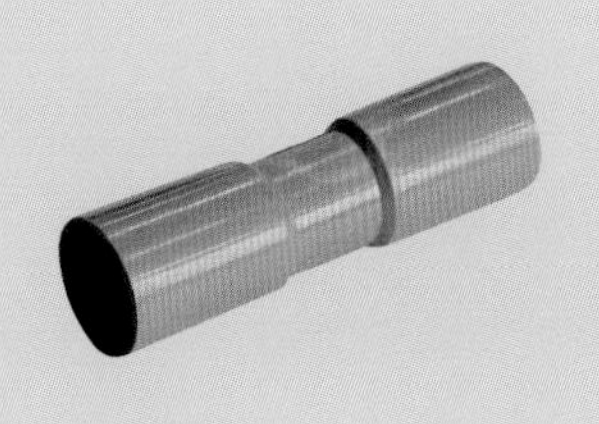	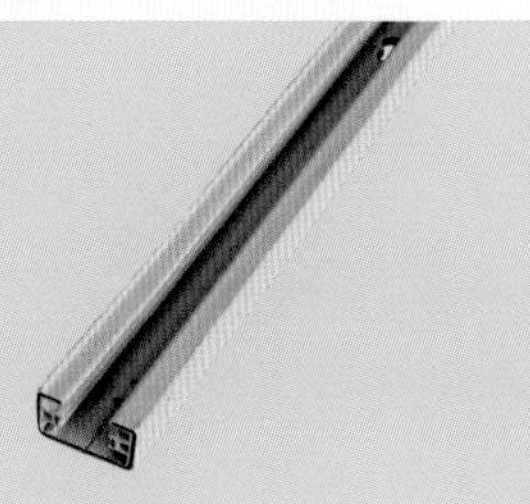	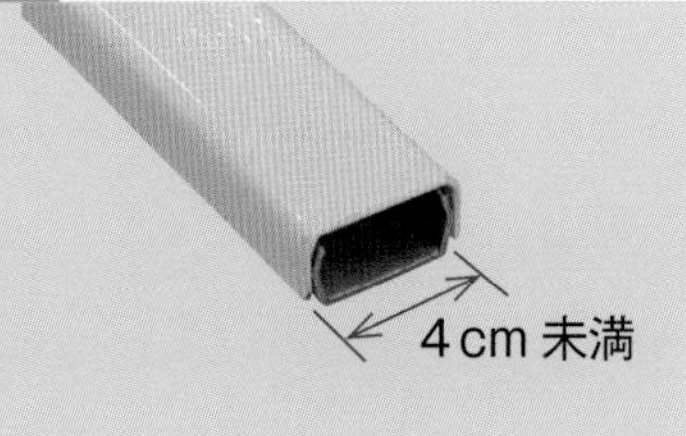
硬質ポリ塩化ビニル電線管相互を接続するのに用いる．	本体に導体が組み込まれ，照明器具等を任意の位置に取り付けて使用できる．	幅が 4 cm 未満で，壁に固定して絶縁電線を収める．

34 2種金属製線ぴ

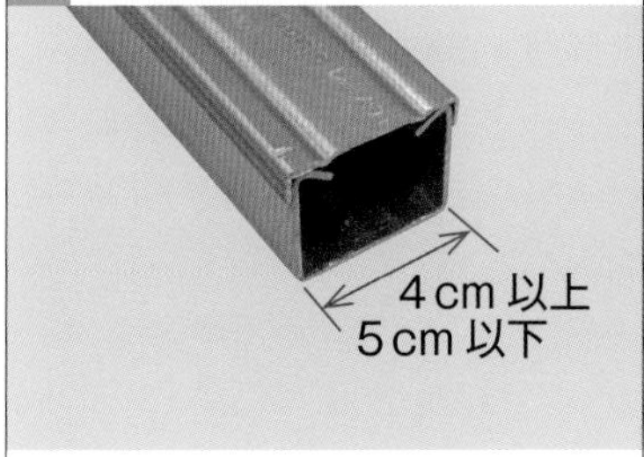

4 cm 以上
5 cm 以下

幅が 4 cm 以上 5 cm 以下で，天井に吊して，絶縁電線を収めたり照明器具等を取り付ける．

35 ケーブルラック

ケーブルを支持固定するのに用いる．

36 VVF 用ジョイントボックス

VVFケーブルを接続する箇所に用いる．

37 樹脂製埋込スイッチボックス

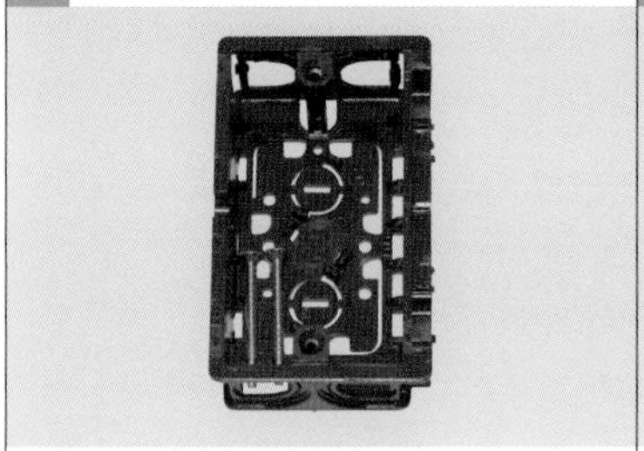

住宅のケーブル工事で，スイッチ等を取り付けて収める．

38 コードサポート

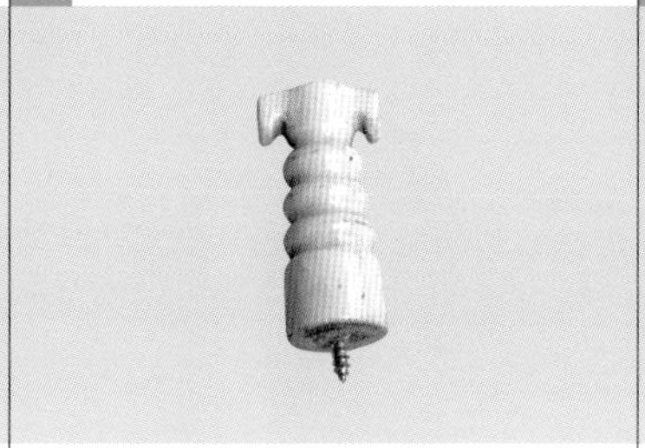

ネオン電線の支持に用いる．

39 チューブサポート

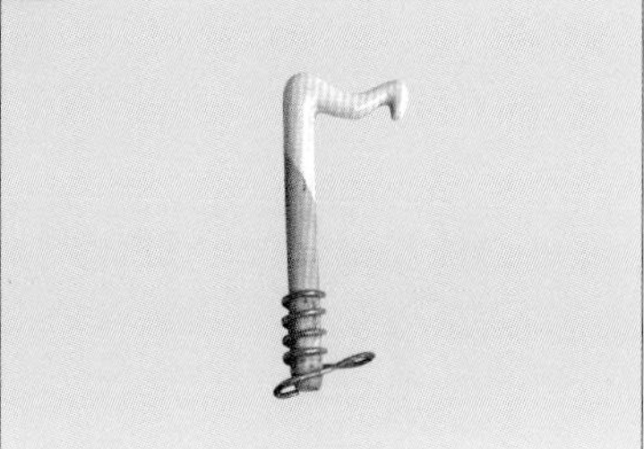

ネオン管の支持に用いる．

40 リングスリーブ

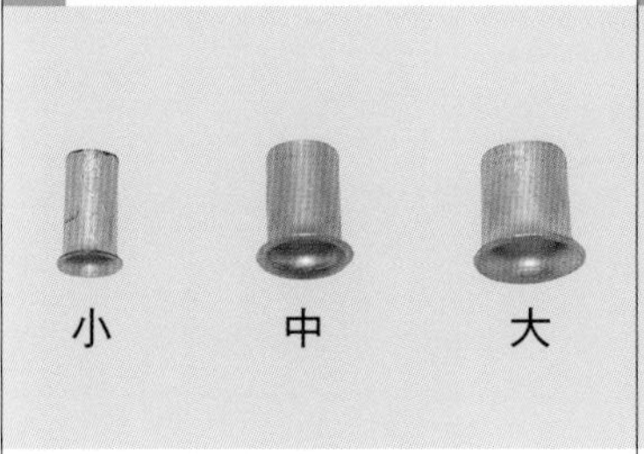

小　中　大

ボックス内で絶縁電線相互を圧着接続する．小・中・大のサイズがある．

41 差込形コネクタ

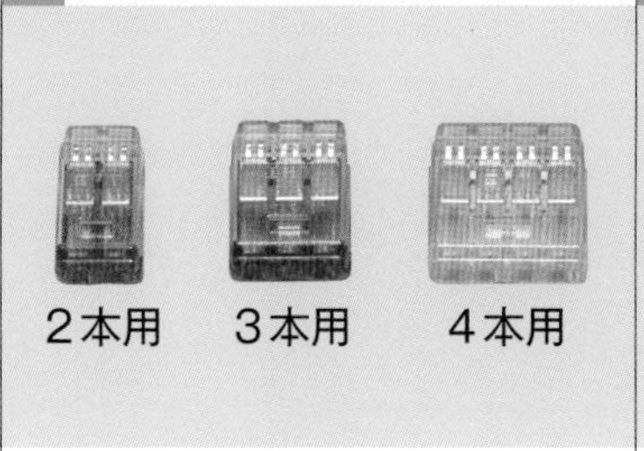

2本用　3本用　4本用

ボックス内で絶縁電線相互を接続するのに用い，差し込んで接続する．

42 ねじ込み形コネクタ

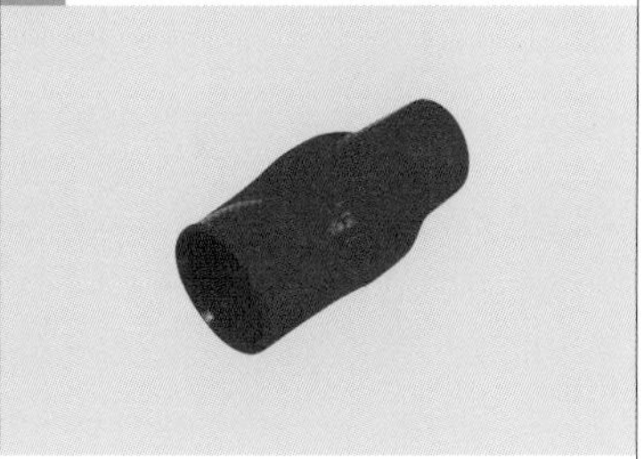

ボックス内で絶縁電線相互を接続する場合に用い，電線をねじ込んで接続する．

43 裸圧着端子

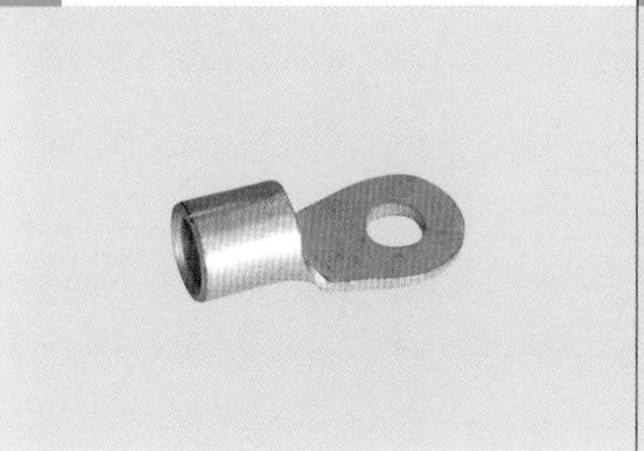

専用の圧着工具で電線の心線に取り付け，機器の端子に接続する．

44 引き留めがいし

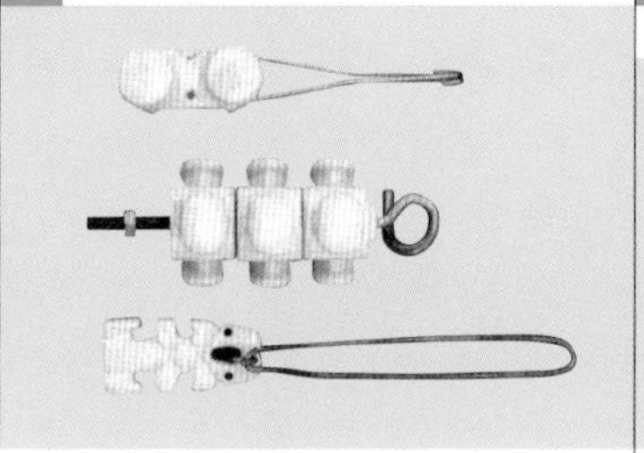

引込用ビニル絶縁電線（DV）を引き留めるのに用いる．

45 600V ポリエチレン絶縁耐燃性ポリエチレンシースケーブル平形

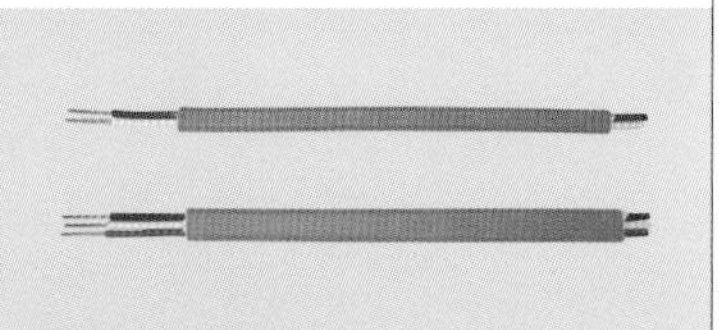

外装に「EM600V EEF/F タイシガイセン〈PS〉E」等が記されている

難燃性を有し，リサイクルに対応しやすく，焼却時に有害なガスが発生しない．

◉配線器具・電気機器

1 引掛シーリング(丸形)

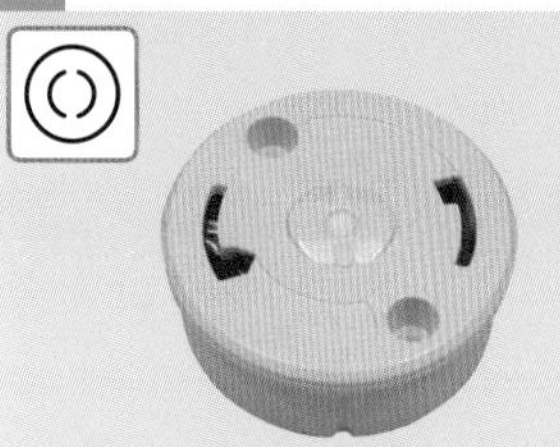

天井に照明器具を取り付けるのに使用する.

2 線付防水ソケット

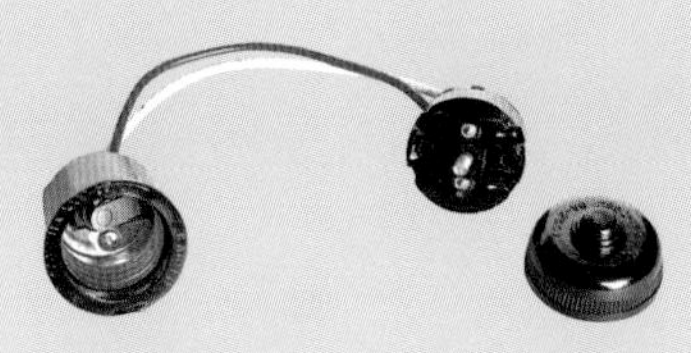

屋内外で臨時配線用の電球受口に使用する.

3 防爆型照明器具

可燃性ガス等の存在する場所の照明に使用する.

4 誘導灯

非常時の避難経路を表示する.

5 防雨形コンセント

雨水のかかる場所のコンセントに用いる.

6 フロアコンセント

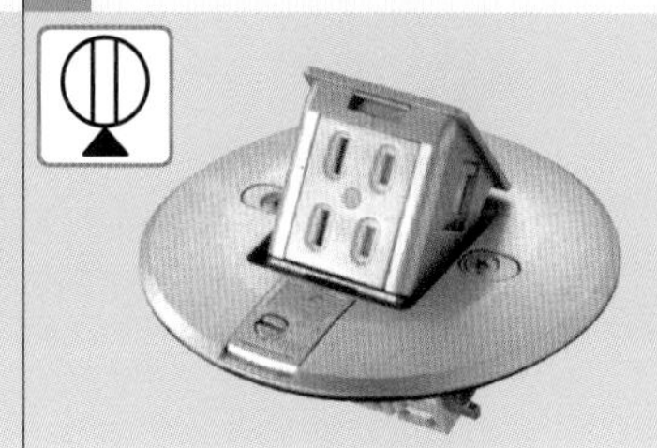

事務所等の床面に施設するコンセントに用いる.

7 蛍光灯用安定器

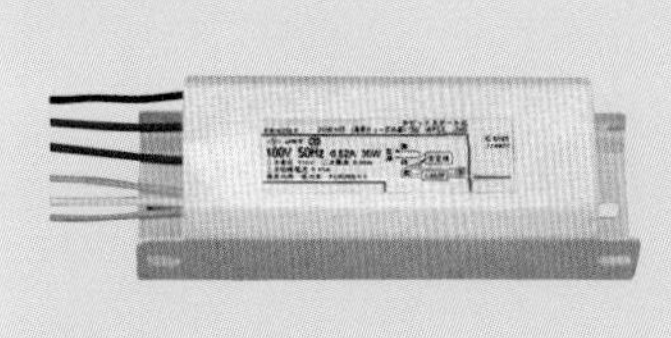

蛍光灯の放電を安定させるために用いる. 写真は, ラピッドスタート式のものである.

8 グローランプ

予熱始動式蛍光灯の点灯に用いる. 点灯管, グロースイッチ, グロースタータともいう.

9 熱線式自動スイッチ

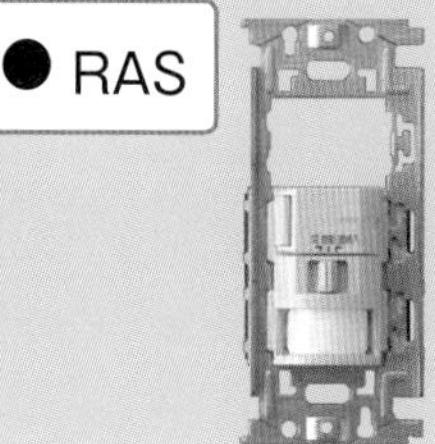

人の接近による自動点滅器に用いる.

10 調光器

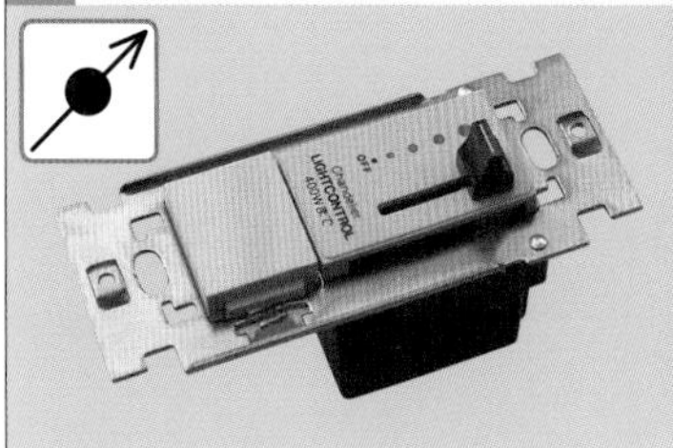

白熱灯の明るさの調節に用いる.

11 自動点滅器

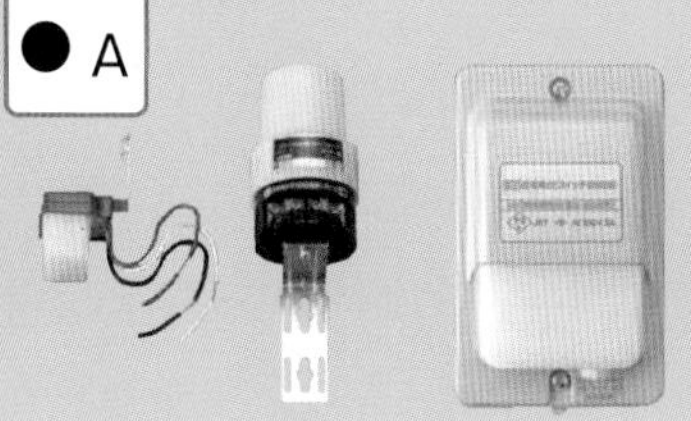

屋外灯等を自動的に点滅させるのに用いる.

12 タイムスイッチ

設定した時間に電灯を点滅させたり, 電気機器を運転・停止させるのに用いる.

13 リモコントランス

リモコン配線の電源となる単相小形変圧器として用いる.

14 リモコンスイッチ

リモコン配線のリモコンリレーの操作をするスイッチとして用いる.

15 リモコンリレー

リモコン配線のリレーとして使用する.

16 配線用遮断器（2極）

過電流や短絡電流が流れた場合に回路を遮断する.

17 配線用遮断器（3極）

過電流や短絡電流が流れた場合に回路を遮断する．工場等の分電盤に使用される.

18 配線用遮断器（電動機保護兼用）

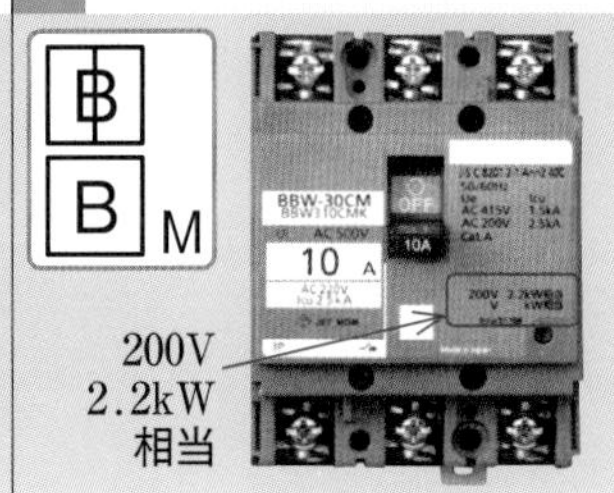

電動機の過負荷を保護するモーターブレーカの機能を兼用した配線用遮断器である.

19 漏電遮断器

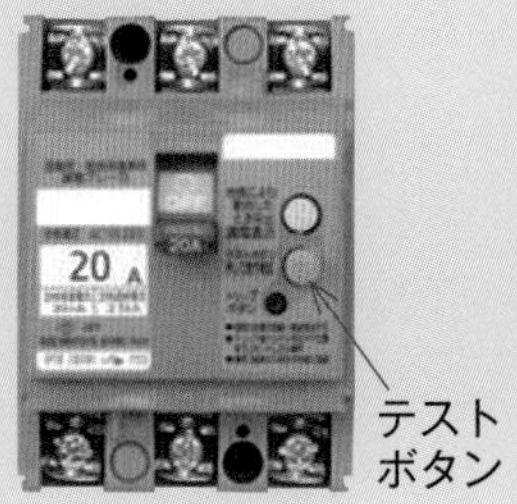

地絡（漏電）電流を検出し，回路を遮断する．動作を確認するテストボタンがある.

20 分電盤

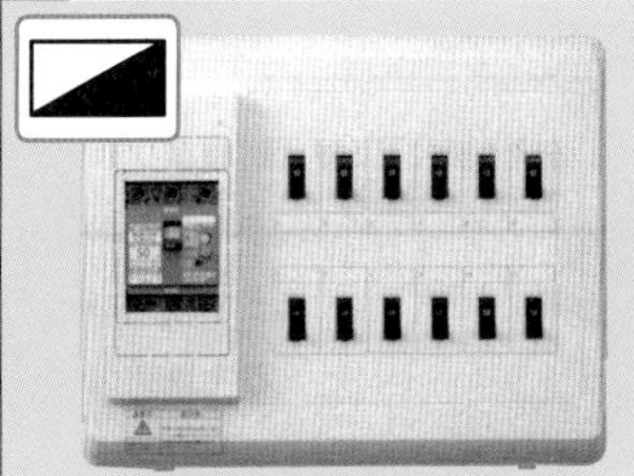

分岐回路用の配線用遮断器等を収納する.

21 箱開閉器

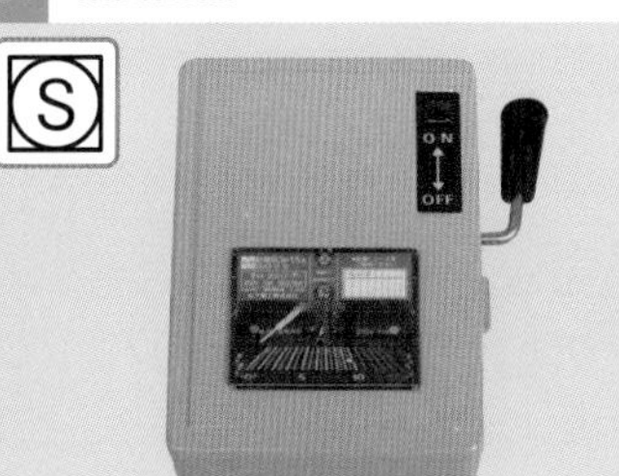

電動機の手元開閉器として用いる.

22 低圧進相コンデンサ

電動機の力率を改善するのに使用する.

23 電磁開閉器

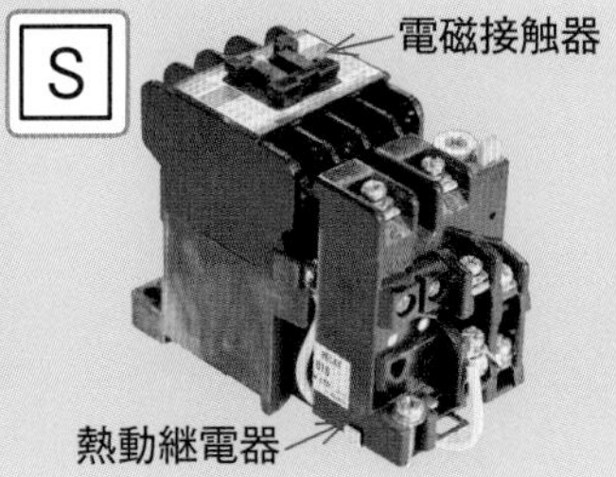

電動機を運転・停止する開閉器で，電磁接触器と熱動継電器を組み合わせたものである.

24 押しボタンスイッチ

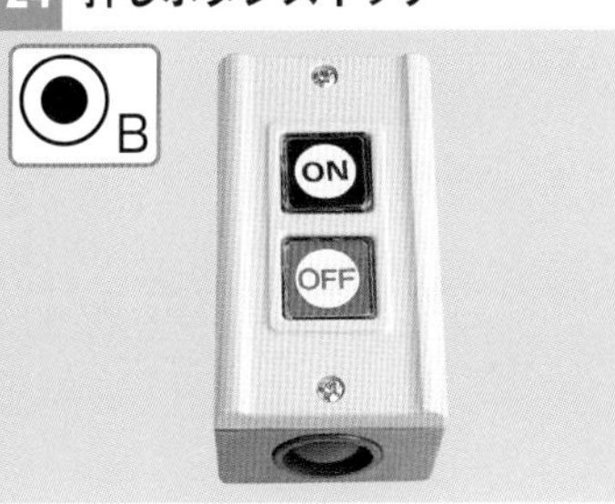

電磁開閉器を開閉操作するスイッチとして用いる.

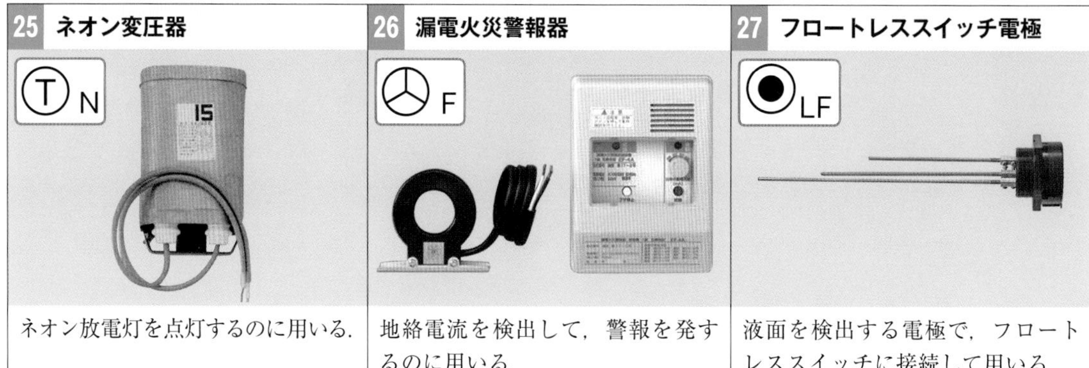

25 ネオン変圧器	26 漏電火災警報器	27 フロートレススイッチ電極
ネオン放電灯を点灯するのに用いる．	地絡電流を検出して，警報を発するのに用いる．	液面を検出する電極で，フロートレススイッチに接続して用いる．

◎工具

1 パイプバイス	2 金切りのこ	3 クリックボール
金属管の切断やねじを切るときに金属管を固定する．	金属管や硬質ポリ塩化ビニル電線管の切断に用いる．	先端にリーマを取り付けて金属管の面取りをする．

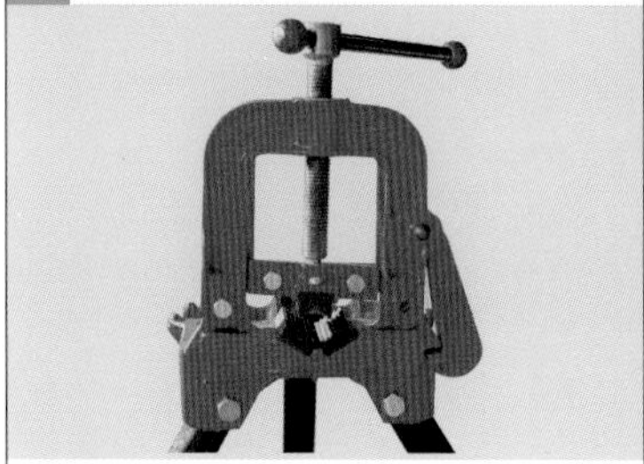

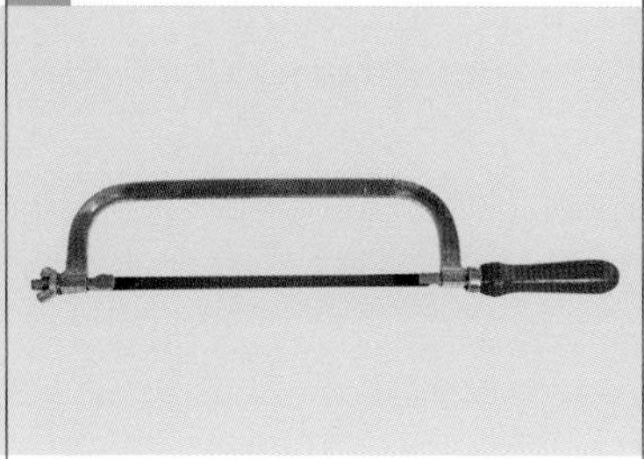

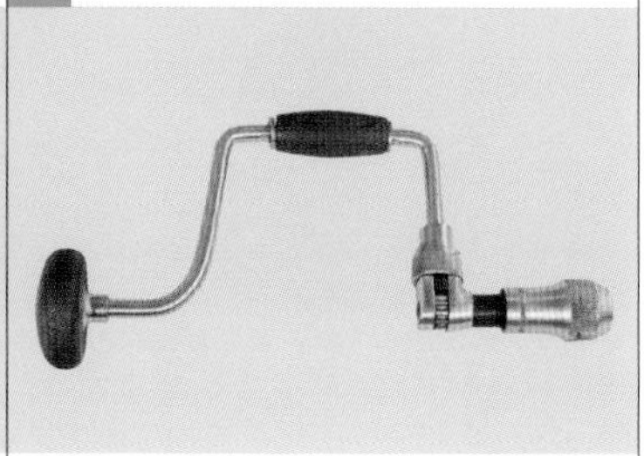

4 リーマ	5 やすり	6 リード型ねじ切り器
クリックボールに取り付けて，金属管の内側の面取りをする．	金属管のバリを取り除いたり，切断面の仕上げに用いる．	金属管（薄鋼電線管）にねじを切るのに用いる．

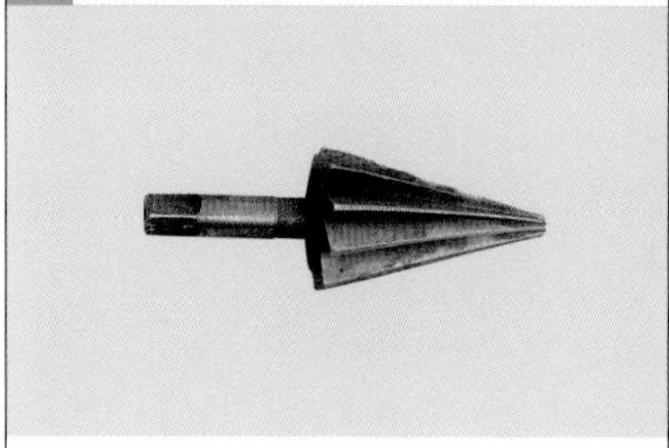

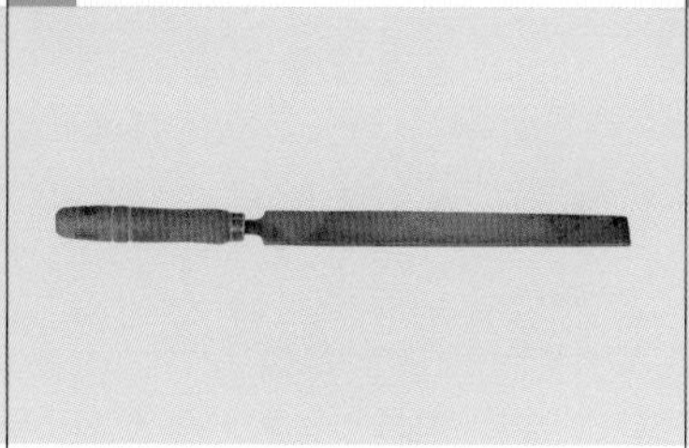

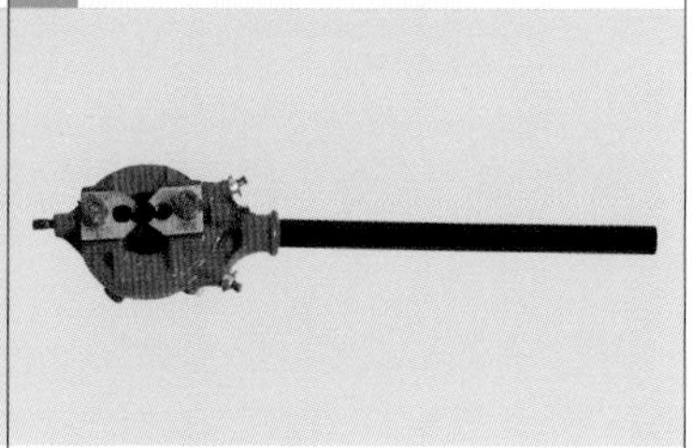

7 パイプベンダ	8 油圧式パイプベンダ	9 ウォータポンププライヤ
金属管を曲げるのに用いる．	太い金属管を曲げるのに用いる．	金属管工事で，ロックナット等を締め付けるのに用いる．

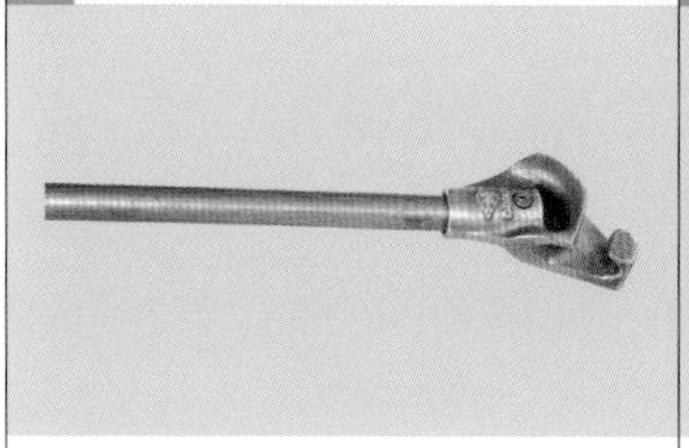

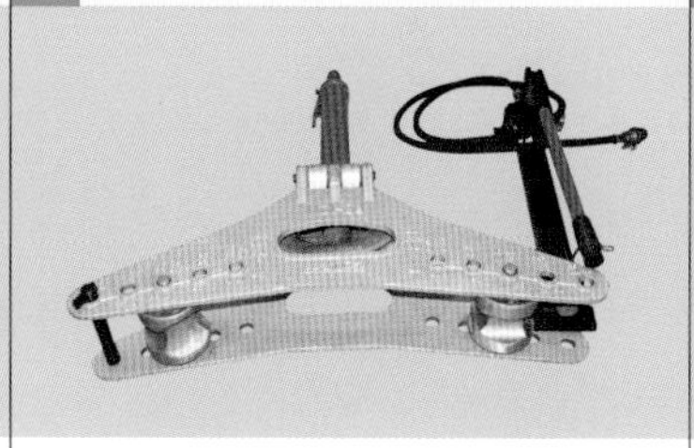

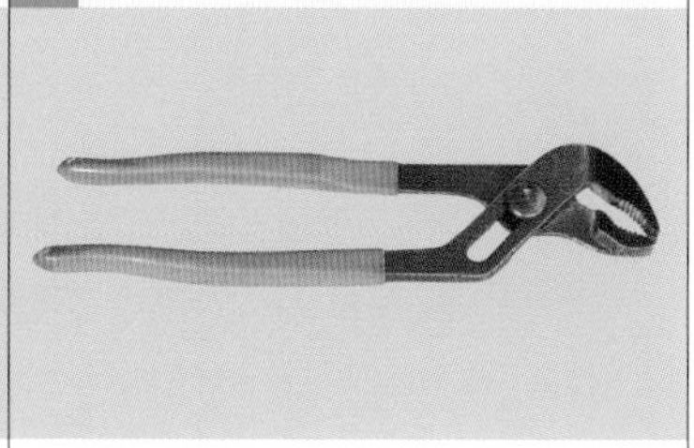

10 呼び線挿入器

電線管に電線を通線するのに用いる．通線器ともいう．

11 ノックアウトパンチャ

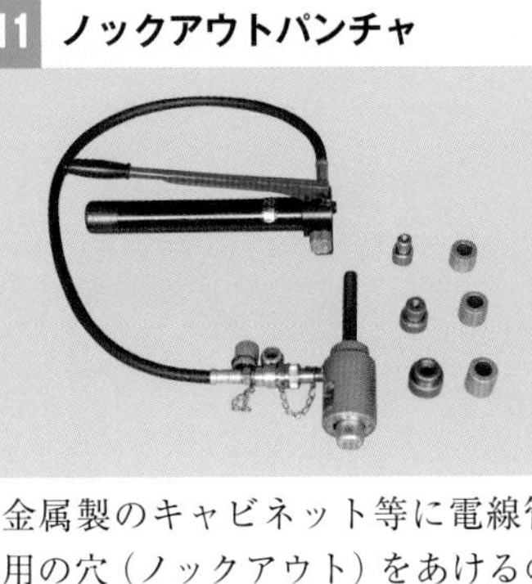

金属製のキャビネット等に電線管用の穴（ノックアウト）をあけるのに用いる．

12 ホルソ

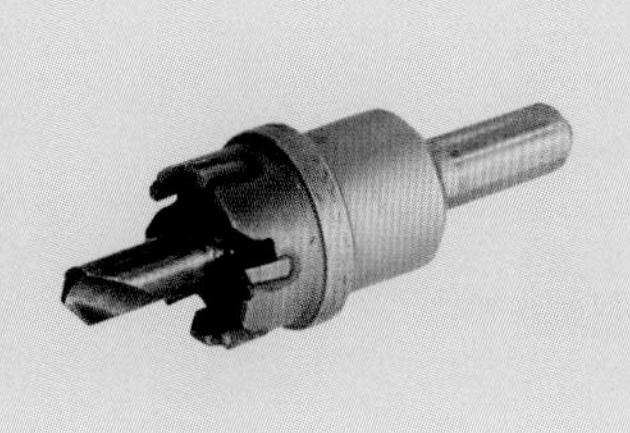

鉄板，各種金属板の穴あけに使用する．

13 プリカナイフ

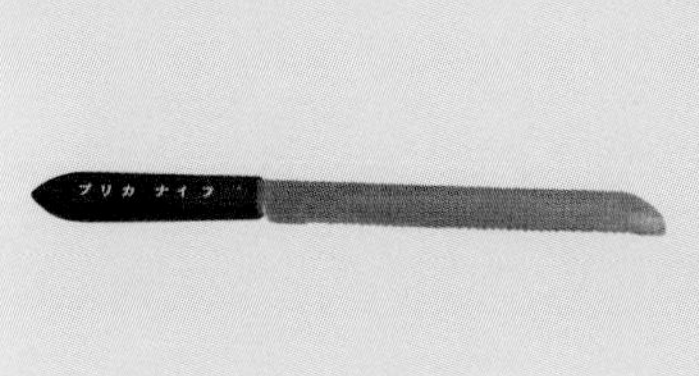

2種金属製可とう電線管（プリカチューブ）を切断するのに用いる．

14 合成樹脂管用カッタ

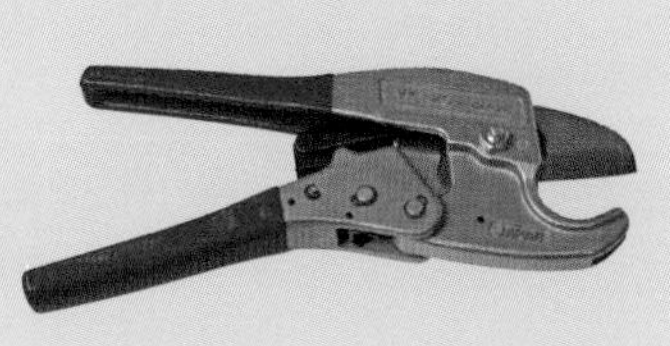

硬質ポリ塩化ビニル電線管を切断するのに用いる．塩ビカッタともいう．

15 面取器

硬質ポリ塩化ビニル電線管の切断面の面取りに用いる．

16 ガストーチランプ

硬質ポリ塩化ビニル電線管を加熱して曲げるのに用いる．

17 木工用ドリルビット

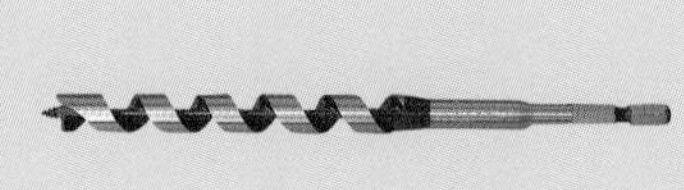

ドリルに取り付けて木材に穴をあける．

18 振動ドリル

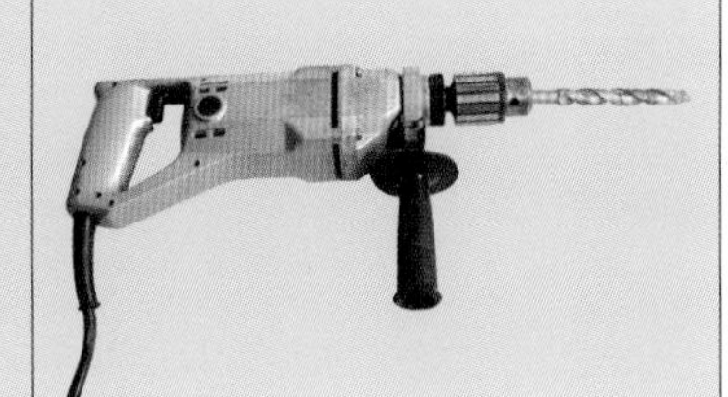

回転すると同時に振動するドリルで，コンクリートに穴をあけるのに用いる．

19 高速切断機

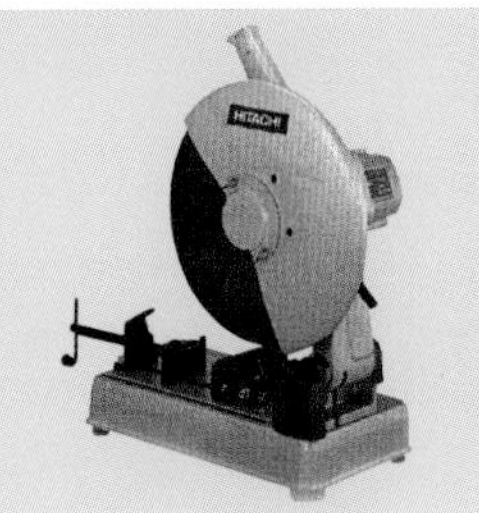

金属管や鋼材を切断するのに用いる．高速カッタともいう．

20 バンドソー

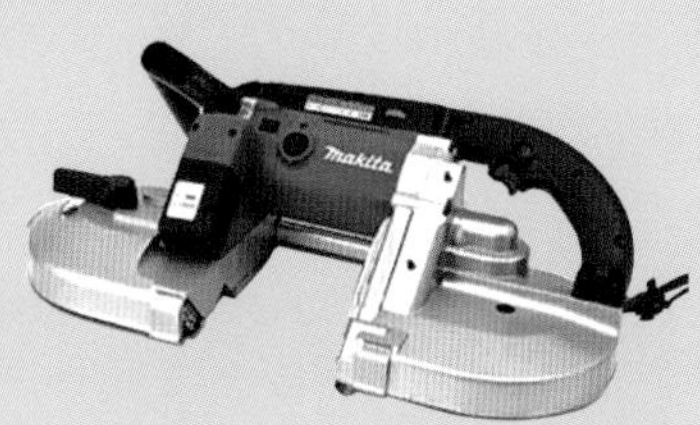

金属管や鋼材を切断するのに用いる．

21 ボルトクリッパ

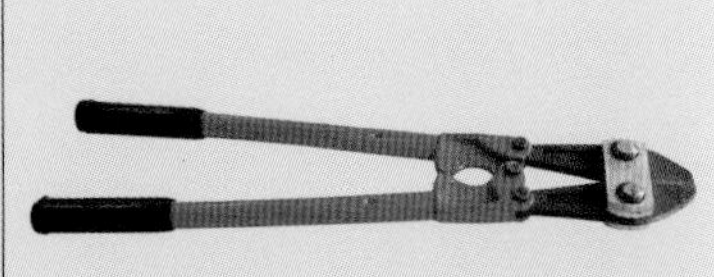

メッセンジャワイヤや電線等の切断に使用する．

22 ケーブルカッタ	23 ワイヤストリッパ	24 ケーブルストリッパ
	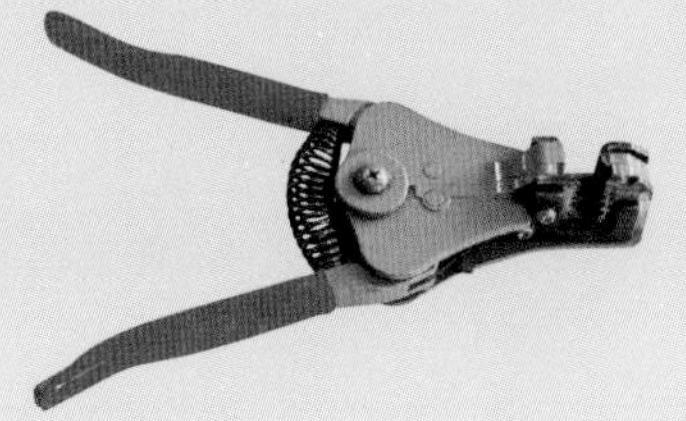	
ケーブルや太い電線を切断するのに用いる.	電線の絶縁被覆のはぎ取りに用いる.	VVF ケーブルの外装(シース)や絶縁被覆のはぎ取りに用いる.
25 リングスリーブ用圧着工具	**26 裸圧着端子・スリーブ用圧着工具**	**27 手動油圧式圧着器**
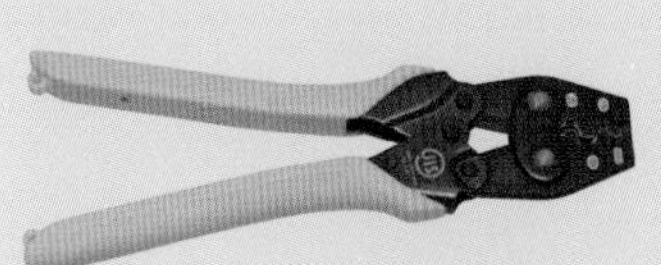		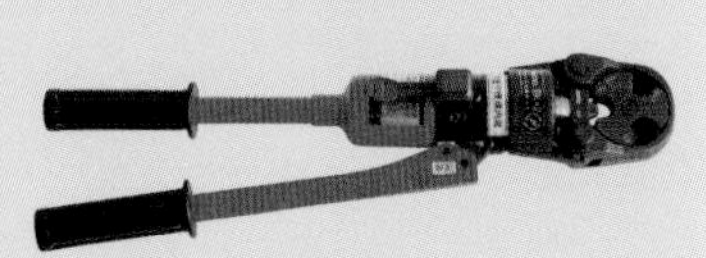
リングスリーブを圧着するのに用いる. 柄の色が黄色である.	裸圧着端子に電線を圧着接続したり, 裸スリーブで電線を圧着接続するのに用いる.	太い電線の圧着接続に用いる.
28 手動油圧式圧縮器	**29 レーザー墨出し器**	**30 張線器**
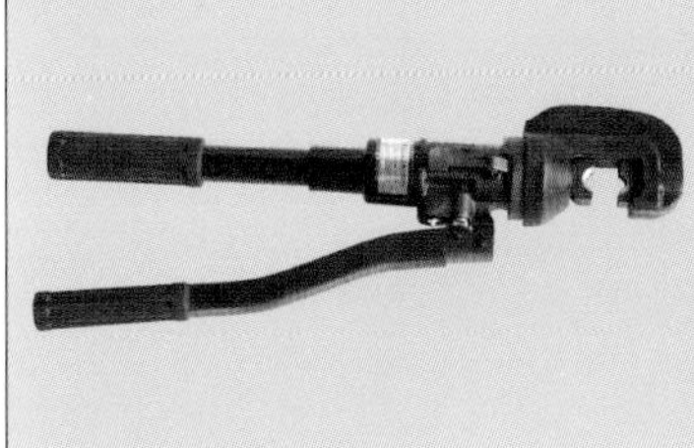		
T形コネクタおよびC形コネクタの圧縮接続に使用する.	器具等を取り付けるための基準線を投影するために用いる.	電線やメッセンジャワイヤのたるみを取るのに用いる.

例　題

1. 写真に示す器具の用途は.

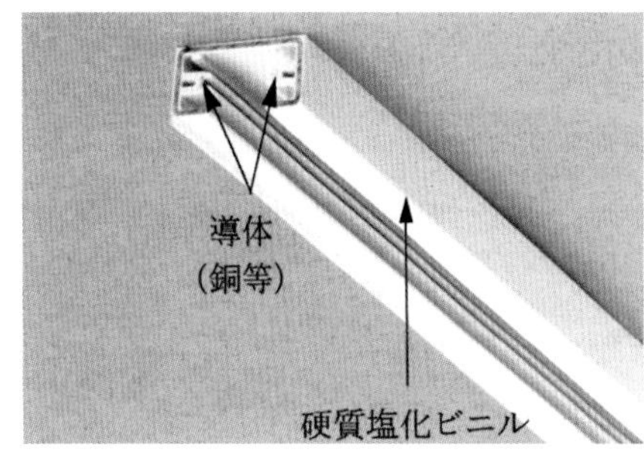

イ. 床下等の湿気の多い場所の配線器具として用いる.

ロ. 店舗などで照明器具等を任意の位置で使用する場合に用いる.

ハ. フロアダクトと分電盤の接続器具に用いる.

ニ. 容量の大きな幹線用配線材料として用いる.

2. 写真に示す材料が使用される工事は.

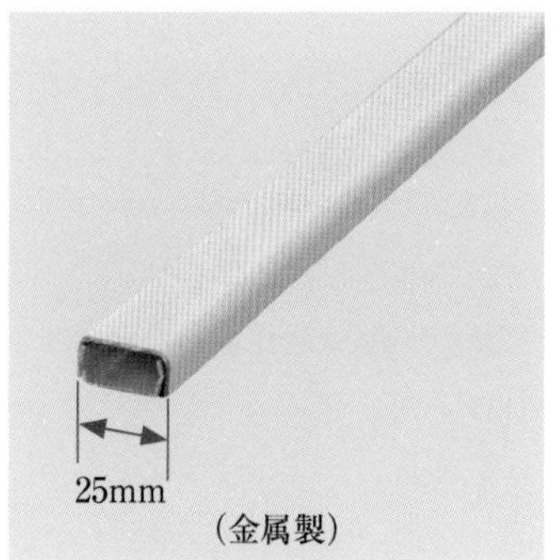

イ. 金属線ぴ工事
ロ. 金属ダクト工事
ハ. 金属可とう電線管工事
ニ. 金属管工事

3. 写真に示す器具の名称は.

イ. 漏電警報器
ロ. 電磁開閉器
ハ. 配線用遮断器(電動機保護兼用)
ニ. 漏電遮断器

4. 写真に示す器具の用途は.

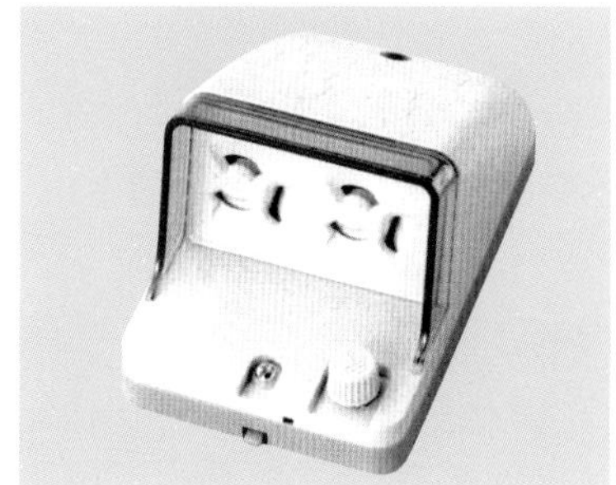

イ. 粉じんの多発する場所のコンセントとして用いる.
ロ. 屋外のコードコネクタとして用いる.
ハ. 爆発の危険性のある場所のコンセントとして用いる.
ニ. 雨水のかかる場所のコンセントとして用いる.

5. 写真に示す工具の用途は.

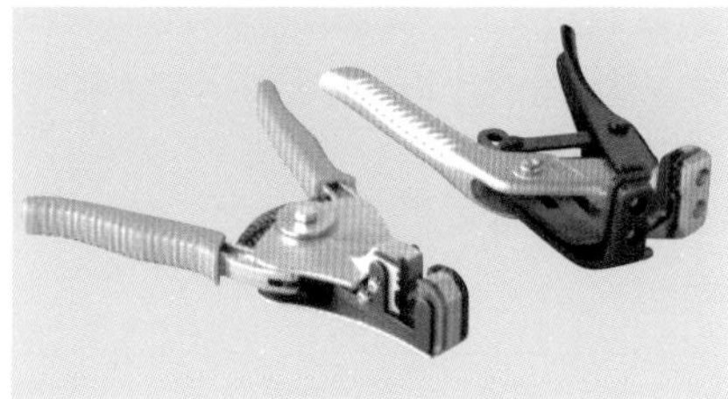

イ. VVF ケーブルの外装や絶縁被覆をはぎ取るのに用いる.
ロ. CV ケーブル(低圧用)の外装や絶縁被覆をはぎ取るのに用いる.
ハ. VVR ケーブルの外装や絶縁被覆をはぎ取るのに用いる.
ニ. VVF コード(ビニル平形コード)の絶縁被覆をはぎ取るのに用いる.

解答・解説

1. ロ.
ライティングダクトである.

2. イ.
1種金属製線ぴである.

3. ハ.
適合する電動機の容量が表示されているので，電動機保護兼用の配線用遮断器である.

4. ニ.
雨水がかかる屋側にも施設できる，防雨形コンセントである.

5. イ.
VVF 用のケーブルストリッパである.

練習問題 1

1	写真に示す材料の用途は. 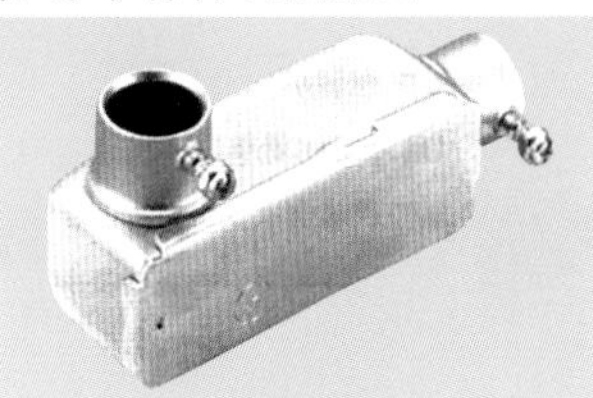	イ．金属管工事で直角に曲がる箇所に用いる. ロ．屋外の金属管の端に取り付けて雨水の浸入を防ぐのに用いる. ハ．金属管をボックスに接続するのに用いる. ニ．金属管を鉄骨等に固定するのに用いる.
2	写真に示す材料の用途は. 	イ．合成樹脂製可とう電線管相互を接続するのに用いる. ロ．合成樹脂製可とう電線管と硬質ポリ塩化ビニル電線管とを接続するのに用いる. ハ．硬質ポリ塩化ビニル電線管相互を接続するのに用いる. ニ．鋼製電線管と合成樹脂製可とう電線管とを接続するのに用いる.
3	写真に示す材料の特徴として，**誤っているものは**．なお，材料の表面には「タイシガイセン EM600VEEF/F1.6mmJIS JET <PS>E ○○社タイネン 2014」が記されている. 	イ．分別が容易でリサイクル性がよい. ロ．焼却時に有害なハロゲン系ガスが発生する. ハ．ビニル絶縁ビニルシースケーブルと比べて絶縁物の最高許容温度が高い. ニ．難燃性がある.
4	写真に示す材料の名称は. 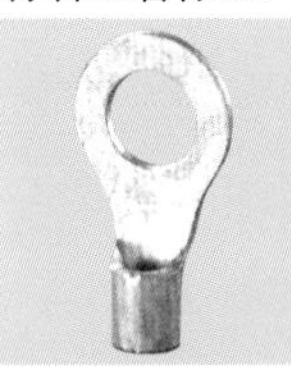	イ．銅線用裸圧着スリーブ ロ．銅管端子 ハ．銅線用裸圧着端子 ニ．ねじ込み形コネクタ
5	写真に示す器具の用途は. 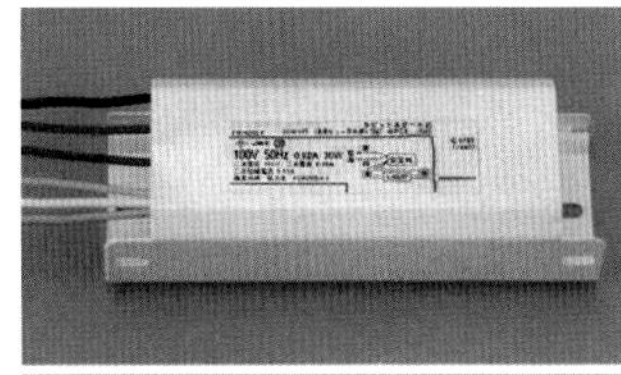 	イ．手元開閉器として用いる. ロ．電圧を変成するために用いる. ハ．力率を改善するために用いる. ニ．蛍光灯の放電を安定させるために用いる.
6	写真に示す器具の名称は. 	イ．電力量計 ロ．調光器 ハ．自動点滅器 ニ．タイムスイッチ

7	写真に示す機器の名称は． 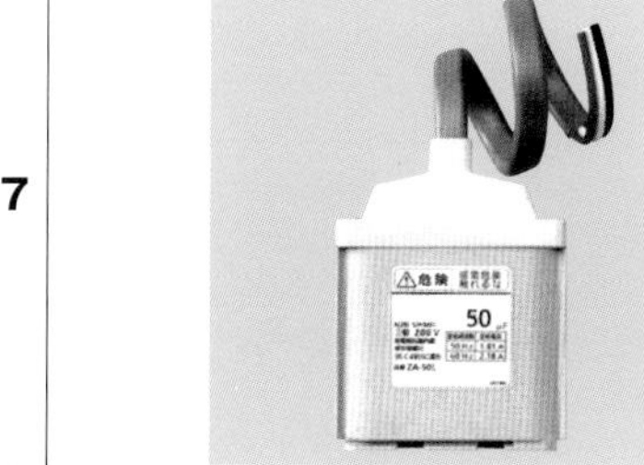	イ．水銀灯用安定器 ロ．変流器 ハ．ネオン変圧器 ニ．低圧進相コンデンサ
8	写真に示す工具の用途は． 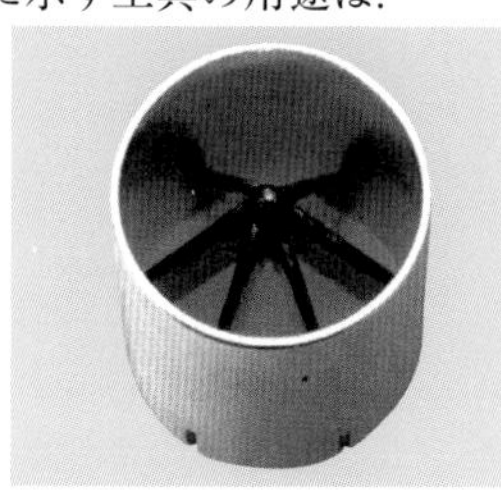	イ．各種金属板の穴あけに使用する． ロ．金属管にねじを切るのに用いる． ハ．硬質ポリ塩化ビニル電線管の管端部の面取りに使用する． ニ．木材の穴あけに用いる．
9	写真に示すものの用途は． 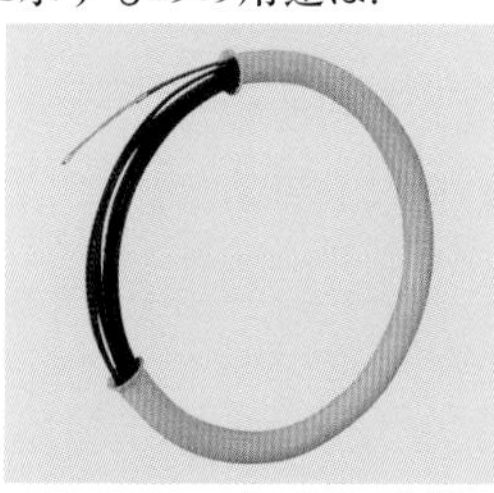	イ．アウトレットボックス（金属製）と，そのノックアウトの径より外径の小さい金属管とを接続するために用いる． ロ．電線やメッセンジャワイヤのたるみを取るのに用いる． ハ．電線管に電線を通線するのに用いる． ニ．金属管やボックスコネクタの端に取り付けて，電線の絶縁被覆を保護するために用いる．
10	写真に示す工具の用途は． 	イ．金属管の切り口の面取りに使用する． ロ．鉄板の穴あけに使用する． ハ．木柱の穴あけに使用する． ニ．コンクリート壁の穴あけに使用する．

解答・解説

1．イ．

ユニバーサルである．

2．イ．

PF 管用カップリングである．

3．ロ．

焼却しても有害なガスを発生しない．

4．ハ．

電線を端子に接続するときに，心線を圧着接続して使用する．

5．ニ．

蛍光灯用安定器である．

6．ニ．

設定した時間に，電灯を点滅させたり電気機器を運転・停止させる．

7．ニ．

電動機の力率改善に用いる．

8．ハ．

面取器である．

9．ハ．

呼び線挿入器である．

10．ロ．

ホルソである．

練習問題2

1	写真に示す材料の用途は. 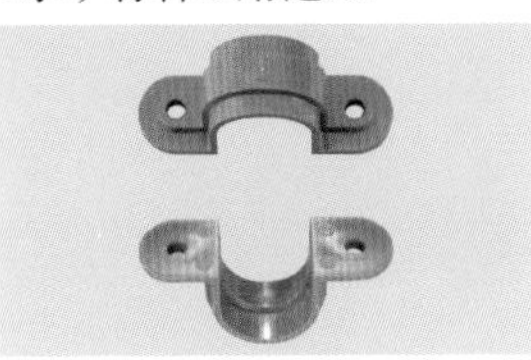	イ. PF管を支持するのに用いる. ロ. 照明器具を固定するのに用いる. ハ. ケーブルを束線するのに用いる. ニ. 金属線ぴを支持するのに用いる.
2	写真に示す材料の用途は. 	イ. 住宅でスイッチやコンセントを取り付けるのに用いる. ロ. 多数の金属管が集合する箇所に用いる. ハ. フロアダクトが交差する箇所に用いる. ニ. 多数の遮断器を集合して設置するために用いる.
3	写真に示す材料の用途は. 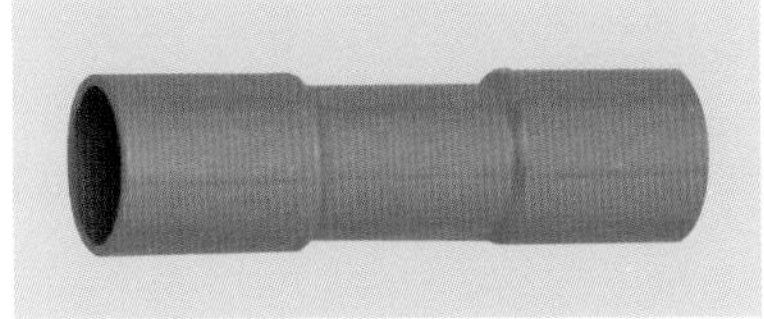	イ. 硬質ポリ塩化ビニル電線管相互を接続するのに用いる. ロ. 金属管と硬質ポリ塩化ビニル電線管とを接続するのに用いる. ハ. 合成樹脂製可とう電線管相互を接続するのに用いる. ニ. 合成樹脂製可とう電線管とCD管とを接続するのに用いる.
4	写真に示す器具の○で囲まれた部分の名称は. 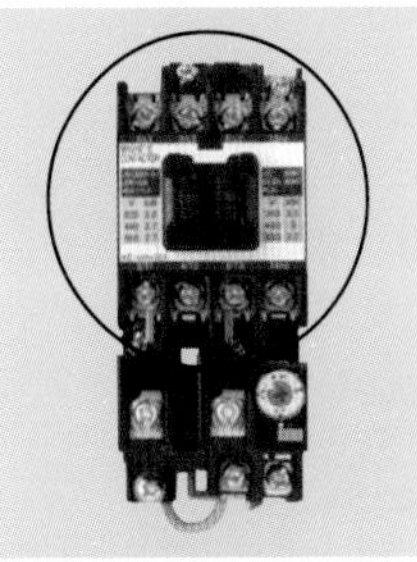	イ. 熱動継電器 ロ. 漏電遮断器 ハ. 電磁接触器 ニ. 漏電警報器
5	写真に示す機器の用途は. 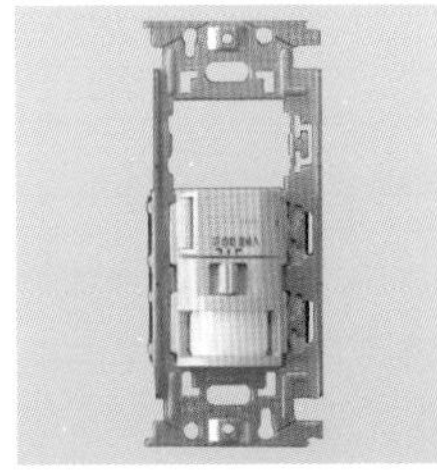	イ. 照明器具の明るさを調整するのに用いる. ロ. 人の接近による自動点滅器に用いる. ハ. 蛍光灯の力率改善に用いる. ニ. 周囲の明るさに応じて街路灯などを自動点滅させるのに用いる.
6	写真に示す器具の用途は. 	イ. 爆燃性粉じんの多い場所に施設するコンセントとして用いる. ロ. 事務所等の床面に施設するコンセントとして用いる. ハ. 住宅の壁面に施設する接地極付コンセントとして用いる. ニ. 水気の多い場所に施設するコンセントとして用いる.

7	写真に示す器具の使用目的は. 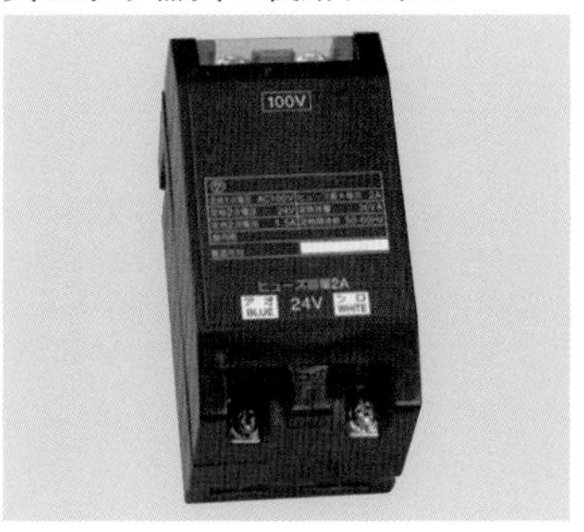	イ. リモコンリレー操作用のスイッチとして用いる. ロ. リモコン用調光スイッチとして用いる. ハ. リモコン配線のリレーとして用いる. ニ. リモコン配線の操作電源変圧器として用いる.
8	写真に示す工具の用途は. 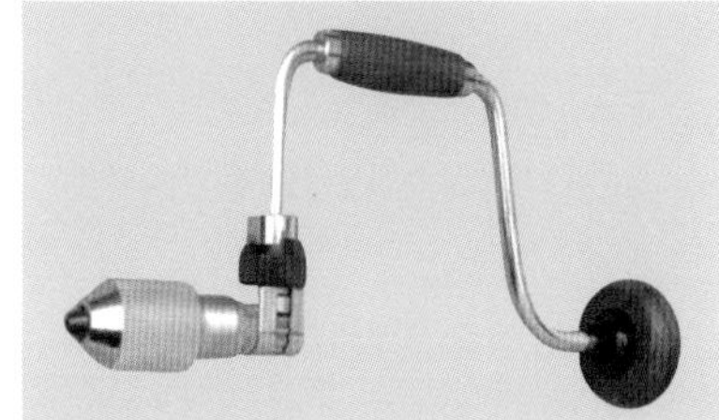	イ. リーマと組み合わせて,金属管の面取りに用いる. ロ. 面取器と組み合わせて,ダクトのバリを取るのに用いる. ハ. 羽根ぎりと組み合わせて,鉄板に穴を開けるのに用いる. ニ. ホルソと組み合わせて,コンクリートに穴を開けるのに用いる.
9	写真に示す工具の用途は. 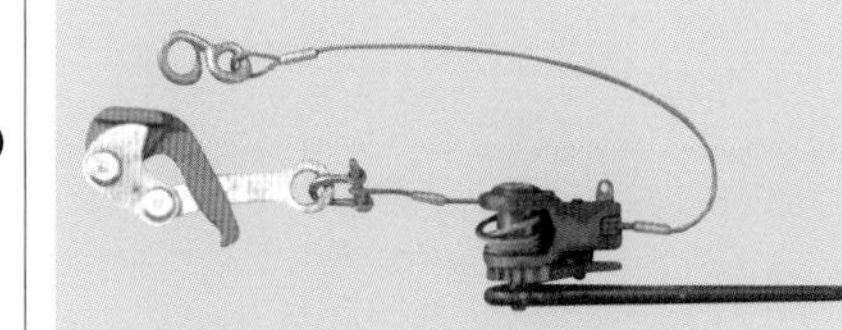	イ. 電線の支線として用いる. ロ. 太い電線を曲げてくせをつけるのに用いる. ハ. 施工時の電線管の回転等すべり止めに用いる. ニ. 架空線のたるみを調整するのに用いる.
10	写真に示す工具の用途は. 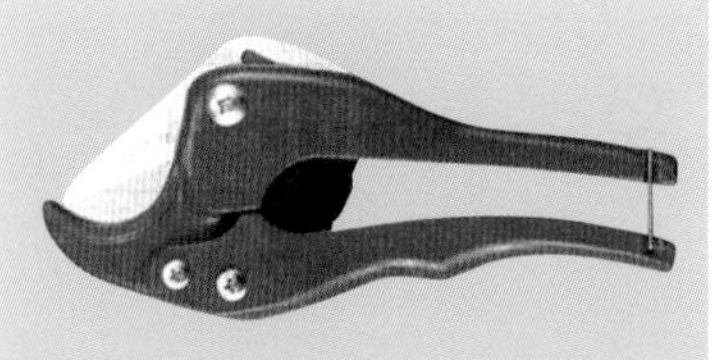	イ. 金属管の切断に使用する. ロ. ライティングダクトの切断に使用する. ハ. 硬質ポリ塩化ビニル電線管の切断に使用する. ニ. 金属線ぴの切断に使用する.

解答・解説

1. イ.
PF 管用サドルである.

2. イ.
樹脂製埋込スイッチボックスである.

3. イ.
TS カップリングである.

4. ハ.
写真全体では電磁開閉器で,○で囲まれた部分は電磁接触器である.

5. ロ.
熱線式自動スイッチで,人体の体温を検知して点滅するスイッチである.

6. ロ.
フロアコンセントである.

7. ニ.
リモコントランスである.

8. イ.
クリックボールである.

9. ニ.
張線器である.

10. ハ.
合成樹脂管用カッタ(塩ビカッタ)である.

練習問題3

1	写真に示す材料の名称は. 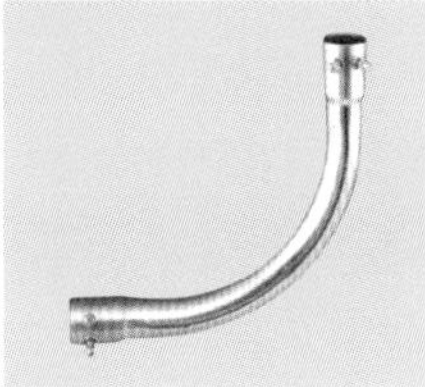	イ. ユニバーサル ロ. ノーマルベンド ハ. ベンダ ニ. カップリング
2	写真に示す材料についての記述として,**不適切なものは**. 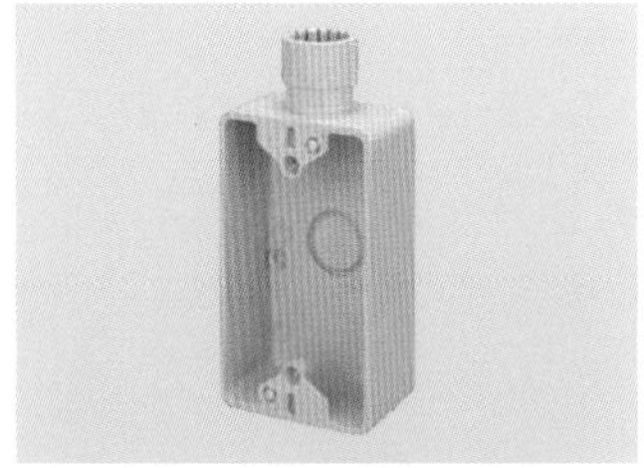	イ. 合成樹脂製可とう電線管を接続する. ロ. スイッチやコンセントを取り付ける. ハ. 電線の引き入れを容易にする. ニ. 合成樹脂でできている.
 3	写真の矢印で示す材料の名称は. 	イ. 金属ダクト ロ. ケーブルラック ハ. ライティングダクト ニ. 2種金属製線ぴ
4	写真に示すリモコン配線に使用される器具の用途は. 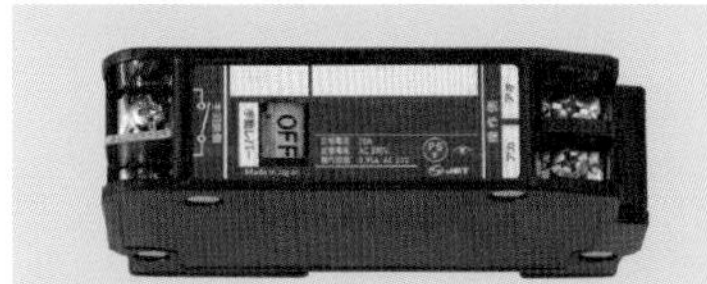	イ. リモコン配線の操作電源変圧器として用いる. ロ. リモコン配線のリレーとして用いる. ハ. リモコンリレー操作用のセレクタスイッチとして用いる. ニ. リモコン用調光スイッチとして用いる.
5	写真に示す器具の名称は. 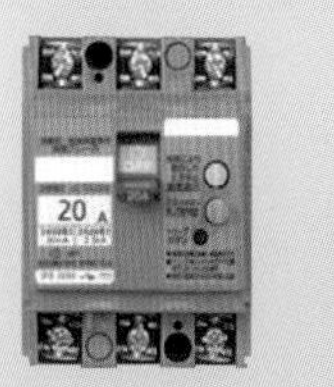	イ. 配線用遮断器 ロ. 漏電遮断器 ハ. 電磁接触器 ニ. 漏電警報器
6	写真に示す器具の用途は. 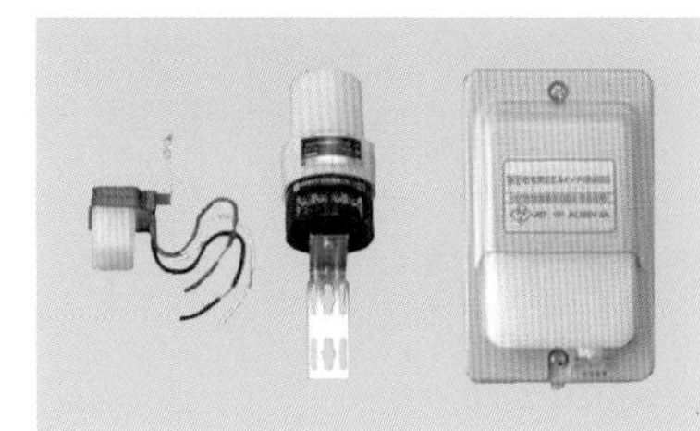	イ. LED 電球の明るさを調節するのに用いる. ロ. 人の接近による自動点滅に用いる. ハ. 蛍光灯の力率改善に用いる. ニ. 周囲の明るさに応じて屋外灯などを自動点滅させるのに用いる.

 7	写真に示す器具の名称は． 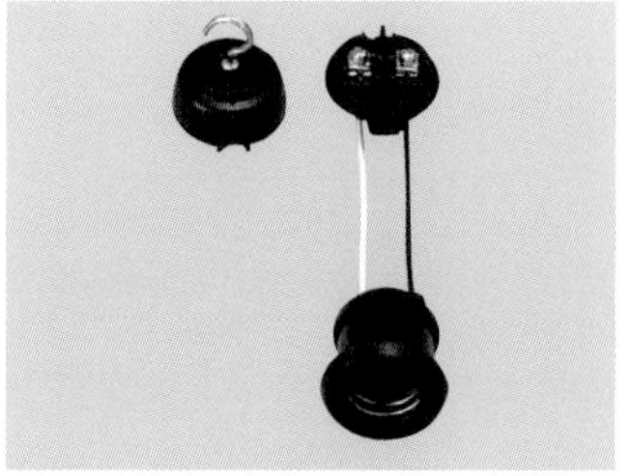	イ．キーソケット ロ．線付防水ソケット ハ．プルソケット ニ．ランプレセプタクル
 8	写真に示す工具の用途は． 	イ．硬質ポリ塩化ビニル電線管の曲げ加工に用いる． ロ．金属管(鋼製電線管)の曲げ加工に用いる． ハ．合成樹脂製可とう電線管の接続加工に用いる． ニ．ライティングダクトの曲げ加工に用いる．
 9	写真に示す工具の名称は． 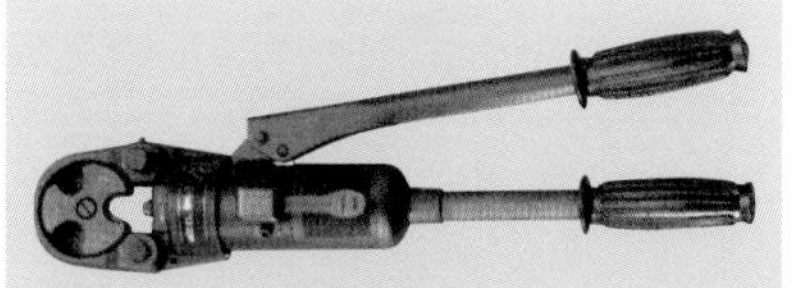	イ．手動油圧式圧着器 ロ．手動油圧式カッタ ハ．ノックアウトパンチヤ(油圧式) ニ．手動油圧式圧縮器
10	写真に示す器具の用途は． 	イ．器具等を取り付けるための基準線を投影するために用いる． ロ．照度を測定するために用いる． ハ．振動の度合いを確かめるために用いる． ニ．作業場所の照明として用いる．

解答・解説

1．ロ．

金属管が直角に曲がる箇所に使用する．

2．ハ．

PF 管用露出スイッチボックスである．

3．ロ．

ケーブルを支持固定するのに使用する．

4．ロ．

リモコンリレーである．

5．ロ．

テストボタンがあるので漏電遮断器である．

6．ニ．

自動点滅器である．

7．ロ．

臨時配線用の電球を取り付けるのに使用する．

8．イ．

ガストーチランプである．

9．イ．

太い電線をＰ形スリーブで圧着接続するときや，太い電線を裸圧着端子に圧着接続するときに使用する．

10．イ．

レーザー墨出し器である．

[Chapter 3] 電気機器・配線器具・材料・工具の要点整理

ポイント!

1. 三相誘導電動機

(1) 同期速度

$$N_s = \frac{120f}{p} \text{〔min}^{-1}\text{〕}$$

(2) 回転方向の変更

3線のうち任意の2線の結線を入れ替える.

(3) スターデルタ始動法

【特徴】

- 始動電流が，直入れ始動の1/3になる.
- 始動時のトルク(回転力)は，1/3になり始動時間が長くなる.

2. 照明器具

(1) 光源(白熱電球との比較)

光　源	特　　徴
蛍光ランプ	• 発光効率が高く寿命が長い
水銀ランプ	• 発光効率が高く寿命が長い
ナトリウムランプ	• 発光効率が最も高く寿命が長い • トンネル内や霧が濃い場所に適する
LED ランプ	• 寿命が長い　• 発光効率が高い • 力率が低い

(2) 高周波点灯形(インバータ式)蛍光灯

【特徴】

- 発光効率が高い
- ちらつきを感じない
- 点灯に要する時間が短い
- 低騒音

3. 電　線

(1) コード

種　類	用　途
ビニルコード	発熱しない電気器具の電源線
ゴムコード	白熱電球，電熱器具にも使用できる

(2) 絶縁物の最高許容温度

絶縁物	最高許容温度
ビニル	60℃
ポリエチレン	75℃
架橋ポリエチレン	90℃

4. パイロットランプ(確認表示灯)

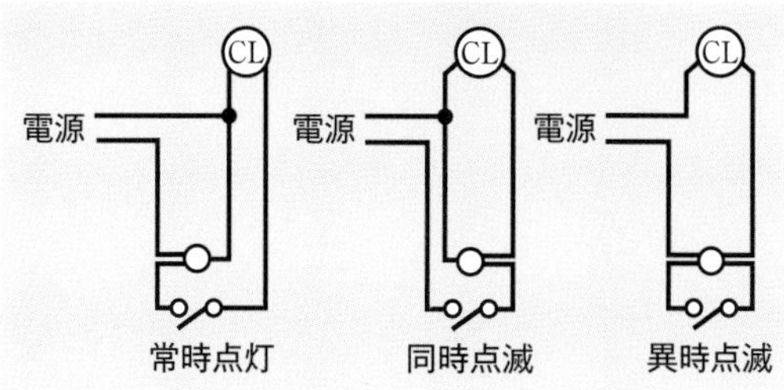

5. コンセント

定格電圧	定格電流	一　般	接地極付
単相 125V	15A		
	20A		
単相 250V	15A		
	20A		
三相 250V	15A 20A		

6. 漏電遮断器

(1) 構造

零相変流器で地絡電流を検出して，回路を遮断する.

(2) 感電防止用

高感度形・・・定格感度電流 30mA 以下

高速形・・・・動作時間 0.1 秒以下

7. 金属管用工事材料

アウトレットボックス	電線の引き入れを容易にするのに用いたり，スイッチやコンセントを取り付けるのに用いる.
プルボックス	多数の金属管が集合する場所で，電線の引き入れを容易にするのに用いる.

8. 工具

(1) 金属管用

切　断	金切りのこ，やすり，クリックボール，リーマ
曲　げ	パイプベンダ

(2) 硬質ポリ塩化ビニル電線管用

切　断	金切りのこ，塩ビカッタ，面取器
曲　げ	トーチランプ

Chapter 4

電気工事の施工方法

施設場所と工事の種類

ポイント！

◉低圧屋内配線

工事の種類	展開した場所		隠ぺい場所			
			点検できる場所		点検できない場所	
	乾燥した場所	湿気の多い場所又は水気のある場所	乾燥した場所	湿気の多い場所又は水気のある場所	乾燥した場所	湿気の多い場所又は水気のある場所
がいし引き工事	◎	◎	◎	◎	×	×
金属管工事	◎	◎	◎	◎	◎	◎
合成樹脂管工事（CD 管を除く）	◎	◎	◎	◎	◎	◎
金属可とう電線管工事（２種金属製可とう電線管）	◎	◎	◎	◎	◎	◎
金属線ぴ工事	○	×	○	×	×	×
ライティングダクト工事	○	×	○	×	×	×
フロアダクト工事	×	×	×	×	△	×
金属ダクト工事	◎	×	◎	×	×	×
バスダクト工事	◎	○（屋外用）	◎	×	×	×
平形保護層工事	×	×	○	×	×	×
ケーブル工事（キャブタイヤケーブルを除く）	◎	◎	◎	◎	◎	◎

（備考）（１）◎：600 V 以下　○：300 V 以下
　　　　（２）△：コンクリートなどの床内に限る（300 V 以下）．

◉低圧の屋側配線又は屋外配線（使用電圧 300V 以下）

施設場所	工事の種類					
	がいし引き工事	合成樹脂管工事	金属管工事	金属可とう電線管工事	バスダクト工事	ケーブル工事
展開した場所 点検できる隠ぺい場所	○	○	○	○	○	○
点検できない隠ぺい場所		○	○	○		○

（備考）○は，使用できることを示す．

例　題

乾燥した点検できない隠ぺい場所の低圧屋内配線工事の種類で，**適切なものは**．

イ．合成樹脂管工事　ロ．バスダクト工事
ハ．金属ダクト工事　ニ．がいし引き工事

解答・解説　**イ．合成樹脂管工事**

合成樹脂管工事は，施設場所に制限がない．バスダクト工事，金属ダクト工事，がいし引き工事は，点検できない隠ぺい場所には施設できない．

練習問題

	問題	選択肢
1	使用電圧 100V の屋内配線で，湿気の多い場所における工事の種類として，**不適切なものは**.	イ．展開した場所で，ケーブル工事 ロ．展開した場所で，金属線ぴ工事 ハ．点検できない隠ぺい場所で，防湿装置を施した金属管工事 ニ．点検できない隠ぺい場所で，防湿装置を施した合成樹脂管工事(CD 管を除く)
2	使用電圧 100V の屋内配線の施設場所による工事の種類として，**適切なものは**.	イ．点検できない隠ぺい場所であって，乾燥した場所の金属線ぴ工事 ロ．点検できない隠ぺい場所であって，湿気の多い場所の平形保護層工事 ハ．展開した場所であって，湿気の多い場所のライティングダクト工事 ニ．展開した場所であって，乾燥した場所の金属ダクト工事
3	使用電圧 100V の屋内配線の施設場所における工事の種類で，**不適切なものは**.	イ．点検できない隠ぺい場所であって，乾燥した場所のライティングダクト工事 ロ．点検できない隠ぺい場所であって，湿気の多い場所の防湿装置を施した合成樹脂管工事（CD 管を除く） ハ．展開した場所であって，湿気の多い場所のケーブル工事 ニ．展開した場所であって，湿気の多い場所の防湿装置を施した金属管工事
4	同一敷地内の車庫へ使用電圧 100V の電気を供給するための低圧屋側配線部分の工事として，**不適切なものは**.	イ．600V 架橋ポリエチレン絶縁ビニルシースケーブル(CV)によるケーブル工事 ロ．硬質ポリ塩化ビニル電線管(VE)による合成樹脂管工事 ハ．１種金属製線ぴによる金属線ぴ工事 ニ．600V ビニル絶縁ビニルシースケーブル丸形(VVR)によるケーブル工事

解答・解説

1．ロ．

金属線ぴ工事は，湿気の多い場所には施設できない.

2．ニ．

金属線ぴ工事，平形保護層工事，ライティングダクト工事は，点検できない隠ぺい場所及び湿気の多い場所には施設できない.

3．イ．

ライティングダクト工事は，展開した場所や点検できる隠ぺい場所であって，乾燥した場所に限って施設できる.

4．ハ．

低圧屋側配線の工事として，金属線ぴ工事は認められていない.

2 弱電流電線等との接近・メタルラスとの絶縁・電線の接続

ポイント！

◉弱電流電線，ガス管等との接近・交差

がいし引き配線以外の配線は，弱電流電線，水管，ガス管等とは接触しないように施設する．

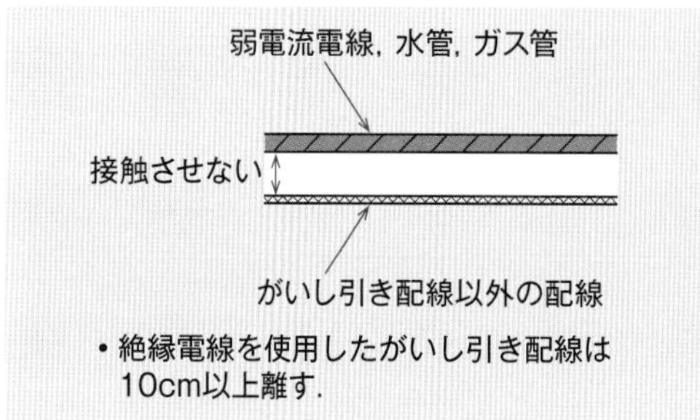

◉メタルラス張りなどとの絶縁

メタルラス，ワイヤラス，金属板張りの木造の造営材を貫通する金属管，金属製可とう電線管，ケーブル等は，メタルラス，ワイヤラスを十分に切り開いて，絶縁管等に収めて絶縁しなければならない．

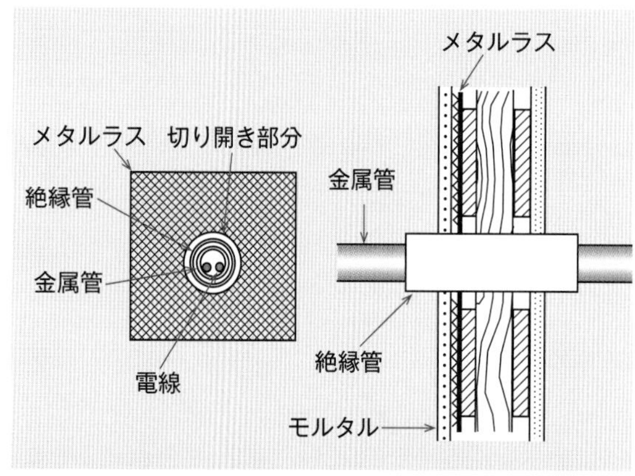

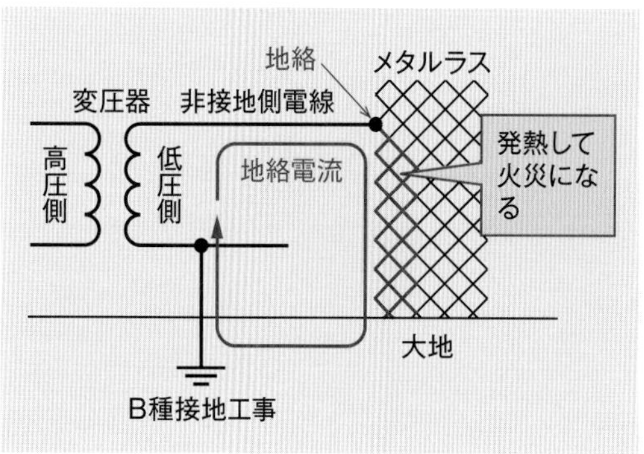

◉電線の接続

❶ 電線の電気抵抗を増加させない．

❷ 電線の引張強さを20%以上減少させない．

❸ 接続部分には，接続管その他の器具を使用するか，ろう付けをする．

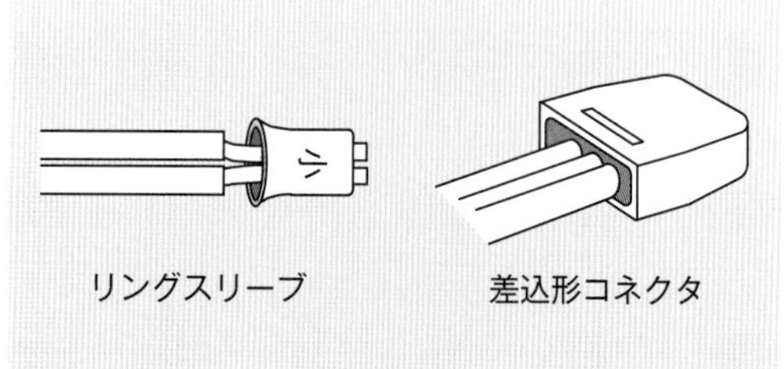

❹ 接続部分の絶縁電線の絶縁物と同等以上の絶縁効力のある接続器を使用する場合を除き，接続部分を絶縁電線の絶縁物と同等以上の絶縁効力のあるもので十分被覆する．

❺ コード相互，キャブタイヤケーブル相互，ケーブル相互又はこれらのものを相互に接続する場合は，コード接続器，接続箱その他の器具を使用する．断面積 8 mm^2 以上のキャブタイヤケーブル相互を接続する場合を除く．

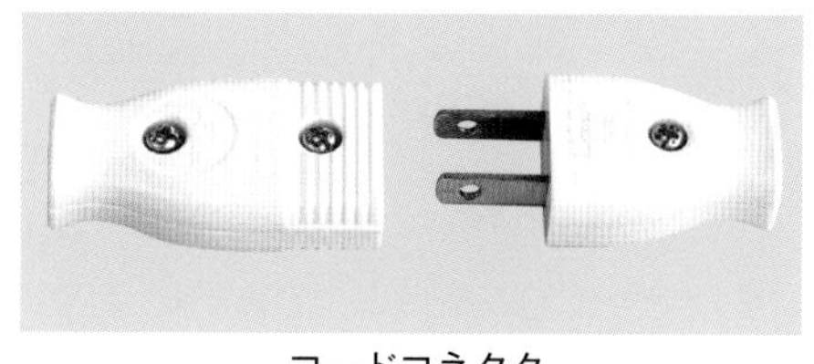
コードコネクタ

◉リングスリーブによる圧着接続

リングスリーブのことを，E形スリーブともいい，小，中，大のサイズがある．

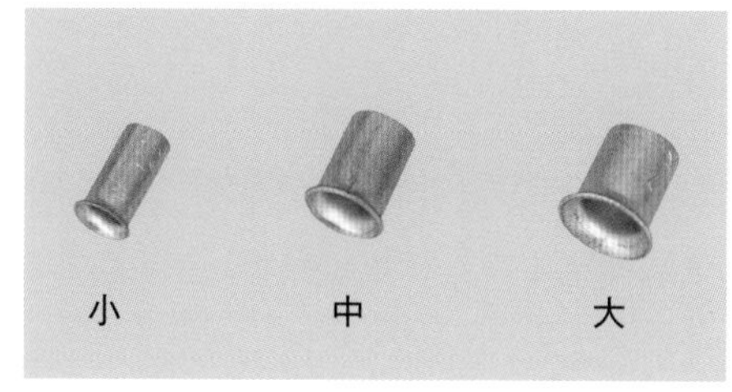

リングスリーブは，専用の圧着工具で圧着する．圧着するダイスは4箇所あり，それぞれ○，小，中，大のマークが刻印される．

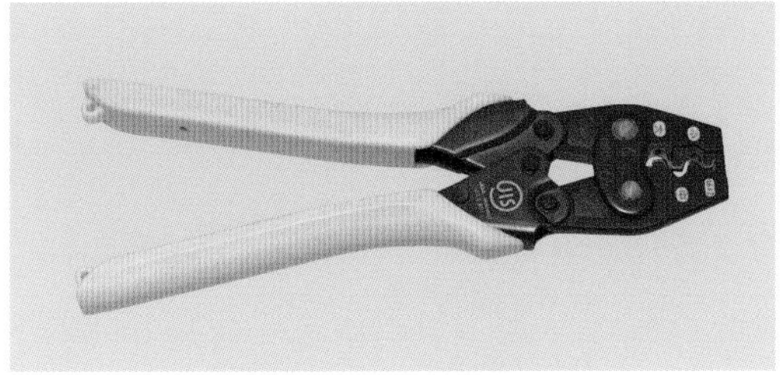

リングスリーブ用圧着工具

（1） リングスリーブの選択

接続する絶縁電線の組み合わせによって，リングスリーブのサイズは次のように決まる．

電線の組み合わせ	リングスリーブ
1.6mm×（2～4）	小
2.0mm×2	
2.0mm×1 + 1.6mm×（1～2）	
1.6mm×（5～6）	中
2.0mm×（3～4）	
2.0mm×1 + 1.6mm×（3～5）	
2.0mm×2 + 1.6mm×（1～3）	
5.5mm²×2	
5.5mm²×3	大

上表に示した電線の組み合わせに限って，リングスリーブのサイズは，接続する電線の断面積の和を計算することによって求めることができる（実際に施工する場合は，JIS C 2806 によってスリーブを選択すること）．

単線の電線の断面積は，次のようにして計算する．

1.6mm…… 2mm²　2.6mm……5.5mm²
2.0mm……3.5mm²

接続する電線の断面積の和	リングスリーブ
8 mm² 以下	小
8 mm² 超えて 14mm² 以下	中
14mm² 超える	大

（例外） 2.6mm×1 本＋ 1.6mm×1 本＝中スリーブ
1.6mm×7 本＝大スリーブ

【計算例】

1.6mm×2 + 2.0mm×1
= 2×2 + 3.5×1 = 7.5 →小スリーブ

1.6mm×1 + 2.0mm×2
= 2×1 + 3.5×2 = 9 →中スリーブ

（2） 圧着マーク

圧着マーク（刻印）は，リングスリーブのサイズに合わせるが，**1.6mm×2 本だけが例外で○になる．**

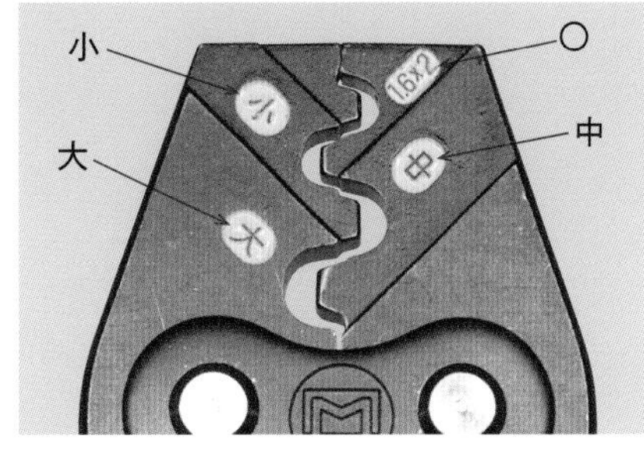

【リングスリーブ用圧着工具のダイス】

スリーブ	圧着マーク（刻印）
小	小 （例外 1.6mm×2 は○）
中	中
大	大

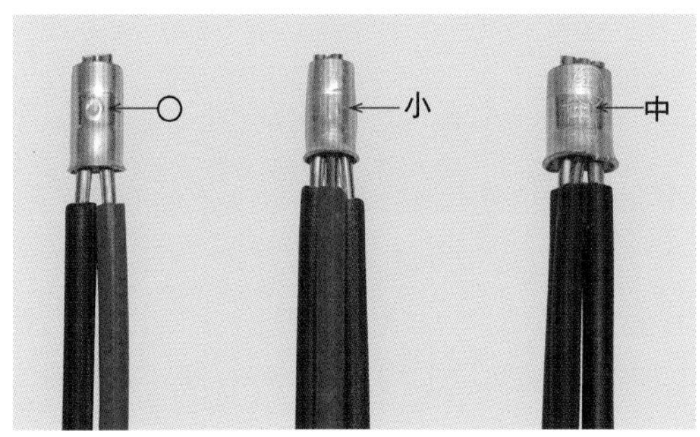

◉テープ巻き

絶縁電線相互をリングスリーブで圧着接続した場合，絶縁電線の絶縁物と同等以上の絶縁効力のあるもので十分被覆しなければならない．

絶縁テープを巻く場合は次による．

絶縁テープの種類	厚さ	巻き方
ビニルテープ	0.2mm	半幅以上重ねて2回（4層）以上巻く．
黒色粘着性ポリエチレン絶縁テープ	0.5mm	半幅以上重ねて1回（2層）以上巻く．
自己融着性ポリエチレン絶縁テープ	0.5mm	半幅以上重ねて1回（2層）以上巻き，その上に保護テープを半幅以上重ねて1回以上巻く．

（注）上表を最低とし，太さに応じて増加すること．

絶縁テープを巻く原則は，絶縁電線の絶縁被覆の厚さ以上に巻くことである．

【絶縁電線の絶縁被覆の厚さ】

IV 1.6mm，IV 2.0mm → 0.8mm

例　題

単相 100V の屋内配線工事における絶縁電線相互の接続で，**不適切なものは**.

イ．絶縁電線の絶縁物と同等以上の絶縁効力のあるもので十分被覆した.
ロ．電線の引張強さが 15%減少した.
ハ．差込形コネクタによる終端接続で，ビニルテープによる絶縁は行わなかった.
ニ．電線の電気抵抗が５%増加した.

解答・解説 ニ.

電線の電気抵抗は，増加させないように接続しなければならない．差込形コネクタは，ビニルテープによる絶縁の必要がない.

練習問題

1	ケーブル工事による低圧屋内配線で，ケーブルがガス管と接近する場合の工事方法として，「電気設備の技術基準の解釈」にはどのように記述されているか.	イ．ガス管と接触しないように施設すること. ロ．ガス管と接触してもよい. ハ．ガス管との離隔距離を 10cm 以上とすること. ニ．ガス管との離隔距離を 30cm 以上とすること.
2	木造住宅の金属板張り(金属系サイディング)の壁を貫通する部分の低圧屋内配線工事として，**適切なものは**. ただし，金属管工事，金属可とう電線管工事に使用する電線は，600V ビニル絶縁電線とする.	イ．ケーブル工事とし，壁の金属板張りを十分に切り開き，600V ビニル絶縁ビニルシースケーブルを合成樹脂管に収めて電気的に絶縁し，貫通施工した. ロ．金属管工事とし，壁に小径の穴を開け，金属板張りと金属管とを接触させ金属管を貫通施工した. ハ．金属可とう電線管工事とし，壁の金属板張りを十分に切り開き，金属製可とう電線管を壁と電気的に接続し，貫通施工した. ニ．金属管工事とし，壁の金属板張りと電気的に完全に接続された金属管にＤ種接地工事を施し，貫通施工した.
3	600V ビニル絶縁ビニルシースケーブル平形 1.6mm を使用した低圧屋内配線工事で，絶縁電線相互の終端接続部分の絶縁処理として，**不適切なものは**. ただし，ビニルテープは JIS に定める厚さ約 0.2mm の絶縁テープとする.	イ．リングスリーブにより接続し，接続部分を自己融着性絶縁テープ(厚さ約 0.5mm)で半幅以上重ねて１回(２層)巻き，さらに保護テープ(厚さ約 0.2mm)を半幅以上重ねて１回(２層)巻いた. ロ．リングスリーブにより接続し，接続部分を黒色粘着性ポリエチレン絶縁テープ(厚さ約 0.5mm)で半幅以上重ねて２回(４層)巻いた. ハ．リングスリーブにより接続し，接続部分をビニルテープで半幅以上重ねて１回(２層)巻いた. ニ．差込形コネクタにより接続し，接続部分をビニルテープで巻かなかった.

4	単相100Vの屋内配線工事における絶縁電線相互の接続で，**不適切なものは**.	イ．絶縁電線の絶縁物と同等以上の絶縁効力のあるもので十分被覆した. ロ．電線の引張強さが15%減少した. ハ．電線相互を指で強くねじり，その部分を絶縁テープで十分被覆した. ニ．接続部の電気抵抗が増加しないように接続した.
5	低圧屋内配線工事で，600Vビニル絶縁電線(軟銅線)をリングスリーブ用圧着工具とリングスリーブ(E形)を用いて終端接続を行った. 接続する電線に適合するリングスリーブの種類と圧着マーク(刻印)の組合せで，**不適切なものは**.	イ．直径2.0mm 3本の接続に中スリーブを使用して圧着マークを中にした. ロ．直径1.6mm 3本の接続に小スリーブを使用して圧着マークを小にした. ハ．直径2.0mm 2本の接続に中スリーブを使用して圧着マークを中にした. ニ．直径1.6mm 1本と直径2.0 mm 2本の接続に，中スリーブを使用して圧着マークを中にした.
6	低圧屋内配線工事で，600Vビニル絶縁電線(軟銅線)をリングスリーブ用圧着工具とリングスリーブE形を用いて終端接続を行った. 接続する電線に適合するリングスリーブの種類と圧着マーク(刻印)の組合せで，**不適切なものは**.	イ．直径1.6mm 2本の接続に，小スリーブを使用して圧着マークを○にした. ロ．直径1.6mm 1本と直径2.0mm 1本の接続に，小スリーブを使用して圧着マークを小にした. ハ．直径1.6m 4本の接続に，中スリーブを使用して圧着マークを中にした. ニ．直径1.6m 1本と直径2.0mm 2本の接続に，中スリーブを使用して圧着マークを中にした.

解答・解説

1．イ．

電気設備の技術基準の解釈第167条（低圧配線と弱電流電線等又は管との接近又は交差)に，「接触しないように施設すること」と規定されている.

2．イ．

イは，金属板張りを十分に切り開き，ケーブルを合成樹脂管に収めて，電気的に完全に絶縁して貫通施工したので適切である.

3．ハ．

1.6mm絶縁電線の絶縁被覆の厚さは0.8mmであり，厚さ0.2mmのビニルテープを2層巻いても0.4mmで，巻き数が不足している.

差込形コネクタで接続する場合は，ビニルテープを巻く必要がない.

4．ハ．

電線相互を直接接続する場合は，ろう付け(はんだ付け)をしなければならない.

5．ハ．

直径2.0mm 2本の接続は，小スリーブを使用して圧着マークを小にしなければならないので，ハは誤りである.

6．ハ．

直径1.6m 4本の接続は，小スリーブを使用して圧着マークを小にしなければならない.

3 接地工事

ポイント!

◉接地工事の目的

機械器具・金属製の配管等を大地と接続して，漏電による感電や火災を防止する．

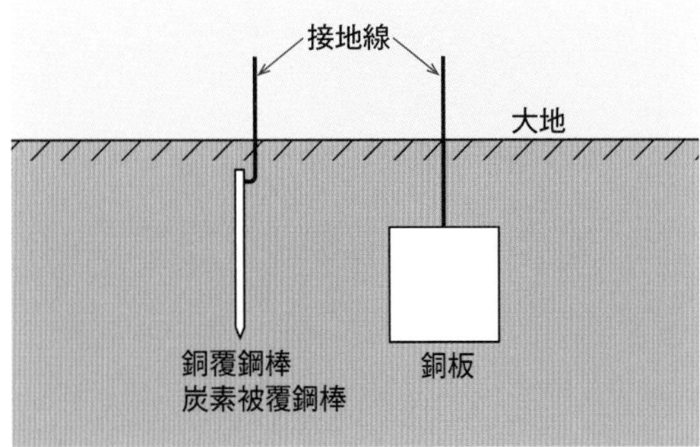

◉接地工事の種類

種類	接地抵抗値		接地線（軟銅線）の太さ
A 種接地工事	10Ω 以下		2.6 mm 以上
B 種接地工事	原則として，$\frac{150}{1\text{線地絡電流}}$ Ω以下		2.6 mm 以上（変圧器が高圧電路と低圧電路を結合する場合）
C 種接地工事	10Ω 以下	（地絡を生じた場合に，0.5 秒以内に自動的に電路を遮断する装置を施設するときは，500Ω 以下）	1.6 mm 以上
D 種接地工事	100Ω 以下		

＊移動用の電気機器の C・D 種接地工事の接地線で，多心コード又は多心キャブタイヤケーブルの 1 心を使用する場合は，0.75mm^2 以上にできる．

＊接地線は，故障の際に流れる電流を安全に通じることができること．

◉機械器具の金属製の台及び外箱の接地

使用電圧の区分	接地工事
300 V 以下の低圧	D 種接地工事
300 V を超える低圧	C 種接地工事
高圧・特別高圧	A 種接地工事

【接地工事の省略】

❶ 交流対地電圧が 150 V 以下の機械器具を乾燥した場所に施設する場合．

❷ 低圧用の機械器具を乾燥した木製の床や絶縁性のものの上で取り扱うように施設する場合．

❸ 電気用品安全法の適用を受ける 2 重絶縁構造の機械器具を施設する場合．

❹ 電源側に絶縁変圧器（二次電圧が 300 V 以下で，容量が 3 kV・A 以下に限る）を施設し，絶縁変圧器の負荷側の電路を接地しない場合．

❺ 水気のある場所以外の場所に施設する低圧用の機械器具に電気を供給する電路に，電気用品安全法の適用を受ける漏電遮断器（定格感度電流 15 mA 以下，動作時間 0.1 秒以下の電流動作型）を施設する場合．

◉ D 種接地工事の特例

D 種接地工事を施す金属体と大地との間の電気抵抗値が 100Ω 以下の場合は，D 種接地工事を施したものとみなす．

◉ C 種接地工事の特例

C 種接地工事を施す金属体と大地との間の電気抵抗値が 10Ω 以下の場合は，C 種接地工事を施したものとみなす．

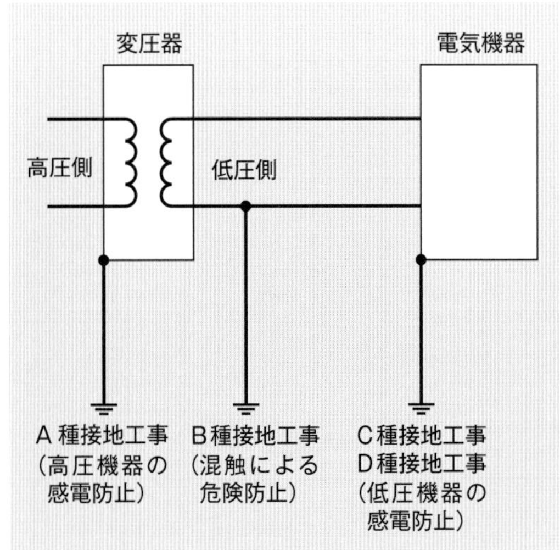

例題

床に固定した定格電圧200V，定格出力1.5kWの三相誘導電動機の鉄台に接地工事をする場合，接地線（軟銅線）の太さと接地抵抗値の組合せで，**不適切なものは**.

ただし，漏電遮断器を設置しないものとする.

イ．直径1.6mm，10Ω
ロ．直径2.0mm，50Ω
ハ．公称断面積0.75mm^2，5Ω
ニ．直径2.6mm，75Ω

解答・解説 ハ．**公称断面積0.75mm^2，5Ω**

D種接地工事で，接地線の太さは1.6mm（2mm^2）以上で，接地抵抗値は100Ω以下でなければならない.

練習問題

	問題	選択肢
1	工場の三相200V三相誘導電動機の鉄台に施設した接地工事の接地抵抗値を測定し，接地線（軟銅線）の太さを点検した.「電気設備の技術基準の解釈」に適合する接地抵抗値〔Ω〕と接地線の太さ（直径〔mm〕）の組合せで、**適切なものは**. ただし，電路に施設された漏電遮断器の動作時間は，0.1秒とする.	イ．100Ω 1.0mm ロ．200Ω 1.2mm ハ．300Ω 1.6mm ニ．600Ω 2.0mm
2	機械器具の金属製外箱に施すD種接地工事に関する記述で，**不適切なものは**.	イ．一次側200V，二次側100V，3kV・Aの絶縁変圧器（二次側非接地）の二次側電路に電動丸のこぎりを接続し，接地を施さないで使用した. ロ．三相200V定格出力0.75kW電動機外箱の接地線に直径1.6mmのIV電線（軟銅線）を使用した. ハ．単相100V移動式の電気ドリル（一重絶縁）の接地線として多心コードの断面積0.75mm^{2}の1心を使用した. ニ．単相100V定格出力0.4kWの電動機を水気のある場所に設置し，定格感度電流15mA，動作時間0.1秒の電流動作型漏電遮断器を取り付けたので，接地工事を省略した.

解答・解説

1．ハ．300Ω　1.6mm

使用電圧が300V以下であるから，D種接地工事である．動作時間が0.5秒以下の漏電遮断器が施設されているので，接地抵抗値は500Ω以下である．軟銅線を接地線とした場合，太さは直径1.6mm以上である.

2．ニ．

水気のある場所に電気機器を設置した場合は，定格感度電流15mA，動作時間0.1秒の電流動作型漏電遮断器を取り付けてもD種接地工事は省略できない.

4 金属管工事・金属可とう電線管工事

ポイント！

1. 金属管工事

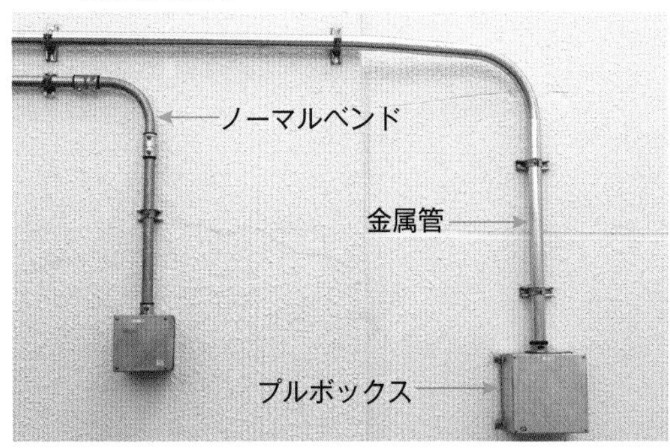

薄鋼電線管

ねじなし電線管

◉電線

❶ 絶縁電線(OW を除く)であること.

❷ 電線は, より線又は直径 3.2 mm 以下の単線であること(短小なものを除く).

❸ 金属管内では, 電線に接続点を設けてはならない.

◉電磁的平衡

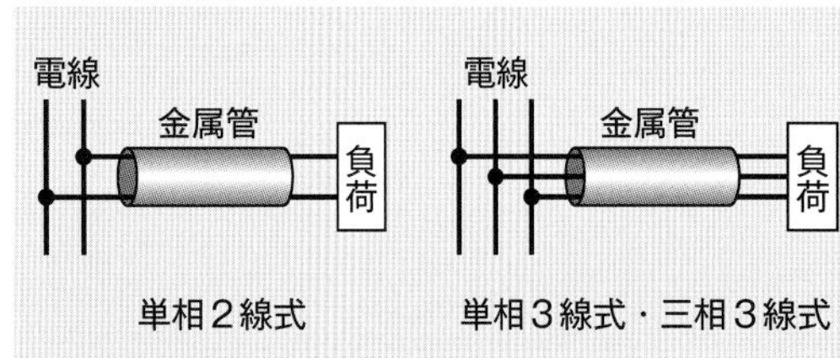

交流回路の場合, その系統の電線すべてを1本の金属管に収めて, 電磁的平衡を保たなければならない. 電磁的平衡を保たないと, 誘導現象によって金属管にうず電流が流れて, 金属管が発熱する.

単相2線式電路であれば2本を, 単相3線式や三相3線式の場合はその3本を1つの金属管に収納する.

◉管の屈曲

❶ 内側の曲げ半径は, 管内径の6倍以上とする.

❷ アウトレットボックスやその他のボックス間の金属管には, 3箇所を超える直角の屈曲箇所を設けない.

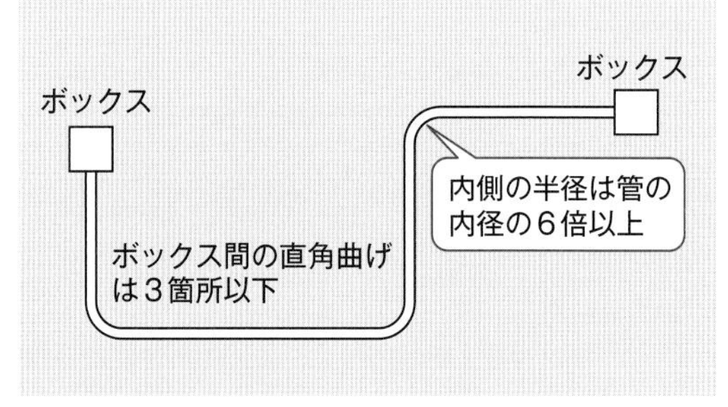

◉湿気の多い場所又は水気のある場所

防湿装置を施すこと.

◉接地工事

(1) 使用電圧が 300 V 以下の場合

D種接地工事を施す.

【省略できる場合】

- 管の長さが 4 m 以下のものを乾燥した場所に施設する場合
- 対地電圧が 150 V 以下の場合で 8 m 以下のものに, 簡易接触防護措置を施すとき又は乾燥した場所に施設するとき

(2) 使用電圧が 300 V を超える場合

C種接地工事を施す (接触防護措置を施す場合は, D種接地工事にできる).

◉薄鋼電線管の管太さの選定

(呼び径：管の外径に近い奇数)

電線太さ		電線本数			
単線 (mm)	より線 (mm^2)	1	2	3	4
		電線管の最小太さ			
1.6		19	19	19	25
2.0		19	19	19	25
2.6	5.5	19	19	25	25
3.2	8	19	25	25	31

2．金属可とう電線管工事

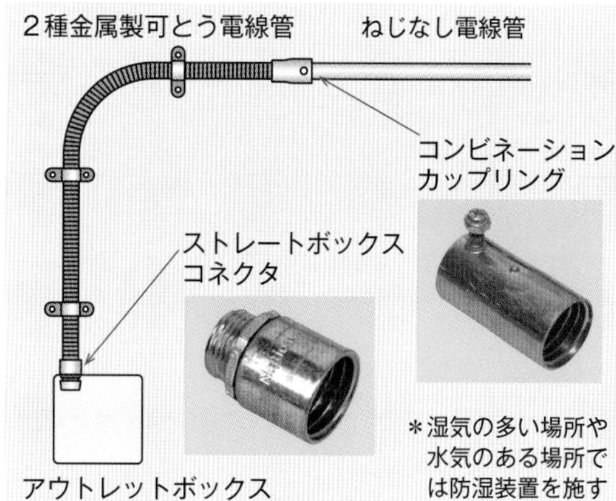

１種金属製可とう電線管

２種金属製可とう電線管

◉金属製可とう電線管の種類

（1）　１種金属製可とう電線管

帯状の鉄板をらせん状に巻いたもので，耐水性がない．展開した場所又は点検できる隠ぺい場所で，乾燥した場所に施設できる．

（2）　２種金属製可とう電線管

テープ状の金属片とファイバを組み合わせて緊密に巻いて作られており耐水性があり，施工場所に制限はない．

◉電線

❶　絶縁電線（OW を除く）であること．

❷　電線は，より線又は直径 3.2 mm 以下の単線であること．

❸　可とう電線管内では，電線に接続点を設けてはならない．

◉２種金属製可とう電線管の曲げ半径

（1）　原則

管の内側曲げ半径を管の内径の 6 倍以上にする．

（2）　露出場所又は点検できる隠ぺい場所で，管の取り外しができる場合

管の内側曲げ半径を管の内径の 3 倍以上にする．

◉使用電圧 300V 以下の接地工事

D 種接地工事を施す．

（管の長さが 4 m 以下の場合は省略できる）

接触防護措置と簡易接触防護措置

❶　**接触防護措置**：次のいずれかに適合するように施設することをいう．

イ　設備を，屋内にあっては床上 2.3m 以上，屋外にあっては地表上 2.5m 以上の高さに，かつ，人が通る場所から手を伸ばしても触れることのない範囲に施設すること．

ロ　設備に人が接近又は接触しないよう，さく，へい等を設け，又は設備を金属管に収める等の防護措置を施すこと．

❷　**簡易接触防護措置**：次のいずれかに適合するように施設することをいう．

イ　設備を，屋内にあっては床上 1.8m 以上，屋外にあっては地表上 2m 以上の高さに，かつ，人が通る場所から容易に触れることのない範囲に施設すること．

ロ　設備に人が接近又は接触しないよう，さく，へい等を設け，又は設備を金属管に収める等の防護措置を施すこと．

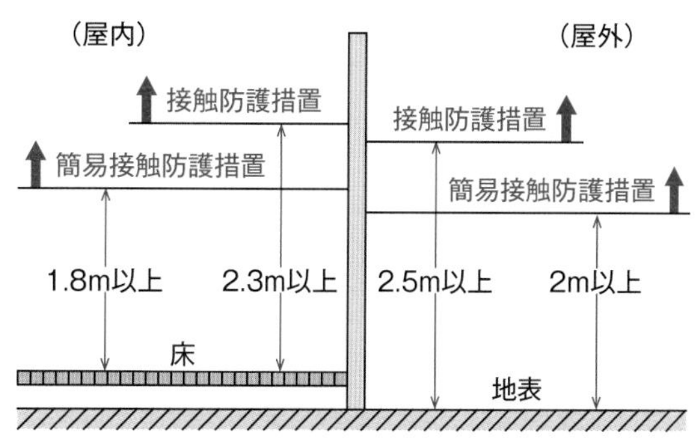

例　題

金属管工事による低圧屋内配線の施工方法として，**不適切なものは**.

イ．太さ25mmの薄鋼電線管に断面積 8 mm^2の600Vビニル絶縁電線 3 本を引き入れた.

ロ．太さ25mmの薄鋼電線管相互の接続にコンビネーションカップリングを使用した.

ハ．薄鋼電線管とアウトレットボックスとの接続部にロックナットを使用した.

ニ．ボックス間の配管でノーマルベンドを使った屈曲箇所を 2 箇所設けた.

解答・解説 ロ.

薄鋼電線管相互の接続には，薄鋼電線管用のカップリングを使用しなければならない.

コンビネーションカップリングは，2 種金属製可とう電線管とねじなし電線管又は薄鋼電線管を接続するときに使用する.

練習問題

	問題	選択肢
1	使用電圧 200V の三相電動機回路の施工方法で，**不適切なものは**.	イ．湿気の多い場所に 1 種金属製可とう電線管を用いた金属可とう電線管工事を行った. ロ．乾燥した場所の金属管工事で，管の長さが 3 m なので金属管の D 種接地工事を省略した. ハ．造営材に沿って取り付けた 600V ビニル絶縁ビニルシースケーブルの支持点間の距離を 2 m 以下とした. ニ．金属管工事に 600V ビニル絶縁電線を使用した.
2	D 種接地工事を**省略できないものは**. ただし，電路には定格感度電流 15mA，動作時間 0.1 秒以下の電流動作型の漏電遮断器が取り付けられているものとする.	イ．乾燥した場所に施設する三相 200V（対地電圧 200V）動力配線の電線を収めた長さ 3 m の金属管. ロ．乾燥した木製の床の上で取り扱うように施設する三相 200V（対地電圧 200V）空気圧縮機の金属製外箱部分. ハ．水気のある場所のコンクリートの床に施設する三相 200V（対地電圧 200V）誘導電動機の鉄台. ニ．乾燥した場所に施設する単相 3 線式 100/200V（対地電圧 100V）配線の電線を収めた長さ 7 m の金属管.
3	使用電圧 200V の電動機に接続する部分の金属可とう電線管工事として，**不適切なものは**. ただし，管は 2 種金属製可とう電線管を使用する.	イ．管とボックスとの接続にストレートボックスコネクタを使用した. ロ．管の長さが 6m であるので，電線管の D 種接地工事を省略した. ハ．管の内側の曲げ半径を管の内径の 6 倍以上とした. ニ．管と金属管（鋼製電線管）との接続にコンビネーションカップリングを使用した.

4	低圧屋内配線の金属可とう電線管（使用する電線管は2種金属製可とう電線管とする）工事で，**不適切なものは.**	イ．管の内側の曲げ半径を管の内径の6倍以上とした. ロ．管内に600V ビニル絶縁電線を収めた. ハ．管とボックスとの接続にストレートボックスコネクタを使用した. ニ．管と金属管（鋼製電線管）との接続に TS カップリングを使用した.
5	電磁的不平衡を生じないように，電線を金属管に挿入する方法として，**適切なものは.**	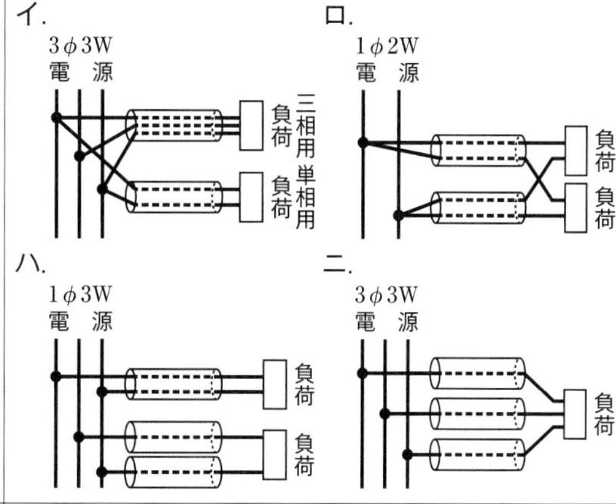
6	電磁的不平衡を生じないように，電線を金属管に挿入する方法として，**適切なものは.**	イ．3φ3W 電源　負荷 ロ．1φ2W 電源　負荷　負荷 ハ．1φ2W 電源　負荷　負荷 ニ．3φ3W 電源　負荷

解答・解説

1．イ.

湿気の多い場所では，1種金属製可とう電線管の使用は禁じられている.

2．ハ.

水気のある場所では，接地工事を省略できない.

3．ロ.

管の長さが4m を超えるので，D種接地工事は省略できない.

4．ニ.

TS カップリングは，硬質ポリ塩化ビニル電線相互を接続するものである.

5．イ.

一組の電線を同一の金属管に収めなければならない.

6．ロ.

一組の電線を同一の金属管に収めて配線しているのは，ロだけである.

5 がいし引き工事・ケーブル工事

ポイント！

1．がいし引き工事

◉電線の離隔距離

電圧区分／離隔距離	使用電圧 300 V 以下	使用電圧 300 V 超過
電線相互	6 cm 以上	6 cm 以上
電線と造営材	2.5 cm 以上	4.5（乾燥した場所 2.5）cm 以上

◉電線の支持点間

造営材に沿って取り付ける場合は，2 m 以下とする．

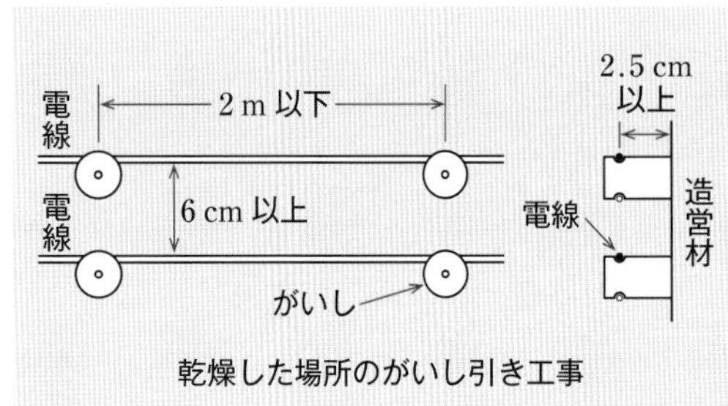

乾燥した場所のがいし引き工事

2．ケーブル工事

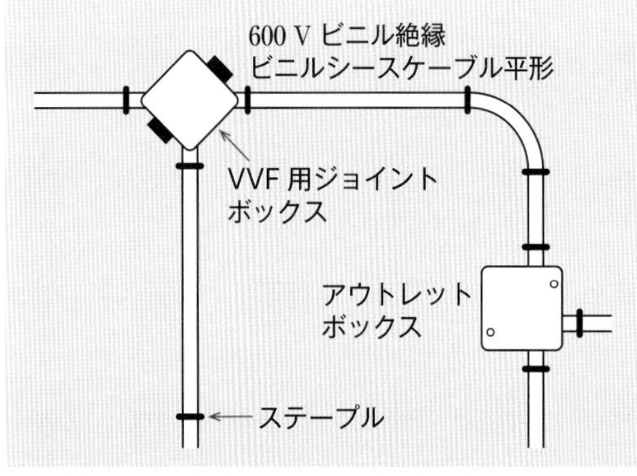

◉ケーブルの防護

重量物の圧力又は著しい機械的衝撃を受けるおそれがある箇所に施設する場合は，ケーブルを金属管などに収めて防護する．

ケーブルをコンクリートに直接埋め込む場合は，打設時に重量物の圧力又は著しい機械的衝撃を受けるおそれがある箇所とみなされる．

臨時配線を除いて，ケーブルを直接コンクリートに埋設することは禁じられている．

◉ケーブルの支持点間

❶ 造営材の側面または下面に施設

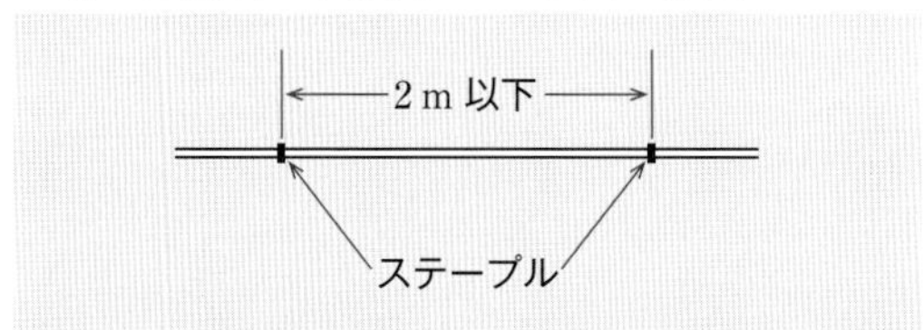

❷ 接触防護措置を施した場所で垂直に施設する場合は 6 m 以下

◉ケーブルの屈曲

遮へいのないケーブルを曲げる場合は，被覆を損傷しないようにし，その屈曲部の内側半径は，下表によらなければならない．

多心 単心より合わせ	単心
仕上がり外径の 6 倍以上	仕上がり外径の 8 倍以上

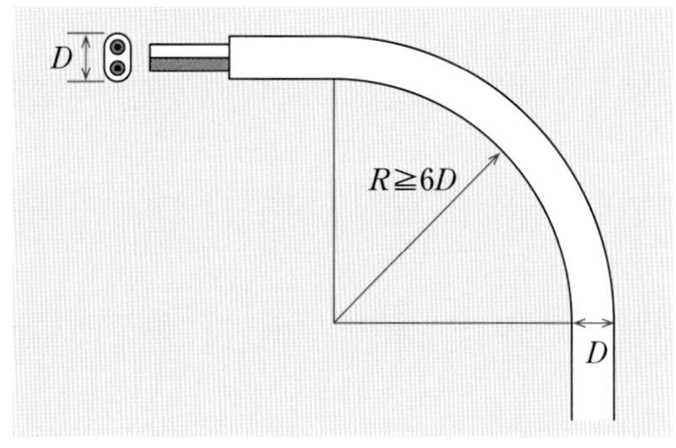

◉ケーブルの接続

❶ ケーブル相互の接続は，原則としてアウトレットボックス，ジョイントボックスなどの内部で行う．

❷ ねじ式の端子金具を持つジョイントボックスで接続する場合は，露出場所で点検できるようにする．

◉接地

ケーブルを収める防護装置の金属製部分，ラックなどの金属製部分などは，次によって接地工事を施さなければならない．

（1） 使用電圧が 300V 以下

D種接地工事

【省略できる場合】

- 金属製部分の長さが 4m 以下のものを乾燥した場所に施設する場合
- 対地電圧が 150V 以下の場合において，金属製部分が 8m 以下のものを乾燥した場所に施設するとき，又は簡易接触防護装置を施した場合
- 金属製部分が，合成樹脂などの絶縁物で被覆したもの

（2） 使用電圧が 300V を超える

C種接地工事（接触防護措置を施す場合はD種接地工事にできる）

例 題

100/200V の低圧屋内配線工事で，600V ビニル絶縁ビニルシースケーブルを用いたケーブル工事の施工方法として，**適切なものは**.

イ．防護装置として使用した金属管の長さが 10m であったが，乾燥した場所であるので，金属管にD種接地工事を施さなかった.

ロ．丸形ケーブルを，屈曲部の内側の半径をケーブル外径の６倍にして曲げた.

ハ．建物のコンクリート壁の中に直接埋設した.（臨時配線工事の場合を除く.）

ニ．金属製遮へい層のない電話用弱電流電線と共に同一の合成樹脂管に収めた.

解答・解説 ロ.

金属製の防護装置が８m を超えたら，D種接地工事を省略できない．臨時配線を除いて，ケーブルをコンクリートに直接埋設してはならない．金属製遮へい層のない電話用弱電流電線を同一の管に収めることは禁じられている.

練習問題

	問題	選択肢
1	600V ビニル外装ケーブルを造営材の下面に沿って取り付ける場合，ケーブルの支持点間の距離の最大値〔m〕は.	イ．1.5　ロ．2 ハ．3　ニ．6
2	低圧屋内配線工事（臨時配線工事の場合を除く）で，600V ビニル絶縁ビニルシースケーブルを用いたケーブル工事の施工方法として，**適切なものは**.	イ．接触防護措置を施した場所で，造営材の側面に沿って垂直に取り付け，その支持点間の距離を８m とした. ロ．金属製遮へい層のない電話用弱電流電線と共に同一の合成樹脂管に収めた. ハ．建物のコンクリート壁の中に直接埋設した. ニ．丸形ケーブルを，屈曲部の内側の半径をケーブル外径の８倍にして曲げた.

解答・解説

1．ロ．２

造営材の下面沿って取り付ける場合は，２m 以下で支持しなければならない.

2．ニ.

接触防護措置を施した場所で，造営材の側面に沿って垂直に取り付ける場合は，支持点間の距離を６m 以下にしなければならない．金属製遮へい層のない電話用弱電流電線を同一の管に収めることは禁じられている． 臨時配線を除いて，ケーブルをコンクリートに直接埋設してはならない.

6 合成樹脂管工事

ポイント！

◉合成樹脂管の種類

（1） 硬質ポリ塩化ビニル電線管（VE 管）

長さ 4 m の直管で，トーチランプで加熱して曲げる．施設場所に制限がない．

（2） 合成樹脂製可とう電線管（PF 管）

手で自由に曲げられ，施設場所に制限がない．

（3） 合成樹脂製可とう電線管（CD 管）

手で自由に曲げられ，コンクリートに埋設して施設する．展開した場所や点検できる隠ぺい場所には施設できない．

硬質ポリ塩化ビニル電線管（VE 管）

合成樹脂製可とう電線管（PF 管）

合成樹脂製可とう電線管（CD 管）

◉電線

❶ 絶縁電線（OW を除く）であること．

❷ 電線は，より線又は直径 3.2 mm 以下の単線であること（短小なものを除く）．

❸ 合成樹脂管内では，電線に接続点を設けてはならない．

◉管の支持

硬質ポリ塩化ビニル電線管の支持点間の距離は，1.5 m 以下とする．

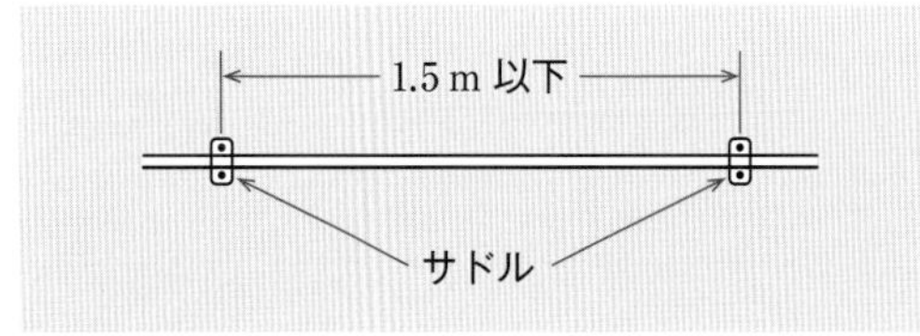

◉管の接続

（1） 管相互の接続

硬質ポリ塩化ビニル電線管は，TS カップリング等を用いて接続したり，直接接続することができる．

合成樹脂製可とう電線管（PF 管・CD 管）は，直接接続することは禁じられており，専用のカップリングを用いて接続しなければならない．

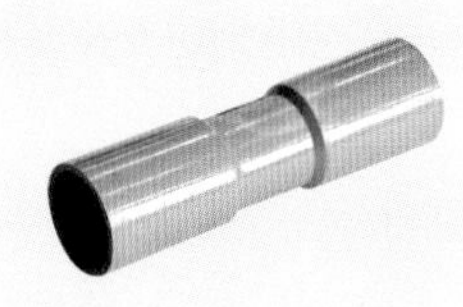
硬質ポリ塩化ビニル電線管用 TS カップリング

合成樹脂製可とう電線管用カップリング

（2） 硬質ポリ塩化ビニル電線管相互を接続する場合の差し込み深さ

- 接着剤を使用しない…外径の 1.2 倍以上
- 接着剤を使用…………外径の 0.8 倍以上

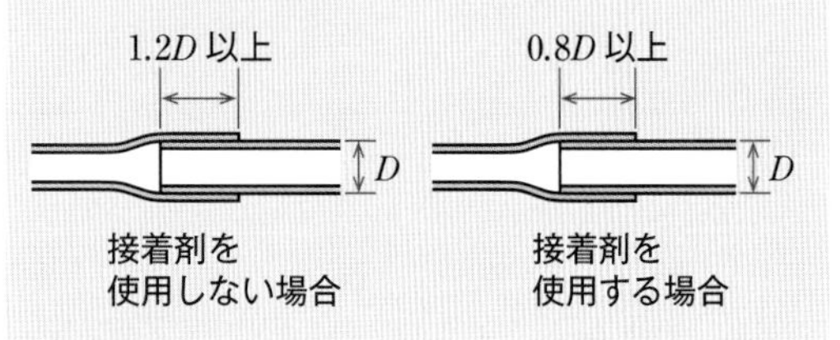

◉管の屈曲

内側の半径は，管内径の 6 倍以上とする．

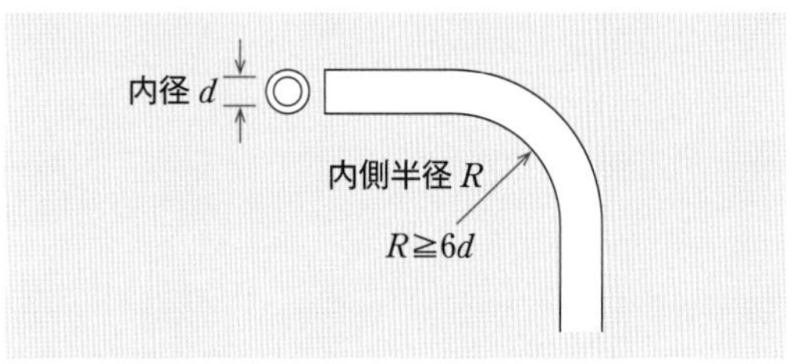

◉湿気の多い場所又は水気のある場所

防湿装置を施すこと．

◉金属製ボックス等の接地

合成樹脂管を金属製のボックスに接続して使用する場合は，次の接地を施す．

❶ 使用電圧 300 V 以下の場合，D 種接地工事を施す．

【省略できる場合】

- 乾燥した場所に施設する場合
- 対地電圧が 150 V 以下で，簡易接触防

護措置を施す場合

❷ 使用電圧 300 V を超える場合，C 種接地工事を施す．接触防護措置を施す場合は，D 種接地工事にできる．

例　題

低圧屋内配線の合成樹脂管工事で，合成樹脂管（合成樹脂製可とう電線管及び CD 管を除く）を造営材の面に沿って取り付ける場合，管の支持点間の距離の最大値〔m〕は．

イ．1　　ロ．1.5
ハ．2　　ニ．2.5

解答・解説 ロ．1.5

合成樹脂管の支持点間の距離は，1.5m 以下としなければならない．

練習問題

	問題	選択肢
1	単相 3 線式 100/200V 屋内配線工事で，**不適切な工事方法は．** ただし，使用する電線は 600V ビニル絶縁電線で，直径 1.6mm とする．	イ．同じ径の硬質ポリ塩化ビニル電線管（VE 管）2 本を TS カップリングで接続した． ロ．合成樹脂製可とう電線管（PF 管）内に，電線の接続点を設けた． ハ．合成樹脂製可とう電線管（CD 管）を直接コンクリートに埋め込んで施設した． ニ．金属管を点検できない隠ぺい場所で使用した．
2	硬質ポリ塩化ビニル電線管による合成樹脂管工事として，**不適切なものは．**	イ．管の支持点間の距離は 2 m とした． ロ．管相互及び管とボックスとの接続で，専用の接着剤を使用し，管の差込み深さを管の外径の 0.9 倍とした． ハ．湿気の多い場所に施設した管とボックスとの接続箇所に防湿装置を施した． ニ．三相 200V 配線で，簡易接触防護措置を施した場所に施設した管と接続する金属製プルボックスに，D 種接地工事を施した．
3	木造住宅の単相 3 線式 100/200V 屋内配線工事で，**不適切な工事方法は．** ただし，使用する電線は 600V ビニル絶縁電線，直径 1.6mm（軟銅線）とする．	イ．合成樹脂製可とう電線管（CD 管）を木造の床下や壁の内部及び天井裏に配管した． ロ．合成樹脂製可とう電線管（PF 管）内に通線し，支持点間の距離を 1.0 m で造営材に固定した． ハ．同じ径の硬質ポリ塩化ビニル電線管（VE）2 本を TS カップリングで接続した． ニ．．金属管を点検できない隠ぺい場所で使用した．

解答・解説

1．ロ．

合成樹脂製可とう電線管（PF 管）内では，電線の接続は認められていない．

2．イ．

硬質ポリ塩化ビニル電線管の支持点間の距離は，1.5m 以下である．

3．イ．

合成樹脂製可とう電線管（CD 管）は，コンクリートに埋設して施設しなければならない．

7 金属線ぴ工事・金属ダクト工事等

ポイント！

1．金属線ぴ工事

1 種金属製線ぴによる工事

2 種金属製線ぴによる工事

◉種類

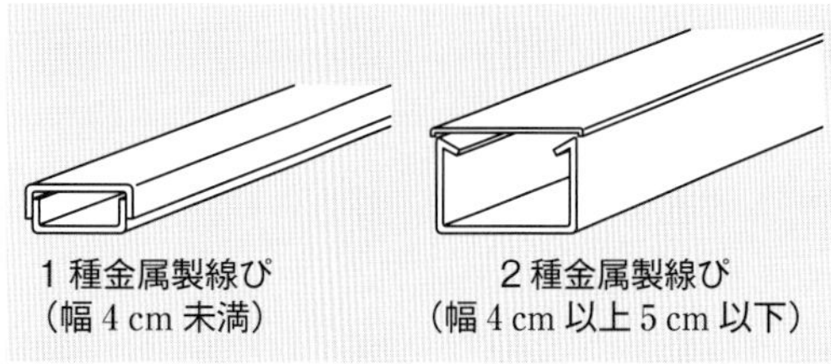

◉配線

❶ 絶縁電線（OW線を除く）であること．

❷ 金属線ぴ内に接続点を設けない（2種金属製線ぴを使用し，電線を分岐する場合であり，接続点を容易に点検でき，D種接地工事を施す場合を除く）．

◉接地工事

D種接地工事を施す．

【省略できる場合】

- 線ぴの長さが 4 m 以下．
- 対地電圧が 150 V 以下の場合で，線ぴの長さが 8 m 以下のものに簡易接触防護措置を施すとき又は乾燥した場所に施設するとき．

2．金属ダクト工事

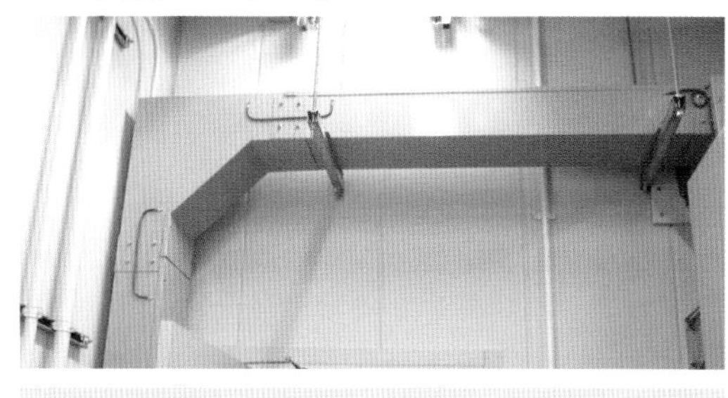

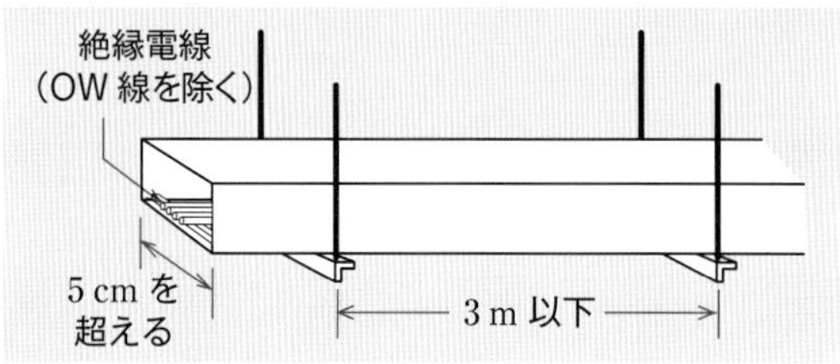

◉電線

❶ 絶縁電線（OW 線を除く）であること．

❷ 金属ダクト内に接続点を設けない（電線を分岐する場合において，接続点を容易に点検できるときを除く）．

❸ 金属ダクトに収める電線の絶縁被覆を含む断面積の総和は，ダクトの内部断面積の 20 % 以下とする（制御回路等の配線は 50 % 以下）．

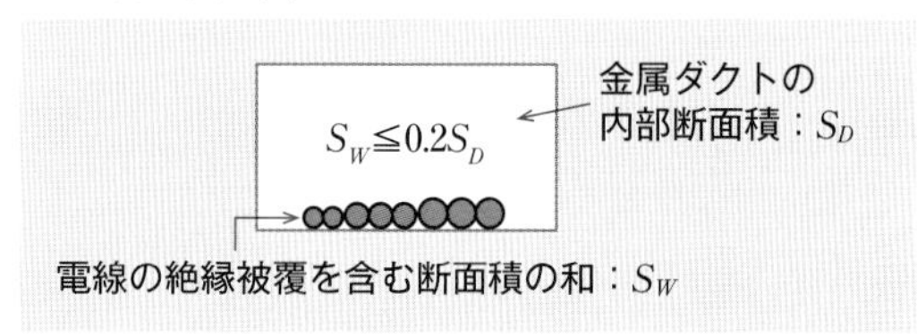

◉支持点間の距離

3 m以下とする（取扱者以外の者が出入りできないように設備した場所において，垂直に取り付ける場合は 6 m以下）．

◉接地工事

❶ 使用電圧が 300 V 以下の場合
D種接地工事を施す．

❷ 使用電圧が 300 V を超える場合
C種接地工事を施す（接触防護措置を施す場合は，D種接地工事にできる）．

3．ライティングダクト工事

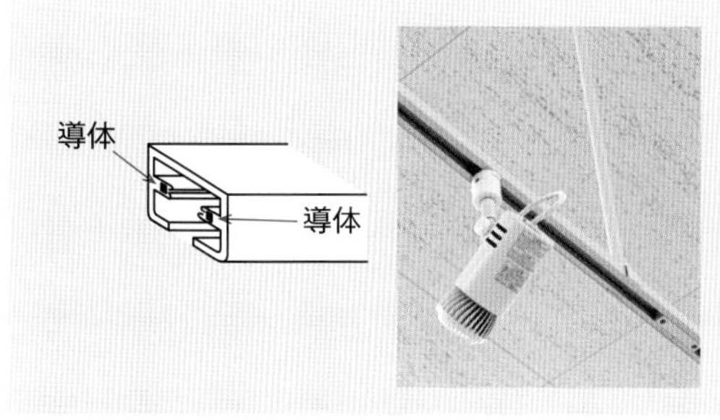

◉施設方法

- 支持点間の距離は 2 m以下にする．
- 開口部は下向きにして施設する．
- 終端部は閉そくする．
- 造営材を貫通して施設してはならない．

◉接地工事

合成樹脂等で金属製部分を被覆したダクトを使用する場合を除いて，D種接地工事を施す（対地電圧が 150 V 以下で，ダクトの長さが 4 m 以下の場合は省略できる）．

◉漏電遮断器の施設

ダクトの導体に電気を供給する電路には，漏電遮断器を施設する．ダクトに簡易接触防護措置を施す場合は，省略できる．

4．フロアダクト工事

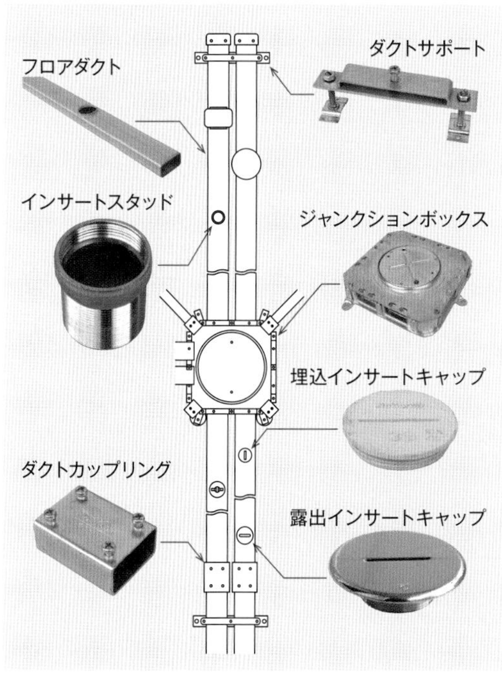

◉施設方法

床のコンクリートに埋め込んで，コンセントや電話線等を配線する．

電線の接続部分は，ジャンクションボックスに収める．

◉接地工事

D種接地工事を施す．

5．バスダクト工事

◉構造・用途

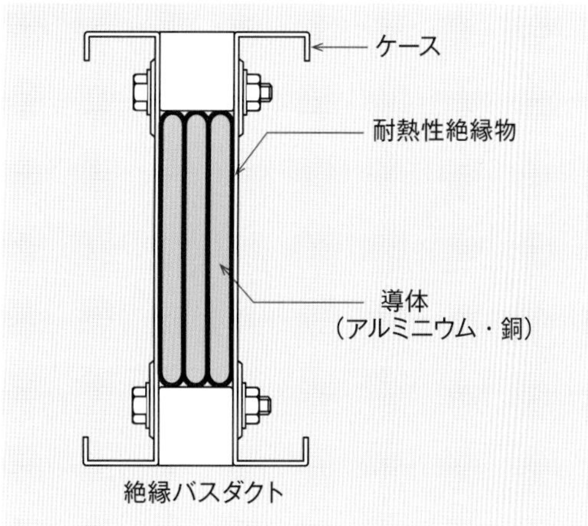

導体に板状のアルミ導体又は銅導体を用い，主にビル，工場の低圧屋内幹線として使用する．

◉支持点間の距離

3 m 以下とする（取扱者以外の者が出入りできないように設備した場所において，垂直に取り付ける場合は 6 m 以下）．

◉接地工事

❶ 使用電圧が 300 V 以下の場合
D種接地工事を施す．

❷ 使用電圧が 300 V を超える場合

C種接地工事を施す（接触防護措置を施す場合は，D種接地工事にできる）．

6．ショウウィンドー等の配線工事

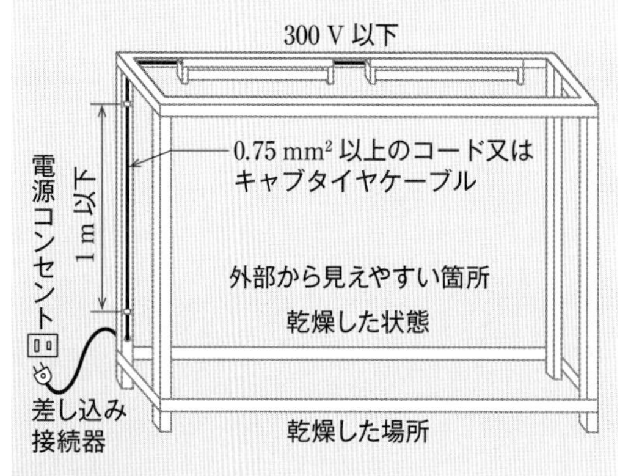

◉配線工事方法

乾燥した場所に施設し，内部を乾燥した状態で使用するショウウィンドー又はショウケース内の使用電圧が 300 V 以下の配線は，外部から見えやすい箇所に限り，コード又はキャブタイヤケーブルを造営材に接触して施設することができる．

❶ 電線の断面積は，0.75 mm^2 以上とする．

❷ 電線の取り付ける間隔は，1 m 以下とする．

❸ 低圧屋内配線との接続は，差し込み接続器等を使用する．

例　題

使用電圧 300V 以下の低圧屋内配線の工事方法として，**不適切なものは**．

イ．金属可とう電線管工事で，より線（600V ビニル絶縁電線）を用いて，管内に接続部分を設けないで収めた．

ロ．ライティングダクト工事で，ダクトの開口部を下に向けて施設した．

ハ．合成樹脂管工事で，施設する低圧配線と水管が接触していた．

ニ．金属ダクト工事で，電線を分岐する場合，接続部分に十分な絶縁被覆を施し，かつ，接続部分を容易に点検できるようにしてダクトに収めた．

解答・解説 ハ．

合成樹脂管工事による低圧屋内配線と水管は，接触させてはならない．

練習問題

1	低圧屋内配線の工事方法として，**不適切なものは**．	イ．金属可とう電線管工事で，より線（絶縁電線）を用いて，管内に接続部分を設けないで収めた． ロ．ライティングダクト工事で，ダクトの開口部を下に向けて施設した． ハ．金属線ぴ工事で，長さ 3 m の 2 種金属製線ぴ内で電線を分岐し，D種接地工事を省略した． ニ．金属ダクト工事で，電線を分岐する場合，接続部分に十分な絶縁被覆を施し，かつ，接続部分を容易に点検できるようにしてダクトに収めた．

2	使用電圧 300V 以下の低圧屋内配線の工事方法として，**不適切なものは**.	イ．金属可とう電線管工事で，より線（600V ビニル絶縁電線）を用いて，管内に接続部分を設けないで収めた. ロ．フロアダクト工事で，電線を分岐する場合，接続部分に十分な絶縁被覆を施し，かつ，接続部分を容易に点検できるようにして接続箱(ジャンクションボックス)に収めた. ハ．金属ダクト工事で，電線を分岐する場合，接続部分に十分な絶縁被覆を施し，かつ，接続部分を容易に点検できるようにしてダクトに収めた. ニ．ライティングダクト工事で，ダクトの終端部は閉そくしないで施設した.
3	単相 3 線式 100/200V の屋内配線工事で漏電遮断器を**省略できないものは**.	イ．乾燥した場所の天井に取り付ける照明器具に電気を供給する電路 ロ．小勢力回路の電路 ハ．簡易接触防護措置を施していない場所に施設するライティングダクトの電路 ニ．乾燥した場所に施設した，金属製外箱を有する使用電圧 200V の電動機に電気を供給する電路
4	100V の低圧屋内配線に，ビニル平形コード(断面積 0.75 mm^2) 2 心を絶縁性のある造営材に適当な留め具で取り付けて，施設することができる場所又は箇所は.	イ．乾燥した場所に施設し，かつ，内部を乾燥状態で使用するショウウィンドー内の外部から見えやすい箇所 ロ．木造住宅の人の触れるおそれのない点検できる押し入れの壁面 ハ．木造住宅の和室の壁面 ニ．乾燥状態で使用する台所の床下収納庫

解答・解説

1．ハ．

2 種金属製線ぴ内で電線を分岐する場合は，D 種接地工事を省略することはできない.

2．ニ．

ライティングダクトの終端部は，エンドキャップで閉そくしなければならない.

エンドキャップ

3．ハ．

ライティングダクト工事で，簡易接触防護措置を施していない場所に施設する場合は，漏電遮断器を施設しなければならない.

4．イ．

乾燥した場所に施設し，かつ，内部を乾燥状態で使用するショウウインドー内の外部から見えやすい箇所に限って，コードを造営材に適当な留め具で取り付けて，施設することができる.

8 ネオン放電灯工事・特殊場所等の工事

ポイント！

1．ネオン放電灯工事（管灯回路の使用電圧が 1000V を超える）

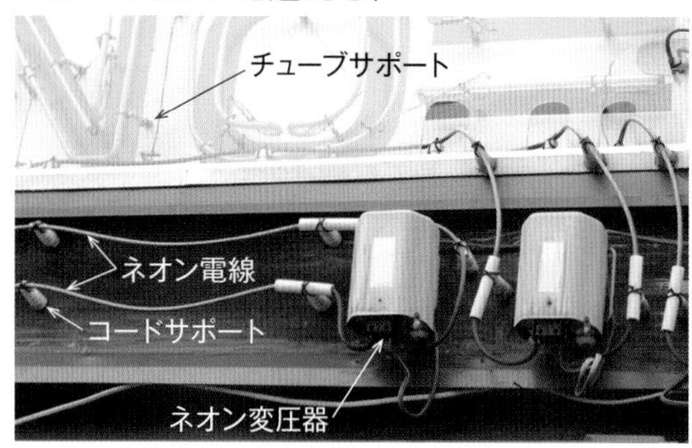

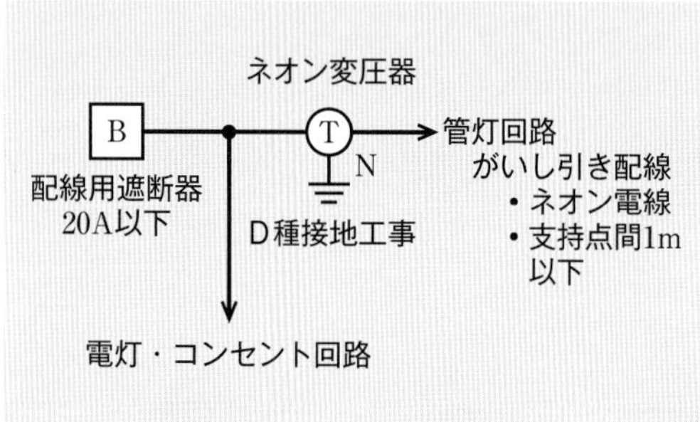

◉配線工事方法

❶ 簡易接触防護措置を施す.

❷ 15 A 分岐回路または 20 A 配線用遮断器分岐回路で使用する.

- 電灯の回路と併用できる.

❸ ネオン変圧器の二次側（管灯回路）の配線は，がいし引き配線による.

- 展開した場所又は点検できる隠ぺい場所に施設する.
- ネオン電線を使用する.
- 支持点間の距離は，1 m 以下とする.
- 電線相互間の間隔は，6 cm以上とする.

❹ ネオン変圧器の金属製外箱には，D 種接地工事を施す.

2．爆発するおそれがある場所等の工事

危険な場所	工事の種類
爆燃性粉じんの存在する場所（マグネシウム，アルミニウム等）	金属管工事（薄鋼電線管以上の強度を有するもの） ケーブル工事（VVF 等は防護装置に収める）
可燃性ガス等の存在する場所（プロパンガス，シンナー，ガソリン等）	
可燃性粉じんの存在する場所（小麦粉，でん粉等）	金属管工事（薄鋼電線管以上の強度を有するもの） ケーブル工事（VVF 等は防護装置に収める） 合成樹脂管工事（厚さ 2 mm 未満の合成樹脂製電線管，CD 管を除く）
危険物を製造・貯蔵する場所（セルロイド，マッチ，石油等）	

3．地中電線路

◉使用電線

ケーブルを使用する.

◉直接埋設式

トラフに収める方法を示す.

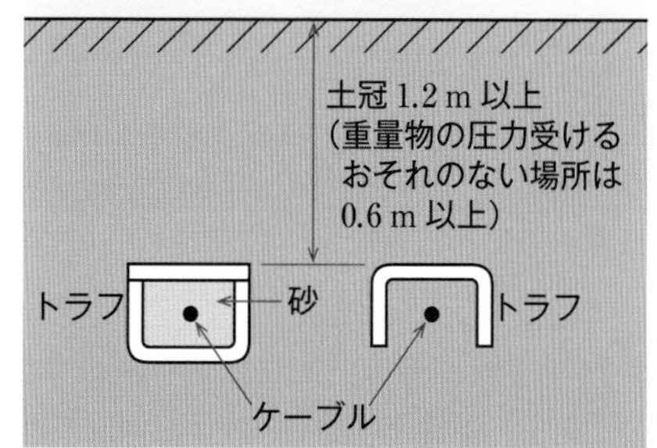

例 題

屋内の管灯回路の使用電圧が 1 000V を超えるネオン放電灯工事として，**不適切なものは.**

ただし，接触防護措置が施してあるものとする.

イ．ネオン変圧器への 100V 電源回路は，専用回路とし，20A 配線用遮断器を設置した.

ロ．ネオン変圧器の二次側（管灯回路）の配線を，点検できる隠ぺい場所に施設した.

ハ．ネオン変圧器の二次側（管灯回路）の配線を，ネオン電線を使用し，がいし引き工事により施設し，電線の支持点間の距離を 2 m とした.

ニ．ネオン変圧器の金属製外箱に D 種接地工事を施した.

解答・解説 ハ.

ネオン変圧器の二次側(管灯回路)の配線で，ネオン電線の支持点間の距離は，1 m 以下にしなければならない.

練習問題

1	屋内の管灯回路の使用電圧が 1 000V を超えるネオン放電灯の工事として，**不適切なものは.** ただし，簡易接触防護措置が施された場所に施設するものとする.	イ. ネオン変圧器への 100V 電源回路は，専用回路とし，20A 配線用遮断器を設置した. ロ. ネオン変圧器の二次側（管灯回路）の配線を，点検できない隠ぺい場所に施設した. ハ. ネオン変圧器の金属製外箱に D 種接地工事を施した. ニ. ネオン変圧器の二次側（管灯回路）の配線を，ネオン電線を使用し，がいし引き工事により施設し，電線の支持点間の距離を 1 m とした.
2	特殊場所とその場所に施工する低圧屋内配線工事の組合せで，**不適切なものは.**	イ. プロパンガスを他の小さな容器に小分けする可燃性ガスのある場所 厚鋼電線管で保護した 600V ビニル絶縁ビニルシースケーブルを用いたケーブル工事 ロ. 小麦粉をふるい分けする可燃性粉じんのある場所 硬質ポリ塩化ビニル電線管 VE28 を使用した合成樹脂管工事 ハ. 石油を貯蔵する危険物の存在する場所 金属線ぴ工事 ニ. 自動車修理工場の吹き付け塗装作業を行う可燃性ガスのある場所 厚鋼電線管を使用した金属管工事
3	低圧の地中電線路を直接埋設式により施設する場合に**使用できるものは.**	イ. 600V 架橋ポリエチレン絶縁ビニルシースケーブル(CV) ロ. 屋外用ビニル絶縁電線(OW) ハ. 引込用ビニル絶縁電線(DV) ニ. 600V ビニル絶縁電線(IV)

解答・解説

1. ロ.

ネオン変圧器の二次側（管灯回路）の配線は，展開した場所又は点検できる隠ぺい場所に施設しなければならない.

2. ハ.

石油を貯蔵する危険物の存在する場所では，金属線ぴ工事で施設することはできない．施設できるのは，金属管工事，ケーブル工事，合成樹脂管工事である.

3. イ.

低圧の地中電線路を直接埋設式により施設する場合に使用できる電線は，ケーブルである.

[Chapter 4] 電気工事の施工方法の要点整理

1．施設場所による工事の種類

（使用電圧 300 V 以下）

施設場所 ＼ 工事の種類	展開した場所 点検できる隠ぺい場所		点検できない隠ぺい場所
	乾燥した場所	その他の場所	
金属管工事	○	○	○
合成樹脂管工事（CD 管を除く）	○	○	○
ケーブル工事	○	○	○
金属ダクト工事	○	×	×
金属線ぴ工事	○	×	×
ライティングダクト工事	○	×	×

2．メタルラス等との絶縁

金属管等が，メタルラス張り，ワイヤラス張り，金属板張りの壁を貫通する場合は，メタルラス等を十分に切り開き絶縁管に収めて，メタルラス等と電気的に接続しないようにする．

3．屋内配線と弱電流電線等との接近・交さ

がいし引き配線以外の配線は，弱電流電線等とは接触しないように施設する．

4．電線の接続

❶ 電線の電気抵抗を増加させない．

❷ 電線の引張強さを 20 %以上減少させない．

❸ 接続部分には，接続管その他の器具を使用するか，ろう付けする．

❹ 接続部分を絶縁電線の絶縁物と同等以上の絶縁効力のあるもので十分被覆する．

❺ コード相互，キャブタイヤケーブル相互，ケーブル相互又はこれらを相互に接続する場合は，コード接続器，接続箱等を使用する（8 mm^2 以上のキャブタイヤケーブル相互を接続する場合を除く）．

5．D 種接地工事

接地抵抗値	接地線の太さ
100Ω 以下（地絡を生じた場合に，0.5 秒以内に自動的に電路を遮断する装置を施設するときは，500Ω 以下）	1.6 mm 以上（多心コード又はキャブタイヤケーブルの 1 心を使用する場合は，0.75 mm^2 以上）

6．機械機具の接地工事

使用電圧の区分	接地工事
300 V 以下の低圧	D 種接地工事
300 V を超える低圧	C 種接地工事

【接地工事を省略できる場合の主なもの】

❶ 交流対地電圧が 150 V 以下の機械機具を乾燥した場所に施設する場合

❷ 低圧用の機械器具を乾燥した木製の床や絶縁性のものの上で取り扱うように施設する場合

❸ 電気用品安全法の適用を受ける 2 重絶縁構造の機械器具を施設する場合

❹ 水気のある場所以外の場所に施設する低圧用の機械器具に電気を供給する電路に，定格感度電流が 15 mA 以下，動作時間が 0.1 秒以下，電流動作型の漏電遮断器を施設する場合

7．支持点間の距離

ケーブル	下面又は側面に施設する場合は 2 m 以下（接触防護措置を施した場所で垂直に施設する場合は 6 m 以下）
合成樹脂管	1.5 m 以下
金属ダクト バスダクト	3 m 以下（取扱者以外の者が出入りできない場所で垂直に施設する場合は 6 m 以下）
ライティングダクト	2 m 以下

8．金属管の接地工事

使用電圧 300 V 以下の場合……D 種接地工事

【D 種接地工事が省略できる場合】

❶ 管の長さが 4 m 以下のものを乾燥した場所に施設する場合

❷ 対地電圧が 150 V 以下で管の長さが 8 m 以下の場合

- 簡易接触防護措置を施す場合
- 乾燥した場所に施設する場合

9．爆発する等の危険な場所の工事

危険な場所	工事の種類
爆燃性粉じんの存在する場所	金属管工事 ケーブル工事
可燃性ガス等の存在する場所	
可燃性粉じんの存在する場所	金属管工事 ケーブル工事 合成樹脂管工事（CD 管を除く）
危険物を製造・貯蔵する場所	

Chapter 5

一般用電気工作物等の検査

電気計器

ポイント!

1．電気計器の種類・使用方法

◉電気計器

（1） 分類・記号

種　類	記　号	使用回路
永久磁石 可動コイル形		直　流
可動鉄片形		交　流
整流形		交　流
誘導形		交　流

（2） 置き方

目盛板の置き方	記　号
鉛直（垂直）	⊥
水　平	⊓

◉電圧計・電流計・電力計の接続

❶ 電圧計は測定する負荷と並列に，電流計は直列に接続する．

❷ 電力計は，電流コイルを負荷と直列に，電圧コイルを並列に接続する．

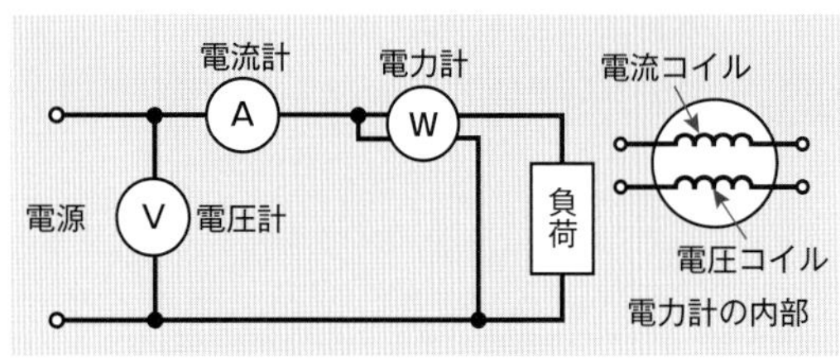

❸ 電圧計，電流計，電力計によって負荷の力率を求めることができる．

$$力率 = \frac{電力計の指示値〔W〕}{電圧計の指示値〔V〕\times 電流計の指示値〔A〕}$$

2．大きな交流電流の測定

◉変流器

電流計と組み合わせて，大きな交流電流を測定することができる．一次側に電流を流した状態で，二次側を開放してはならない．

一次側電流（負荷電流）　$I_1 = nI_2$〔A〕

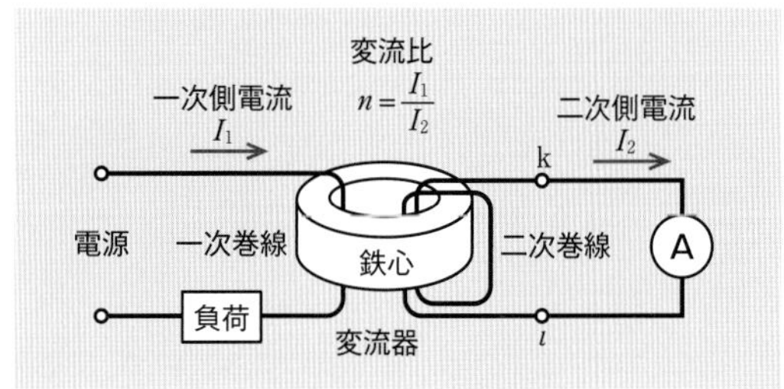

例題 1

図の交流回路は，負荷の電圧，電流，電力を測定する回路である．図中にａ，ｂ，ｃで示す計器の組合せとして，**正しいものは**.

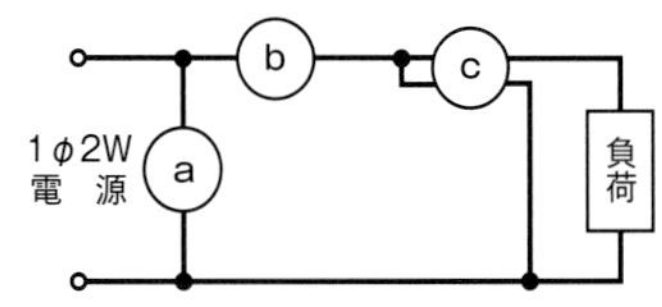

イ．a 電流計　b 電圧計　c 電力計
ロ．a 電力計　b 電流計　c 電圧計
ハ．a 電圧計　b 電力計　c 電流計
ニ．a 電圧計　b 電流計　c 電力計

解答・解説 ニ．a 電圧計 b 電流計 c 電力計

電圧計は負荷と並列に．電流計は負荷と直列に接続する．電力計は，電流コイルを負荷と直列に．電圧コイルを負荷と並列に接続する．

例題2

電気計器の目盛板に図のような記号があった．記号の意味として，**正しいものは**．

イ．永久磁石可動コイルで目盛板を水平に置いて使用する．
ロ．永久磁石可動コイル形で目盛板を鉛直に立てて使用する．
ハ．誘導形で目盛板を水平に置いて使用する．
ニ．可動鉄片形で目盛板を鉛直に立てて使用する．

解答・解説 ニ．

は，可動鉄片形を示し，は，目盛板を鉛直に立てて使用することを示す．

練習問題

	問題	選択肢
1	直動式指示電気計器の目盛板に図のような記号がある．記号の意味及び測定できる回路で，**正しいものは**． 	イ．永久磁石可動コイル形で目盛板を水平に置いて，直流回路で使用する． ロ．永久磁石可動コイル形で目盛板を水平に置いて，交流回路で使用する． ハ．可動鉄片形で目盛板を鉛直に立てて，直流回路で使用する． ニ．可動鉄片形で目盛板を水平に置いて，交流回路で使用する．
2	単相交流電源から負荷に至る回路において，電圧計，電流計，電力計の結線方法として，**正しいものは**．	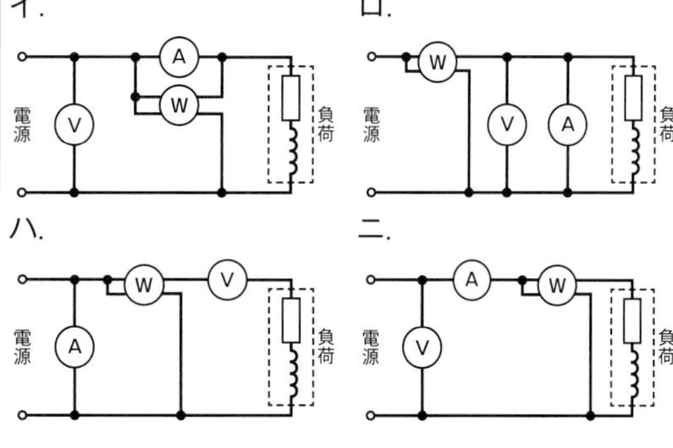
3	低圧屋内電路に接続されている単相負荷の力率を求める場合，必要な測定器の組合せとして，**正しいものは**．	イ．周波数計　電圧計　電力計 ロ．周波数計　電圧計　電流計 ハ．電圧計　電流計　電力計 ニ．周波数計　電流計　電力計

解答・解説

1．イ．

は，永久磁石可動コイル形の計器を示し，は目盛板を水平に置くことを示す．直流回路に使用する．

2．ニ．

電圧計は負荷と並列に，電流計は負荷と直列に接続する．電力計は，電流コイルを負荷と直列に，電圧コイルを負荷と並列に接続する．

3．ハ．

電圧 V〔V〕，電流 I〔A〕，電力 P〔W〕の値から力率 $\cos\theta$ を計算して求めることができる．

$$\cos\theta = \frac{VI}{P}$$

2 検査用測定器

◉**回路計**

回路計で，配線が正しく行われているかどうかを調べる導通試験や電圧を測定する．

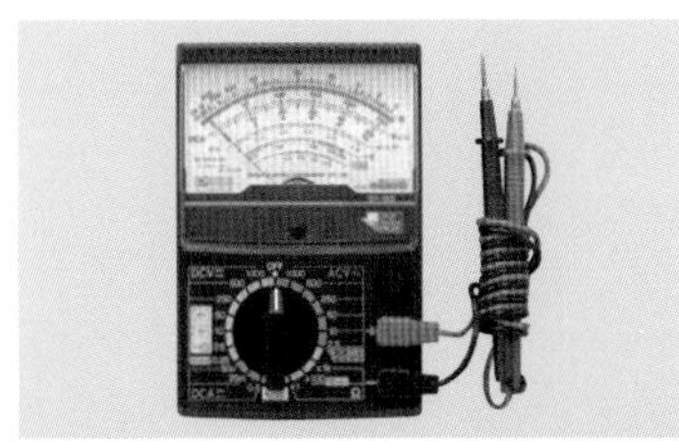

❶　電圧(直流，交流)，抵抗，直流電流を測定できる．

❷　電池を内蔵しているので，測定前に電池の容量が十分かを確かめる．

❸　抵抗を測定する場合の回路計の端子の出力電圧は，直流電圧である．

❹　電圧を測定する場合は，あらかじめ想定される値の直近上位のレンジを選定して使用する．

◉**絶縁抵抗計**

絶縁抵抗計で，配線や電気機器の絶縁抵抗測定を行う．

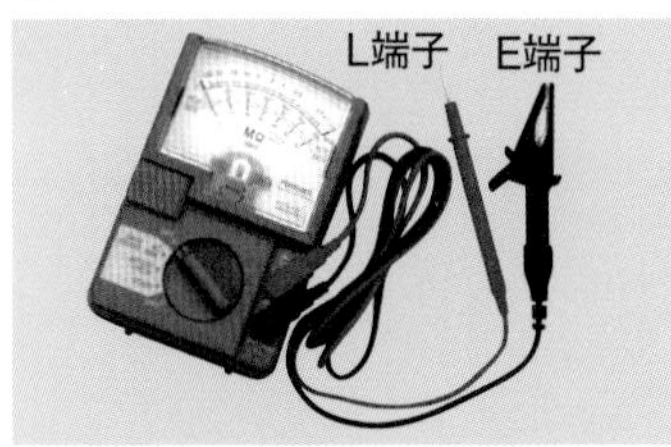

❶　測定前に，電池の容量が正常であることを確認する．

❷　出力電圧は直流である．

❸　測定前に，絶縁抵抗測定のレンジに切り換えて測定モードにし，接地端子E(アース)と線路端子L(ライン)を短絡し，零点を指示することを確認する．

❹　電子機器が接続された回路では，機器等を損傷させない適正な定格測定電圧を選定する．

◉**接地抵抗計**

接地抵抗計で，接地抵抗測定を行う．

❶　ディジタル形と指針形(アナログ形)がある．

❷　出力端子の電圧は，交流電圧である．

❸　測定前に，電池の容量が正常であることを確認する．

❹　測定前に，地電圧（被測定接地極と大地との電圧）が許容範囲であるかを確認する．地電圧が許容範囲を超えていると誤差が大きくなる．

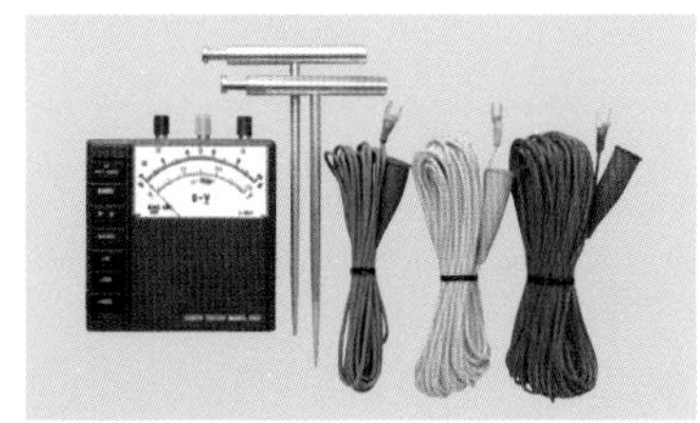

◉**検電器**

検電器で，電路の充電の有無や接地側・非接地側の極性の確認を行う．

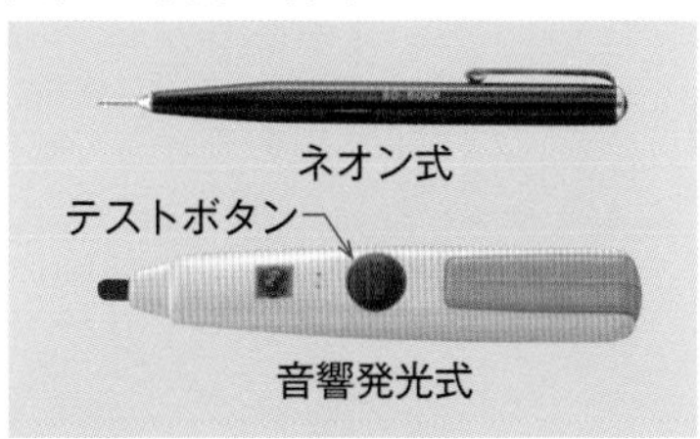

❶　音響発光式は，測定前にテストボタンで正常に動作することを確認する．

❷　検電器の握り部を持ち，検知部(先端部)を被検電部に接触させて充電の有無を確認する．

❸　電路の充電の有無，極性(接地側，非接地側)を調べることができる．

❹　電路の充電の有無を調べる場合，1相が充電されていないことが確認できた場合は，他の相についても充電の有無を確認する．

◉**クランプ形電流計**

測定したい電線をクランプに通して，電線に流れる交流電流を測定する．

◉クランプ形漏れ電流計

測定したい1回路全部の電線をクランプに通して，漏れ電流を測定する．

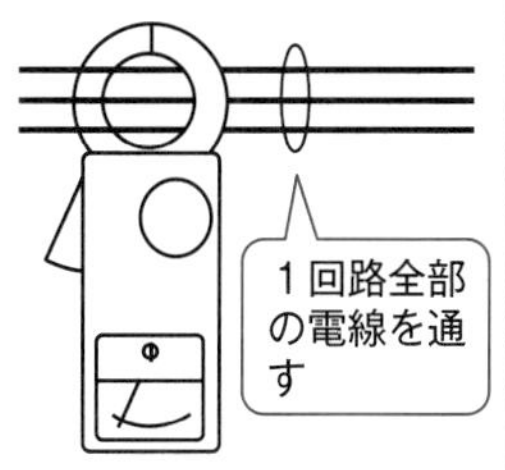

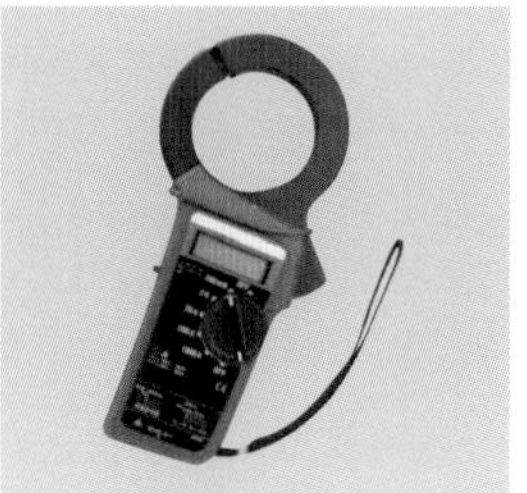

◉検相器

回転式

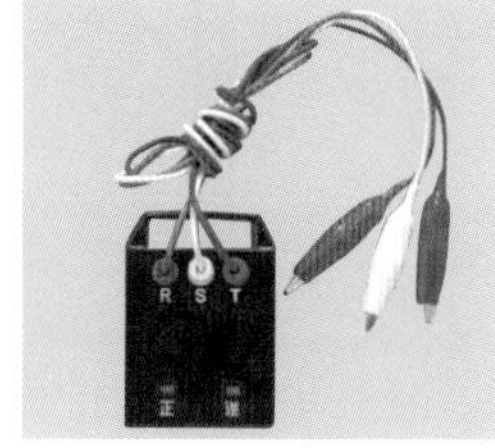

ランプ式

検相器は，三相交流回路の相順（R相，S相，T相）を検査するもので，回転式とランプ式がある．

◉照度計

照度計は，照度を測定する測定器である．

◉回転計

回転計は，電動機の回転速度を測定する測定器である．

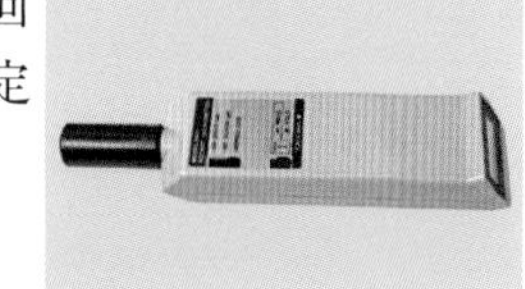

例　題

屋内配線の検査を行う場合，器具の使用方法で，**不適切なものは**.

イ．検電器で充電の有無を確認する．
ロ．接地抵抗計（アーステスタ）で接地抵抗を測定する．
ハ．回路計（テスタ）で電力量を測定する．
ニ．絶縁抵抗計（メガー）で絶縁抵抗を測定する．

解答・解説 ハ.

回路計（テスタ）で電力量を測定することはできない．電力量は，電力量計で測定する．

練習問題

1	低圧電路で使用する測定器とその用途の組合せとして，**誤っているものは**.	イ．絶縁抵抗計と絶縁不良箇所の確認 ロ．回路計（テスタ）と導通の確認 ハ．検相器と電動機の回転速度の測定 ニ．検電器と電路の充電の有無の確認
2	低圧回路を試験する場合の試験項目と測定器に関する記述として，**誤っているものは**.	イ．導通試験に回路計（テスタ）を使用する． ロ．絶縁抵抗測定に絶縁抵抗計を使用する． ハ．負荷電流の測定にクランプ形電流計を使用する． ニ．電動機の回転速度の測定に検相器を使用する．
3	ネオン式検電器を使用する目的は.	イ．ネオン放電灯の照度を測定する． ロ．ネオン管灯回路の導通を調べる． ハ．電路の漏れ電流を測定する． ニ．電路の充電の有無を確認する．

4	回路計(テスタ)に関する記述として，**正しいものは**.	イ．ディジタル式は電池を内蔵しているが，アナログ式は電池を必要としない． ロ．電路と大地間の抵抗測定を行った．その測定値は電路の絶縁抵抗値として使用してよい． ハ．交流又は直流電圧を測定する場合は，あらかじめ想定される値の直近上位のレンジを選定して使用する． ニ．抵抗を測定する場合の回路計の端子における出力電圧は交流電圧である．
5	絶縁抵抗計(電池内蔵)に関する記述として，**誤っているものは**.	イ．絶縁抵抗計には，ディジタル形と指針形(アナログ形)がある． ロ．絶縁抵抗測定の前には，絶縁抵抗計の電池容量が正常であることを確認する． ハ．絶縁抵抗計の定格測定電圧（出力電圧）は，交流電圧である． ニ．電子機器が接続された回路の絶縁測定を行う場合は，機器等を損傷させない適正な定格測定電圧を選定する．
6	接地抵抗計(電池式)に関する記述として，**誤っているものは**.	イ．接地抵抗測定の前には，接地抵抗計の電池容量が正常であることを確認する． ロ．接地抵抗測定の前には，端子間を開放して測定し，指示計の零点の調整をする． ハ．接地抵抗測定の前には，接地極の地電圧が許容値以下であることを確認する． ニ．接地抵抗測定の前には，補助極を適正な位置に配置することが必要である．
7	低圧検電器に関する記述として，**誤っているものは**.	イ．低圧交流電路の充電の有無を確認する場合，いずれかの1相が充電されていないことを確認できた場合は，他の相についての充電の有無を確認する必要がない． ロ．電池を内蔵する検電器を使用する場合は，チェック機構（テストボタン）によって機能が正常に働くことを確認する． ハ．低圧交流電路の充電の有無を確認する場合，検電器本体からの音響や発光により充電の確認ができる． ニ．検電の方法は，感電しないように注意して，検電器の握り部を持ち，検知部（先端部）を被検電部に接触させて充電の有無を確認する．
8	漏れ電流計(クランプ形)に関する記述として，**誤っているものは**.	イ．漏れ電流計（クランプ形）の方が一般的な負荷電流測定用のクランプ形電流計より感度が低い． ロ．接地線を開放することなく，漏れ電流を測定できる． ハ．漏れ電流専用のものとレンジ切換えで負荷電流も測定できるものもある． ニ．漏れ電流計には増幅回路が内蔵され，〔mA〕単位で測定できる．

9	単相3線式回路の漏れ電流の有無を，クランプ形漏れ電流計を用いて測定する場合の測定方法として，**正しいものは．** ただし，▨▨▨は中性線を示す．	イ．　ロ．　ハ．　ニ．
10	単相2線式100V回路の漏れ電流を，クランプ形漏れ電流計を用いて測定する場合の測定方法として，**正しいものは．** ただし，═══は接地線を示す．	イ．　ロ．　ハ．　ニ．

解答・解説

1．ハ．

検相器は，三相回路の相順(相回転)を調べるものである．

2．ニ．

電動機の回転速度は，回転計で測定する．

3．ニ．

ネオン式検電器は，電路の充電の有無を確認する目的で使用する．

4．ハ．

アナログ式も電池を必要とする．絶縁抵抗の測定は，使用電圧に近い直流電圧を加えて測定するので，回路計では絶縁抵抗を測定できない．抵抗を測定する場合の回路計の端子における出力電圧は直流電圧である．

5．ハ．

絶縁抵抗計の出力電圧は，直流電圧である．

6．ロ．

接地抵抗測定の前に，端子間を開放して測定し，指示計の零点を調整することはない．

7．イ．

低圧交流電路は，一相に必ずB種接地工事が施してあり，それを検電器の先端で接触しても反応がないので，充電の有無を確認したことにはならない．その場合は，他の相についても充電の有無を確認しなければならない．

8．イ．

漏れ電流計の方が一般的な負荷電流測定用のクランプ形電流計より感度が高く，〔mA〕の単位で測定することができる．

9．ニ．

クランプ形漏れ電流計を用いて，単相3線式回路の漏れ電流を測定するには，中性線を含めた3本の電線をクランプ部に通す．

10．イ．

単相2線式100V回路の漏れ電流を測定するには，接地線を除いた2本の電線をクランプ部に通す．

絶縁抵抗の測定・接地抵抗の測定等

1. 絶縁抵抗の測定

◉屋内配線の絶縁抵抗

開閉器又は過電流遮断器で区切るごとの電路で，次の絶縁抵抗値以上でなければならない．

電路の使用電圧の区分		絶縁抵抗値
300V 以下	対地電圧 150V 以下	0.1MΩ
	その他の場合	0.2MΩ
300V を超えるもの		0.4MΩ

絶縁抵抗測定が困難な場合は，漏えい電流を 1 mA 以下に保つこと．

◉測定方法

（1） 電路と大地間の絶縁抵抗

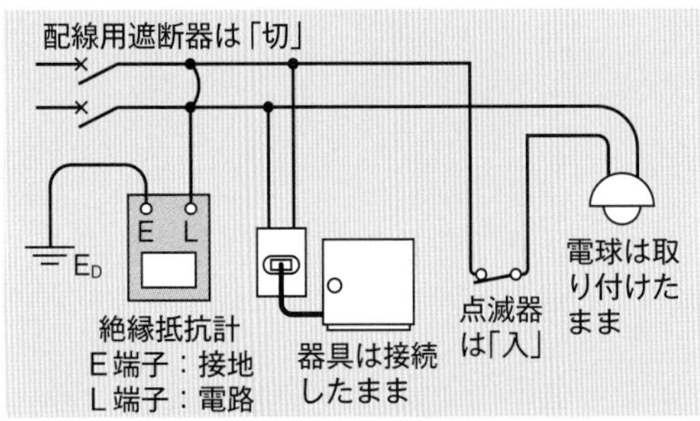

（2） 電線相互間の絶縁抵抗

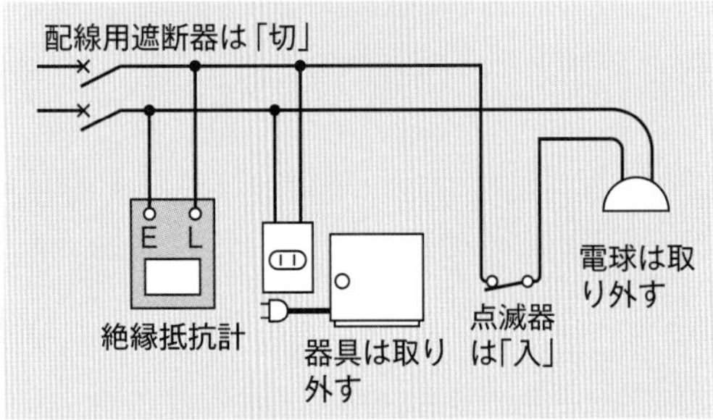

（3） 電気機器の絶縁抵抗

L端子を電気機器の電源端子に，E端子を鉄台や金属製外箱に接続して測定する．

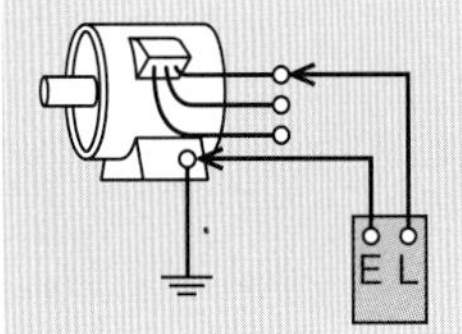

◉絶縁抵抗計の定格測定電圧

絶縁抵抗計の定格試験電圧には，125V，250V，500V などがある．

電子機器等を破損させないように，適正な電圧を加えて，絶縁抵抗測定を行わなければならない．

2. 接地抵抗の測定

◉一般的な測定方法

（1） 補助接地極の配置

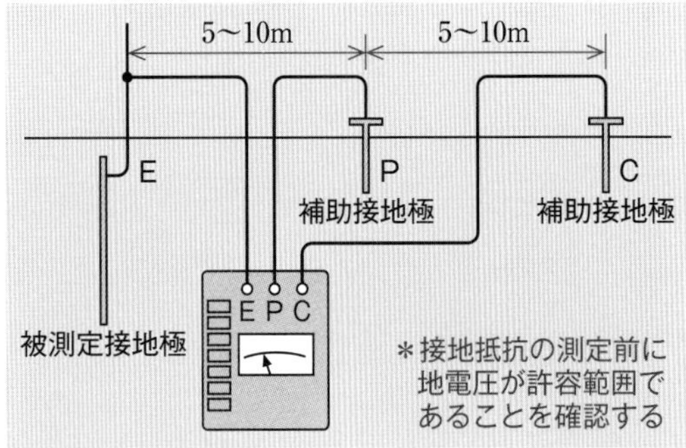

測定する接地極を端にして，ほぼ一直線に 5 ～ 10m 程度の間隔で補助接地極を配置する．

（2） 配線

E端子を測定する接地極に，P端子（電圧用）を中間の補助接地極に，C端子（電流用）を端の補助接地極に接続する．

3. 工事が完了したときの検査

検査項目	内　容
目視点検	施設状況を目視で点検する
絶縁抵抗測定	絶縁抵抗を測定する
接地抵抗測定	接地抵抗を測定する
導通試験	回路計を用いて，配線が断線したり短絡していないか，配線が正しく行われているかどうかを判別する
通電試験	回路に電圧を加えて，照明器具や電気機器が正常に動作するかを試験する

最初に，目視により配線図どおり電気設備が施工されているかを点検する．続いて，絶縁抵抗の測定，接地抵抗の測定を行う．その後，回路計を用いて，配線が正しく行われているかを調べる導通試験を行う．

最後に通電して，実際に照明器具や電気機器が正常に動作するかを確認する通電試験を行う．

例題 1

分岐開閉器を開放して負荷を電源から完全に分離し，その負荷側の低圧屋内電路と大地間の絶縁抵抗を一括測定する方法として，**適切なものは**.

イ．負荷側の点滅器をすべて「切」にして，常時配線に接続されている負荷は，使用状態にしたままで測定する．
ロ．負荷側の点滅器をすべて「入」にして，常時配線に接続されている負荷は，使用状態にしたままで測定する．
ハ．負荷側の点滅器をすべて「切」にして，常時配線に接続されている負荷は，すべて取り外して測定する．
ニ．負荷側の点滅器をすべて「入」にして，常時配線に接続されている負荷は，すべて取り外して測定する．

解答・解説 ロ.

低圧屋内電路と大地間の絶縁抵抗を一括測定する場合は，点滅器は「入」にして，常時配線に接続されている電球や器具類は接続したままにして測定する．

例題 2

直読式接地抵抗計（アーステスタ）を使用して直読で，接地抵抗を測定する場合，被測定接地極Eに対する，2つの補助接地極P（電圧用）及びC（電流用）の配置として，**最も適切なものは**.

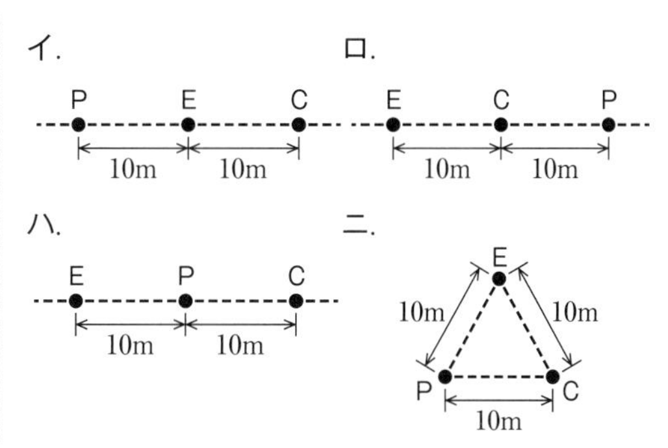

解答・解説 ハ.

補助接地極（2箇所）の配置は，被測定接地極Eを端とし，一直線上に補助接地極P及び補助接地極Cを順次5～10m程度の間隔をあけて配置する．

練習問題

	問題	選択肢
1	単相3線式100/200Vの屋内配線において，開閉器又は過電流遮断器で区切ることができる電路ごとの絶縁抵抗の最小値として，「電気設備に関する技術基準を定める省令」に規定されている値〔MΩ〕の組合せで，**正しいものは**.	イ．電路と大地間 0.2　電線相互間 0.4 ロ．電路と大地間 0.2　電線相互間 0.2 ハ．電路と大地間 0.1　電線相互間 0.1 ニ．電路と大地間 0.1　電線相互間 0.2
2	工場の200V三相誘導電動機（対地電圧200V）への配線の絶縁抵抗値〔MΩ〕及びこの電動機の鉄台の接地抵抗値〔Ω〕を測定した．電気設備技術基準等に適合する測定値の組合せとして，**適切なものは**. ただし，200V電路に施設された漏電遮断器の動作時間は0.5秒を超えるものとする.	イ．0.4MΩ　300Ω ロ．0.3MΩ　60Ω ハ．0.15MΩ　200Ω ニ．0.1MΩ　50Ω

3	低圧屋内配線の電路と大地間の絶縁抵抗を測定した.「電気設備に関する技術基準を定める省令」に**適合していないものは**.	イ．単相３線式 100/200V の使用電圧 200V 空調回路の絶縁抵抗を測定したところ 0.16MΩ であった. ロ．三相３線式の使用電圧 200V（対地電圧 200V）電動機回路の絶縁抵抗を測定したところ 0.18MΩ であった. ハ．単相２線式の使用電圧 100V 屋外庭園灯回路の絶縁抵抗を測定したところ 0.12MΩ であった. ニ．単相２線式の使用電圧 100V 屋内配線の絶縁抵抗を，分電盤で各回路を一括して測定したところ，1.5MΩ であったので個別分岐回路の測定を省略した.
4	使用電圧が低圧の電路において，絶縁抵抗測定が困難であったため，使用電圧が加わった状態で漏えい電流により絶縁性能を確認した. 「電気設備の技術基準の解釈」に定める，絶縁性能を有していると判断できる漏えい電流の最大値〔mA〕は.	イ．0.1　ロ．0.2　ハ．1　ニ．2
5	絶縁抵抗計を用いて，低圧三相誘導電動機と大地間の絶縁抵抗を測定する方法として，**適切なものは**. ただし，絶縁抵抗計のＬは線路端子(ライン)，Ｅは接地端子(アース)を示す.	イ． 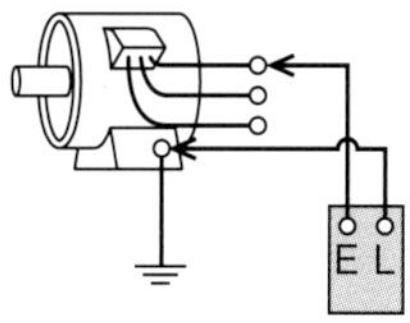　ロ． 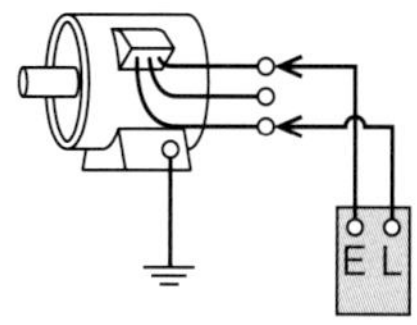　ハ． 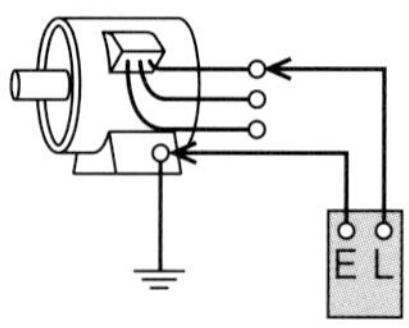　ニ． 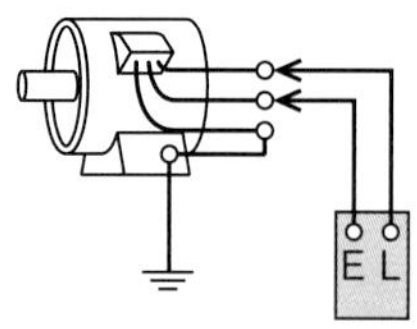 E L　E L　E L　E L
6	直読式接地抵抗計(アーステスタ)を使用して直読で接地抵抗を測定する場合，補助接地極(２箇所)の配置として，**適切なものは**.	イ．被測定接地極を中央にして，左右一直線上に補助接地極を 10m 程度離して配置する. ロ．被測定接地極を端とし，一直線上に２箇所の補助接地極を順次 10m 程度離して配置する. ハ．被測定接地極を端とし，一直線上に２箇所の補助接地極を順次１m 程度離して配置する. ニ．被測定接地極と２箇所の補助接地極を相互に５m 程度離して正三角形に配置する.
7	導通試験の目的として，**誤っているものは**.	イ．電路の充電の有無を確認する. ロ．器具への結線の未接続を発見する. ハ．電線の断線を発見する. ニ．回路の接続の正誤を判別する.
8	一般用電気工作物の低圧屋内配線工事が完了したときの検査で，一般に**行われていないものは**.	イ．絶縁耐力試験 ロ．絶縁抵抗の測定 ハ．接地抵抗の測定 ニ．目視点検

9	一般用電気工作物の竣工(新増設)検査に関する記述として，**誤っているものは**．	イ．検査は点検，通電試験（試送電），測定及び検査の順に実施する． ロ．点検は目視により配線設備や電気機械器具の施工状態が「電気設備に関する技術基準を定める省令」などに適合しているか確認する． ハ．導通試験（試送電）は，配線や機器について，通電後正常に使用できるかどうか確認する． ニ．測定及び試験では，絶縁抵抗計，接地抵抗計，回路計などを利用し，「電気設備に関する技術基準を定める省令」などに適合していることをか確認する．

解答・解説

1．ハ．

使用電圧が300V以下で，対地電圧が150V以下に該当するので，電路と大地間及び電線相互間の絶縁抵抗値は0.1MΩ以上である．

2．ロ．0.3MΩ　60Ω

使用電圧が300V以下で，対地電圧が150Vを超えるので，絶縁抵抗値は0.2MΩ以上である．接地工事はD種接地工事であり，漏電遮断器の動作時間が0.5秒を超えるので，接地抵抗値は100Ω以下になる．

3．ロ．

三相3線式200V 回路は，対地電圧が150Vを超えるので，絶縁抵抗値は0.2MΩ以上でなければならない．

4．ハ．1

「電気設備の技術基準の解釈」に定める，絶縁性能を有していると判断できる漏えい電流は1mA以下である．

5．ハ．

絶縁抵抗計のL端子は電源線に，Eは鉄台に接続する．

6．ロ．

被測定接地極を端とし，一直線上に2箇所の補助接地極を順次10m程度離して配置する．

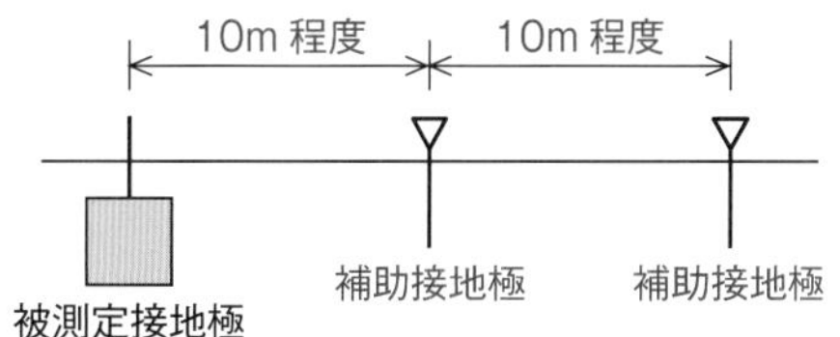

7．イ．

導通試験の目的は，回路計を使用して，電路に通電しない状態で，配線が正しく行われているかを試験するものである．

8．イ．

一般用電気工作物の低圧屋内配線工事が完了したときは，絶縁耐力試験は行わない．絶縁耐力試験は，高圧受電設備がある場合に行う試験である．

9．イ．

通電試験(試送電)は，点検，測定及び検査よって配線に誤り等がないことを確認した後に実施する．

4 鑑別

ポイント!

◉測定器

1 絶縁抵抗計	2 接地抵抗計	3 回路計
絶縁抵抗を測定するのに用いる.	接地抵抗を測定するのに用いる.	回路の電圧や導通状態を調べるのに用いる.
4 クランプ形電流計	**5 クランプ形漏れ電流計**	**6 検相器(回転式)**
電線に流れる交流電流を測定する.	配線や電気機器による漏れ電流を測定する.	三相回路の相順を調べるのに用いる. 回転方向で表示する.
7 検相器(ランプ式)	**8 検電器**	**9 照度計**
三相回路の相順を調べるのに用いる. ランプで表示する.	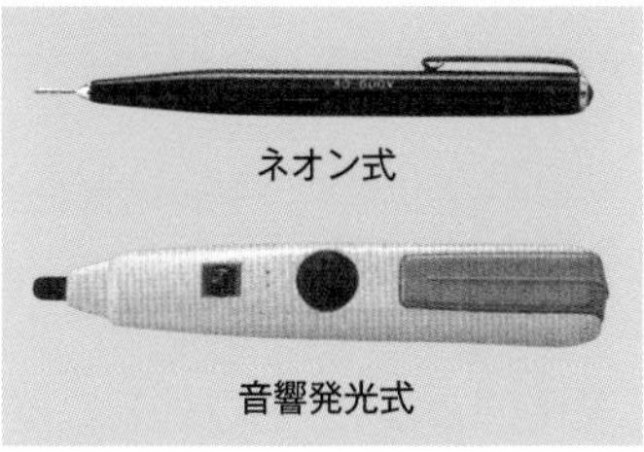 ネオン式 音響発光式 低圧電路の充電の有無を調べるのに用いる.	照度の測定に用いる.
10 回転計	**11 電力量計**	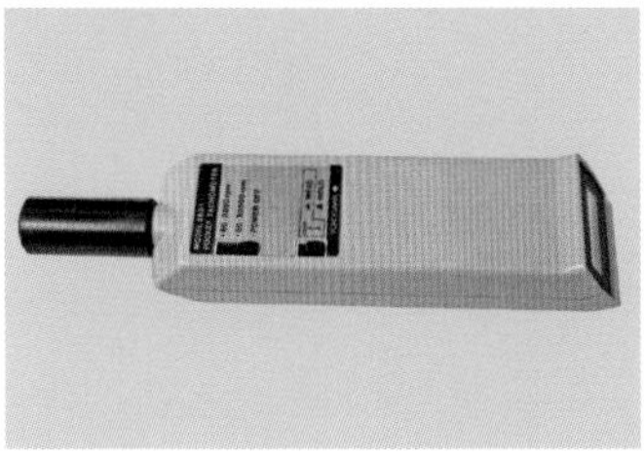
電動機の回転速度の測定に用いる.	電力量を測定するのに用いる.	

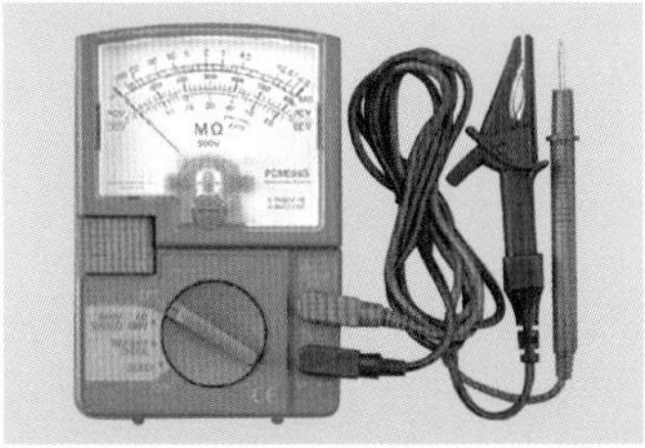

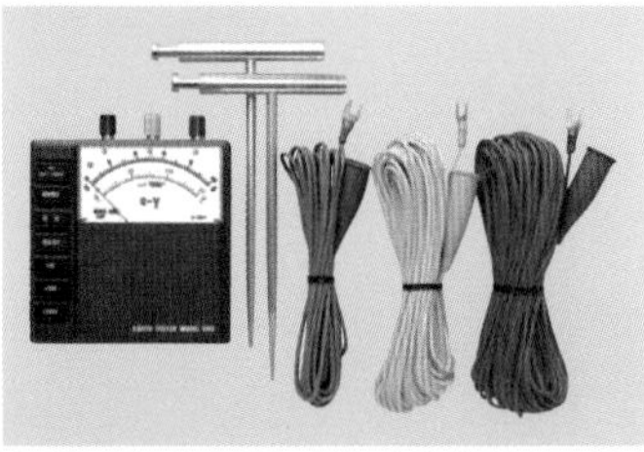

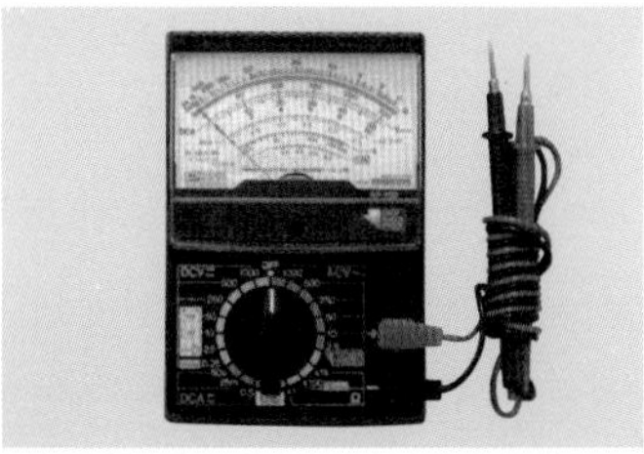

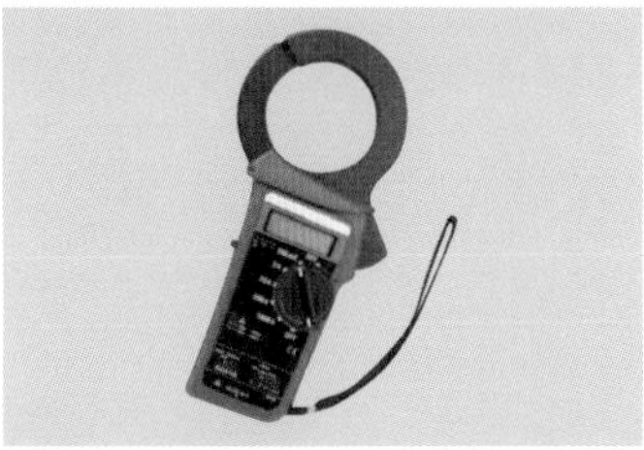

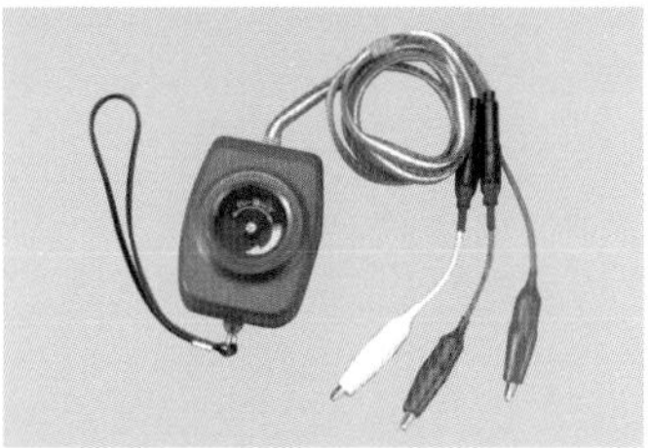

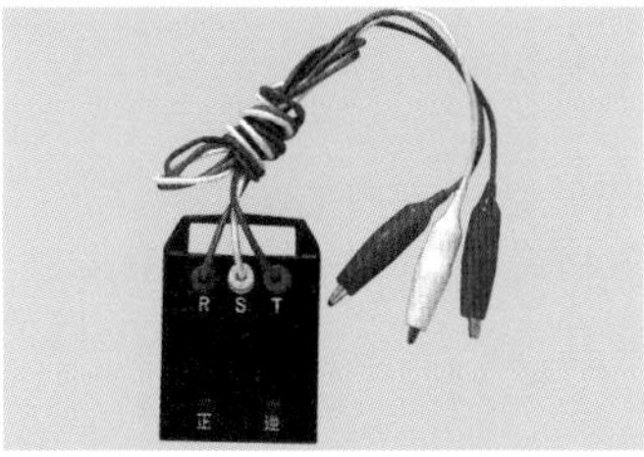

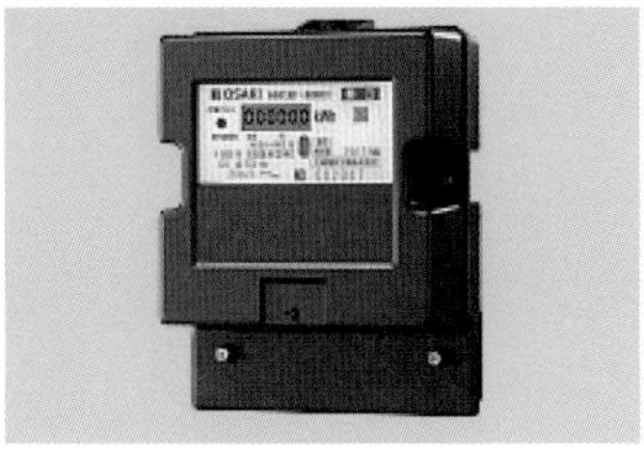

練習問題

	問題	選択肢
1	写真に示す器具の用途は. 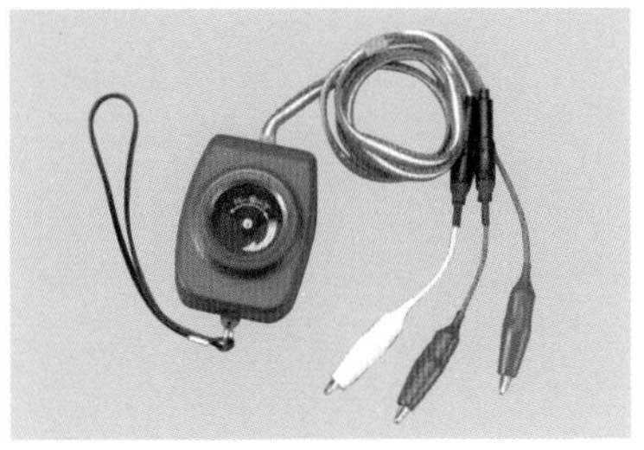	イ. 三相回路の相順を調べるのに用いる. ロ. 三相回路の電圧の測定に用いる. ハ. 三相電動機の回転速度の測定に用いる. ニ. 三相電動機の軸受けの温度の測定に用いる.
2	写真に示す測定器の名称は. 	イ. 周波数計 ロ. 検相器 ハ. 照度計 ニ. クランプ形電流計
3	写真に示す測定器の名称は. 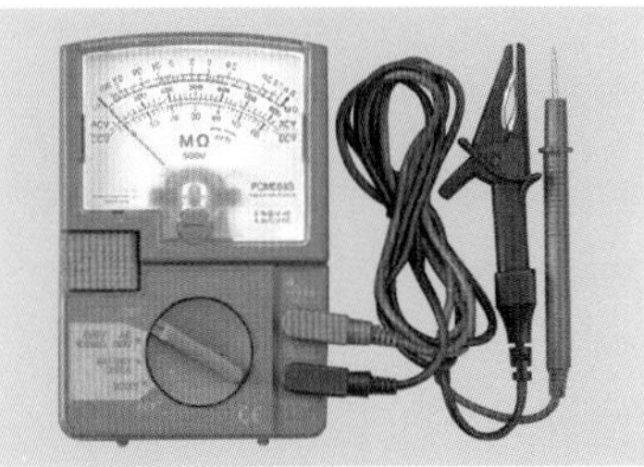	イ. 接地抵抗計 ロ. 漏れ電流計 ハ. 絶縁抵抗計 ニ. 検相器
4	写真に示す測定器の用途は. 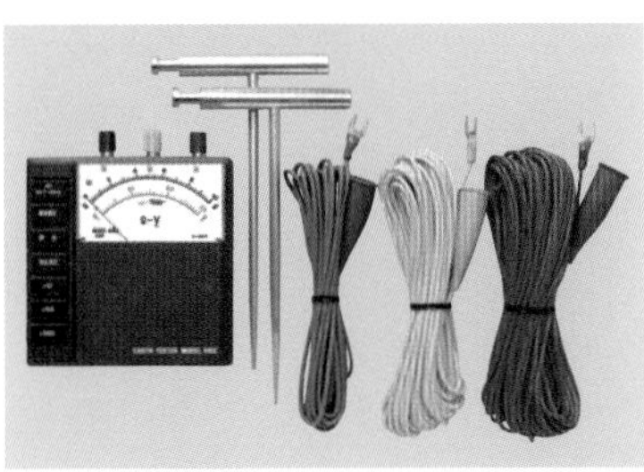	イ. 接地抵抗の測定に用いる. ロ. 絶縁抵抗の測定に用いる. ハ. 電気回路の電圧の測定に用いる. ニ. 周波数の測定に用いる.

解答・解説

1. イ.

三相回路の相順を調べる検相器である.

2. ハ.

照度を測定するのに用いる.

3. ハ.

絶縁抵抗を測定するのに用いる.

4. イ.

接地抵抗計である.

[Chapter 5] 一般用電気工作物等の検査の要点整理

1．電気計器

（1） 分類・記号

種　類	記　号	使用回路
永久磁石 可動コイル形		直　流
可動鉄片形		交　流
整流形		交　流
誘導形		交　流

（2） 置き方

目盛板の置き方	記　号
鉛直（垂直）	
水　平	

（3） 電圧計・電流計・電力計の接続

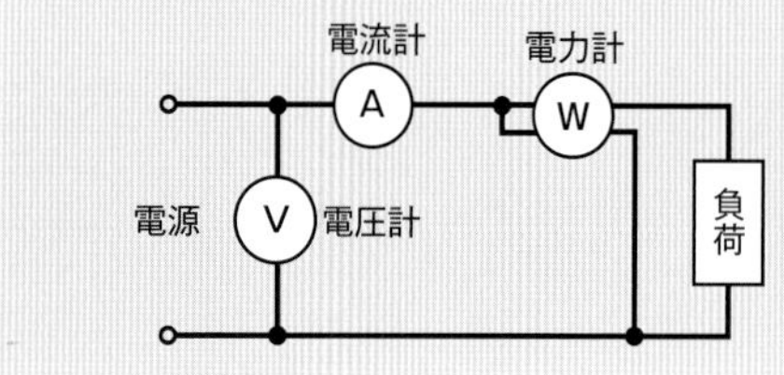

2．検査用測定器

（1） 測定器の用途

回路計	電圧・抵抗の測定，導通試験
絶縁抵抗計	絶縁抵抗の測定
接地抵抗計	接地抵抗の測定
検電器	充電の有無，極性の確認
クランプ形 漏れ電流計	漏れ電流の測定
検相器	三相交流回路の相順の検査
回転計	電動機の回転速度の測定

（2） クランプ形計器

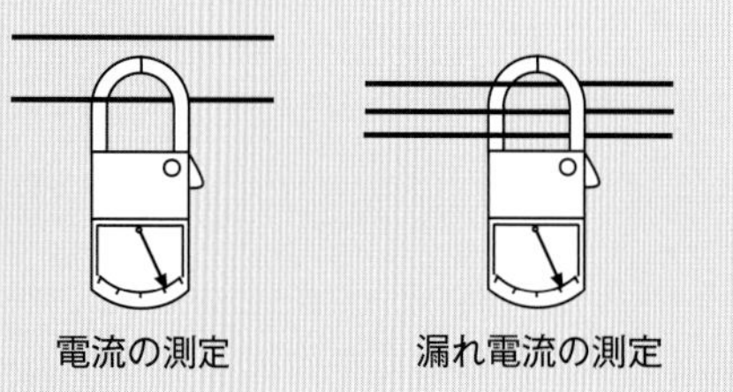

3．絶縁抵抗の測定

（1） 屋内配線の絶縁抵抗

電路の使用電圧の区分		絶縁抵抗値
300V 以下	対地電圧 150V 以下	0.1MΩ 以上
	その他の場合	0.2MΩ 以上
300V を超えるもの		0.4MΩ 以上

絶縁抵抗測定が困難な場合は，漏えい電流を 1 mA 以下に保つこと．

（2） 電路と大地間の絶縁抵抗の測定方法

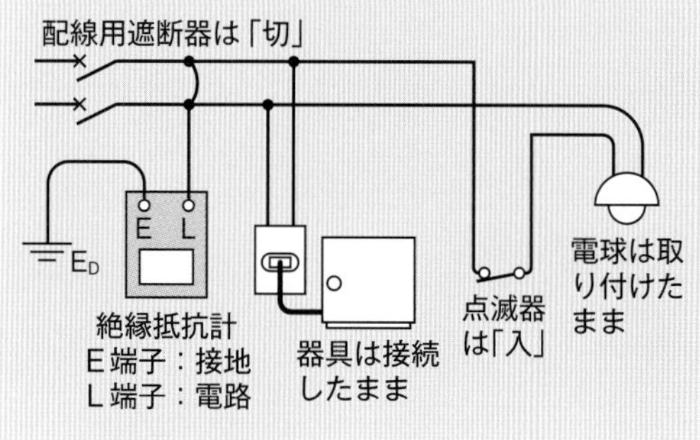

4．接地抵抗の測定

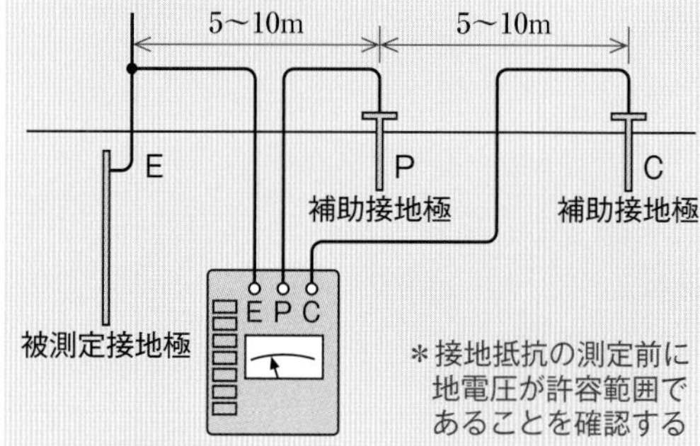

5．工事が完成したときの検査

検査項目	内　　容
目視点検	施設状況を目視で点検する
絶縁抵抗測定	絶縁抵抗を測定する
接地抵抗測定	接地抵抗を測定する
導通試験	回路計を用いて，配線が断線したり短絡していないか，配線が正しく行われているかどうかを判別する
通電試験	回路に電圧を加えて，照明器具や電気機器が正常に動作するかを試験する

Chapter 6

保安に関する法令

電気事業法等

ポイント！

1．電気事業法

◉電気事業法の目的

電気事業の運営を適正かつ合理的ならしめることによって，電気の使用者の利益を保護し，及び電気事業の健全な発達を図るとともに，電気工作物の工事，維持及び運用を規制することによって，公共の安全を確保し，及び環境の保全を図ることを目的とする．

◉電気工作物の種類

電気工作物は，次のように分類される．

電気工作物
- 事業用電気工作物
  - 電気事業（一定規模以下の発電事業を除く）の用に供する電気工作物
  - 自家用電気工作物
    - 小規模事業用電気工作物
    - 小規模事業用電気工作物以外の電気工作物
- 一般用電気工作物

（1） 一般用電気工作物

次に掲げる電気工作物で，低圧受電電線路以外の電線路により構内以外の電気工作物と接続されていないもの．

ただし，小規模発電設備以外の発電設備を同一構内に設置するもの，爆発性若しくは引火性のものが存在する場所に設置するものを除く．

小規模発電設備（600 V 以下）	出力
太陽電池発電設備	50 kW 未満
水力発電設備	20 kW 未満
風力発電設備	
内燃力発電設備	10 kW 未満
燃料電池発電設備	
スターリングエンジン発電設備	
発電設備の出力の合計	50 kW 未満

❶ 低圧で受電して，電気を使用するための電気工作物

❷ 小規模発電設備であって，次に該当するもの

太陽電池発電設備	10 kW 未満
水力発電設備	20 kW 未満
内燃力発電設備	10 kW 未満
燃料電池発電設備	
スターリングエンジン発電設備	

（2） 小規模事業用電気工作物

次の小規模発電設備であって，低圧受電電線路以外の電線路により構内以外の電気工作物と接続されていないもの．

ただし，小規模発電設備以外の発電設備を同一構内に設置するもの，爆発性若しくは引火性のものが存在する場所に設置するものを除く．

太陽電池発電設備	10 kW 以上 50 kW 未満
風力発電設備	20 kW 未満

（3） 自家用電気工作物（小規模事業用電気工作物を除く）

次に該当するのものは，自家用電気工作物（小規模事業用電気工作物を除く）になる．

❶ 600 V を超える電圧で受電するもの

❷ 小規模発電設備以外の発電設備を同一構内に設置しているもの

❸ 低圧受電電線路以外の電線路により構内以外の電気工作物と接続されいるもの

❹ 火薬類製造所，石炭坑に設置するもの

◉一般用電気工作物の調査

電線路維持運用者（一般用電気工作物と直接に電気的に接続する電線路を維持し，及び運用する者）は，その一般用電気工作物が「電気設備に関する技術基準を定める省令」に適合してるかを，次により調査しなければならない．

- 設置されたとき又は変更の工事が完成したとき
- 定期調査（原則として 4 年に 1 回以上）

◉小規模事業用電気工作物設置者の義務

安全を確保するために，次の義務が課せられる．

- 電気工作物が技術基準に適合した状態を維持する
- 所有者や設備等の基礎情報を届出をする
- 使用前に自己確認をし，その結果の届出をする

2．電気設備技術基準

◉電圧の種別

電圧は，次の３種類に区分される．

電圧の種別	直　流	交　流
低　　圧	750 V 以下	600 V 以下
高　　圧	750 V を超え 7 000 V 以下	600 V を超え 7 000 V 以下
特別高圧	7 000 V を超える	

◉小勢力回路

使用電圧が 60V 以下の配線で，次に該当するものを小勢力回路という．

❶　最大使用電流

最大使用電圧	最大使用電流
15 V 以下	5 A 以下
15 V を超え 30 V 以下	3 A 以下
30 V を超える	1.5 A 以下

❷　対地電圧が 300 V 以下の電路と絶縁変圧器で結合されている．

例　題

電気を使用するための電気工作物で，一般用電気工作物の適用を**受けるものは**.

ただし，発電設備は電圧 600V 以下で，同一構内に設置するものとする．

イ．低圧受電で，受電電力の容量が 40 kW，出力 15 kW の非常用内燃力発電設備を備えた映画館

ロ．高圧受電で，受電電力の容量が 55 kW の機械工場

ハ．低圧受電で，受電電力の容量が 40 kW，出力 5 kW の太陽電池発電設備を備えた幼稚園

ニ．高圧受電で，受電電力の容量が 55 kW のコンビニエンスストア

解答・解説 ハ.

高圧で受電するものは，すべて自家用電気工作物の適用を受ける．

10kW 以上の内燃力発電設備は，小規模発電設備に該当しないので，自家用電気工作物の適用をうける．

練習問題

	問題	選択肢
1	電気を使用するための電気工作物で，一般用電気工作物の適用を**受けるものは**. ただし，発電設備は電圧 600 V 以下で，１構内に設置するものとする．	イ．低圧受電で，受電電力 30 kW，出力 40 kW の太陽電池発電設備と電気的に接続した出力 15 kW の風力発電設備を備えた農園 ロ．低圧受電で，受電電力 30 kW，出力 20 kW の非常用内燃力発電設備を備えた映画館 ハ．低圧受電で，受電電力 30 kW，出力 30 kW の太陽電池発電設備を備えた幼稚園 ニ．高圧受電で，受電電力 50 kW の機械工場

2	電気を使用するための電気工作物で，一般用電気工作物に関する記述として，**正しいものは**. ただし，発電設備は電圧 600 V 以下とする.	イ．低圧で受電するものは，出力 55 kW の太陽電池発電設備を同一構内に施設しても，一般用電気工作物となる. ロ．低圧で受電するものは，小規模発電設備を同一構内に施設しても，一般用電気工作物となる. ハ．高圧で受電するものであっても，需要場所の業種によっては，一般用電気工作物になる場合がある. ニ．高圧で受電するものは，受電電力の容量，需要場所の業種にかかわらず，すべて一般用電気工作物となる.
3	電気を使用するための電気工作物で，一般用電気工作物に関する記述として，**誤っているものは**.	イ．低圧で受電するもので，出力 60 kW の太陽電池発電設備を同一構内に施設するものは，一般用電気工作物となる. ロ．低圧で受電するものは，小規模発電設備を同一構内に施設しても一般用電気工作物となる. ハ．低圧で受電するものであっても，火薬類を製造する事業場など，設置する場所によっては一般用電気工作物とならない. ニ．高圧で受電するものは，受電電力の容量 , 需要場所の業種にかかわらず，一般用電気工作物とならない.
4	電気事業法において，一般用電気工作物が設置されたとき及び変更の工事が完成したときに，その一般用電気工作物が同法の省令で定める技術基準に適合しているかどうかの調査義務が課せられている者は.	イ．電気工事業者 ロ．電線路維持運用者 ハ．電気供給者 ニ．電気工事士
5	「電気設備に関する技術基準を定める省令」において，次の空欄(A)及び(B)の組合せとして，**正しいものは**. 電圧の種別が低圧となるのは，電圧が直流にあっては (A) ，交流にあっては (B) のものである.	イ．(A) 600 V 以下 (B) 650 V 以下 ロ．(A) 650 V 以下 (B) 750 V 以下 ハ．(A) 750 V 以下 (B) 600 V 以下 ニ．(A) 750 V 以下 (B) 650 V 以下
6	電気設備技術基準の解釈による小勢力回路の最大使用電圧〔V〕は.	イ．40 ロ．50 ハ．60 ニ．70

解答・解説

1．ハ．

イは低圧受電であるが，出力 40 kW の太陽電池発電設備と出力 15 kW の非常用内燃力発電設備を合計すると 55 kW になり，小規模発電設備に該当しない発電設備を有しているので，一般用電気工作物の適用を受けない．

ロは低圧受電であるが，小規模発電設備に該当しない出力 20 kW の非常用内燃力発電設備を備えているので，自家用電気工作物の適用を受ける．

ニは，高圧受電なので，自家用電気工作物の適用を受ける．

2．ロ．

低圧で受電するものであっても，小規模発電設備以外の発電設備を同一構内に施設するものは，一般用電気工作物にならないので，イは誤りである．

受電電圧が高圧であれば，受電電力の容量，需要場所の業種にかかわらず，すべて自家用電気工作物となるので，ハ，ニは誤りである．

3．イ．

低圧で受電するものであっても，小規模発電設備以外の発電設備を同一構内に施設するものは，一般用電気工作物にならないので，イは誤りである．

低圧で受電するものは，小規模発電設備を同一構内に施設しても，一般用電気工作物になる．

低圧で受電するものであっても，火薬類を製造する事業場や石炭坑に設置するものは，一般用電気工作物とならない．

高圧で受電するものは，受電電力の容量，需要場所の業種にかかわらず，すべて自家用電気工作物となる．

4．ロ．電線路維持運用者

一般用電気工作物の調査は，電線路維持運用者（一般用電気工作物と直接に電気的に接続する電線路を維持し，及び運用する者）が行わなければならない．

5．ハ．

電圧の種別が低圧になるのは，直流にあっては 750 V 以下，交流にあっては 600 V 以下のものである．

6．ハ．60

電気設備技術基準の解釈第 181 条（小勢力回路の施設）により，最大使用電圧が 60 V 以下のものと定義されている．

2 電気工事士法

ポイント！

◉目　的

電気工事の作業に従事する者の資格及び義務を定め，もって電気工事の欠陥による災害の発生の防止に寄与することを目的とする．

◉電気工事士等の資格と作業範囲

電気工作物＼資格	一般用電気工作物等	自家用電気工作物（最大電力 500 kW 未満の需要設備）	簡易電気工事	特殊電気工事
第二種電気工事士	○			
第一種電気工事士	○	○	○	
認定電気工事従事者			○	
特種電気工事資格者				○

一般用電気工作物等：一般用電気工作物及び小規模事業用電気工作物

簡易電気工事：自家用電気工作物（最大電力 500 kW 未満の需要設備）の電気工事のうち，600 V 以下の電気工事（電線路に係るものを除く）

特殊電気工事：自家用電気工作物（最大電力 500 kW 未満の需要設備）の電気工事のうち，ネオン工事，非常用予備発電装置工事

◉電気工事士等の義務

❶ 電気設備技術基準に適合するように作業しなければならない．

❷ 電気工事の作業に従事するときは，電気工事士免状等を携帯していなければならない．

❸ 都道府県知事から電気工事の内容等について報告を求められた場合には，報告しなければならない．

◉免状等の返納命令

電気工事士等の義務や電気工事士法に違反すると，都道府県知事から免状の返納命令が出される．

◉電気工事士免状の交付，再交付，書き換え

❶ 免状は，都道府県知事が交付する．

❷ 免状を汚したり，破ったり，紛失したときには，免状を交付した都道府県知事に再交付を申請することができる（紛失したものを発見したら，都道府県知事に提出する）．

❸ 免状の記載事項に変更を生じたときは，免状を交付した都道府県知事に書き換えを申請しなければならない．

【記載事項】

- 免状の種類
- 免状の交付番号及び交付年月日
- 氏名及び生年月日

◉電気工事士でなくてもできる軽微な工事

❶ 600 V 以下で使用する差込み接続器，ローゼット，ナイフスイッチ等の開閉器にコード又はキャブタイヤケーブルを接続する工事

❷ 600 V 以下で使用する電気機器（配線器具を除く）又は蓄電池の端子に電線をねじ止めする工事

❸ 600 V 以下で使用する電力量計若しくは電流制限器またはヒューズを取り付け，又は取り外す工事

❹ 電鈴，インターホン，火災感知器等に使用する小型変圧器（二次電圧が 36 V 以下のものに限る）の二次側の配線工事

❺ 電線を支持する柱，腕木等を設置したり変更する工事

❻ 地中電線用の暗渠（あんきょ）または管を設置したり変更する工事

◉電気工事士でなくてもできる軽微な作業

❶ 露出型点滅器や露出型コンセントを取り換える作業

❷ 金属製以外のボックス，防護装置を取り付け取り外す作業

❸ 600 V 以下で使用する電気機器に接地線を取り付け取り外す作業

❹ 600 V 以下で使用する電気機器に電線を接続する作業

◉電気工事士でなければできない作業

一般用電気工作物等の電気工事で，電気工事士でなければできない作業は，次のとおりである．

❶ 電線相互を接続する作業
❷ がいしに電線を取り付け，又はこれを取り外す作業
❸ 電線を直接造営材その他の物件（がいしを除く）に取り付け，又はこれを取り外す作業
❹ 電線管，線ぴ，ダクトその他これらに類する物に電線を収める作業
❺ 配線器具を造営材その他の物件に取り付け，若しくはこれを取り外し，又はこれに電線を接続する作業（**露出型点滅器又は露出型コンセントを取り換える作業を除く**）
❻ 電線管を曲げ，若しくはねじ切りし，又は電線管相互若しくは電線管とボックスその他の附属品とを接続する作業
❼ **金属製のボックス**を造営材その他の物件に取り付け，又はこれを取り外す作業
❽ 電線，電線管，線ぴ，ダクトその他これらに類する物が造営材を貫通する部分に**金属製の防護装置**を取り付け，又はこれを取り外す作業
❾ 金属製の電線管，線ぴ，ダクトその他これらに類する物又はこれらの附属品を，建造物のメタルラス張り，ワイヤラス張り又は金属板張りの部分に取り付け，又はこれらを取り外す作業
❿ 配電盤を造営材に取り付け，又はこれを取り外す作業
⓫ 接地線を一般用電気工作物等（**電圧600 V以下で使用する電気機器を除く**）に取り付け，若しくはこれを取り外し，接地線相互若しくは接地線と接地極とを接続し，又は接地極を地面に埋設する作業
⓬ **電圧600 Vを超えて**使用する電気機器に電線を接続する作業

例　題

「電気工事士法」において，第二種電気工事士免状の交付を受けている者であっても**従事できない**電気工事の作業は．

イ．自家用電気工作物（最大電力500 kW未満の需要設備）の地中電線用の管を設置する作業
ロ．自家用電気工作物（最大電力500 kW未満の需要設備）の低圧部分の電線相互を接続する作業
ハ．一般用電気工作物の接地工事の作業
ニ．一般用電気工作物のネオン工事の作業

解答・解説 ロ．

ロは簡易電気工事に該当するので，第二種電気工事免状だけでは従事できない．

練習問題

	問題	選択肢
1	「電気工事士法」の主な目的は．	イ．電気工事に従事する主任電気工事士の資格を定める． ロ．電気工作物の保安調査の義務を明らかにする． ハ．電気工事士の身分を明らかにする． ニ．電気工事の欠陥による災害発生の防止に寄与する．
2	「電気工事士法」において，第二種電気工事士免状の交付を受けている者であっても**できない工事は**．	イ．一般用電気工作物の接地工事 ロ．一般用電気工作物のネオン工事 ハ．自家用電気工作物（最大電力500 kW未満の需要設備）の非常用予備発電装置の工事 ニ．自家用電気工作物（最大電力500 kW未満の需要設備）の地中電線用の管の設置工事

3	電気工事士の義務又は制限に関する記述として，**誤っているものは**.	イ．電気工事士は，都道府県知事から電気工事の業務に関して報告するよう求められた場合には，報告しなければならない. ロ．電気工事士は，「電気工事士法」で定められた電気工事の作業に従事するときは，電気工事士免状を事務所に保管していなければならない. ハ．電気工事士は，「電気工事士法」で定められた電気工事の作業に従事するときは，「電気設備に関する技術基準を定める省令」に適合するよう作業を行わなければならない. ニ．電気工事士は，氏名を変更したときは，免状を交付した都道府県知事に申請して免状の書換えをしてもらわなければならない.
4	電気工事士の義務又は制限に関する記述として，**誤っているものは**.	イ．電気工事士は，電気工事士法で定められた電気工事の作業に従事するときは，電気工事士免状を携帯していなければならない. ロ．電気工事士は，氏名を変更したときは，免状を交付した都道府県知事に申請して免状の書換えをしてもらわなければならない. ハ．第二種電気工事士のみの免状で，需要設備の最大電力が500 kW 未満の自家用電気工作物の低圧部分の電気工事のすべての作業に従事することができる. ニ．電気工事士は，電気工事士法で定められた電気工事の作業を行うときは，電気設備に関する技術基準を定める省令に適合するよう作業を行わなければならない.
5	「電気工事士法」において，一般用電気工作物の工事又は作業で電気工事士でなければ**従事できないものは**.	イ．インターホーンの施設に使用する小型変圧器(二次電圧が36 V 以下)の二次側の配線をする. ロ．電線を支持する柱，腕木を設置する. ハ．電圧600 V 以下で使用する電力量計を取り付ける. ニ．電線管とボックスを接続する.
6	「電気工事士法」において，一般用電気工作物の工事又は作業でａ，ｂともに電気工事士でなければ**従事できないものは**.	イ．ａ：電線が造営材を貫通する部分に金属製の防護装置を取り付ける. ｂ：電圧200 V で使用する電力量計を取り外す. ロ．ａ：電線管相互を接続する. ｂ：接地極を地面に埋設する. ハ．ａ：地中電線用の管を設置する. ｂ：配電盤を造営材に取り付ける. ニ．ａ：電線を支持する柱を設置する. ｂ：電圧100 V で使用する蓄電池の端子に電線をねじ止めする.

7	「電気工事士法」において，一般用電気工作物に係る工事の作業でａ，ｂともに電気工事士でなければ**従事できないものは**.	イ．ａ：配電盤を造営材に取り付ける. ｂ：電線管に電線を収める. ロ．ａ：地中電線用の管を設置する. ｂ：定格電圧 100 V の電力量計を取り付ける. ハ．ａ：電線を支持する柱を設置する. ｂ：電線管を曲げる. ニ．ａ：接地極を地面に埋設する. ｂ：定格電圧 125 V の差込み接続器にコードを接続する.
8	「電気工事士法」において，一般用電気工作物の工事又は作業で電気工事士でなければ**従事できないものは**.	イ．差込み接続器にコードを接続する工事 ロ．配電盤を造営材に取り付ける作業 ハ．地中電線用の暗きよを設置する工事 ニ．火災報知器に使用する小型変圧器（二次電圧が 36 V 以下）二次側の配線工事

解答・解説

1．ニ．

電気工事の作業に従事する者の資格及び義務を定めて，電気工事の欠陥による災害の発生の防止に寄与することが目的である.

2．ハ．

自家用電気工作物（最大電力 500 kW 未満の需要家）の非常用予備発電装置の工事は，特殊電気工事に該当するので，第二種電気工事士の免状を受けている者であっても作業に従事できない.

3．ロ．

電気工事士は，電気工事の作業に従事するときは，電気工事士免状を携帯していなければならない.

4．ハ．

需要設備の最大電力が 500 kW 未満の自家用電気工作物の低圧部分の電気工事は，簡易電気工事に該当するので，第二種電気工事士の免状のみでは作業に従事できない.

5．ニ．

一般用電気工作物の電線管とボックスを接続する作業は，電気工事士でないと従事できない.

イ，ロ，ハは，いずれも軽微な工事に該当するので，電気工事士でなくても工事に従事することができる.

6．ロ．

イは，ｂが軽微な工事に該当する.
ハは，ａが軽微な工事に該当する.
ニは，ａ及びｂが軽微な工事に該当する

7．イ．

ロは，ａ及びｂが軽微な工事に該当する.
ハは，ａが軽微な工事に該当する.
ニは，ｂが軽微な工事に該当する.

8．ロ．

イ，ハ，ニは，いずれも軽微な工事に該当するので，電気工事士でなくても工事に従事することができる.

3 電気工事業法

ポイント！

「電気工事業の業務の適正化に関する法律」を，一般的には略して「電気工事業法」という．

◉目　的

電気工事業を営む者の登録等及びその業務の規制を行うことにより，その業務の適正な実施を確保し，もって一般用電気工作物等及び自家用電気工作物の保安を確保に資することを目的とする．

◉登　録

電気工事業を営もうとする者は，登録を受けなければならない（登録電気工事業者という）．

❶　登録先
　1の都道府県のみに営業所：都道府県知事
　2以上の都道府県に営業所：経済産業大臣
❷　登録の有効期間：5年間

◉主任電気工事士の設置

登録電気工事業者は，一般用電気工作物等に係る電気工事（一般用電気工事という）の業務を行う営業所ごとに，主任電気工事士を置かなければならない．

【主任電気工事士になるための条件】

❶　第一種電気工事士
❷　第二種電気工事士で免状取得後3年以上の実務経験を有するもの

◉器具の備付け

一般用電気工事のみの業務を行う営業所は，次の器具を備えなければならない．

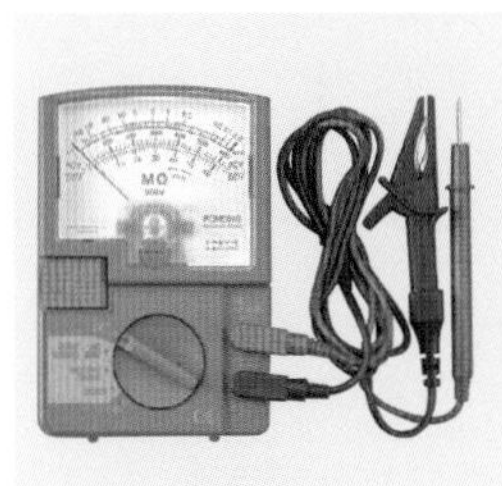

絶縁抵抗計

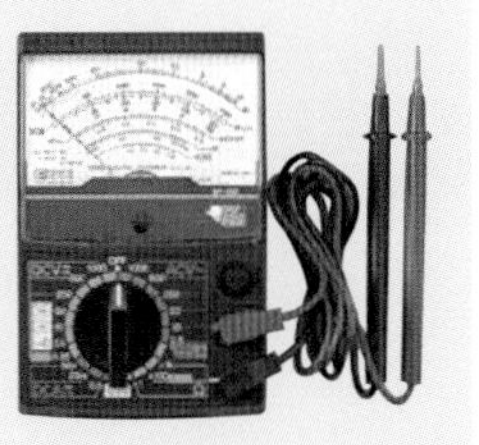

回路計

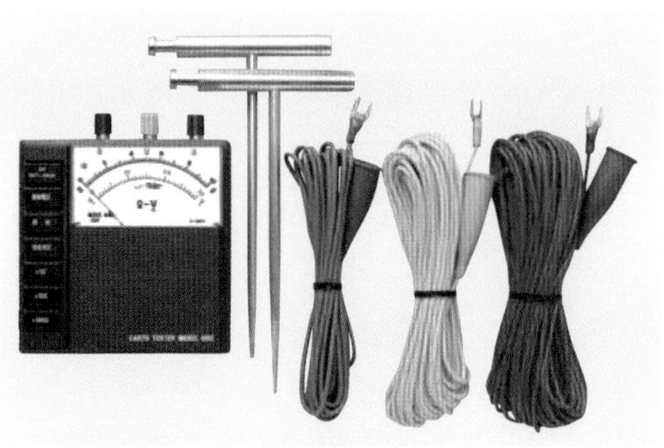

接地抵抗計

❶　絶縁抵抗計
❷　接地抵抗計
❸　回路計（抵抗及び交流電圧を測定できるもの）

◉標識の掲示

電気工事業者は，営業所及び施工場所ごとに，次の事項を記載して標識を掲示しなければならない．

❶　氏名又は名称，法人は代表者の氏名
❷　営業所の名称，電気工事の種類
❸　登録の年月日及び登録番号
❹　主任電気工事士等の氏名

◉帳簿の備付け

電気工事業者は，営業所ごとに帳簿を備え，電気工事ごとに次に掲げる事項を記載して，5年間保存しなければならない．

❶　注文者の氏名または名称および住所
❷　電気工事の種類および施工場所
❸　施工年月日
❹　主任電気工事士等および作業者の氏名
❺　配線図
❻　検査結果

◉業務規制

❶　電気工事士等でない者を電気工事の作業に従事させてはならない．
❷　所定の表示がされている電気用品でなければ，電気工事に使用してはならない．

例　題

電気工事業の業務の適正化に関する法律の適用で，**誤っているものは**．

イ．帳簿は５年間保存する．
ロ．標識は，営業所又は電気工事の施工場所のいずれかの見やすい場所に掲げる．
ハ．主任電気工事士になるための必要実務経験は，第二種電気工事士免状取得後３年以上である．
ニ．登録電気工事業者の登録の有効期限は，５年間である．

解答・解説 ロ．

電気工事業者は，営業所及び施工場所ごとに標識を掲示しなければならない．

練習問題

	問題	選択肢
1	電気工事業の業務の適正化に関する法律に定める内容に，**適合していないものは**．	イ．一般用電気工事の業務を行う登録電気工事業者は，第一種電気工事士又は第二種電気工事士免状の取得後電気工事に関し３年以上の実務経験を有する第二種電気工事士を，その業務を行う営業所ごとに、主任電気工事士として置かなければならない． ロ．電気工事業者は，営業所ごとに帳簿を備え，経済産業省令で定める事項を記載し，５年間保存しなければならない． ハ．登録電気工事業者の登録の有効期限は７年であり，有効期限の満了後引き続き電気工事業を営もうとする者は，更新の登録を受けなければならない． ニ．一般用電気工事の業務を行う電気工事業者は，営業所ごとに，絶縁抵抗計，接地抵抗計並びに抵抗及び交流電圧を測定することができる回路計を備えなければならない．
2	電気工事業の業務の適正化に関する法律において，登録電気工事業者が５年間保存しなければならない帳簿に，記載する事項が義務付けられていない項目は．	イ．施工年月日 ロ．主任電気工事士等及び作業者の氏名 ハ．施工金額 ニ．配線図及び検査結果

解答・解説

1．ハ．

一般用電気工事とは，一般用電気工作物等に係る電気工事のことである．

登録電気工事業者の登録の有効期限は５年である．

2．ハ．

帳簿に記載が義務付けられている項目には，施工金額は含まれていない．

4 電気用品安全法

ポイント！

◉目　的

電気用品の製造，販売等を規制するとともに，電気用品の安全性の確保につき民間事業者の自主的な活動を促進することにより，電気用品による危険及び障害の発生を防止することを目的とする．

◉電気用品の種類

（1）　特定電気用品

構造又は使用方法からみて，特に危険又は障害の発生するおそれが多い電気用品．

（2）　特定電気用品以外の電気用品

電気用品として指定されたものから，特定電気用品として指定されたものを除いたもの．

◉電気用品の表示事項

（1）　特定電気用品

- マーク◇(PSE)又は <PS>E
- 届出事業者名
- 登録検査機関名
- 定格

（2）　特定電気用品以外の電気用品

- マーク◯(PSE)又は(PS) E
- 届出事業者名
- 定格

◉販売の制限

所定の表示が付されているものでなければ，電気用品を販売し，又は販売の目的で陳列してはならない．

◉使用の制限

自家用電気工作物を設置する者，電気工事士等は，所定の表示が付されているものでなければ，電気用品を電気工作物の工事に使用してはならない．

◉特定電気用品の主なもの

【電　線】

100 V 以上 600 V 以下

- 絶縁電線（100 mm^2 以下）
  例：合成樹脂絶縁電線
- ケーブル（22 mm^2 以下，線心 7 本以下）
- コード
- キャブタイヤケーブル
  （100 mm^2 以下，線心 7 本以下）

【ヒューズ】

100 V 以上 300 V 以下

- 温度ヒューズ，その他のヒューズ（1 A 以上 200 A 以下）

【配線器具】

100 V 以上 300 V 以下

- 点滅器（定格電流が 30 A 以下）
  例：タンブラースイッチ，タイムスイッチ
- 開閉器（定格電流が 100 A 以下）
  例：箱開閉器，フロートスイッチ，配線用遮断器，漏電遮断器
- 接続器（50 A 以下，極数 5 以下）
  例：差込み接続器，ジョイントボックス

【小形単相変圧器及び放電灯用安定器】

100 V 以上 300 V 以下，50 Hz 又は 60 Hz

- 放電灯用安定器（放電灯管の合計が 500 W 以下）
  例：蛍光灯用安定器，水銀灯用安定器

【電熱器具】

100 V 以上 300 V 以下，10 kW 以下

- 電気温水器
- 電気便座

【電動力応用機械器具】

100 V 以上 300 V 以下，50 Hz 又は 60 Hz

- 電気ポンプ（定格消費電力が 1.5 kW 以下）

【携帯発電機】

30 V 以上 300 V 以下

◉特定電気用品以外の電気用品の主なもの

【電線】

100 V 以上 600 V 以下

- ケーブル（22 mm^2 を超え 100 mm^2 以下，線心 7 本以下）

【電線管及びその付属品等】

- 電線管（可とう電線管を含み，内径が 120 mm 以下）
- フロアダクト(幅が 100 mm 以下)
- 線樋(幅が 50 mm 以下)
- 電線管類の附属品(レジューサを除く)
- ケーブル配線用スイッチボックス

【配線器具】

100 V 以上 300 V 以下

- リモートコントロールリレー（30 A 以下）
- 開閉器(100 A 以下)
  例：カバー付ナイフスイッチ，電磁開閉器，ライティングダクト

【小形単相変圧器，電圧調整器及び放電灯用安定器】

100 V 以上 300 V 以下，50 Hz 又は 60 Hz

- 小形単相変圧器(500 V・A 以下)
  例：ベル用変圧器，ネオン変圧器
- 放電灯用安定器(500 W 以下)
  例：ナトリウム灯用安定器，殺菌灯用安定器

【小形交流電動機】

- 単相電動機(100 V 以上 300 V 以下)
- かご形三相誘導電動機（150 V 以上 300 V 以下，3 kW 以下）

【電熱器具】

100 V 以上 300 V 以下，10 kW 以下

- 電気カーペット，電気ストーブ

【電動力応用機械器具】

100 V 以上 300 V 以下，50 Hz 又は 60 Hz

- 換気扇(300 W 以下)
- 電気冷房機（電動機 7 kW 以下，電熱装置 5 kW 以下）
- 電気ドリル，電気グラインダー

【光源及び光源応用機械器具】

100 V 以上 300 V 以下，50 Hz 又は 60 Hz

- 白熱電球(一般用照明電球)
- 蛍光ランプ(40 W 以下)
- LED ランプ(1 W 以上，1 の口金を有するものに限る)
- 白熱電灯器具及び放電灯器具
- LED 電灯器具(1 W 以上)

【電子応用機械器具】

100 V 以上 300 V 以下，50 Hz 又は 60 Hz

- インターホン，電子レンジ

【その他の交流用電気機械器具】

100 V 以上 300 V 以下，50 Hz 又は 60 Hz

- 調光器(1 kW 以下)

例　題

「電気用品安全法」の適用を受ける次の電気用品のうち，特定電気用品は.

イ．定格消費電力 20 W の蛍光ランプ
ロ．外径 19 mm の金属製電線管
ハ．定格消費電力 500 W の電気冷蔵庫
ニ．定格電流 30 A の漏電遮断器

解答・解説 ニ.

漏電遮断器は，定格電流が 100 A 以下のものが特定電気用品の適用を受ける.

練習問題

1	電気用品安全法の主な目的は.	イ．電気用品による危険及び障害の発生を防止する. ロ．電気用品の規格等を統一し，公害の防止を図る. ハ．電気工事の欠陥による危険の発生を防止する. ニ．消費者の利益の保護を図るため，電気用品の価格を規制する.

2	電気の保安に関する法令についての記述として，**誤っているものは**.	**イ.**「電気工事士法」は，電気工事の作業に従事する者の資格及び義務を定め，もって電気工事の欠陥による災害の発生の防止に寄与することを目的とする. **ロ.**「電気設備に関する技術基準を定める省令」は，「電気工事士法」の規定に基づき定められた経済産業省令である. **ハ.**「電気用品安全法」は，電気用品の製造，販売等を規制するとともに，電気用品の安全性の確保につき民間事業者の自主的な活動を促進することにより，電気用品による危険及び障害の発生を防止することを目的とする. **ニ.**「電気用品安全法」において，電気工事士は電気工作物の設置又は変更の工事に適正な表示が付されている電気用品の使用を義務づけられている.
3	「電気用品安全法」の適用を受ける電気用品に関する記述として，**誤っているものは**.	**イ.** 電気工事士は，「電気用品安全法」に定められた所定の表示が付されているものでなければ，電気用品を電気工作物の設置又は変更の工事に使用してはならない. **ロ.** <PS>Eの記号は，電気用品のうち特定電気用品を示す. **ハ.** (PS) E の記号は，輸入した特定電気用品を示す. **ニ.** (PS)Eの記号は，電気用品のうち特定電気用品以外の電気用品を示す.
4	「電気用品安全法」により，電気工事に使用する特定電気用品に付すことが**要求されていない**表示事項は.	**イ.** <PS>E又は <PS>E の記号 **ロ.** 届出事業者名 **ハ.** 登録検査機関名 **ニ.** 製造年月
5	「電気用品安全法」における電気用品に関する記述として，**誤っているものは**.	**イ.** 電気用品の製造又は輸入の事業を行う者は，「電気用品安全法」に規定する義務を履行したときに，経済産業省令で定める方式による表示を付すことができる. **ロ.** 特定電気用品は構造又は使用方法その他の使用状況からみて特に危険又は障害の発生するおそれが多い電気用品であって，政令で定めるものである. **ハ.** 特定電気用品には (PS)E 又は (PS) E の表示が付されている. **ニ.** 電気工事士は，「電気用品安全法」に規定する表示の付されていない電気用品を電気工作物の設置又は変更の工事に使用してはならない.

6	低圧屋内電路に使用する次のもののうち，特定電気用品の組合せとして，**正しいものは**. A：定格電圧 100 V，定格電流 20 A の漏電遮断器 B：定格電圧 100 V，定格消費電力 25 W の換気扇 C：定格電圧 600 V，導体の太さ（直径）2.0 mm の3心ビニル絶縁ビニルシースケーブル D：内径 16 mm の合成樹脂製可とう電線管（PF 管）	イ．A及びB ロ．A及びC ハ．B及びC ニ．C及びD
7	電気用品安全法において，特定電気用品の適用を受けるものは.	イ．外径 25 mm の金属製電線管 ロ．定格電流 60 A の配線用遮断器 ハ．ケーブル配線用スイッチボックス ニ．公称断面積 150 mm² の合成樹脂絶縁電線
8	電気用品安全法の適用を受ける次の配線器具のうち，特定電気用品の組合せとして，**正しいものは**. ただし，定格電圧，定格電流，極数等から全てが「電気用品安全法」に定める電気用品であるとする.	イ．タンブラースイッチ，カバー付ナイフスイッチ ロ．電磁開閉器，フロートスイッチ ハ．タイムスイッチ，配線用遮断器 ニ．ライティングダクト，差込み接続器

解答・解説

1．イ．

電気用品安全法の主な目的は，電気用品による危険及び障害の発生を防止することである.

2．ロ．

「電気設備に関する技術基準を定める省令」は，「電気事業法」の規定に基づき定められた経済産業省令である.

3．ハ．

(PS) E の記号は，特定電気用品以外の電気用品を示す.

4．ニ．

製造年月は，特定電気用品に付すことは義務付けられていない.

5．ハ．

特定電気用品には，◇PSE又は <PS>E の表示が付されている.

6．ロ．

特定電気用品の適用を受けるものは，Aの定格電圧 100 V，定格電流 20 A の漏電遮断器とCの定格電圧 600 V，導体の太さ（直径）2.0 mm の3心ビニル絶縁ビニルシースケーブルである.

7．ロ．

定格電流 100 A 以下の配線用遮断器は，特定電気用品の適用を受ける.

イ及びハは，特定電気用品以外の電気用品の適用を受ける. ニは電気用品の適用を受けない.

8．ハ．

タンブラースイッチ，フロートスイッチ，タイムスイッチ，配線用遮断器，差込み接続器は特定電気用品の適用を受ける.

[Chapter 6] 保安に関する法令の要点整理

1. 電気事業法等

(1) 一般用電気工作物

次に掲げる電気工作物で，低圧受電電線路以外の電線路により構内以外の電気工作物と接続されていないもの（小規模発電設備以外の発電設備を同一構内に設置するもの等を除く）．

❶ 低圧で受電して，電気を使用するための電気工作物

❷ 小規模発電設備であって次に該当するもの

太陽電池発電設備	10 kW 未満
水力発電設備	20 kW 未満
内燃力発電設備	10 kW 未満
燃料電池発電設備	
スターリングエンジン発電設備	

(2) 自家用電気工作物（小規模事業用電気工作物を除く）

❶ 600V を超える電圧で受電するもの

❷ 小規模発電設備以外のものを設置しているもの

❸ 低圧受電電線路以外の電線路により構内以外の電気工作物と接続されているもの

❹ 火薬類製造所，石炭坑

2. 電気工事士法

(1) 電気工事士等の資格と作業範囲

資格＼電気工作物	一般用電気工作物等	自家用電気工作物（最大電力 500 kW 未満）	簡易電気工事	特殊電気工事
第二種電気工事士	○			
第一種電気工事士	○	○	○	
認定電気工事従事者			○	
特種電気工事資格者				○

(2) 電気工事士等の義務

❶ 電気設備技術基準に適合するように作業しなければならない．

❷ 電気工事の作業に従事するときは，電気工事士免状等を携帯していなければならない．

❸ 都道府県知事から電気工事の内容等について報告を求められた場合には，報告しなければならない．

(3) 電気工事士免状の交付，再交付等

❶ 免状は，都道府県知事が交付する．

❷ 免状を汚したり，破れたり，紛失したときには，免状を交付した都道府県知事に再交付を申請することができる（紛失したものを発見したら，都道府県知事に提出する）．

❸ 免状の記載事項である氏名に変更を生じたときは，免状を交付した都道府県知事に書き換えを申請しなければならない．

3. 電気工事業法

(1) 登録

登録の有効期間：5 年間

(2) 主任電気工事士の設置

登録電気工事業者は，一般用電気工事の業務を行う営業所ごとに，主任電気工事士を置かなければならない．

(3) 器具の備付け

一般用電気工事のみの業務を行う営業所は，下記の器具を備え付けなければならない．

❶絶縁抵抗計　❷接地抵抗計　❸回路計

(4) 標識の掲示

電気工事業者は，営業所及び施工場所ごとに，標識を掲示しなければならない．

(5) 帳簿の備付け

電気工事業者は，営業所ごとに帳簿を備え，5 年間保存しなければならない．

4. 電気用品安全法

(1) 特定電気用品

構造又は使用方法からみて，特に危険又は障害の発生するおそれが多い電気用品

❶ ◇PSE又は <PS>E の記号

❷ 主なもの

- 絶縁電線（100 mm² 以下）
- ケーブル（22 mm² 以下，7 心以下）
- 配線用遮断器，漏電遮断器（100 A 以下）

(2) 特定電気用品以外の電気用品

❶ (PSE)又は(PS) E の記号

❷ 主なもの

- 電線管
- 単相電動機，三相かご形誘導電動機
- 電気ドリル，換気扇

Chapter 7

配線図

配線用図記号(JIS C 0303 構内電気設備)

ポイント!

◉一般配線

<table>
<tr><th>名　称</th><th>図記号</th><th>摘　要</th></tr>
<tr><td>天井隠ぺい配線
床隠ぺい配線
露出配線
地中配線</td><td>――――――
– – – – – – –
- - - - - - - - - - - -
―・―・―・―</td><td>

1 電線の種類を示す記号

記号	電線の種類
IV	600 V ビニル絶縁電線
VVF	600 V ビニル絶縁ビニルシースケーブル(平形)
VVR	600 V ビニル絶縁ビニルシースケーブル(丸形)
CV	600 V 架橋ポリエチレン絶縁ビニルシースケーブル
CVT	600 V 架橋ポリエチレン絶縁ビニルシースケーブル(単心３本のより線)

2 絶縁電線の太さ及び電線数の表し方

単位が明らかな場合は，単位を省略してもよい.

ただし，2.0 は直径を表し，2 は断面積を表す.

例 ―///― 1.6　―//― 2.0　―//― 2　―///― 8

3 ケーブルの太さ及び線心数

例 1.6mm 3 心の場合 ―――― 1.6-3C

4 配管類を示す記号

記号	配管の種類
E	鋼製電線管(ねじなし電線管)
PF	合成樹脂製可とう電線管(PF 管)
CD	合成樹脂製可とう電線管(CD 管)
F2	２種金属製可とう電線管
VE	硬質ポリ塩化ビニル電線管
FEP	波付硬質合成樹脂管

5 配管の表し方

鋼製電線管(ねじなし電線管)　―//― 1.6(E19)

合成樹脂製可とう電線管(PF 管)　―//― 1.6(PF16)

硬質ポリ塩化ビニル電線管　―//― 1.6(VE16)

6 ライティングダクトの表示

例 □-------------------- LD

□はフィードインボックスを示す.

7 接地線の表示

―/― E2.0

8 接地線と配線を同一管内に入れる場合

―///―/― 2.0 E2.0 (PF22)

</td></tr>
</table>

名　称	図記号	摘　要
立上り 引下げ 素通し		
プルボックス	⊠	**1** 材料の種類，寸法を傍記する． **2** ボックスの大小及び形状に応じた表示としてもよい．
ジョイントボックス	□	
VVF 用ジョイントボックス		
接地端子		
接地極	⏚	接地種別は次による． A 種：E_A　B 種：E_B　C 種：E_C　D 種：E_D 例 ⏚ E_D
受電点		

◉機器

名　称	図記号	摘　要
電動機	Ⓜ	必要に応じ，電気方式，電圧，容量などを示す場合は次による． 例 Ⓜ 3φ200V 3.7kW
コンデンサ		
電熱器	Ⓗ	
換気扇		天井付きは
ルームエアコン	RC	屋外ユニットは O，屋内ユニットは I を傍記する． 例 $\boxed{RC}_O$　$\boxed{RC}_I$
小形変圧器	Ⓣ	**1** 必要に応じ，電圧，容量などを傍記する． **2** 必要に応じ，ベル変圧器は B，リモコン変圧器は R，ネオン変圧器は N，蛍光灯用安定器は F，HID 灯（高効率放電灯）用安定器は H を傍記する． 例 Ⓣ$_B$ Ⓣ$_R$ Ⓣ$_N$ Ⓣ$_F$ Ⓣ$_H$

◉一般照明

名　称	図記号	摘　要
一般照明 白熱灯 HID 灯	○	1 器具の種類 ペンダント ⊖ シーリング(天井直付) (CL) シャンデリヤ (CH) 埋込器具 (DL) 引掛シーリングだけ(角) [()] 引掛シーリングだけ(丸) (()) 2 壁付は，壁側を塗るか，W を傍記してもよい． ◐ ○W 3 容量を示す場合は，ワット(W) × ランプ数で傍記する． 例 ○100 ○200×3 4 屋外灯は次のようにしてもよい． ⊗ 5 HID 灯の種類を示す場合において，容量の前に次の記号を傍記してもよい． 水銀灯 H メタルハライド灯 M ナトリウム灯 N 例 ○H100
蛍光灯	▭○▭ ▭	1 ▭○▭ は，ボックス付を示す． 2 壁付は，壁側を塗るか，W を傍記してもよい． ▭◒▭ ▭○▭W 3 容量を示す場合は，ワット(W) × ランプ数で傍記する． 例 ▭○▭ F40 ▭○▭ F40×2
誘導灯 白熱灯 蛍光灯	⊗ ▭⊗▭	

◉コンセント

名　称	図記号	摘　要
コンセント 一般形 ワイド形	⦶ ◇	1 壁付きは，壁側を塗る． 2 図記号⦶ ◇は，(⁚) ◇で示してもよい． 3 天井に取り付ける場合は，次による． ⦶ ◇

名　称	図記号	摘　要
		4 床面に取り付ける場合は，次による． 5 二重床用は，次による． 6 定格の表し方 ❶ 15A125V は，傍記しない． ❷ 20A 以上は，定格電流を傍記する． 例 20A 20A ❸ 200V 以上は，定格電圧を傍記する． 例 20A250V 20A250V 7 2 口以上の場合は，口数を傍記する． 例 2 2 8 3 極以上の場合は，極数を傍記する． 例 3P 3P 9 種類を示す場合は，次による． 抜け止め形 LK LK 引掛形 T T 接地極付 E E 接地端子付 ET ET 接地極付接地端子付 EET EET 漏電遮断器付 EL EL 10 防雨形は，WP を傍記する． WP

◉点滅器

名　称	図記号	摘　要
点滅器 一般形 ワイドハンドル形	 ● ◆	1 定格を示す場合は，次による． ❶ 15A は，傍記しない． ❷ 15A 以外は，定格電流を傍記する． 例 ● 20A ◆ 20A 2 極数を表示する場合は，次による． ❶ 単極は，傍記しない． ❷ 3 路，4 路又は 2 極は，それぞれ 3，4 又は 2P を傍記する． ●3 ●4 ●2P ◆3 ◆4 ◆2P

名　称	図記号	摘　要
		3 プルスイッチは，P を傍記する． ●P 4 位置表示灯を内蔵するものは，H を傍記する． ●H　◆H 5 確認表示灯を内蔵するものは，L を傍記する． ●L　◆L 6 別置された確認表示灯は，○とする． ○● 7 防雨形は，WP を傍記する． ●WP 8 タイマ付は，T を傍記する． ●T　◆T 9 遅延スイッチは，D を傍記する． ●D　◆D ●DF　◆DF（照明・換気扇用） 10 熱線式自動スイッチは，次による． ●RAS 11 屋外灯等に使用する自動点滅器は，A 及び容量を傍記する． 例　●A（3A）
調光器 一般形 ワイド形		定格を示す場合は，次による． 800W　800W
リモコンスイッチ	●R	リモコンスイッチであることが明らかな場合は，R を省略してもよい．
リモコンセレクタスイッチ	⊗	点滅回路数を傍記する． 例　⊗9
リモコンリレー	▲	リモコンリレーを集合して取り付ける場合は，▲▲▲ を用い，リレー数を傍記する． 例　▲▲▲10

◉開閉器・計器

名　称	図記号	摘　要
開閉器	S	1 極数，定格電流，ヒューズ定格電流などを傍記する． 例　S 2P30A f 30A

名　称	図記号	摘　要
		2 電流計付は，Ⓢを用い，電流計の定格電流を傍記する． 例 Ⓢ 2P30A f 30A A5
配線用遮断器	B	1 極数，フレームの大きさ，定格電流等を傍記する． 例 B 3P 225AF 150A 2 モータブレーカを示す場合は，次による． 例 $\mathrm{B_M}$ 又は B
漏電遮断器	E	1 過負荷保護付は，極数，フレームの大きさ，定格電流，定格感度電流等，過負荷保護なしは，極数，定格電流，定格感度電流等を傍記する． 過負荷保護付の例 E 2P 30AF 15A 30mA 過負荷保護なしの例 E 2P 15A 30mA 2 過負荷保護付は，BEを用いてもよい．
電磁開閉器用押しボタン	$◉_{B}$	確認表示灯付の場合は，Lを傍記する． $◉_{BL}$
圧力スイッチ	$◉_{P}$	
フロートスイッチ	$◉_{F}$	
フロートレススイッチ電極	$◉_{LF}$	電極数を傍記する． $◉_{LF3}$
タイムスイッチ	TS	
電力量計	Wh	箱入り又はフード付 Wh
電流制限器	L	

◉配電盤・分電盤等

名　称	図記号	摘　要
配電盤，分電盤及び制御盤	▭	種類を示す場合は，次による． 配電盤 ⊠ 分電盤 ◪ 制御盤 ⧓

◉警報・呼出・表示

名称	図記号	摘要
押しボタン	[●]	壁付は，壁側を塗る．
ベル		警報用 A　時報用 T
ブザー		警報用 A　時報用 T
チャイム	♩	

例題

過負荷保護付漏電遮断器の正しい図記号は．

イ．S　ロ．BE　ハ．B　ニ．B

解答・解説 ロ．BE

イは開閉器，ハは配線用遮断器，ニはモータブレーカである．過負荷保護付漏電遮断器は，過電流が流れても回路を遮断する働きがある．

練習問題

1	地中埋設配線の正しい図記号は．	イ．- - - - - - - - - - - ハ．—·—·—·—	ロ．——··——··—— ニ．————————
2	分電盤の図記号は．	イ．◢ ハ．⊟	ロ．⊠ ニ．⧓
3	換気扇の図記号は．	イ．S ハ．∞	ロ．Ⓣ ニ．Ⓜ
4	箱入電力量計の図記号は．	イ．CT ハ．Ⓛ	ロ．Wh ニ．(Wh)
5	ケーブル配線で正しい図記号は．	イ．------///------- 8(VE16) ハ．--------------- 8−3C	ロ．------///------- 8(19) ニ．------///------- 8(PF16)
6	リモコン変圧器の図記号は．	イ．ⓉR ハ．ⓣ	ロ．ⓉF ニ．TS
7	立上り配線を示す図記号は．	イ．♂ ハ．●↗	ロ．↙○ ニ．↙○↗
8	接地極付コンセントの図記号は．	イ．ET ハ．EX	ロ．EL ニ．E
9	⊖ の図記号の器具は．	イ．埋込器具 ハ．ペンダント	ロ．シャンデリヤ ニ．引掛シーリング

10	B の図記号の器具は.	イ. モータブレーカ ハ. 配線用遮断器	ロ. 漏電遮断器 ニ. カットアウトスイッチ
11	⦶WP の「WP」の意味は.	イ. 防雨形 ハ. 接地極付	ロ. 屋外形 ニ. 露出形
12	Ⓒ̲L の図記号の器具は.	イ. シーリング ハ. ペンダント	ロ. 埋込器具 ニ. シャンデリヤ
13	⦶T の図記号(コンセント)の種類は.	イ. 抜け止め形 ハ. 防雨形	ロ. 引掛形 ニ. 防爆形
14	RC において, 屋内ユニットの図記号で傍記する記号は.	イ. I ハ. O	ロ. B ニ. R
15	●3 の傍記「3」の意味は.	イ. 定格電流 3A ハ. 3 極用	ロ. 3 路用 ニ. 3 口用

解答・解説

1. ハ. —-—-—-

--------------は露出配線, ————————は天井隠ぺい配線である.

2. イ. ◪

⊠ は配電盤, ⧓ は制御盤を示す.

3. ハ. ⚭

S は開閉器, Ⓣ は小形変圧器, Ⓜは電動機を示す.

4. ロ. Wh

Ⓛ は電流制限器, Ⓦh は電力量計であるが箱入りではない.

5. ハ.

8-3C は, 太さが 8mm² で 3 心のケーブルを示す. イ, ロ, ニは, 電線管による配線である.

6. イ. ⓉR

ⓉF は蛍光灯用安定器, TS はタイムスイッチである.

7. イ. ♂

は引下げ, は素通し, は調光器を示す.

8. ニ. ⦶E

⦶ET は接地端子付, ⦶EL は漏電遮断器付, ⦶EX は防爆形を示す.

9. ハ. ペンダント

埋込器具は Ⓓ̲L, シャンデリヤは Ⓒ̲H, 引掛シーリング(丸形)は ◎ である.

10. ハ. 配線用遮断器

モータブレーカは B_M 又は B, 漏電遮断器は E である.

11. イ. 防雨形

WP は, Water Proof の略である.

12. イ. シーリング

埋込器具は Ⓓ̲L, ペンダントは ⊖, シャンデリヤは Ⓒ̲H である.

13. ロ. 引掛形

抜け止め形は LK, 防雨形は WP, 防爆形は EX の記号を傍記する.

14. イ. I

I は Indoor を示し, 屋外ユニットは O (Outdoor) を傍記する.

15. ロ. 3 路用

2 電灯・動力等配線図

ポイント！

1．電灯配線の基本

◉配線の基本

B種接地工事を施してある電線を接地側電線といい，絶縁被覆が白色の電線が使用される．

B種接地工事を施していない電線を，非接地側電線といい，一般に絶縁被覆が黒色の電線が使用される．

非接地側電線にスイッチを結線すると，スイッチを切ればランプ交換時に感電の危険性がない．これを「非接地側点滅」といい，一般的に行われている配線方式である．

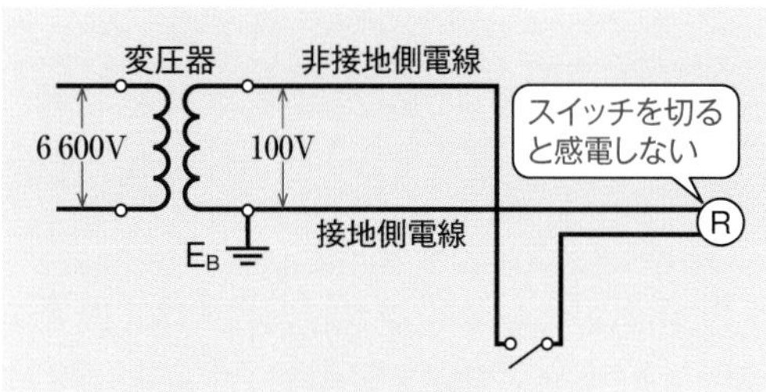

非接地側点滅

◉配線の展開接続図

基本的な電灯回路の展開接続図を示す．

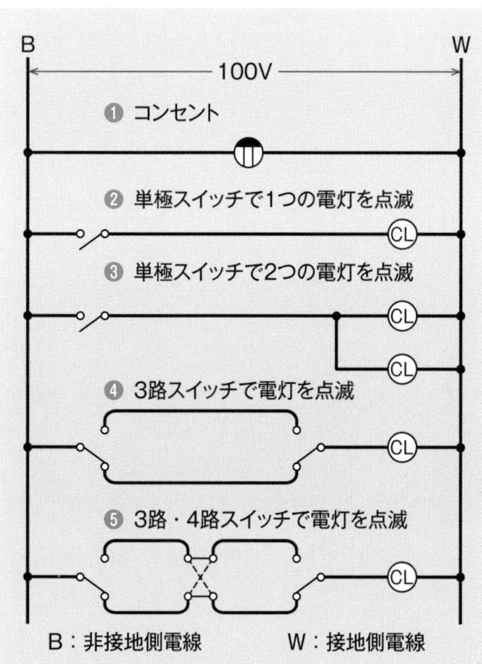

2．電灯配線図

◉基本回路

すべて1本の線で表した図を単線図といい，実際の電線の本数で表した図を複線図という．

基本的な回路の単線図と複線図を，次に示す．

（1） 単極スイッチ

❶ スイッチ1個で1灯点滅

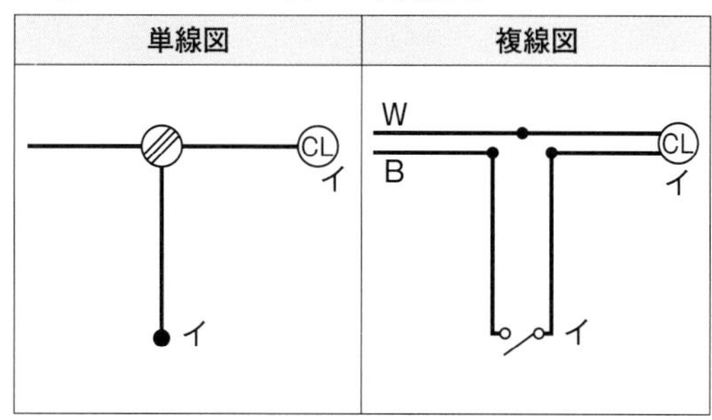

❷ スイッチ2個で2灯点滅

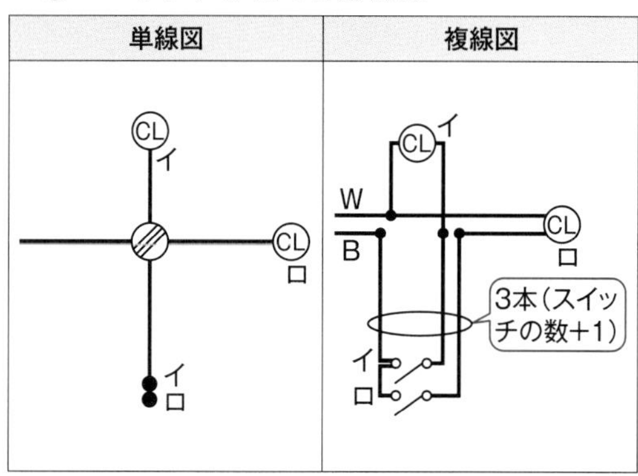

❸ スイッチ1個で2灯点滅

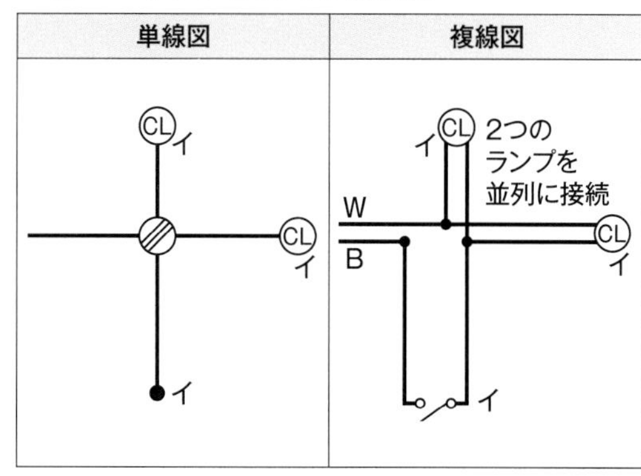

（2） 3路スイッチ

❶ 1灯点滅

3路スイッチ2個で電灯1灯を任意に点滅する.

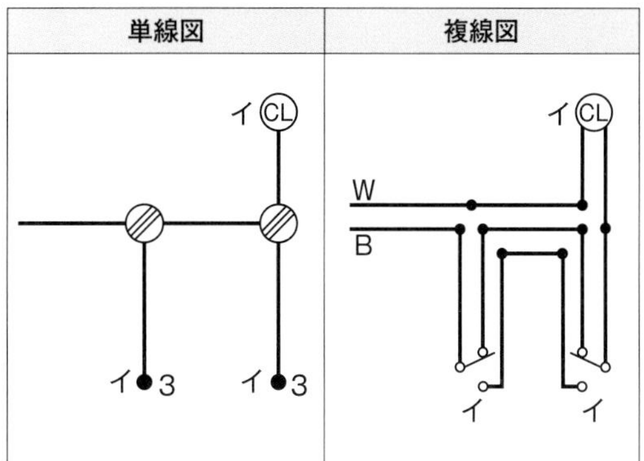

❷ 2灯点滅

3路スイッチ2個で電灯2灯を任意に点滅する.

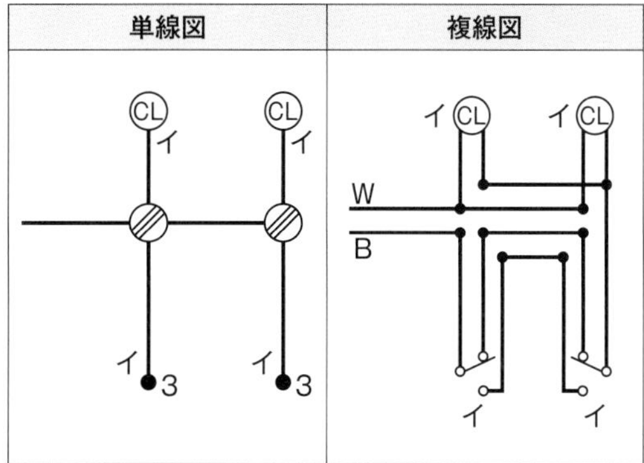

（3） 4路スイッチ

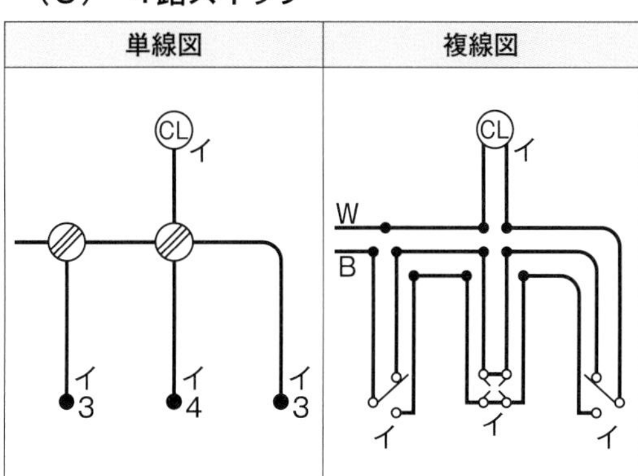

（4） 電灯・コンセント

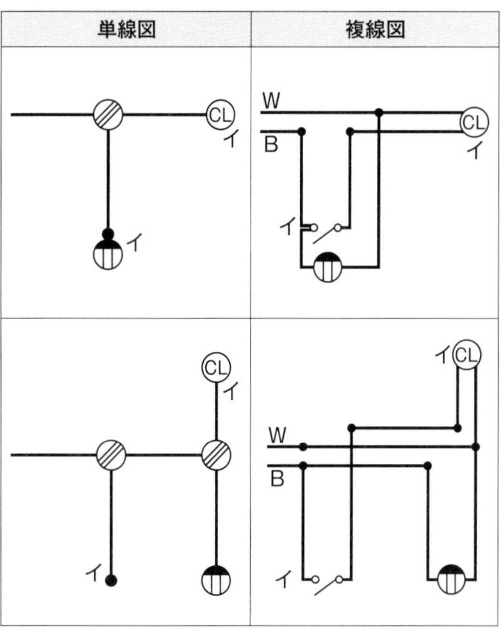

（5）パイロットランプ

❶ 常時点灯

パイロットランプが常時点灯して，電源がきているかどうかを表示する.

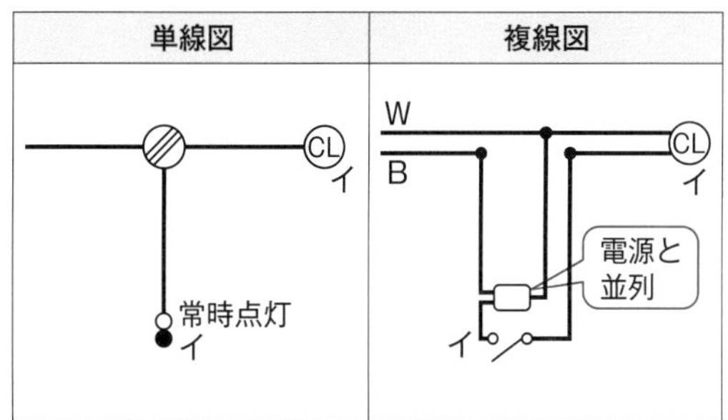

❷ 同時点滅

パイロットランプが電灯と同時に点滅して点灯状態を表示する.

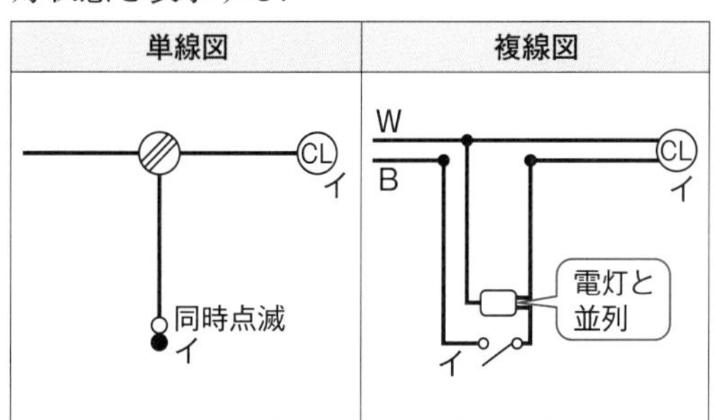

❸ 異時点滅

電灯が消灯したときにパイロットランプが点灯して，暗いところでもスイッチの位置がわかるようにする．

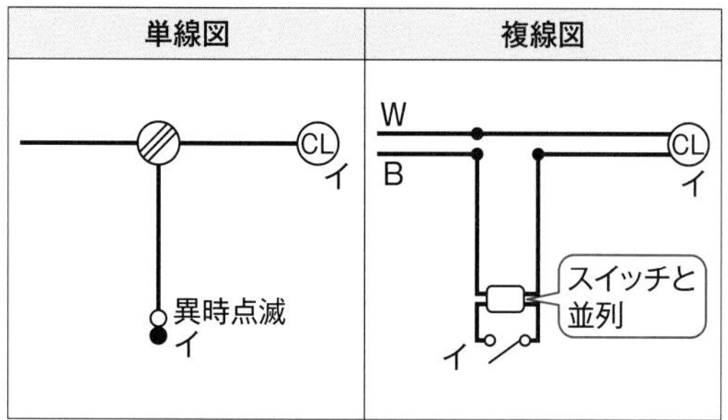

◉単線図を複線図に直す手順例－1

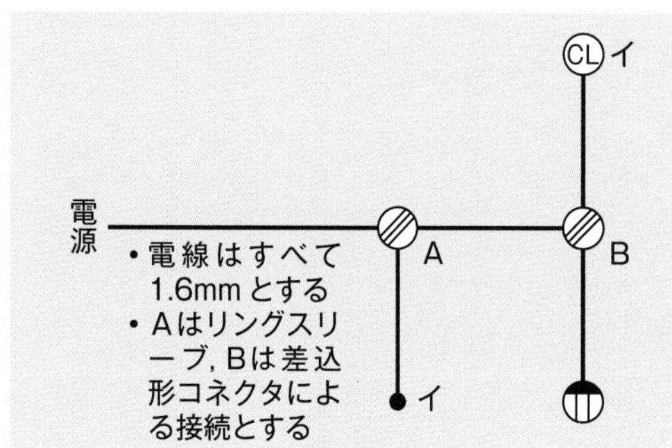

単線図

単線図を複線図に書き直すには，いくつかの基本回路に分解して考えるとわかりやすい．

次の２つの基本回路に分解する．

- コンセント回路
- 電灯回路

（1） 電源からコンセントの配線をする

コンセント，スイッチ，照明器具を配置して，電源からコンセントの配線をする．

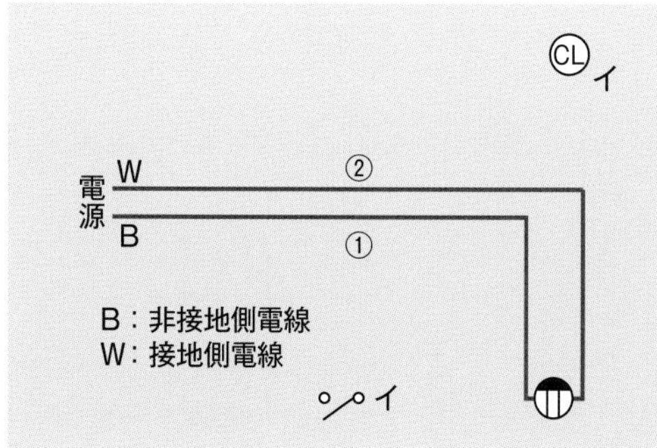

（2） 電灯回路を配線する

電灯回路を，①～③の順序で配線をする．

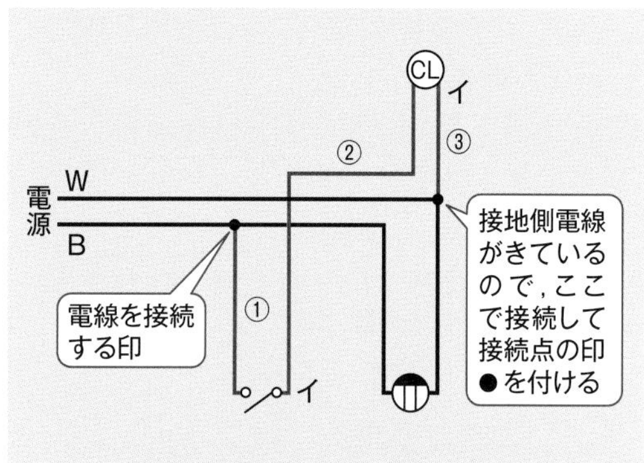

（3） 電線の接続点に印を付ける

ジョイントボックス内の電線を接続する部分に，印を付ける．

リングスリーブ……●

差込形コネクタ……■

必要に応じて，リングスリーブのサイズや圧着マークを記入する．

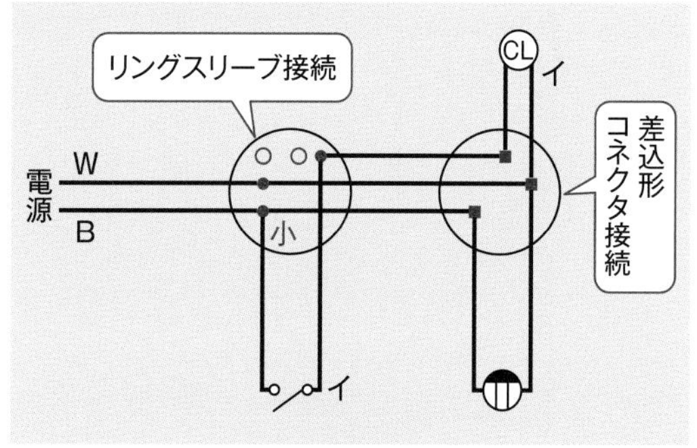

複線図

◉単線図を複線図に直す手順例－2

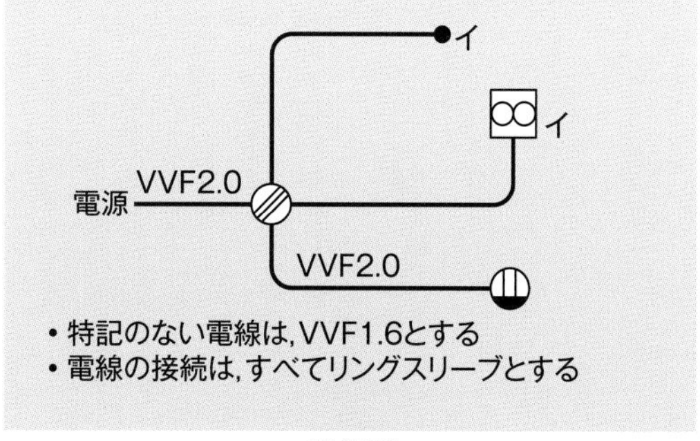

単線図

次の２つの回路に分解する．

- スイッチ「イ」の換気扇回路
- コンセント回路

（1） スイッチ「イ」の換気扇回路を配線する

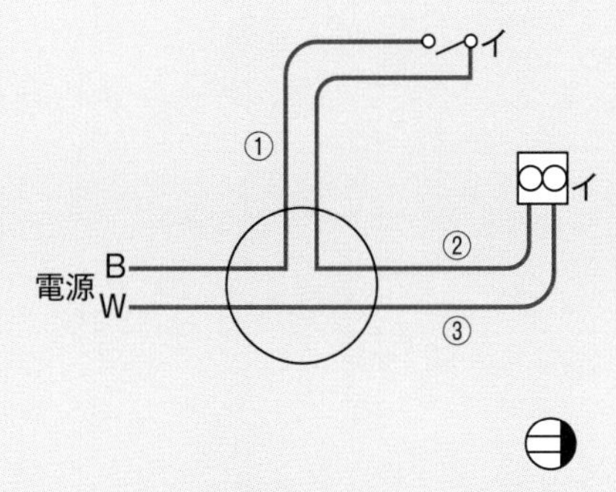

（2） VVF 用ジョイントボックスからコンセントへの配線をする

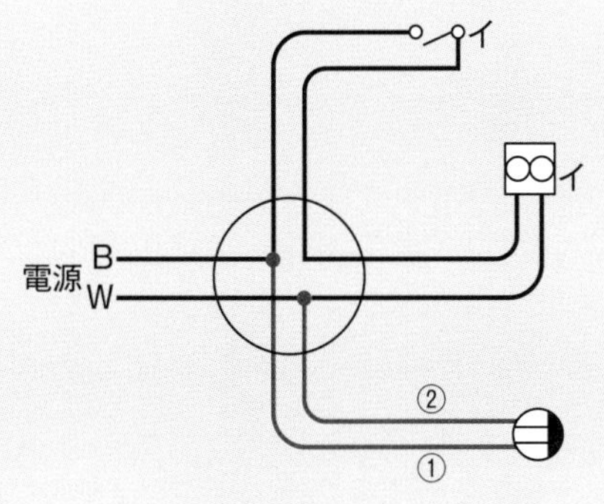

（3） 2mm の電線に 2.0 と記入し，接続点に印を付ける

必要に応じてリングスリーブのサイズや圧着マークを記入する．

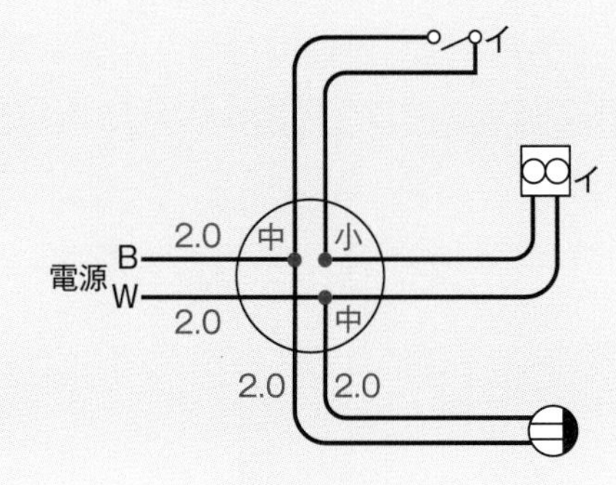

複線図

◉単線図を複線図に直す手順例－3

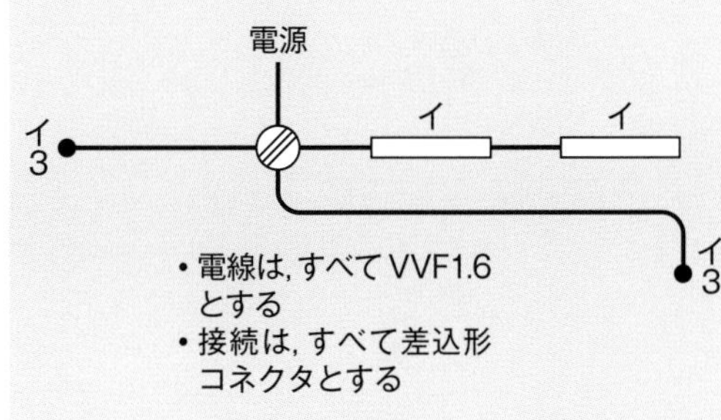

単線図

（1） 電源から3路スイッチへの配線をする

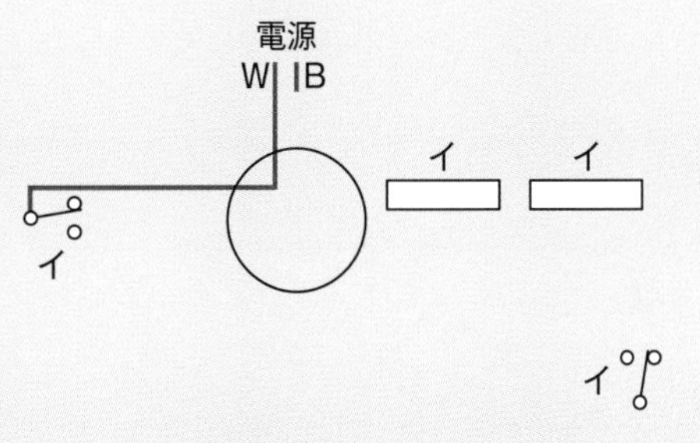

（2） 3路スイッチ間の配線をする

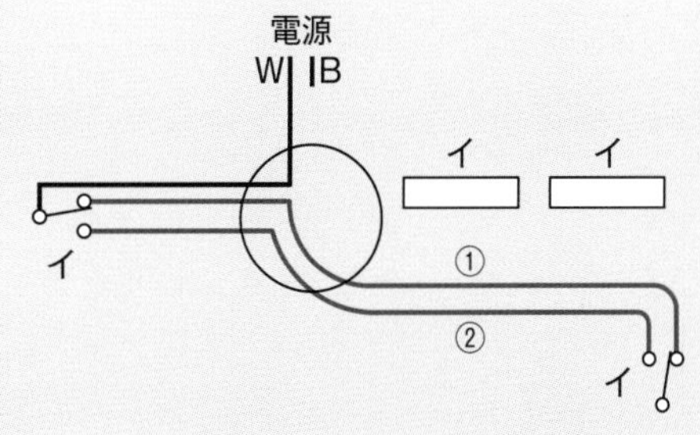

（3） 3路スイッチから電灯，電灯から電源への配線をし，2灯の電灯を並列に接続する

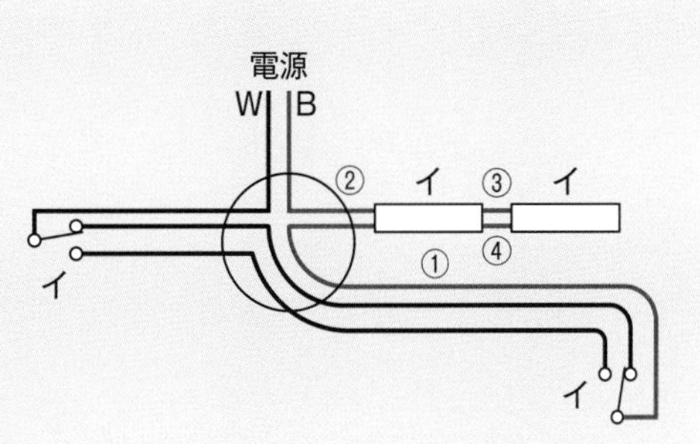

（4） 接続点に印を付ける

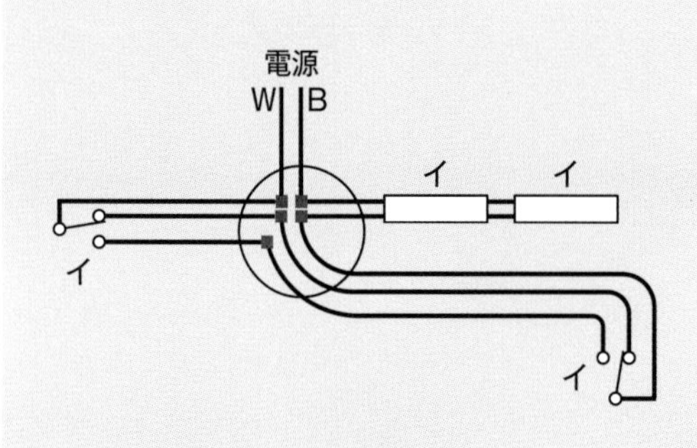

複線図

◉単線図を複線図に直す手順例－4

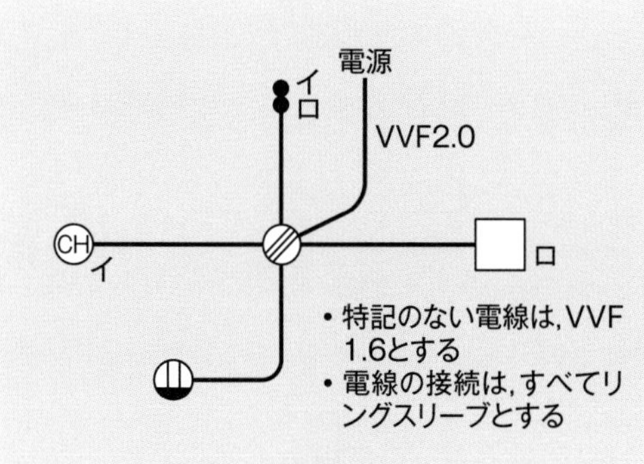

単線図

次の３つの回路に分解する．

- コンセント回路
- スイッチ「イ」の電灯回路
- スイッチ「ロ」の電灯回路

（1） 電源からコンセントの配線をする

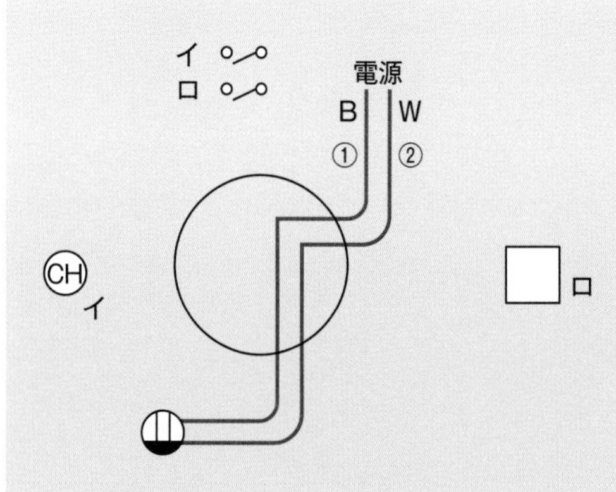

（2） スイッチ「ロ」の電灯回路を配線する

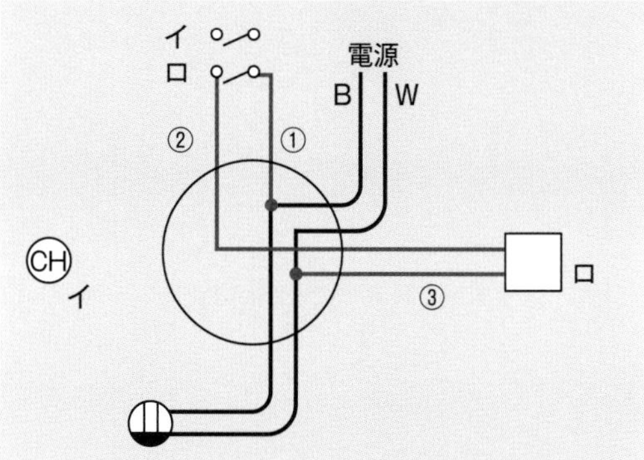

（3） スイッチ「イ」の電灯回路を配線して，2mm の電線に 2.0 と記入し，接続点に印を付ける

必要に応じてリングスリーブのサイズや圧着マークを記入する．

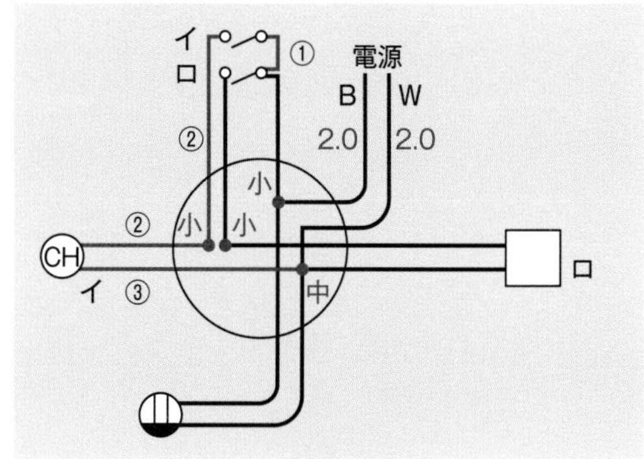

複線図

◉単線図を複線図に直す手順例－5

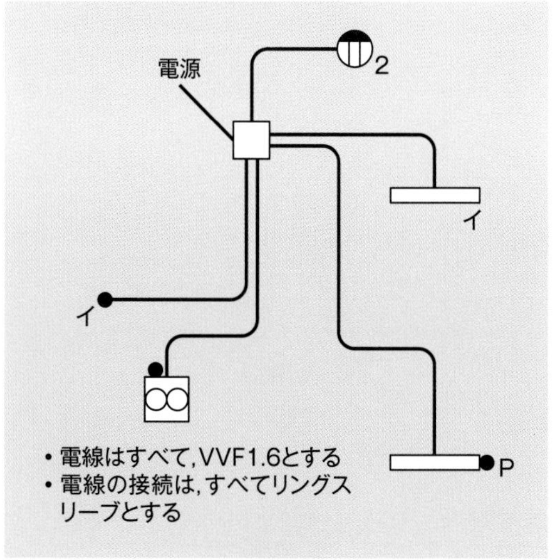

単線図

• コンセント，換気扇，プルスイッチの付い

た蛍光灯は，電源を送るだけでよい．

（1） 電源からコンセントへ配線をする

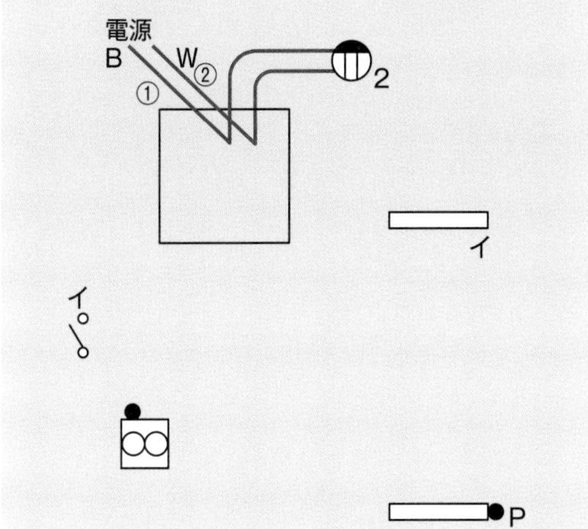

（2） スイッチの付いた換気扇へ配線をする

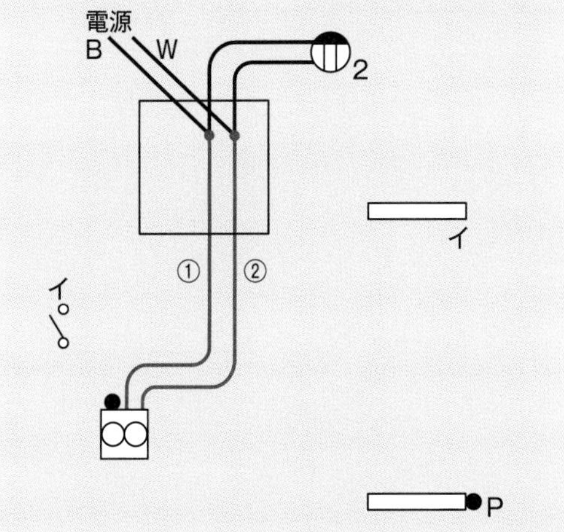

（3） プルスイッチの付いた蛍光灯へ配線する

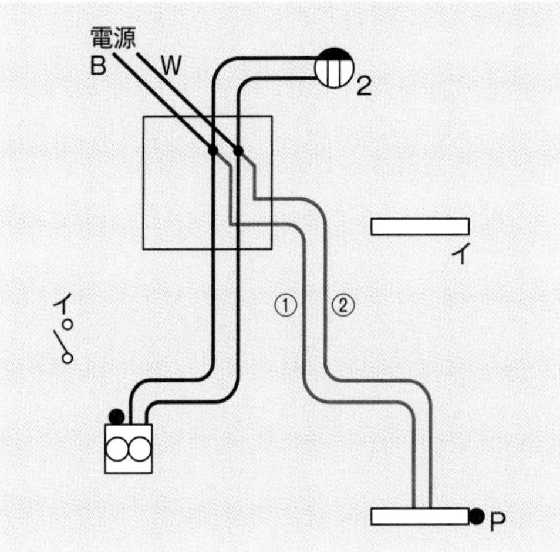

（4） スイッチ「イ」で蛍光灯「イ」を点滅する回路を配線する

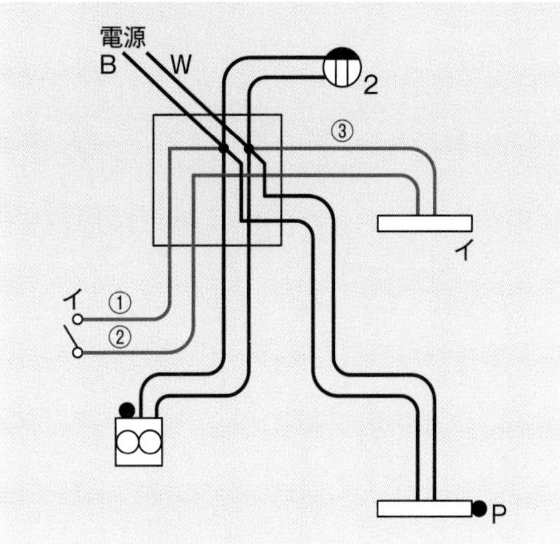

（5） 接続点に印を付けて，完成させる

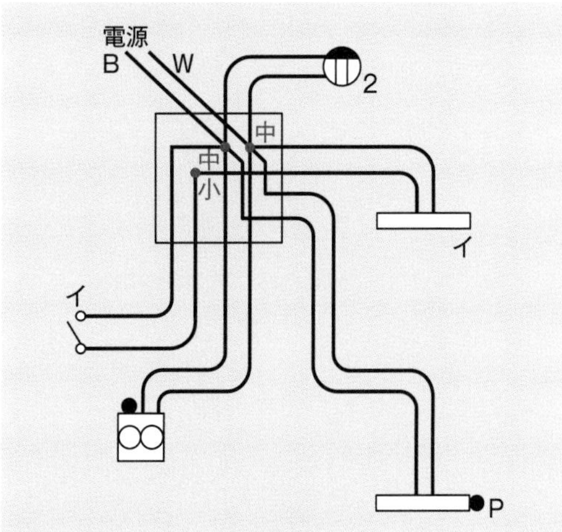

複線図

◉配線器具への結線

（1） スイッチとコンセント

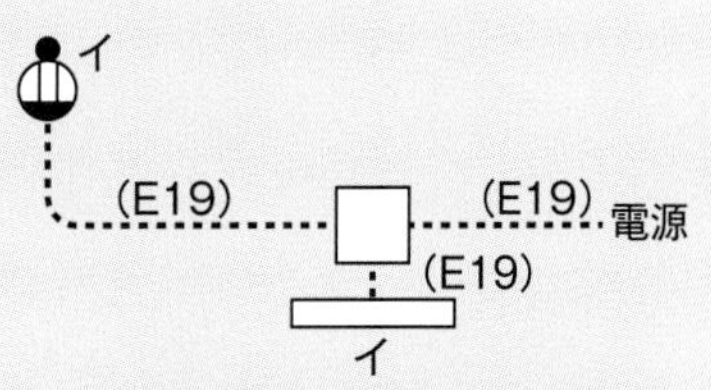

• 電線の色別は，白色は電源からの接地側電線，黒色は電源からの非接地側電線，赤色は負荷に結線する電線とする

単線図

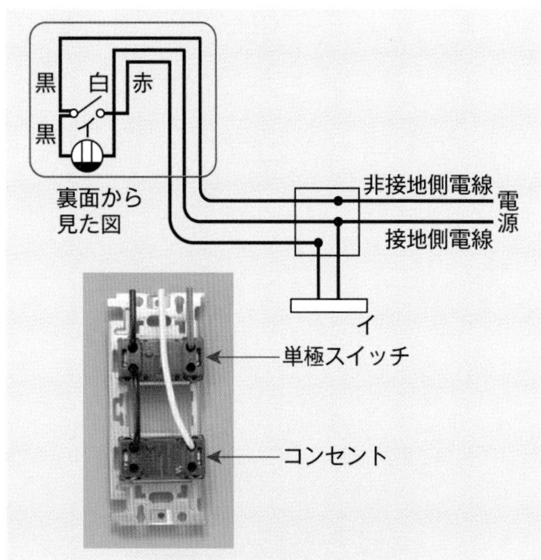

複線図と配線器具の結線

（2） スイッチとパイロットランプ

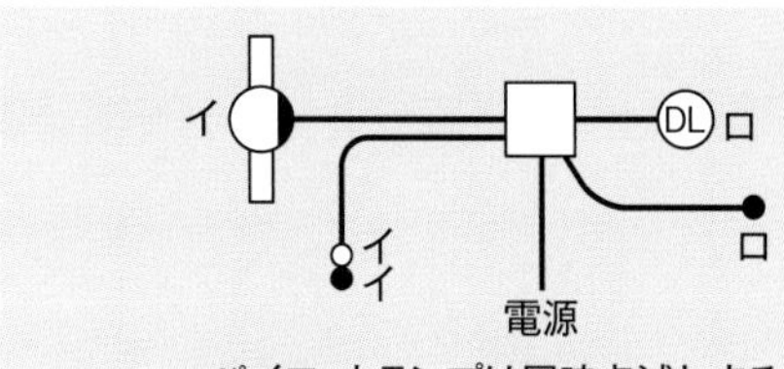

- パイロットランプは同時点滅とする
- 電線は，すべてVVFとする
- 電線の色別は，白色は電源からの接地側電線，黒色は電源からの非接地側電線とする

単線図

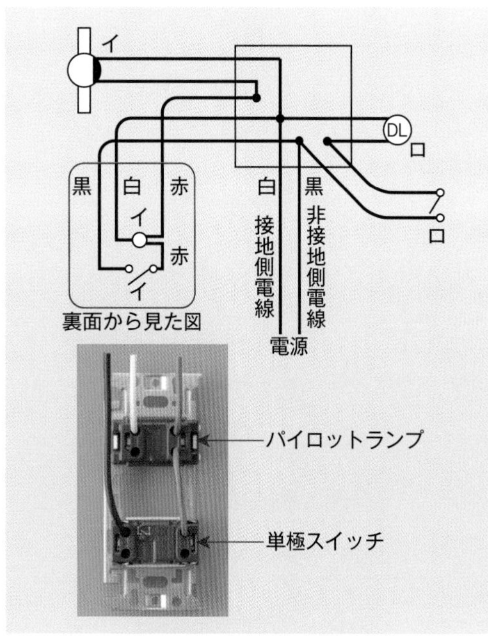

複線図と配線器具の結線

●いろいろな回路の複線図

配線図1（1箇所の単極スイッチ2個）

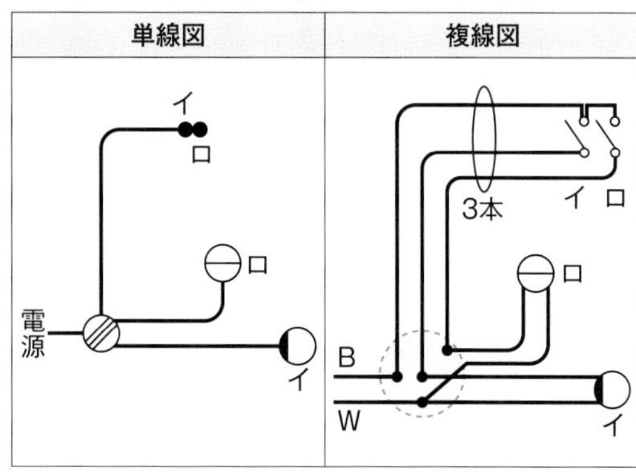

配線図2（スイッチとコンセント）

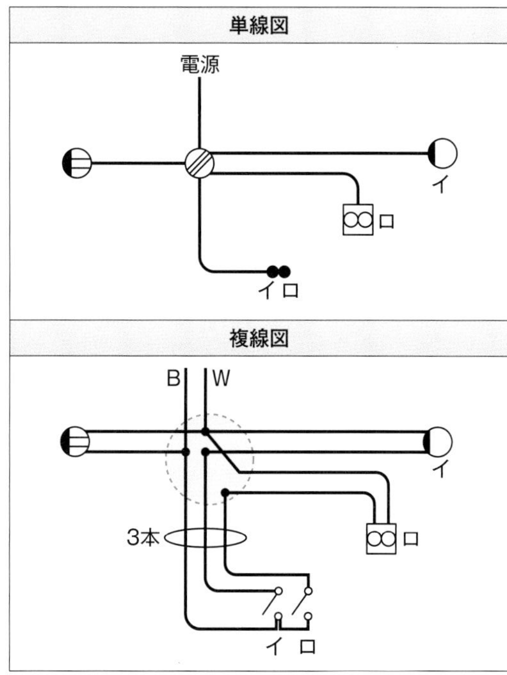

配線図3（1箇所にスイッチ3個）

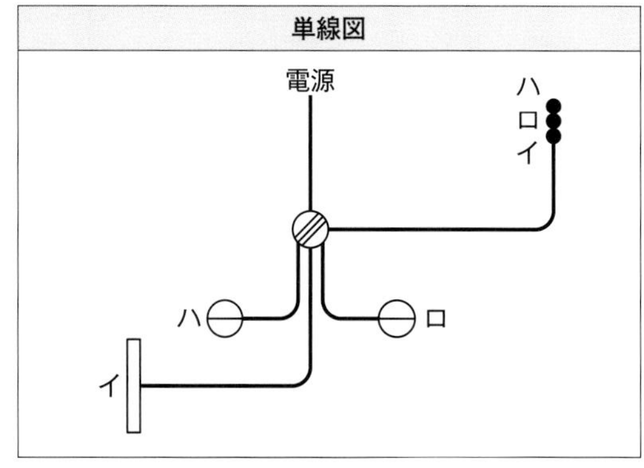

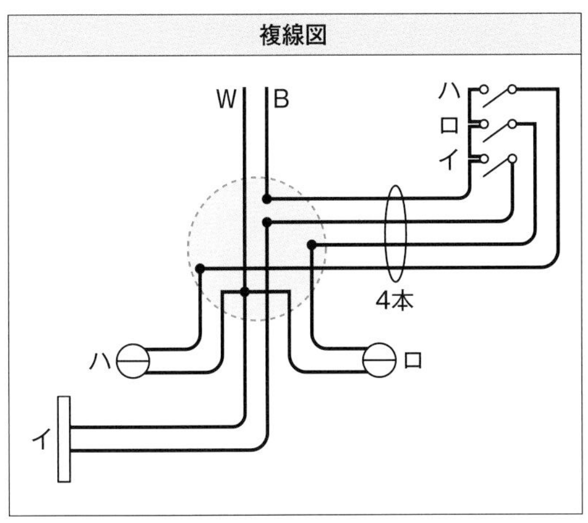

配線図4（3路スイッチで1灯を点滅）

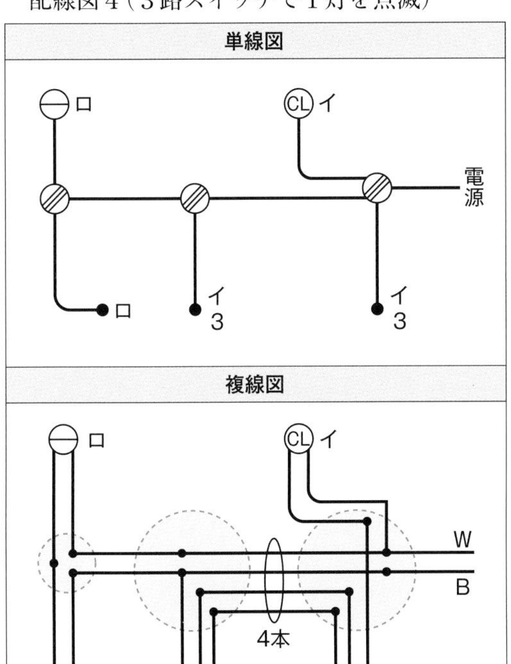

配線図5（単極スイッチと3路スイッチ）

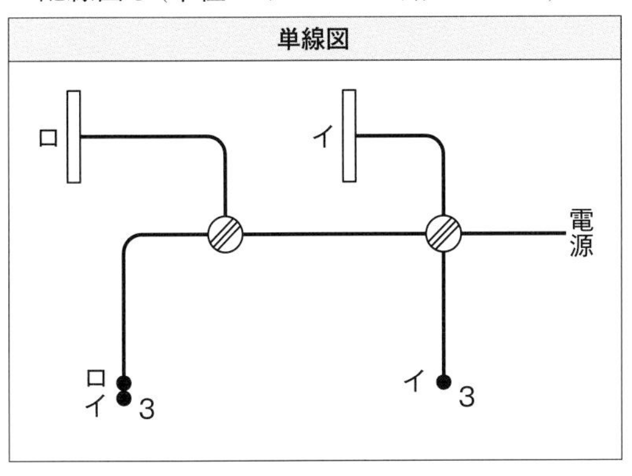

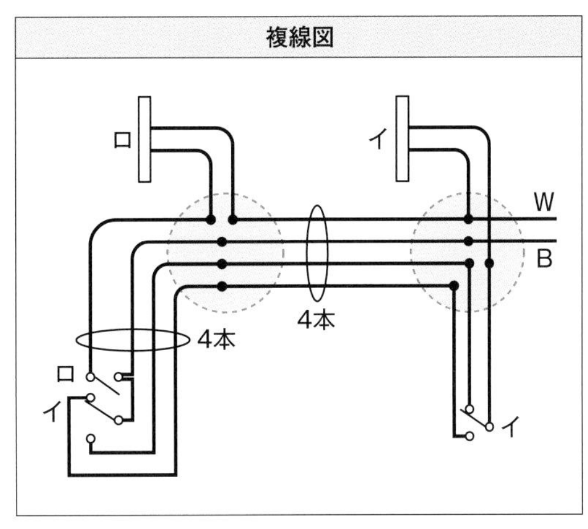

配線図6（3路スイッチで3灯を点滅）

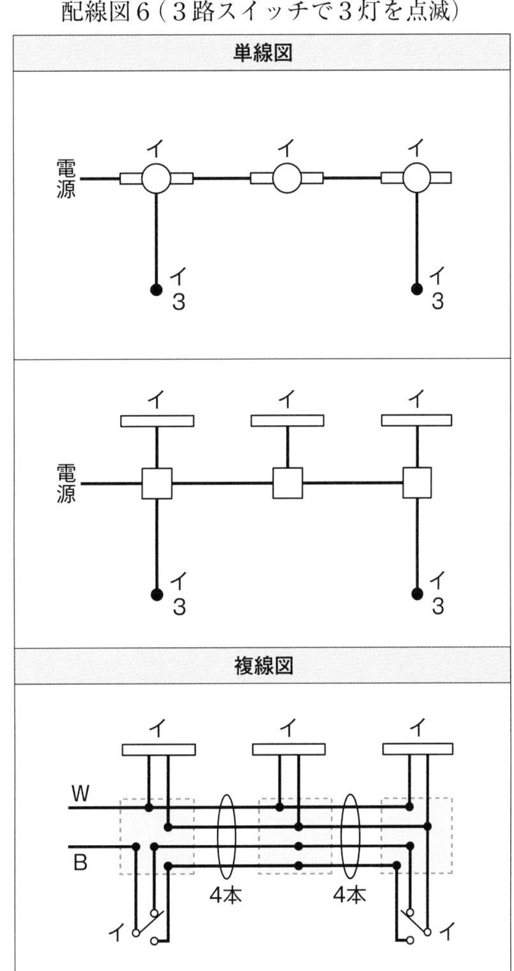

2．動力・電気温水器の配線図

◉動力配線の構成

（1） モータブレーカを施設

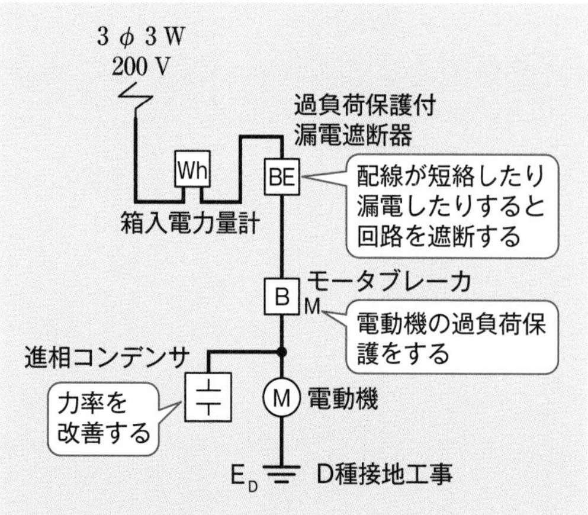

（2） 箱開閉器を施設

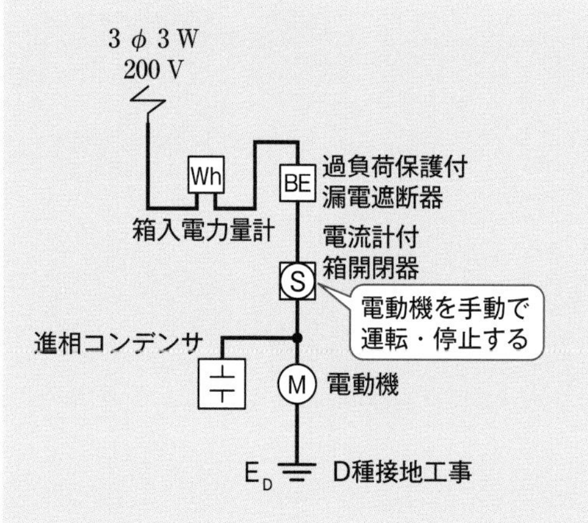

◉電気温水器

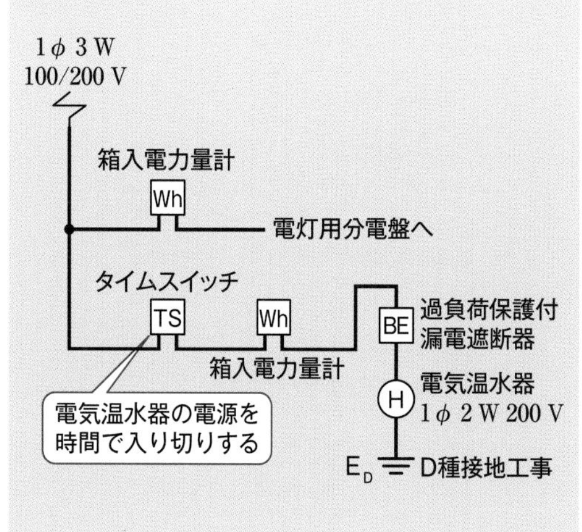

3．電気設備技術基準の解釈等

◉引込線・引込口配線

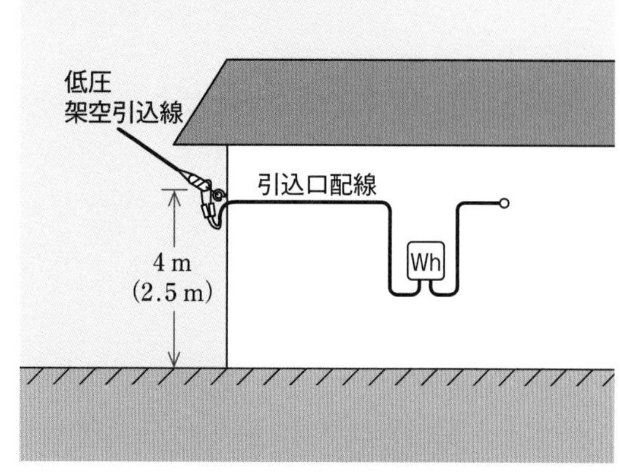

（1） 引込線の取り付け点の高さ

- 4 m 以上が原則.
- 技術上やむを得ない場合において交通に支障がないときは，2.5m 以上にできる.

（2） 引込口配線の工事の種類

工事の種類	条　件
がいし引き工事	露出した場所に限る.
金属管工事	木造を除く.
合成樹脂管工事	
ケーブル工事	外装が金属製のケーブルは，木造以外に限る.

◉配線用遮断器の素子数

単相 3 線式 100/200 V 回路の分岐回路の配線用遮断器の極数と素子の数は次による.

100 V 回路：2 極 1 素子（2P1E）
（2 極 2 素子（2P2E）でもよい）

200 V 回路：2 極 2 素子（2P2E）

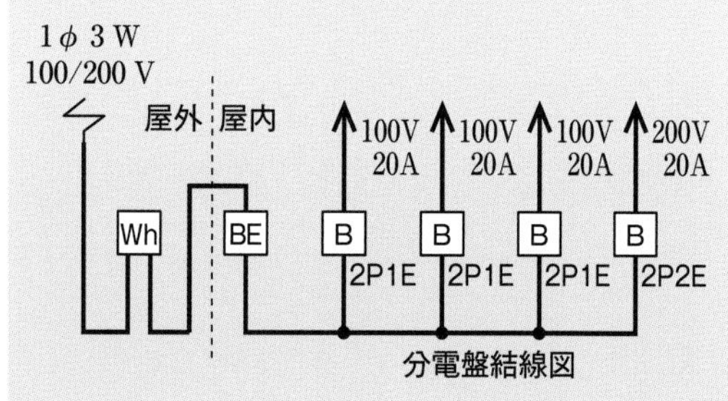

◉引込口の開閉器の施設

引込口に近い箇所で，容易に開閉できる箇所に開閉器を施設しなければならない．

使用電圧が 300 V 以下で，他の屋内電路(15 A 以下の過電流遮断器か，15 A を超え 20 A 以下の配線用遮断器で保護されているものに限る)に接続する長さが 15 m 以下の電路から電気の供給を受けるものは，引込口に近いところに施設する開閉器を省略することができる．

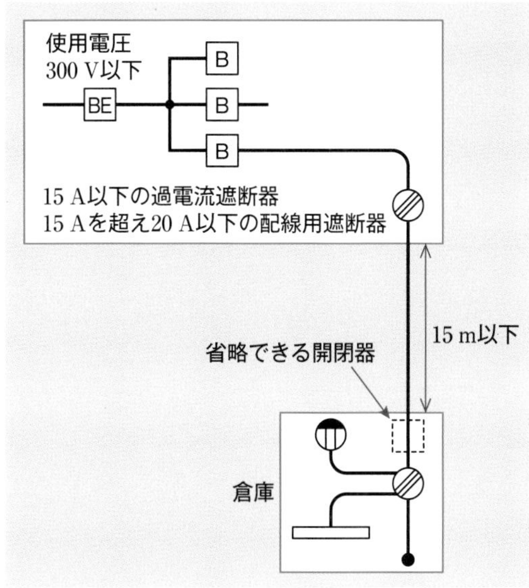

◉屋外配線の施設

屋外配線の開閉器及び過電流遮断器は，屋内電路用のものと兼用してはならないことになっている．

屋外配線の長さが屋内電路の分岐点から 8 m 以下の場合において，屋内電路用の過電流遮断器の定格電流が 15 A (配線用遮断器は 20 A) 以下のときは，開閉器及び過電流遮断器を屋内電路用のものと兼用することができる．

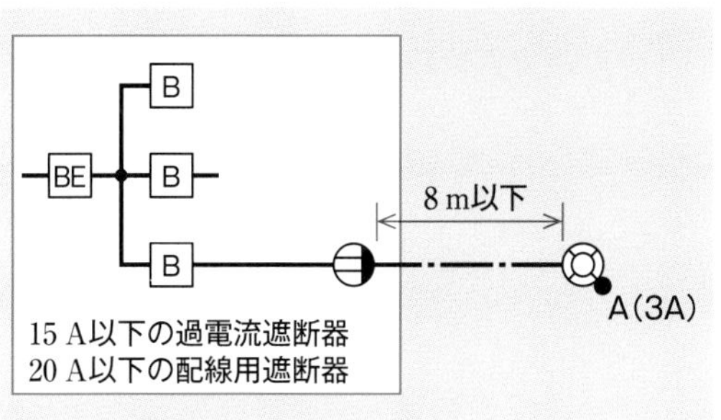

◉配線の太さ

低圧屋内配線：1.6 mm 以上の軟銅線

小勢力回路　：0.8 mm 以上の軟銅線(絶縁電線)

電球線　　　：0.75 mm^2 以上の袋打ゴムコード，丸打ちゴムコード，ゴムキャブタイヤコード，ゴムキャブタイヤケーブル

◉地中配線の埋設

ケーブルを使用して，次の埋設深さにする．

重量物の圧力を受ける　：1.2 m 以上

重量物の圧力を受けない：0.6 m 以上

◉ D 種接地工事

接地線の太さ　1.6 mm 以上の軟銅線

接地抵抗値　100Ω 以下(0.5 秒以内に動作する漏電遮断器を設置した場合は 500Ω 以下)

◉絶縁抵抗

電路の使用電圧の区分		絶縁抵抗値
300 V 以下	対地電圧 150 V 以下	0.1 MΩ 以上
	その他の場合	0.2 MΩ 以上
300 V を超えるもの		0.4 MΩ 以上

【具体例】

電気方式	絶縁抵抗値
1 ϕ 2 W 100 V	0.1 MΩ 以上
1 ϕ 3 W 100/200 V	0.1 MΩ 以上
1 ϕ 3 W 100/200 V を電源とした 1 ϕ 2 W 200 V	0.1 MΩ 以上
3 ϕ 3 W 200 V	0.2 MΩ 以上

練習問題 1 ※ 解答・解説は P.160 を参照

※ 解答・解説は P.160 を参照

図は，木造３階建住宅の配線図である．この図に関する次の各問いには４通りの答え（**イ**，**ロ**，**ハ**，**ニ**）が書いてある．それぞれの問いに対して，答えを１つ選びなさい．

【注意】1．屋内配線の工事は，特記のある場合を除き 600V ビニル絶縁ビニルシースケーブル平形（VVF）を用いたケーブル工事である．

2．屋内配線等の電線の本数，電線の太さ，その他，問いに直接関係のない部分等は省略又は簡略化してある．

3．漏電遮断器は，定格感度電流 30mA，動作時間 0.1 秒以内のものを使用している．

4．ジョイントボックスを経由する電線は，すべて接続箇所を設けている．

5．３路スイッチの記号「０」の端子には，電源側又は負荷側の電線を結線する．

	問い	答え
1	①で示す図記号の名称は．	**イ**．調光器 **ロ**．素通し **ハ**．遅延スイッチ **ニ**．リモコンスイッチ
2	②で示すコンセントの極配置（刃受）で，**正しいものは**．	**イ**．（図） **ロ**．（図） **ハ**．（図） **ニ**．（図）
3	③で示す部分の工事方法として，**適切なものは**．	**イ**．金属線ぴ工事 **ロ**．金属管工事 **ハ**．金属ダクト工事 **ニ**．600V ビニル絶縁ビニルシースケーブル丸形を使用したケーブル工事
4	④で示す部分に取り付ける計器の図記号は．	**イ**．CT　**ロ**．W　**ハ**．S　**ニ**．Wh
5	⑤で示す部分の電路と大地間の絶縁抵抗として，許容される最小値〔MΩ〕は	**イ**．0.1　**ロ**．0.2　**ハ**．0.4　**ニ**．1.0
6	⑥で示す図記号の名称は．	**イ**．シーリング（天井直付） **ロ**．埋込器具 **ハ**．シャンデリヤ **ニ**．ペンダント
7	⑦で示す部分の接地工事における接地抵抗の許容される最大値〔Ω〕は．	**イ**．100　**ロ**．300　**ハ**．500　**ニ**．600
8	⑧で示す部分の最少電線本数（心線数）は．	**イ**．2　**ロ**．3　**ハ**．4　**ニ**．5
9	⑨で示す図記号の名称は．	**イ**．自動点滅器 **ロ**．熱線式自動スイッチ **ハ**．タイムスイッチ **ニ**．防雨形スイッチ
10	⑩で示す図記号の配線方法は．	**イ**．天井隠ぺい配線 **ロ**．床隠ぺい配線 **ハ**．露出配線 **ニ**．床面露出配線

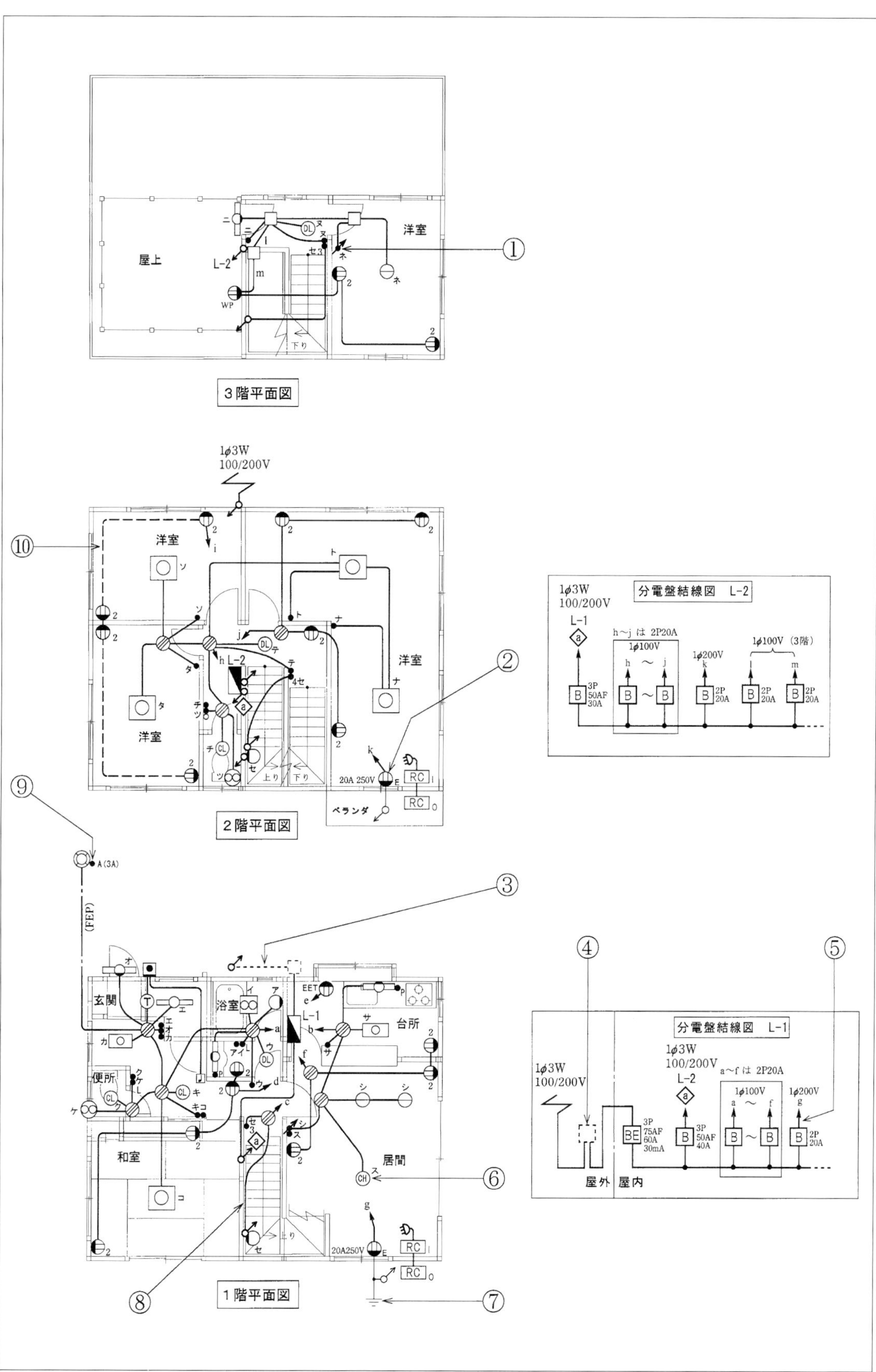
3階平面図
屋上
洋室
下り
2階平面図
1φ3W
100/200V
洋室
洋室
洋室
ベランダ
20A 250V
1階平面図
玄関
浴室
台所
便所
和室
居間
20A250V
(FEP)
A(3A)
分電盤結線図 L-2
1φ3W
100/200V
L-1
h～j は 2P20A
1φ100V
1φ200V
1φ100V（3階）
3P
50AF
30A
2P
20A
分電盤結線図 L-1
1φ3W
100/200V
a～f は 2P20A
1φ100V
1φ200V
3P
75AF
60A
30mA
3P
50AF
40A
屋外
屋内
①
②
③
④
⑤
⑥
⑦
⑧
⑨
⑩

練習問題2 ※解答・解説はP.161を参照

図は，鉄骨軽量コンクリート造一部２階建工場及び倉庫の配線図である．この図に関する次の各問いには４通りの答え（**イ**，**ロ**，**ハ**，**ニ**）が書いてある．それぞれの問いに対して，答えを１つ選びなさい．

【注意】1．屋内配線の工事は，特記のある場合を除き電灯回路は600V ビニル絶縁ビニルシースケーブル平形（VVF），動力回路は600V 架橋ポリエチレン絶縁ビニルシースケーブル（CV）を用いたケーブル工事である．

2．屋内配線等の電線の本数，電線の太さ，その他，問いに直接関係のない部分等は省略又は簡略化してある．

3．漏電遮断器は，定格感度電流 30mA, 動作時間が 0.1 秒以内のものを使用している．

4．ジョイントボックスを経由する電線は，すべて接続箇所を設けている．

5．３路スイッチの記号「０」の端子には，電源側又は負荷側の電線を結線する．

	問い	答え
1	①で示す部分の最少電線本数（心線数）は．	**イ**．3　**ロ**．4　**ハ**．5　**ニ**．6
2	②で示す引込口開閉器が省略できる場合の，工場と倉庫との間の電路の長さの最大値〔m〕は．	**イ**．5　**ロ**．10　**ハ**．15　**ニ**．20
3	③で示す図記号の名称は．	**イ**．圧力スイッチ **ロ**．押しボタン **ハ**．電磁開閉器用押しボタン **ニ**．握り押しボタン
4	④で示す部分に使用できるものは．	**イ**．引込用ビニル絶縁電線 **ロ**．架橋ポリエチレン絶縁ビニルシースケーブル **ハ**．ゴム絶縁丸打コード **ニ**．屋外用ビニル絶縁電線
5	⑤で示す屋外灯の種類は．	**イ**．水銀灯　**ロ**．メタルハライド灯 **ハ**．ナトリウム灯　**ニ**．蛍光灯
6	⑥で示す部分に施設してはならない過電流遮断装置は．	**イ**．２極にヒューズを取り付けたカバー付ナイフスイッチ **ロ**．２極２素子の配線用遮断器 **ハ**．２極にヒューズを取り付けたカットアウトスイッチ **ニ**．２極１素子の配線用遮断器
7	⑦で示す図記号の計器の使用目的は．	**イ**．電力を測定する． **ロ**．力率を測定する． **ハ**．負荷率を測定する． **ニ**．電力量を測定する．
8	⑧で示す部分の接地工事の電線（軟銅線）の最小太さと，接地抵抗の最大値との組合せで，**正しいものは**．	**イ**．1.6mm　100Ω　**ロ**．1.6mm　500Ω **ハ**．2.0mm　100Ω　**ニ**．2.0mm　600Ω
9	⑨で示す部分に使用するコンセントの極配置（刃受）は．	**イ**． 　**ロ**． 　**ハ**． 　**ニ**． 
10	⑩で示す部分に取り付けるモータブレーカの図記号は	**イ**．B　**ロ**．BE　**ハ**．Ⓢ　**ニ**．S

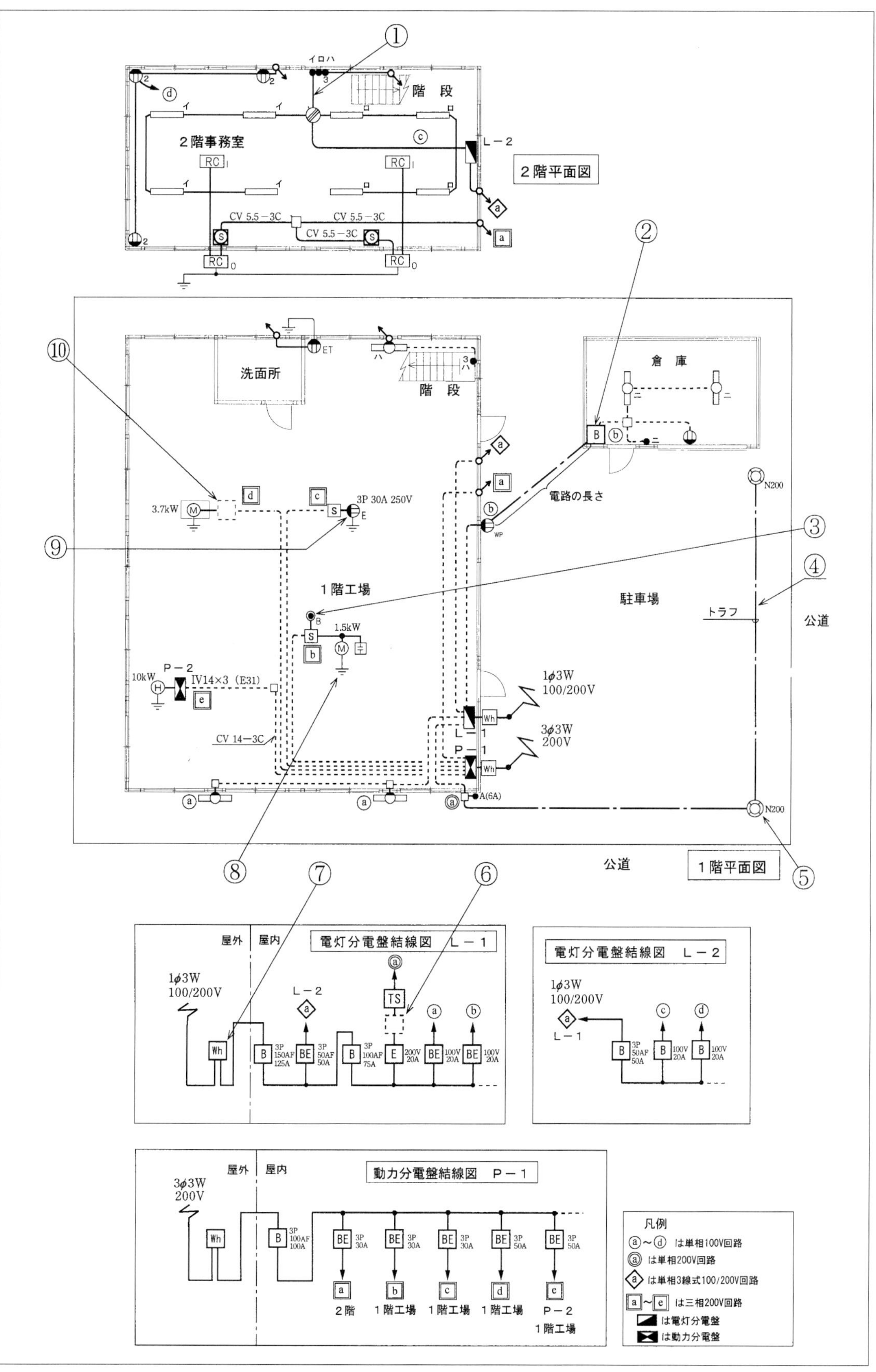
2階平面図
2階事務室
階 段
イロハ
L－2
CV 5.5－3C
1階平面図
洗面所
倉 庫
電路の長さ
1階工場
駐車場
トラフ
公道
3.7kW
3P 30A 250V
1.5kW
10kW
P－2
IV14×3 (E31)
CV 14－3C
1φ3W
100/200V
3φ3W
200V
L－1
P－1
A(6A)
N200
電灯分電盤結線図 L－1
屋外
屋内
電灯分電盤結線図 L－2
動力分電盤結線図 P－1
2階
1階工場
P－2
凡例
ⓐ～ⓓ は単相100V回路
は単相200V回路
は単相3線式100/200V回路
は三相200V回路
は電灯分電盤
は動力分電盤

練習問題1　解答・解説

1．イ．調光器

図記号 ●↗ は，電灯の明るさを調整する調光器を表す．

2．ロ

図記号 20A250V ⏀E は，20A250V 接地極付コンセントを表す．

3．ニ．600V ビニル絶縁ビニルシースケーブル丸形を使用したケーブル工事

木造の造営物であるので，ニのケーブル工事が適している．

4．ニ．Wh

④で示す部分に取り付ける計器は，電力量計である．

5．イ．0.1

絶縁抵抗値は，表に示す値以上でなければならない．

電路の使用電圧の区分		絶縁抵抗値
300V 以下	対地電圧が 150V 以下の場合	0.1MΩ
	その他の場合	0.2MΩ
300V を超えるもの		0.4MΩ

⑤で示す回路は，単相3線式 100/200V を電源にする 200V 回路であるので，使用電圧 300V 以下で対地電圧 150V 以下に該当し，絶縁抵抗値は 0.1MΩ 以上である．

6．ハ．シャンデリヤ

図記号 Ⓒⓗ は，シャンデリヤを表す．

7．ハ．500

⑦で示す接地工事は，使用電圧が 300V 以下のコンセントの接地工事で，D種接地工事である．分電盤 L-1 に，動作時間 0.1 秒以内の漏電遮断器が施設してあるので，接地抵抗値は 500Ω 以下である．

8．ロ．3

⑧で示す部分の複線図は，図のようになる．

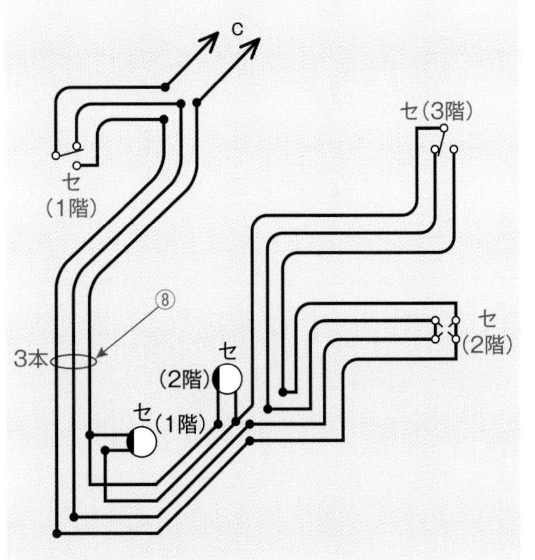

9．イ．自動点滅器

図記号 ● A (3A) は，定格電流が3Aの自動点滅器を表す．

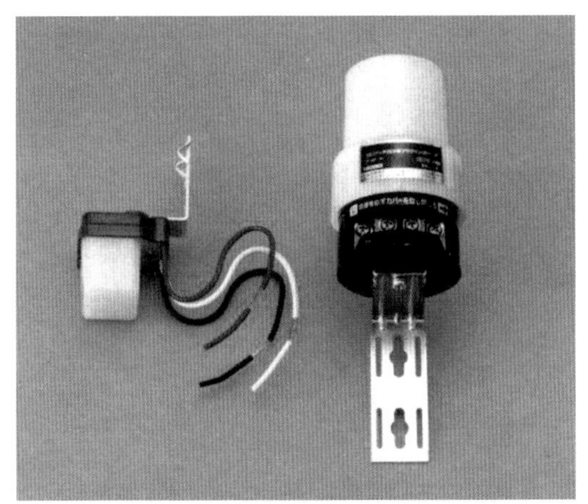

自動点滅器

10．ロ．床隠ぺい配線

図記号 - - - - - - - - は床隠ぺい配線を示す．

練習問題1　解答一覧

問い	1	2	3	4	5	6	7	8	9	10
答え	イ	ロ	ニ	ニ	イ	ハ	ハ	ロ	イ	ロ

練習問題２　解答・解説

1．ロ．4

①で示す部分の複線図は，下図のようになる．

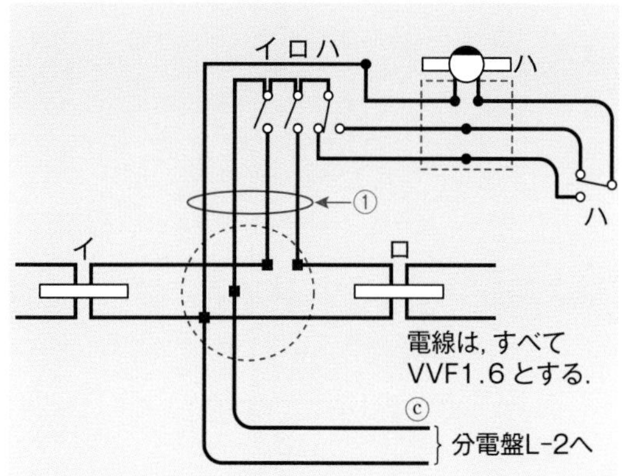

2．ハ．15

引込口開閉器が省略できる場合は，工場と倉庫との間の電路の長さが15m以下である．

3．ハ．電磁開閉器用押しボタン

③で示す図記号 ◉B は，電磁開閉器用押しボタンを表す．

4．ロ．架橋ポリエチレン絶縁ビニルシースケーブル

④で示す部分は，トラフを用いた直接埋設式の地中配線である．低圧の地中配線を直接埋設式で施設する場合，使用できる電線はケーブルに限る．

5．ハ．ナトリウム灯

⑤で示す図記号 N200 は，200Wのナトリウム灯の屋外灯を表す．

6．ニ．2極1素子の配線用遮断器

⑥で示す部分は，1ϕ3W100/200Vからの単相200Vの分岐回路であり，配線用遮断器を施設する場合は，2極2素子でなければならない．

7．ニ．電力量を測定する．

⑦で示す図記号 Wh は，電力量計(箱入り又はフード付)を表す．

8．ロ．1.6mm　500Ω

⑧で示す接地工事は，使用電圧が300V以下であるので，D種接地工事である．接地線（軟銅線)の太さは，1.6mm以上である．接地抵抗値は，電源側に動作時間0.1秒以内の漏電遮断器が施設してあるので，500Ω以下である．

9．イ

⑨で示すコンセント 3P 30A 250V E は，3極30A250V接地極付コンセントである．

10．イ

⑩で示すモータブレーカの図記号は，B M 又は B である．

練習問題２　解答一覧

問い	1	2	3	4	5	6	7	8	9	10
答え	ロ	ハ	ハ	ロ	ハ	ニ	ニ	ロ	イ	イ

3 材料等選別

ポイント!

1．工事用材料

◉電線・ケーブル等

品物の名称		図記号	備　考
	600 V ビニル絶縁電線(IV)	IV1.6(E19) ねじなし電線管に収めた場合	金属管，合成樹脂管等に収めて配線する．電線の太さは，1.6 mm，2.0 mm などがある．
	600 V ビニル絶縁ビニルシースケーブル平形(VVF)	VVF1.6-2C VVF1.6-3C	電線の太さは1.6 mm，2.0 mm 等があり，線心数は2心，3心等がある．
	600 V ビニル絶縁ビニルシースケーブル丸形(VVR)	VVR1.6-2C	電線の太さは1.6 mm，2.0 mm 等があり，線心数は2心，3心等がある．
	600 V 架橋ポリエチレン絶縁ビニルシースケーブル(CV)	CV3.5-3C	電線の太さは1.6 mm，2.0 mm，3.5 mm^2 等があり，線心数は1～4心がある．
	600 V 架橋ポリエチレン絶縁ビニルシースケーブル（単心3本のより線）(CVT)	CVT22	単心のCVを3本より合わせたケーブルである．

◉電線管等

品物の名称		図記号	備　考
	薄鋼電線管 19 mm 25 mm	IV1.6(19)	IV電線を収めて配線する．薄鋼電線管1本の長さは，3.66 m である． 呼び径は，外径に近い奇数〔mm〕である．
	ねじなし電線管 19 mm 25 mm	IV1.6(E19)	IV電線を収めて配線する．ねじなし電線管1本の長さは，3.66 m である． 呼び径は，外径に近い奇数〔mm〕である．
	硬質ポリ塩化ビニル電線管(VE管) 16 mm 22 mm	IV1.6(VE16)	IV電線を収めて配線したり，短く切断して，メタルラス壁貫通箇所の防護管にする．硬質ポリ塩化ビニル電線管1本の長さは，4 m である． 呼び径は，内径に近い偶数〔mm〕である．
	合成樹脂製可とう電線管(PF管) 16 mm 22 mm	IV1.6(PF16)	IV電線を収めて配線する． 呼び径は，内径に近い偶数〔mm〕である．

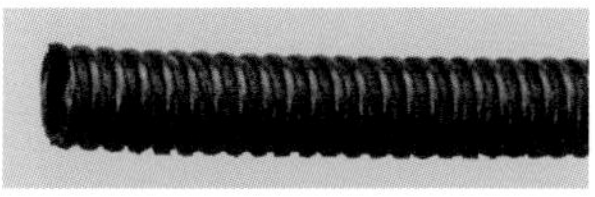	波付硬質合成樹脂管(FEP)	CV5.5-2C(FEP40)	ケーブルを管路式で地中埋設する場合に使用する.
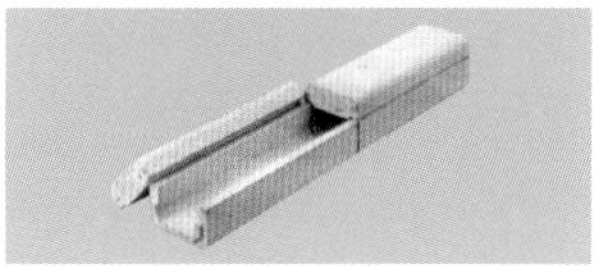	トラフ		ケーブルを直接埋設式で地中埋設する場合に使用する.

◉ボックス類

品物の名称		図記号	備　考
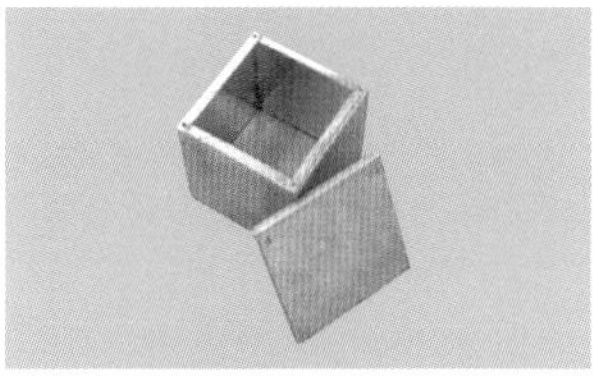	プルボックス	⊠	多数の金属管が集合する場所で，電線の引き入れを容易にするのに用いる.
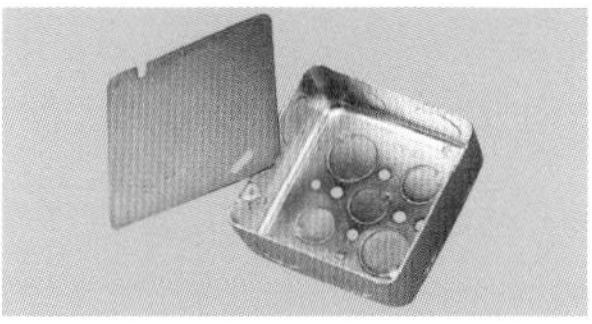	アウトレットボックス(ジョイントボックス)	□	配管を分岐したり，電線接続をする部分に用いる．また，照明器具などを取り付ける部分で電線を引き出す場合に用いる.
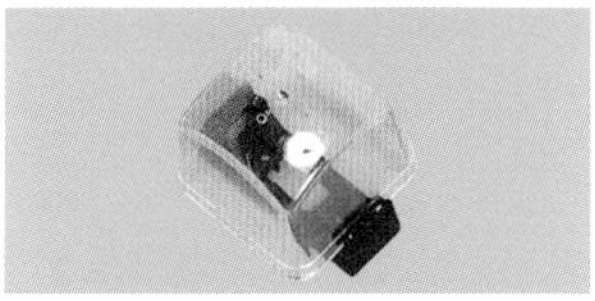	VVF用ジョイントボックス	⊘	VVFケーブルをリングスリーブや差込形コネクタ等を用いて接続したものを収める.
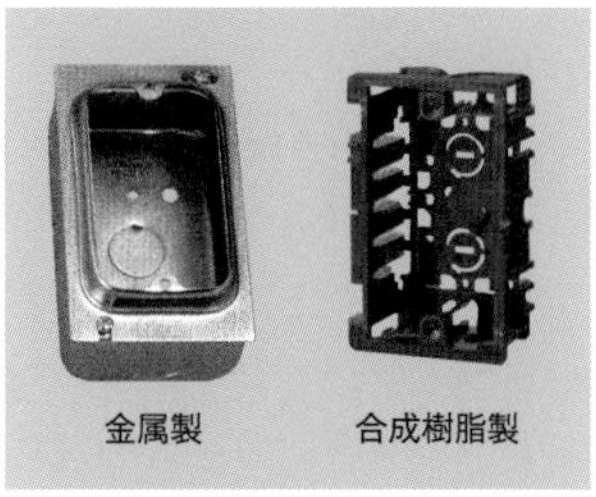 金属製　合成樹脂製	埋込スイッチボックス		埋込形のスイッチやコンセントを取り付ける. **【金属製】** 一般的には金属管工事やPF管・CD管を使用した合成樹脂管工事に使用される. **【合成樹脂製】** 木造の建物で，VVF工事に使用される.
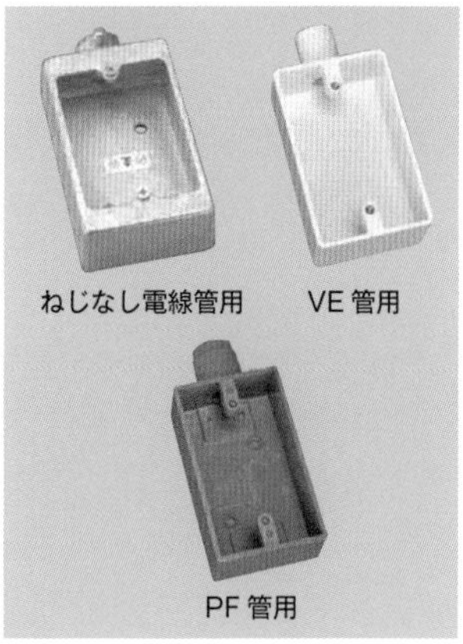 ねじなし電線管用　VE管用　PF管用	露出スイッチボックス		金属管や合成樹脂管を差し込むハブが付いている.

●配管付属品類等

品物の名称		備　考
	ねじなしボックスコネクタ	ねじなし電線管をアウトレットボックス等に接続するときに使用する.
	2号コネクタ	硬質ポリ塩化ビニル電線管をボックスに接続するときに使用する.
	PF 管用ボックスコネクタ	合成樹脂製可とう電線管（PF 管）をボックスに接続するときに使用する.
	FEP 用コネクタ	波付硬質合成樹脂管(FEP)をボックスに接続するときに使用する.
	ねじなしカップリング	ねじなし電線管相互を接続するときに使用する.
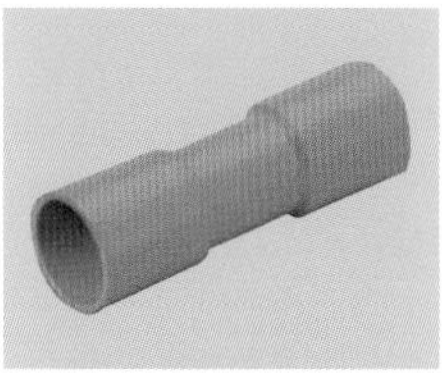	TS カップリング	硬質ポリ塩化ビニル電線管相互を接続するときに使用する.
	PF 管用カップリング	合成樹脂製可とう電線管（PF 管）相互を接続するときに使用する.
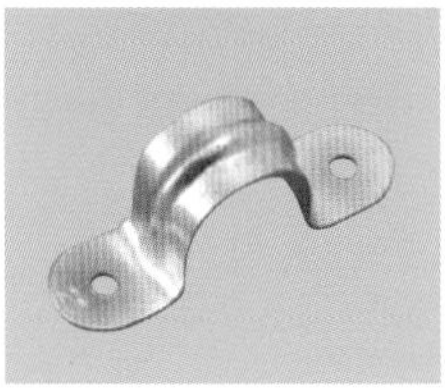	金属管用サドル	金属管を造営材に固定するときに使用する.

品物の名称	備　考
ステープル	VVF ケーブルを造営材に固定するときに使用する．
ゴムブッシング	金属製のアウトレットボックス等の穴に VVF ケーブルや VVR ケーブルを挿入する場合に，ケーブルを保護するのに用いる．

◉電線接続材料

<table>
<tr><th>品物の名称</th><th>備　考</th></tr>
<tr><td>リングスリーブ</td><td>小，中，大の 3 種類がある．
リングスリーブの選定例
<table>
<tr><th rowspan="2">種類</th><th colspan="4">電線の組み合わせ</th></tr>
<tr><th>1.6 mm
2 mm²</th><th>2.0 mm
3.5 mm²</th><th>2.6 mm
5.5 mm²</th><th>異なる場合の組み合わせ</th></tr>
<tr><td>小</td><td>2 ～ 4</td><td>2</td><td></td><td>2.0×1＋1.6×(1～2)</td></tr>
<tr><td>中</td><td>5 ～ 6</td><td>3 ～ 4</td><td>2</td><td>2.0×1＋1.6×(3 ～5)
2.0×2＋1.6×(1～3)</td></tr>
<tr><td>大</td><td>7</td><td>5</td><td>3</td><td>2.0×3＋1.6×2</td></tr>
</table>
圧着工具の圧着マーク
<table>
<tr><th>リングスリーブ</th><th>圧着マーク</th></tr>
<tr><td>小</td><td>小（1.6 mm 2 本の場合は○）</td></tr>
<tr><td>中</td><td>中</td></tr>
<tr><td>大</td><td>大</td></tr>
</table></td></tr>
<tr><td>差込形コネクタ</td><td>1.6 mm, 2.0 mm の電線が接続でき，2 本用，3 本用，4 本用等がある．</td></tr>
</table>

◉配線用遮断器・漏電遮断器

品物の名称	図記号	備　考
配線用遮断器	B 20A	100 V 回路　2 極 1 素子，2 極 2 素子 200 V 回路　2 極 2 素子 定格電流 20 A • 電線の太さ　1.6 mm 以上 • コンセント　20 A 以下
過負荷保護付 漏電遮断器	E 3P 50AF 50A 30mA BE	分電盤の主幹に用いる．

◉スイッチ等

品物の名称		図記号	備　考
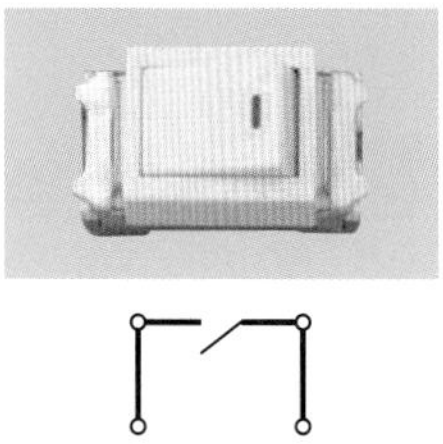	単極スイッチ	●	電灯を点滅する単極スイッチで，片切スイッチとも呼ばれる．
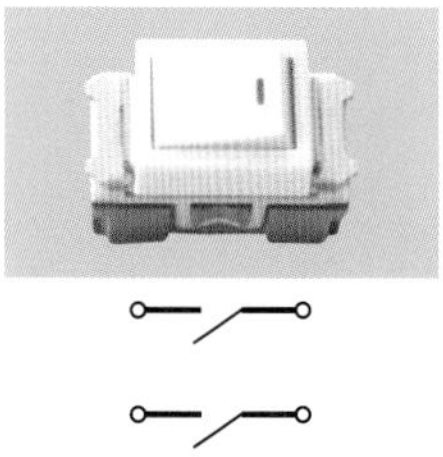	2極スイッチ	●2P	単相3線式からの200Vを電源にした回路の点滅に使用される．両切りスイッチとも呼ばれている．
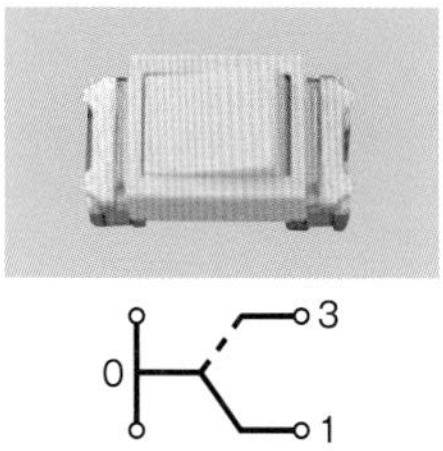 0 3 1	3路スイッチ	●3	電灯を2箇所から任意で点滅する場合に用いる．
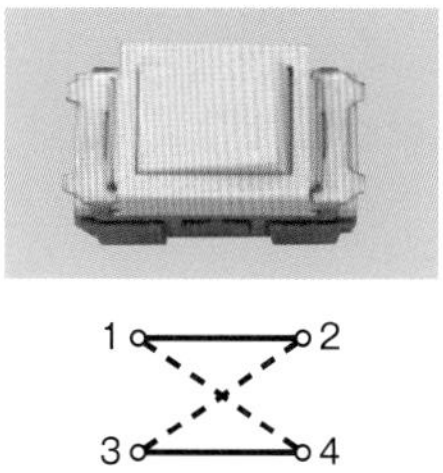 1 2 3 4	4路スイッチ	●4	3路スイッチと組み合わせて，電灯を3箇所以上から任意で点滅する場合に用いる．
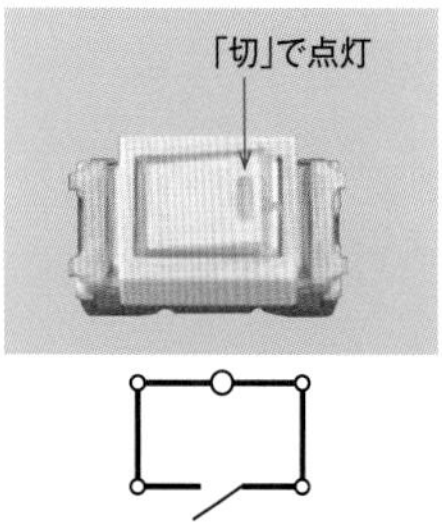 「切」で点灯	位置表示灯内蔵スイッチ	●H	内蔵されているパイロットランプがOFFで点灯することにより，暗くなってもスイッチの位置を確認することができる．H(Here)は位置表示灯内蔵を表す．
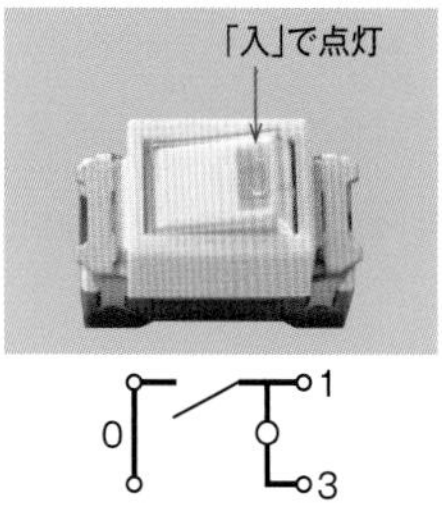 「入」で点灯 0 1 3 3線式	確認表示灯内蔵スイッチ	●L	内蔵されているパイロットランプの点灯により，換気扇等の動作確認ができる．L(Load)は確認表示灯内蔵を表す． 2線式 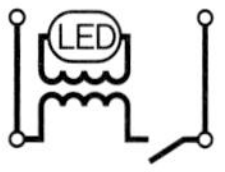 LED

品物の名称		図記号	備　考
遅れ機構	遅延スイッチ	●D	操作部を「切」にした後，遅れて「切」の動作をするスイッチで，浴室等の換気扇と組み合わせて使用する．D（Delay）が遅延動作を示す．
	熱線式自動スイッチ	●RAS	人の接近によって，電灯を自動的に点灯させる．
	パイロットランプ（確認表示灯）	○	スイッチと組み合わせて，電源の表示，器具の動作状態，スイッチの位置を表すのに用いる．
	リモコンスイッチ	●R	リモコン配線で，リモコンリレーを操作するのに用いる．
	リモコンセレクタスイッチ	⊗3	リモコンスイッチを集合して取り付けたもので，点滅回路数を傍記する．
	調光器	↗●	電灯の明るさの調整に用いる．
	自動点滅器	●A	自動で，暗くなると電灯を点灯し，明るくなると電灯を消灯するスイッチ．

◉コンセント

品物の名称		図記号	備　考	
	15A125V コンセント		15A125V 2 口コンセント	2
	20A125V コンセント	20A	20A 専用コンセント	20A
接地極	15A125V 接地極付 コンセント	E	15A125V 接地極付 2 口コンセント	2 E
	20A125V 接地極付 コンセント	E 20A		
接地端子	15A125V 接地端子 付コンセント	ET	15A125V 接地端子付 2 口コンセント	2 ET
	15A125V 接地極付 接地端子付 コンセント	EET	20A125V 接地極付 接地端子付 コンセント	EET 20A

品物の名称		図記号	備　考
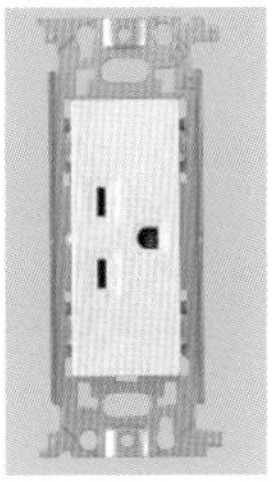	15A250V 接地極付コンセント	 E 250V	20A250V 接地極付コンセント  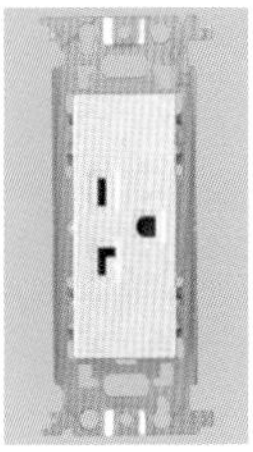 E 20A250V
	15A125V 抜け止め形コンセント	 LK	15A125V 接地極付抜け止め形2口コンセント   2 E LK
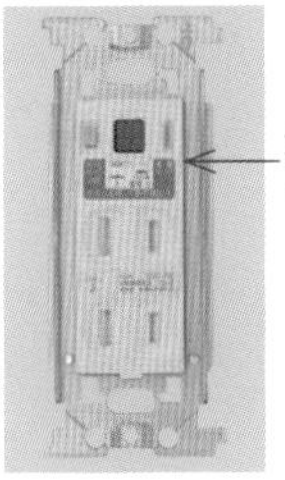 漏　電 ブレーカ	15A125V 漏電遮断器付2口コンセント	 2 EL	ELが漏電遮断器付を示す. 漏電遮断器が内蔵されたコンセントで，漏電が発生するとコンセントからの電源を遮断する.
	3極 15A250V 接地極付コンセント	 E 3P 250V	三相200V用の接地極付コンセント
	防雨形コンセント	 2 LK EET WP	雨水のかかる場所に取り付けるコンセントで，WP（Water Proof）が防雨形を示す.
	フロアコンセント	 ▲ 2	床面に取り付けるコンセントで，▲が床面に取り付けることを示す.

●照明器具

品物の名称		図記号	備　考
	引掛シーリング(角)	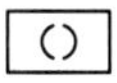 ▭(　)	照明器具を取り付ける.
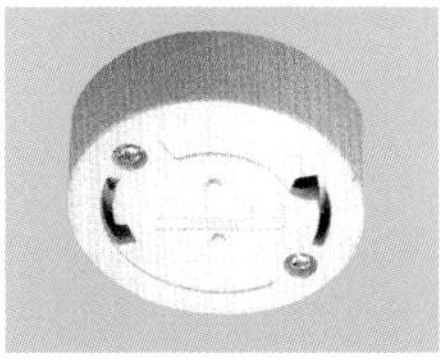	引掛シーリング(丸)	◯(　)	照明器具を取り付ける.
	ペンダント	⊖	
	シーリング (天井直付)	(CL)	天井に直接取り付ける照明器具.
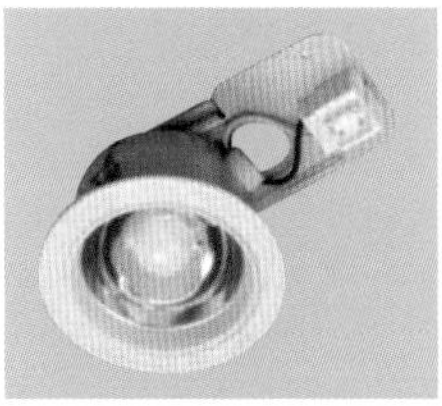	埋込器具 (ダウンライト)	(DL)	天井に埋め込む照明器具. 
	シャンデリヤ	(CH)	
	蛍光灯	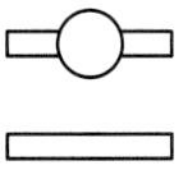 ▭◯▭ ▭	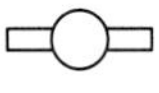 ▭◯▭ は，ボックス付を示す.

◉その他の配線器具・機器等

品物の名称		図記号	備　考
	分電盤	 ◩	漏電遮断器や配線用遮断器が収納されている.
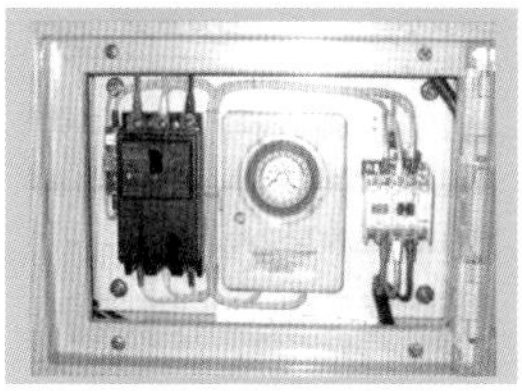	制御盤	 ⧓	電磁接触器やタイムスイッチなどの自動制御を行う機器が収納されている.
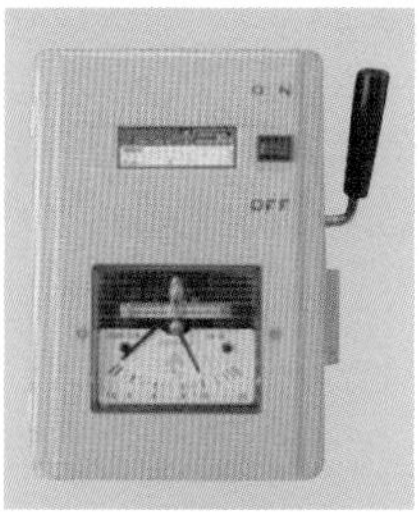	電流計付箱開閉器	Ⓢ（□内）	電動機の手元開閉器として用いる.
	電磁開閉器	 S 制御線	電磁接触器と熱動継電器が組み合わされたもので，押しボタンスイッチで操作して開閉する．電動機の過負荷を保護することができる.
	電磁開閉器用 押しボタン	 ◉B	確認表示灯付  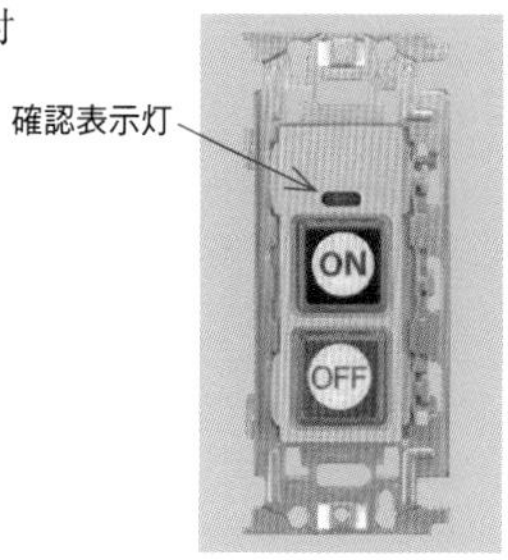 ◉BL 確認表示灯
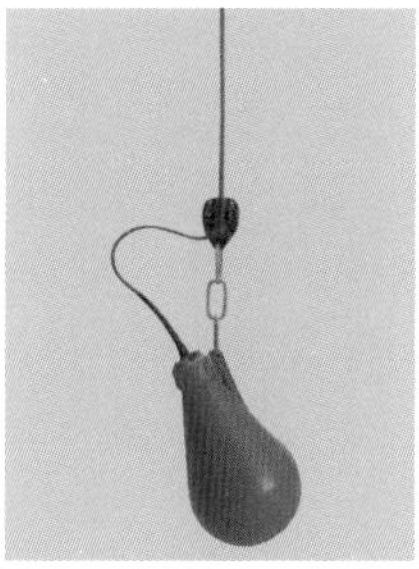	フロートスイッチ	 ◉F	浮力で液体の位置に合せて上下変動することで開閉するスイッチで，受水槽や高置水槽等に用いて液面制御を行う.

品物の名称		図記号	備　考
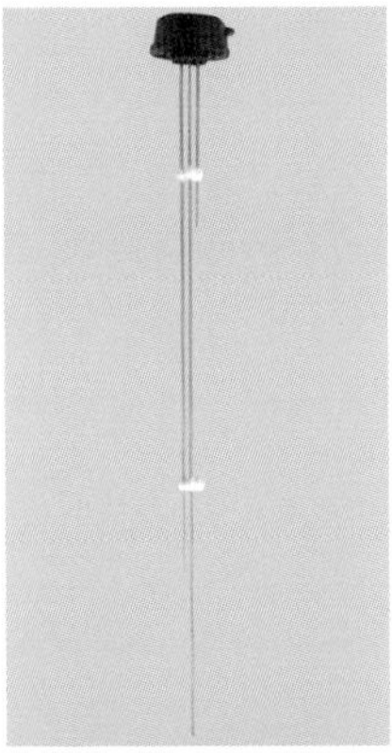	フロートレス スイッチ電極	◉LF	フロートレススイッチに用いられる電極である． 電極数を傍記する． ◉LF3
	小形変圧器	Ⓣ	リモコントランス ⓉR 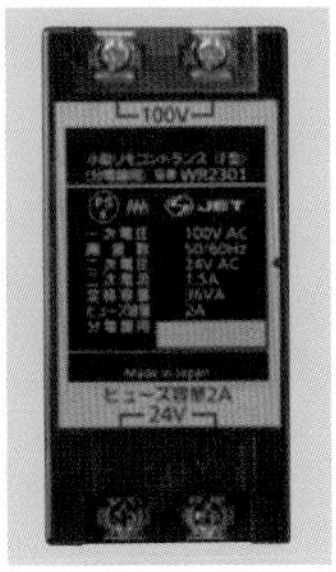
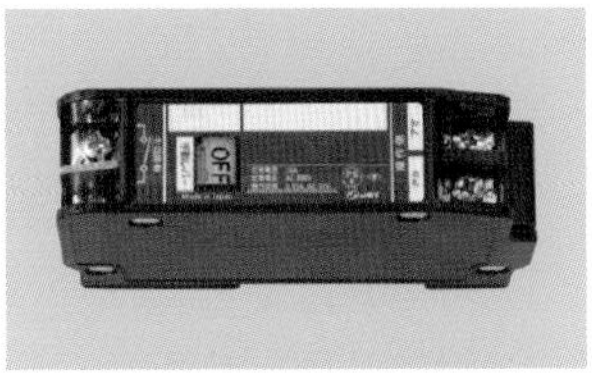	リモコンリレー	▲	集合して取り付ける場合は，リレー数を傍記する． ▲▲▲6
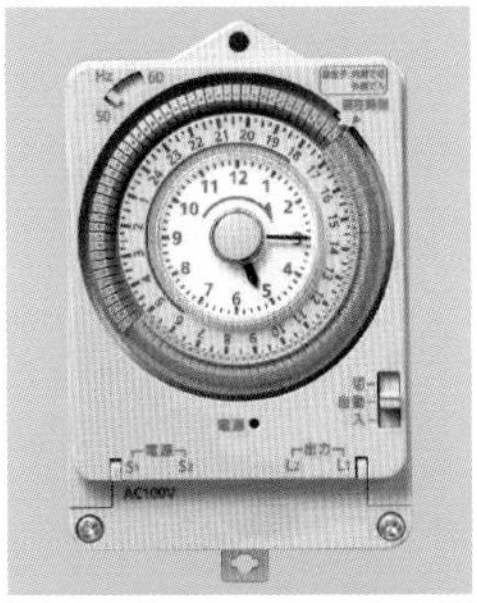	タイムスイッチ	TS	電気温水器等の使用できる時間帯を設定する．
	換気扇（壁付き）	∞	天井付き  ∞

2. 工具

◉金属管工事

品物の名称		備　考
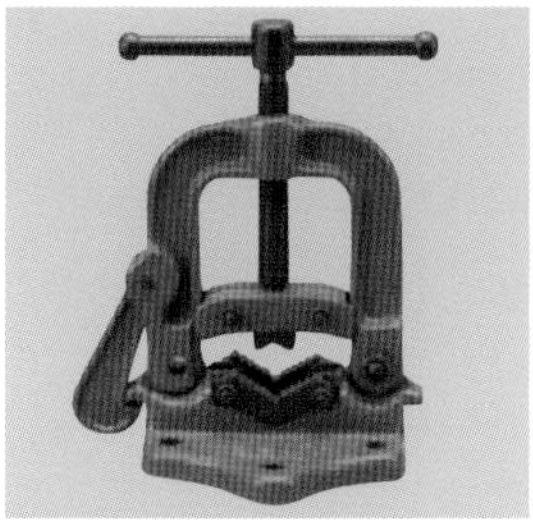	パイプバイス	金属管の切断やねじを切るときに金属管を固定する.
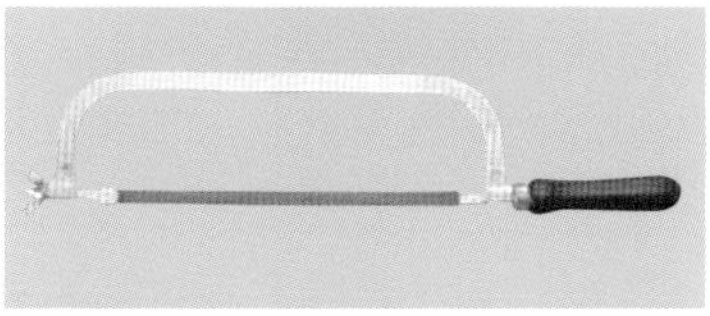	金切りのこ	金属管を切断する. 硬質ポリ塩化ビニル電線管を切断するときにも使用する.
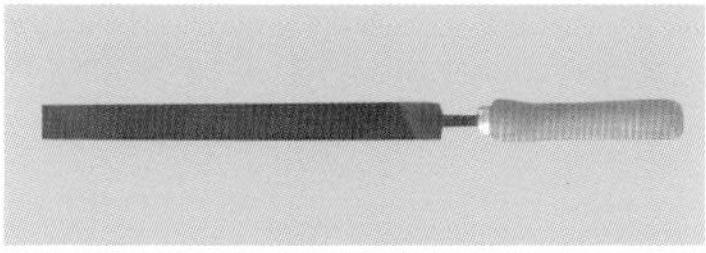	やすり	金属管の切断面の仕上げや外側のバリを取る.
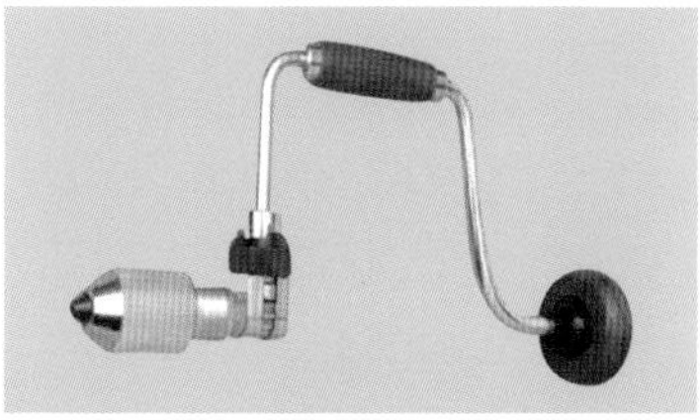	クリックボール	リーマと組み合わせて, 金属管の内側の面取りをする.
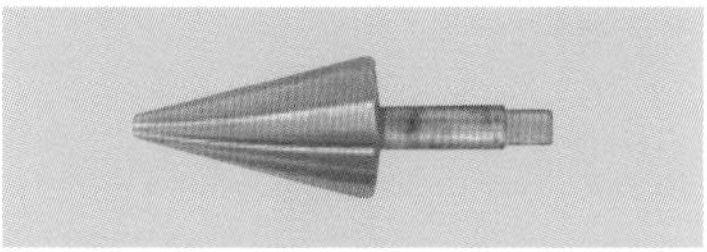	リーマ	クリックボールと組み合わせて, 金属管の内側の面取りをする.
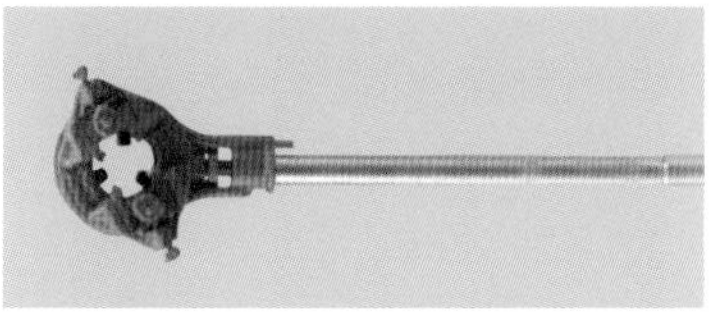	リード型ねじ切り器	薄鋼電線管のねじを切る.
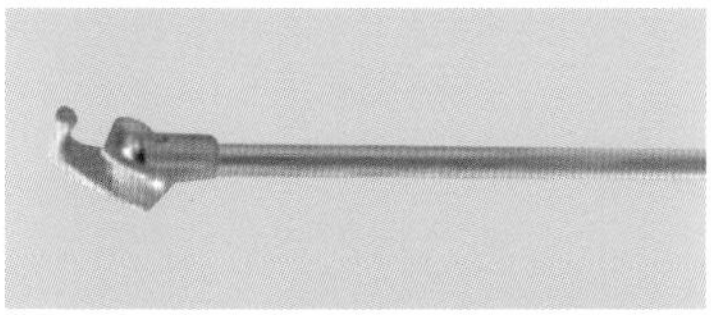	パイプベンダ	金属管を曲げるときに使用する.
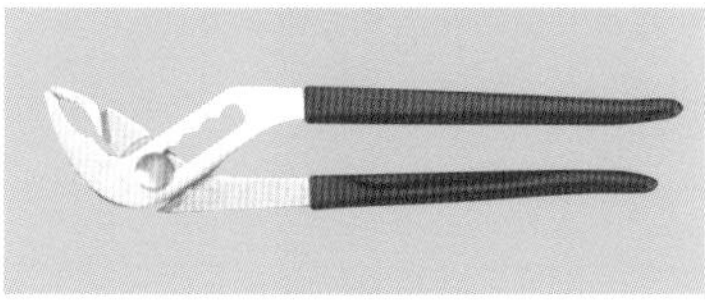	ウォータポンププライヤ	ロックナットや絶縁ブッシングを締め付けるときに使用する.

◉合成樹脂管工事

品物の名称		備　考
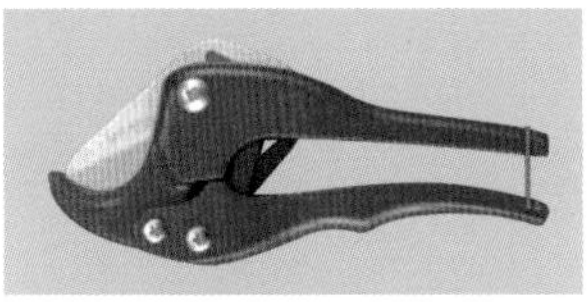	合成樹脂管用カッタ (塩ビカッタ)	硬質ポリ塩化ビニル電線管(VE 管)を切断をするときに用いる.
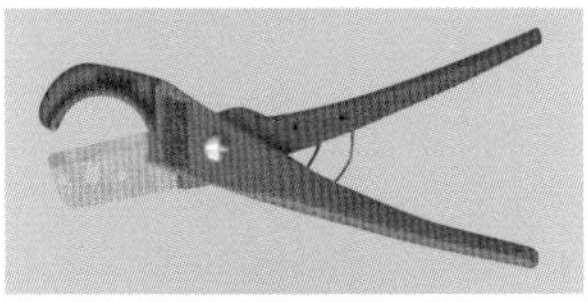	樹脂フレキシブル管カッタ (フレキシブルカッタ)	PF 管や CD 管を切断するときに使用する.
	面取器	硬質ポリ塩化ビニル電線管(VE 管)の内側および外側の面取りに使用する.
	ガストーチランプ	硬質ポリ塩化ビニル電線管(VE 管)を曲げるときに，加熱して軟化させる.

◉電線接続工具

品物の名称		備　考
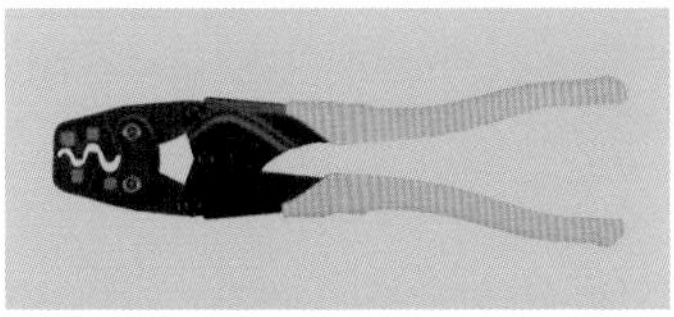	リングスリーブ用 圧着工具	電線を接続するときにリングスリーブを圧着する．柄の色が黄色である.
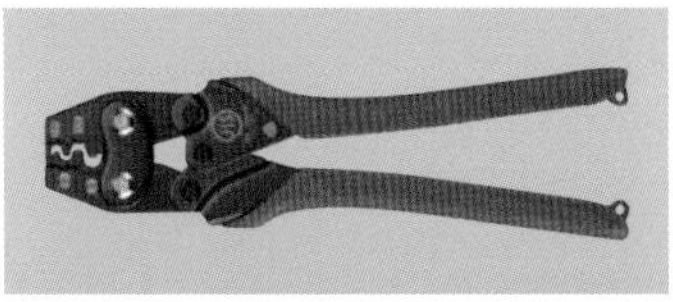	裸圧着端子・ スリーブ用圧着工具	裸圧着端子に電線を圧着したり，細い電線を P 形スリーブで圧着接続する，
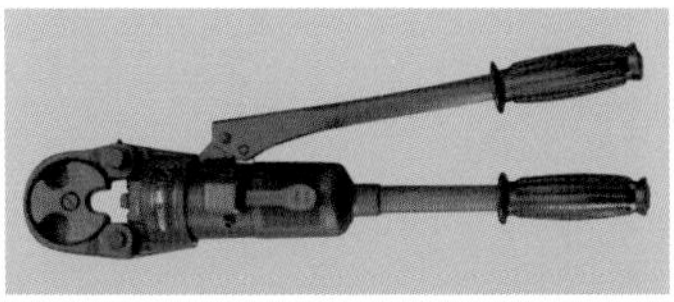	手動油圧式圧着器	太い電線を圧着接続するときに P 形スリーブを圧着したり，太い電線を裸圧着端子に圧着接続する.
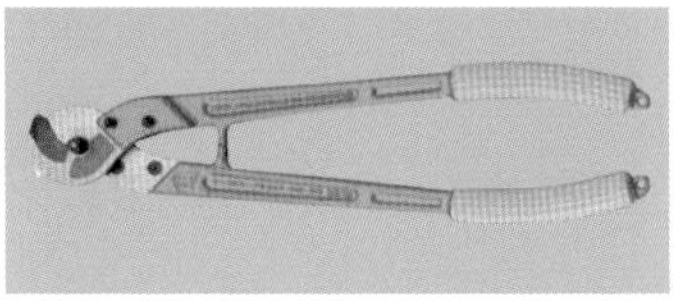	ケーブルカッタ	ケーブルや太い絶縁電線を切断する.

3．各種工事に使用される材料と工具

◉薄鋼電線管工事

（1） 配線図

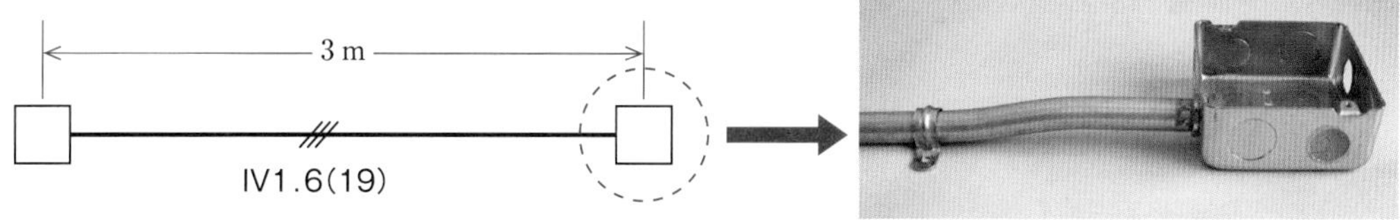

（配線は省略）

施工場所は木造の建物とする．

【選別上の条件】

❶ 隠ぺい配線とし，薄鋼電線管は曲げ加工を行うものとする．

❷ アウトレットボックス内の電線接続は，差込形コネクタ接続とする．

（2） 材料

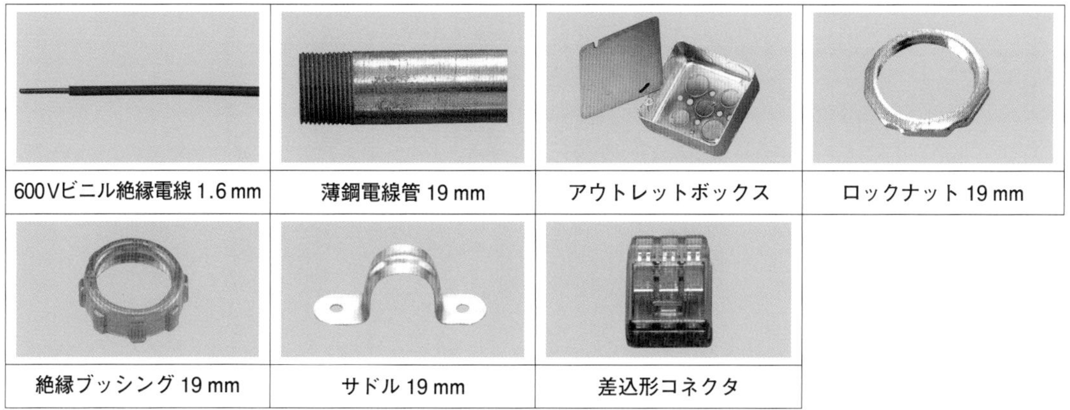

（3） 主な工具

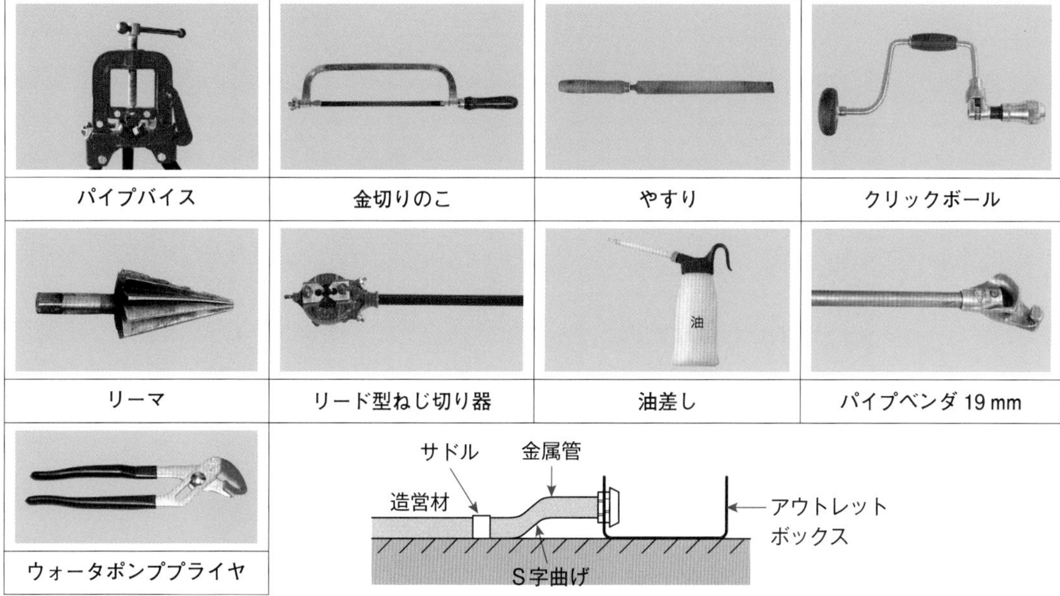

（注）配線図では配管が曲がっていなくても，金属管をサドルで造営材に固定するため，S字曲げをする必要がある．

◉ねじなし電線管工事

（1） 配線図

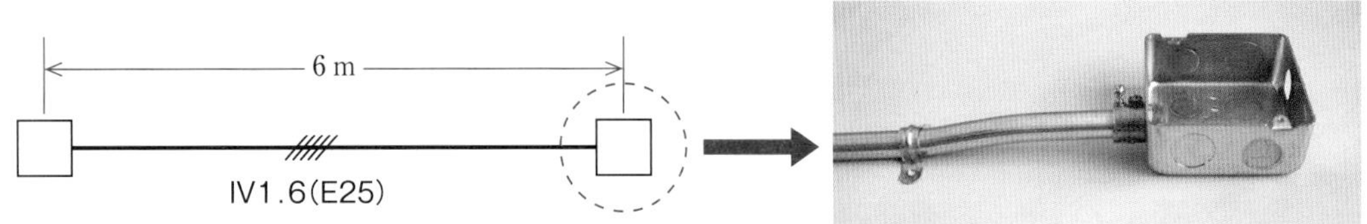

（配線は省略）

施工場所は木造の建物とする．

【選別上の条件】

❶ 隠ぺい配線とし，ねじなし電線管は曲げ加工を行うものとする．

❷ アウトレットボックス内の電線接続は，リングスリーブによる圧着接続とする．

（2） 材料

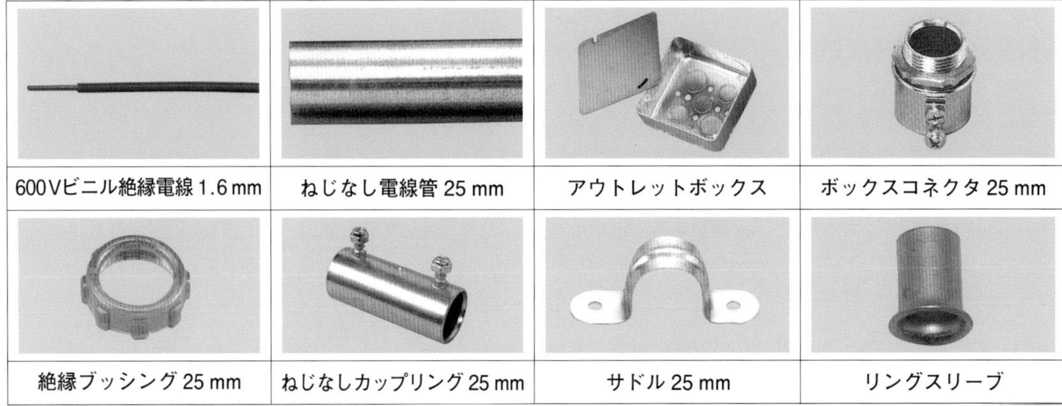

600Vビニル絶縁電線 1.6 mm	ねじなし電線管 25 mm	アウトレットボックス	ボックスコネクタ 25 mm
絶縁ブッシング 25 mm	ねじなしカップリング 25 mm	サドル 25 mm	リングスリーブ

（3） 主な工具

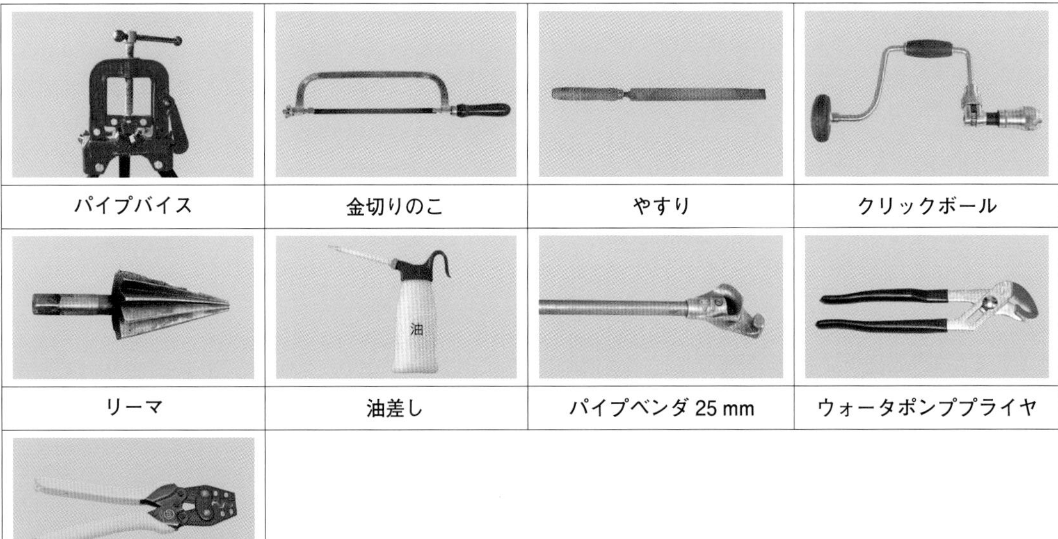

パイプバイス	金切りのこ	やすり	クリックボール
リーマ	油差し	パイプベンダ 25 mm	ウォータポンププライヤ
リングスリーブ用 圧着工具			

◉合成樹脂製可とう電線管工事

（1） 配線図

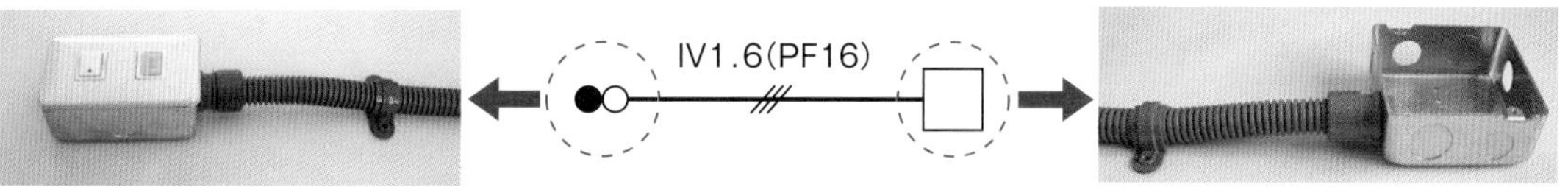

施工場所は木造の建物とする.　　(配線は省略)

【選別上の条件】

❶ 隠ぺい配線とする.

❷ アウトレットボックス内の電線接続は，リングスリーブによる圧着接続とする.

（2） 材料

600 V ビニル絶縁電線 1.6 mm	合成樹脂製可とう電線管 16 mm	アウトレットボックス	スイッチボックス
PF 管用ボックスコネクタ 16 mm	PF 管用サドル 16 mm	リングスリーブ	埋込形単極スイッチ
パイロットランプ	埋込連用取付枠	2 口用プレート	

（3） 主な工具

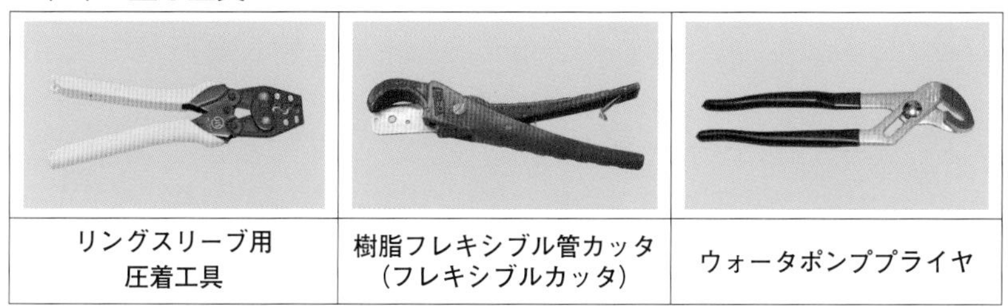

リングスリーブ用圧着工具	樹脂フレキシブル管カッタ（フレキシブルカッタ）	ウォータポンププライヤ

合成樹脂製可とう電線管(PF 管)は，ナイフで切断することもできる.

◉硬質ポリ塩化ビニル電線管（VE管）工事

（1） 配線図

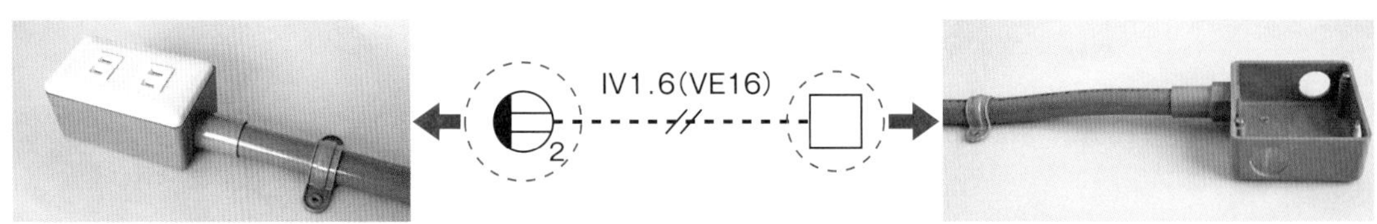

施工場所は木造の建物とする.　　（配線は省略）

【選別上の条件】

❶ 硬質ポリ塩化ビニル電線管による露出配線とし，曲げ加工を行うものとする.

❷ アウトレットボックス内の電線接続は，リングスリーブによる圧着接続とする.

（2） 材料

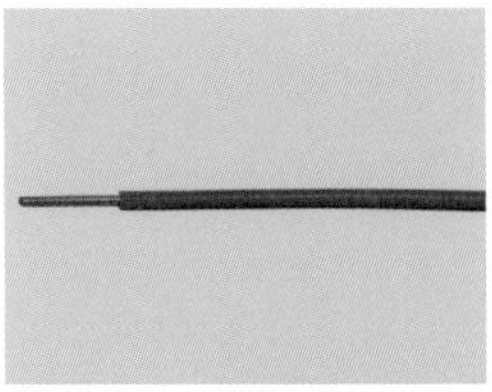 600 V ビニル絶縁電線 1.6 mm	 硬質ポリ塩化ビニル電線管 16 mm	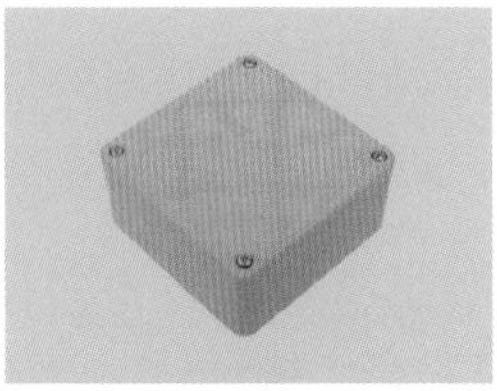 アウトレットボックス （VE 管用）	 露出スイッチボックス （VE 管用）
 2 号コネクタ	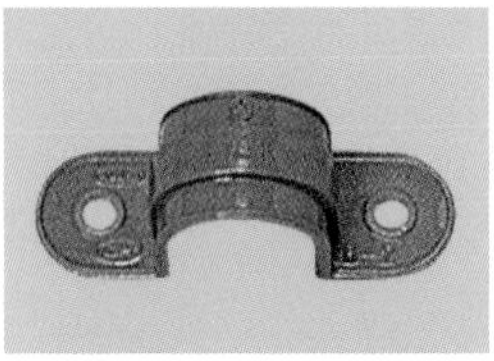 VE 管用サドル 16 mm	 リングスリーブ	 埋込形コンセント
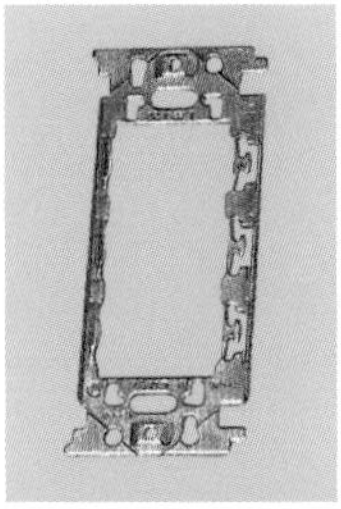 埋込連用取付枠	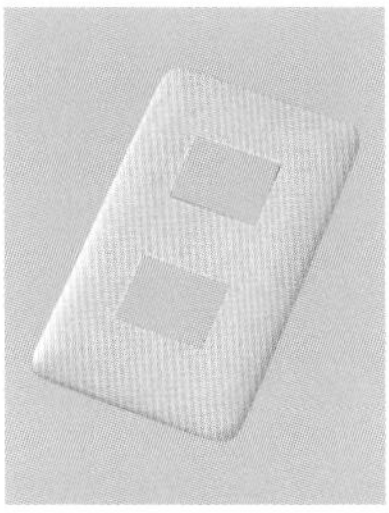 2 口用プレート		

（3） 主な工具

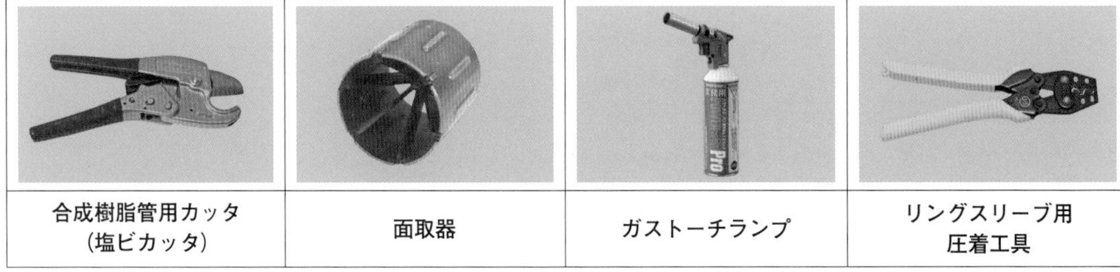

合成樹脂管用カッタ （塩ビカッタ）	面取器	ガストーチランプ	リングスリーブ用 圧着工具

◉**ケーブル工事**

（1） 配線図

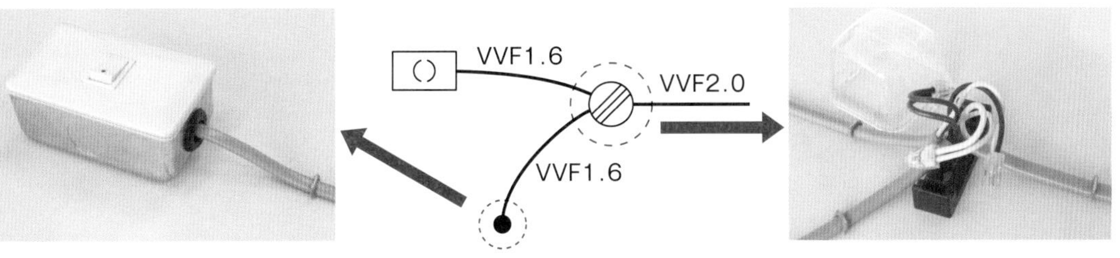

施工場所は木造の建物とする.

【選別上の条件】

❶ 配線は隠ぺい配線とする.

❷ ジョイントボックス内の電線接続は，差込形コネクタ接続とする.

（2） 材料

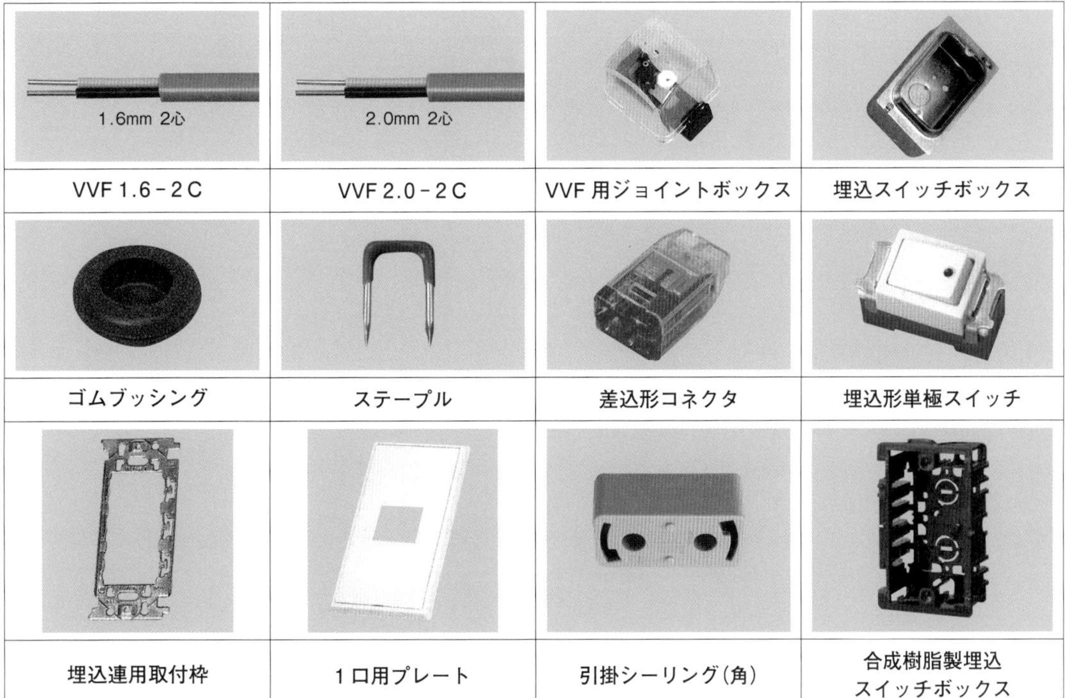

VVF 1.6－2C	VVF 2.0－2C	VVF 用ジョイントボックス	埋込スイッチボックス
ゴムブッシング	ステープル	差込形コネクタ	埋込形単極スイッチ
埋込連用取付枠	1口用プレート	引掛シーリング(角)	合成樹脂製埋込 スイッチボックス

（注）木造建造物におけるケーブル工事では，スイッチボックスとして合成樹脂製のものを使用するのが一般的である.

（3） 主な工具

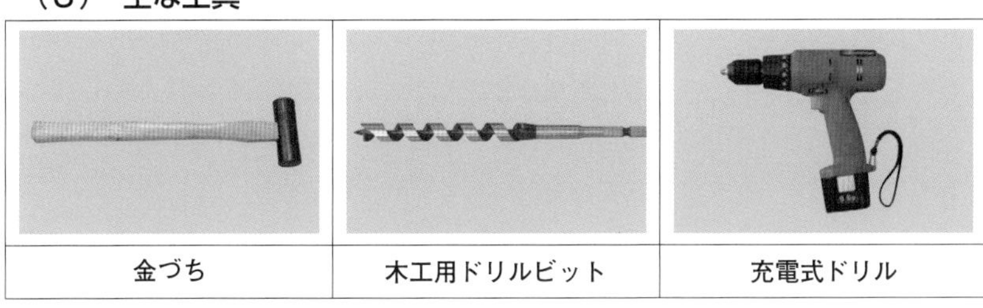

金づち	木工用ドリルビット	充電式ドリル

4 配線図総合問題

練習問題 1 ※解答・解説は P.184 を参照

図は，木造２階建住宅及び車庫の配線図である．この図に関する次の各問いには４通りの答え（イ，ロ，ハ，ニ）が書いてある．それぞれの問いに対して，答えを１つ選びなさい．

【注意】1．屋内配線の工事は，特記のある場合を除き 600V ビニル絶縁ビニルシースケーブル平形（VVF）を用いたケーブル工事である．

2．屋内配線等の電線の本数，電線の太さ，その他，問いに直接関係のない部分等は省略又は簡略化してある．

3．漏電遮断器は，定格感度電流 30mA, 動作時間 0.1 秒以内のものを使用している．

4．選択肢（答え）の写真にあるコンセント及び点滅器は「JIS C 0303：2000 構内電気設備の配線用図記号」で示す「一般形」である．

5．分電盤の外箱は合成樹脂製である．

6．ジョイントボックスを経由する電線は，すべて接続箇所を設けている．

7．３路スイッチの記号「0」の端子には，電源側又は負荷側の電線を結線する．

	問い	答え
1	①で示す図記号の器具の種類は．	イ．シーリング（天井直付） ロ．ペンダント ハ．埋込器具 ニ．引掛シーリング（丸）
2	②で示す部分の最少電線本数（心線数）は．	イ．2　ロ．3　ハ．4　ニ．5
3	③で示す部分の小勢力回路で使用できる電線（軟銅線）の導体の最小直径〔mm〕は．	イ．0.5　ロ．0.8　ハ．1.2　ニ．1.6
4	④で示す部分はルームエアコンの屋外ユニットである．その図記号の傍記表示は．	イ．O　ロ．B　ハ．I　ニ．R
5	⑤で示す部分の電路と大地間の絶縁抵抗として，許容される最小値〔MΩ〕は．	イ．0.1　ロ．0.2　ハ．0.4　ニ．1.0
6	⑥で示す部分の接地工事の種類及びその接地抵抗の許容される最大値〔Ω〕の組合せとして，**正しいものは**．	イ．C種接地工事　10Ω ロ．C種接地工事　50Ω ハ．D種接地工事　100Ω ニ．D種接地工事　500Ω
7	⑦で示す部分に使用できるものは．	イ．ゴム絶縁丸打コード ロ．引込用ビニル絶縁電線 ハ．架橋ポリエチレン絶縁ビニルシースケーブル ニ．屋外用ビニル絶縁電線
8	⑧で示す引込口開閉器が省略できる場合の，住宅と車庫との間の電路の長さの最大値〔m〕は．	イ．8　ロ．10　ハ．15　ニ．20
9	⑨で示す部分の配線工事で用いる管の種類は．	イ．耐衝撃性硬質ポリ塩化ビニル電線管 ロ．波付硬質合成樹脂管 ハ．硬質ポリ塩化ビニル電線管 ニ．合成樹脂製可とう電線管
10	⑩で示す部分の工事方法として，**正しいものは**．	イ．金属線ぴ工事　ロ．ケーブル工事（VVR） ハ．金属ダクト工事　ニ．金属管工事

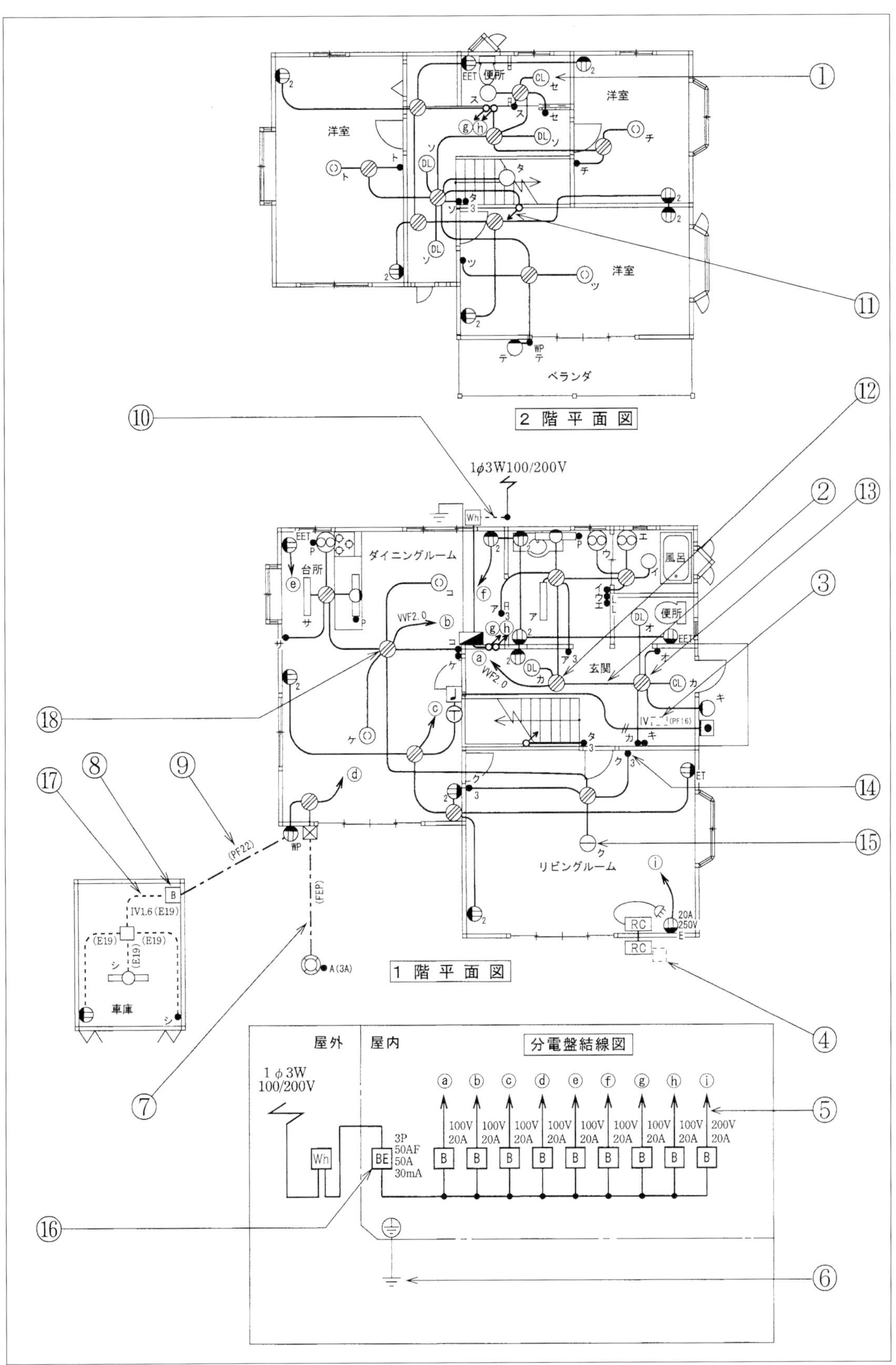
2 階 平 面 図
1 階 平 面 図
分電盤結線図
1φ3W100/200V
洋室
便所
ベランダ
ダイニングルーム
台所
風呂
便所
玄関
リビングルーム
車庫
屋外
屋内
3P
50AF
50A
30mA
100V
20A
200V
20A
IV1.6 (E19)
(PF22)
(FEP)
VVF2.0
A (3A)

11	⑪で示す部分の配線工事に必要なケーブルは．ただし，心線数は最少とする．		
イ．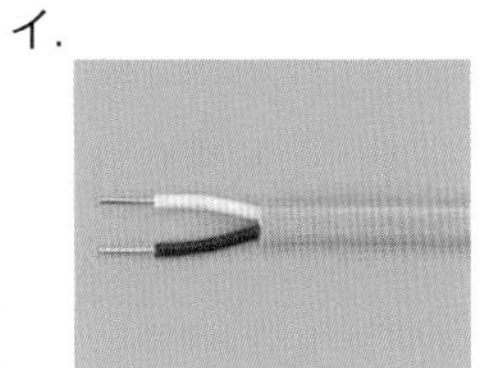	ロ．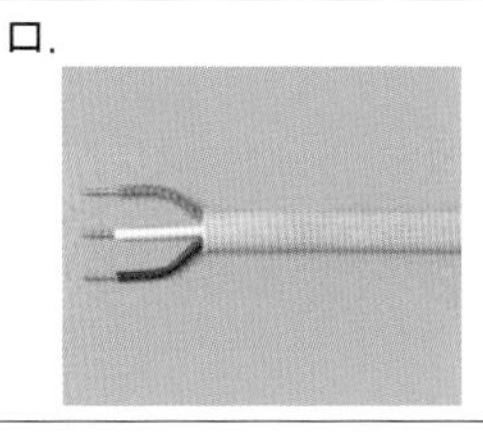	ハ．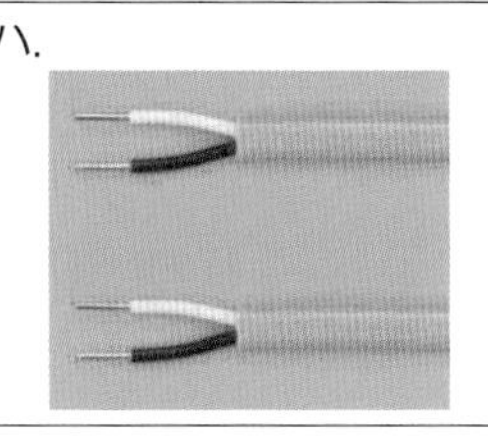	ニ．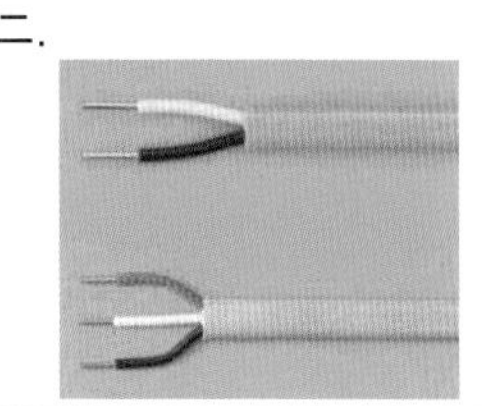

12	⑫で示すボックス内の接続をリングスリーブで圧着接続した場合のリングスリーブの種類，個数及び圧着接続後の刻印との組合せで，**正しいものは**．ただし，使用する電線は特記のないものは VVF1.6 とする．また，写真に示すリングスリーブ中央の○，小，中は刻印を表す．		
イ．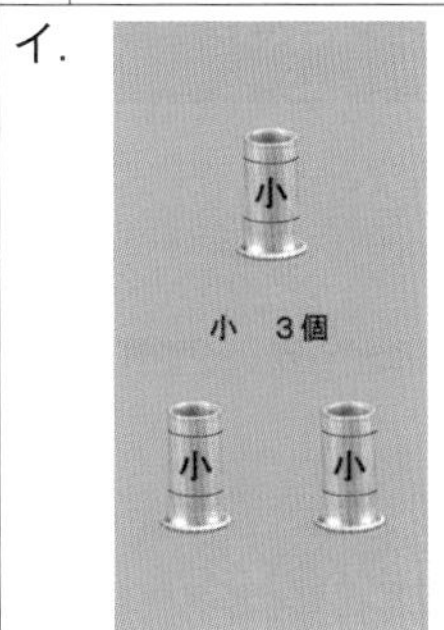	ロ．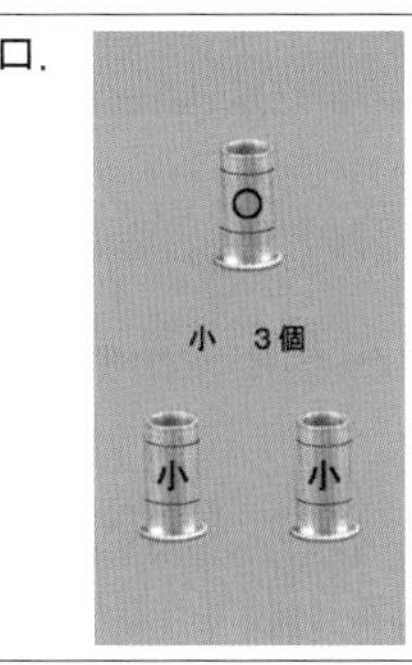	ハ．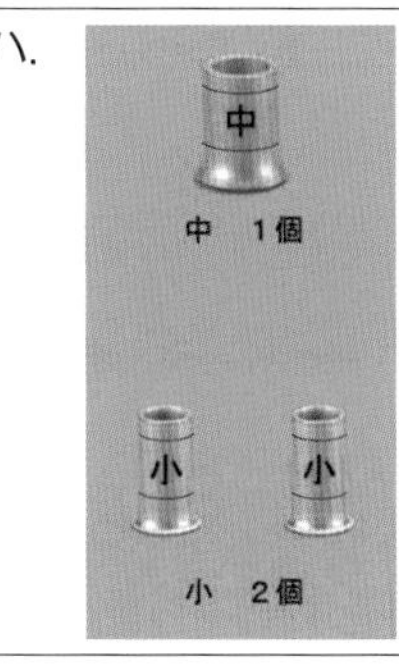	ニ．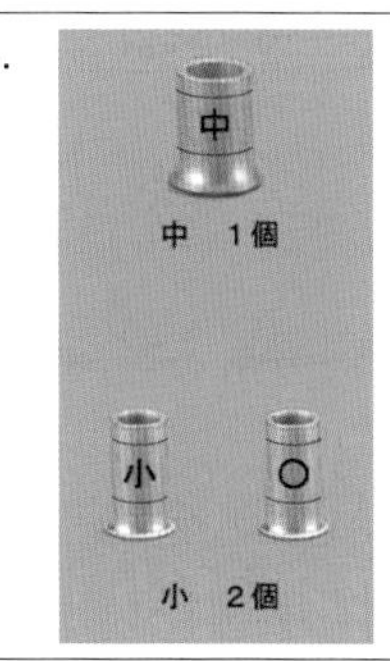

13	⑬で示すボックス内の接続をすべて差込形コネクタとする場合，使用する差込形コネクタの種類と最少個数の組合せで，**正しいものは**．ただし，使用する電線は VVF1.6 とする．		
イ．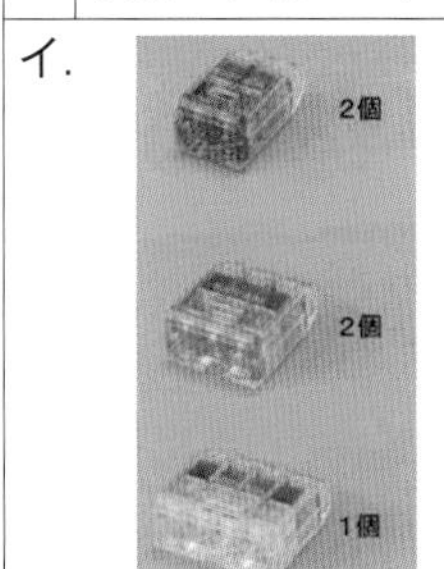	ロ．	ハ．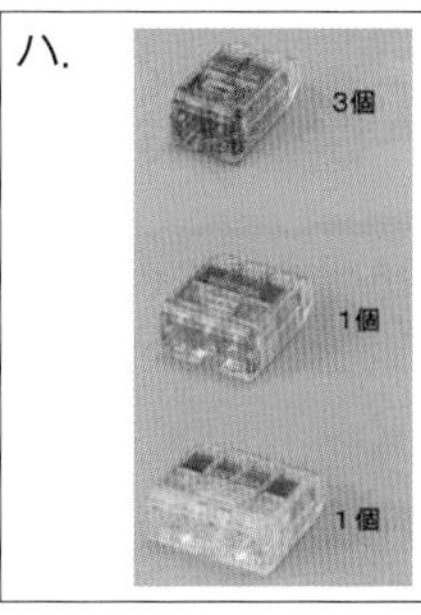	ニ．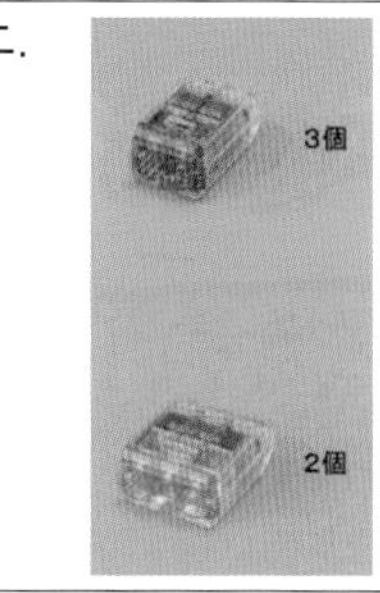

14	⑭で示す図記号の器具は．ただし，写真下の図は，接点の構成を示す．		
イ．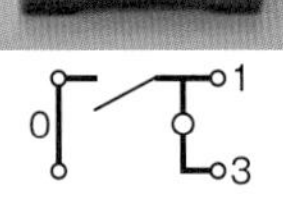	ロ．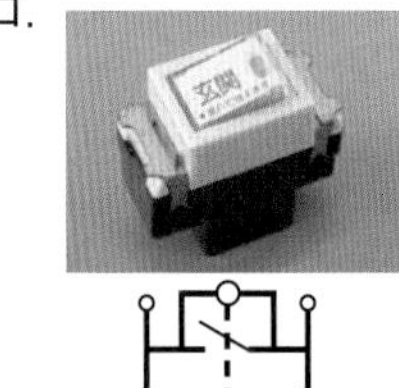	ハ．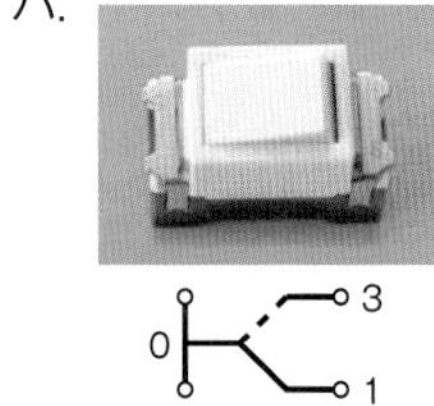	ニ．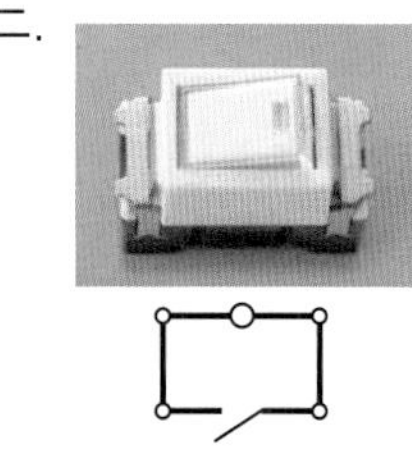

15	⑮で示す図記号の器具は．		
イ．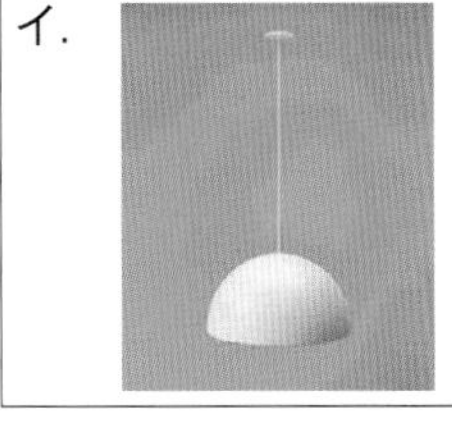	ロ．	ハ．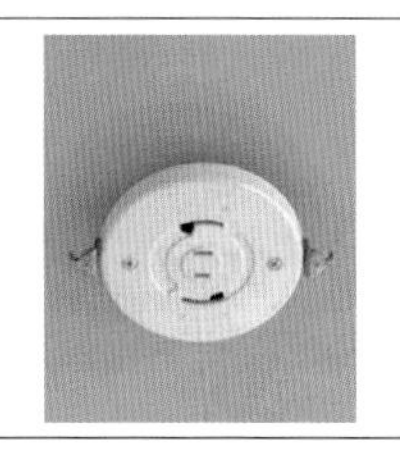	ニ．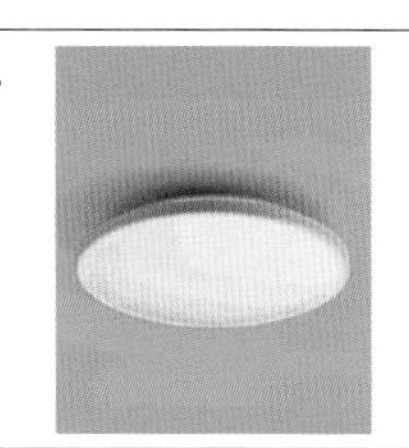

16 ⑯で示す部分に取り付ける機器は.

イ.	ロ.	ハ.	ニ.
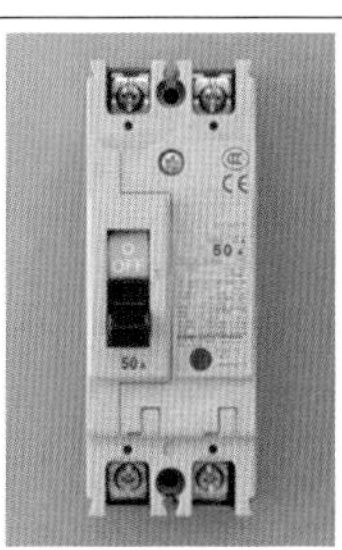	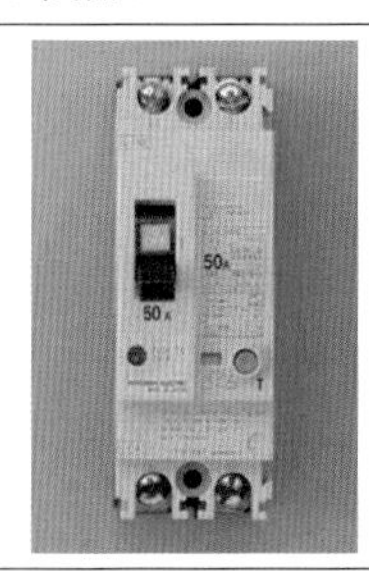	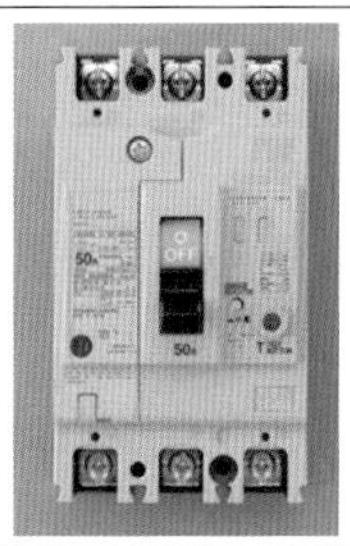	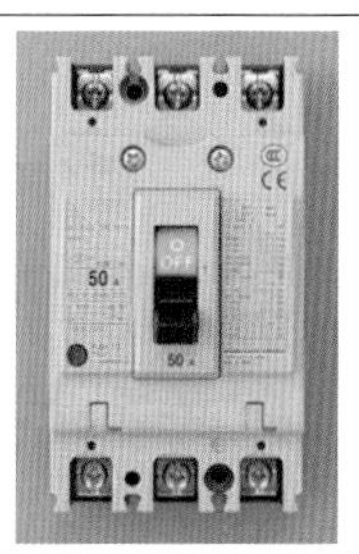

17 ⑰で示す部分の配線工事で，一般的に**使用されることのない工具は**.

イ.	ロ.	ハ.	ニ.
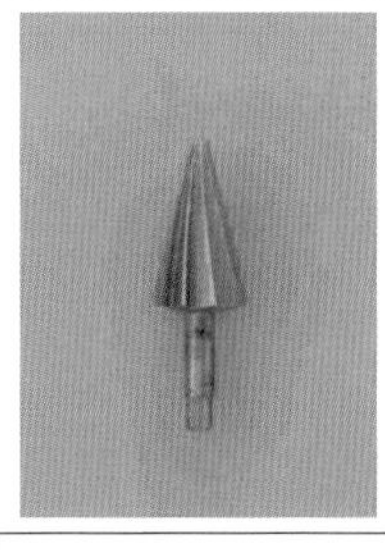	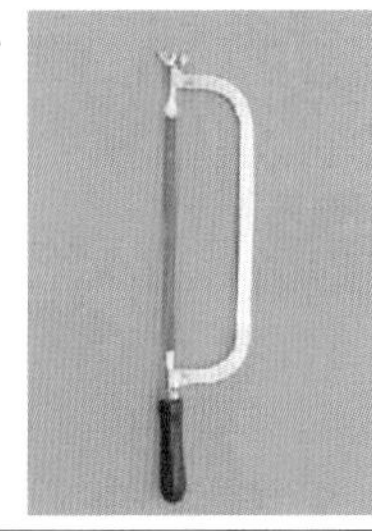	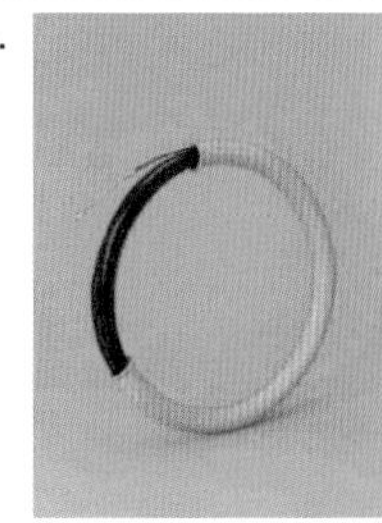	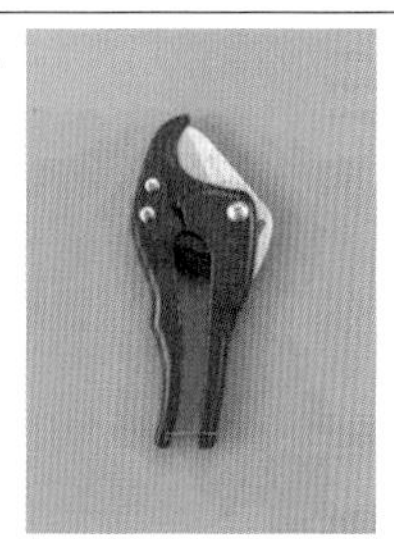

18 ⑱で示すボックス内の接続をすべて圧着接続とする場合，使用するリングスリーブの種類と最少個数の組合せで，**正しいものは**．ただし，使用する電線は特記のないものは VVF1.6 とする.

イ.	ロ.	ハ.	ニ.
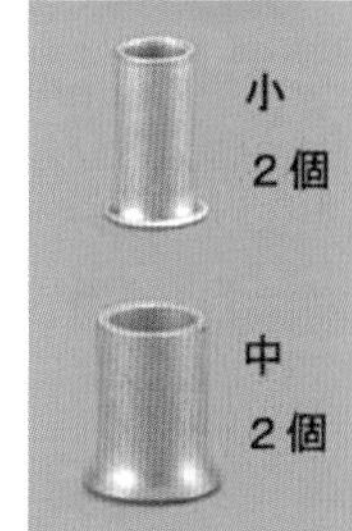	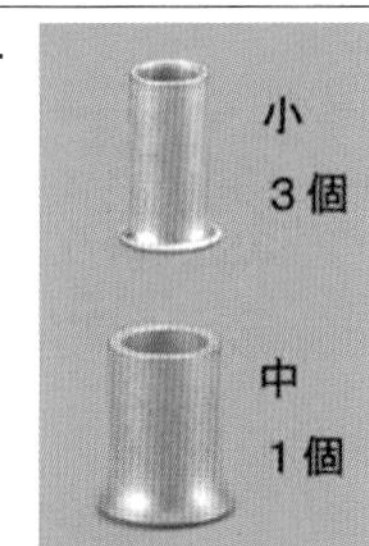	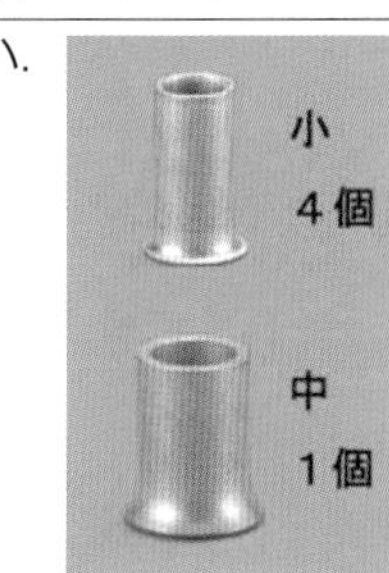	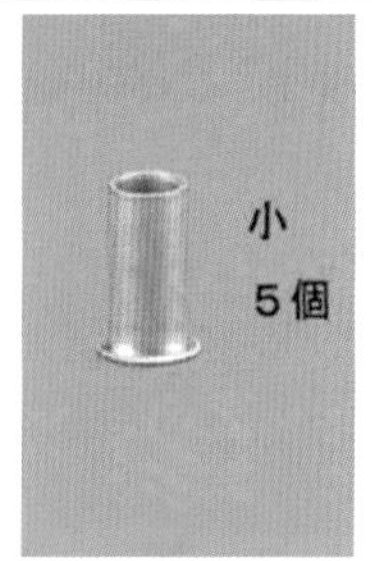

19 この配線図の図記号で，**使用されていない**コンセントは.

イ.	ロ.	ハ.	ニ.

20 この配線図の施工に関して，使用するものの組合せで，**誤っているものは**.

イ.	ロ.	ハ.	ニ.
		 	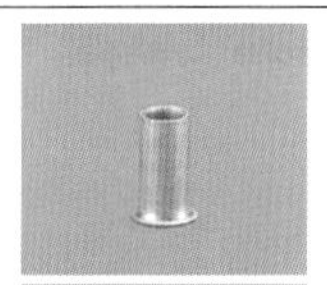 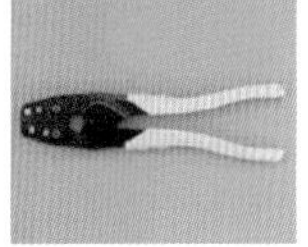

解答・解説

1. イ. シーリング（天井直付）

①で示す部分の図記号 ⒸⓁ は，シーリング(天井直付)を表す.

2. ロ. 3

②で示す部分の複線図は下図のようになり，最少電線本数(心線数)は，3本である.

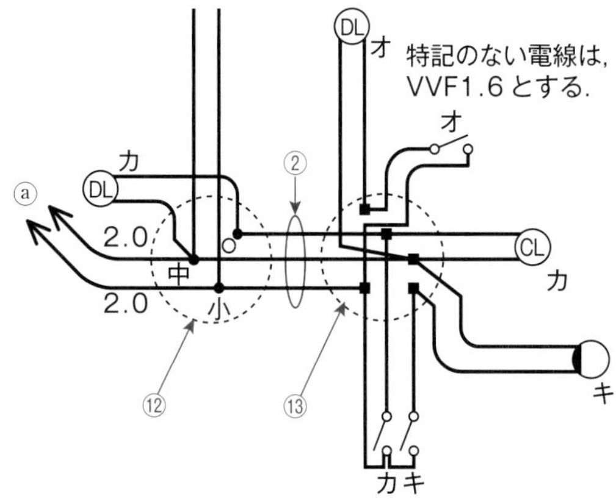

3. ロ. 0.8

小勢力回路に使用できる電線は，ケーブルである場合を除き，直径0.8mm以上の軟銅線又はこれと同等以上の強さ及び太さのものである.

4. イ. O

ルームエアコンの屋外ユニットの傍記表示には，outdoorのOを用いる．屋内ユニットには，indoorのIを用いる.

5. イ. 0.1

⑤で示す回路ⓘは，使用電圧が200Vで，対地電圧が100Vである．電路と大地間の絶縁抵抗値として，許容される最小値は0.1MΩである.

低圧の電路の絶縁性能

電路の使用電圧の区分		絶縁抵抗値
300 V 以下	対地電圧が150 V 以下の場合	0.1 MΩ以上
	その他の場合	0.2 MΩ以上
300 V を超えるもの		0.4 MΩ以上

6. ニ. D種接地工事 500Ω

分電盤の外箱が合成樹脂製であり，分岐回路に接続されるコンセントの接地線を接続する接地端子の接地である.

使用電圧が300V以下であり，接地工事の種類はD種接地工事になる．電源に動作時間が0.1秒以内の漏電遮断器が施設してあるので，接地抵抗値は500Ω以下となる.

7. ハ. 架橋ポリエチレン絶縁ビニルシースケーブル

地中電線には，ケーブルを使用しなければならない.

架橋ポリエチレン絶縁ビニルシースケーブル

8. ハ. 15

引込口開閉器を省略できるのは15m以下である.

9. ニ. 合成樹脂製可とう電線管

(PF22) と表示されているので，合成樹脂製可とう電線管(PF管)である.

10. ロ. ケーブル工事（VVR）

木造であり，金属管工事は施工できない.

引込線取付点から引込口装置までの工事は，次のいずれかによらなければならない.

①がいし引き工事(露出場所に限る)
②金属管工事(木造以外の造営物に限る)
③合成樹脂管工事
④ケーブル工事（シースが金属製の場合は木造以外の造営物に限る）

11. ロ.

⑪で示す部分の配線は，1階の3路スイッチへの配線で，VVFの3心である.

12. ニ.

リングスリーブの選定及び刻印は，次表による．

リングスリーブの選定及び刻印

スリーブ	電線の組み合わせ〔mm〕			刻印
	1.6	2.0	異なる場合	
小	2	—	—	○
	3～4	2	2.0×1+1.6×1～2	小
中	5～6	3～4	2.0×1+1.6×3～5 2.0×2+1.6×1～3	中

⑫で示すボックス内の接続で，使用するリングスリーブとその刻印は次のようになる．

- 2.0mm×1 + 1.6mm×3
  ＝中スリーブ（刻印中）
- 2.0mm×1 + 1.6mm×2
  ＝小スリーブ（刻印小）
- 1.6mm×2 ＝小スリーブ（刻印○）

13. イ.

⑬で示すボックス内の接続で，差込形コネクタの種類と最少個数の組み合わせは次のようになる．

- 2本用…2個　• 3本用…2個
- 4本用…1個

14. ハ.

図記号 ●$_3$ は，3路スイッチを表す．

15. イ.

図記号 ⊖ は，ペンダントを表す．

16. ハ.

⑯で示す機器は，3極，定格電流50A，定格感度電流30mAの漏電遮断器（過負荷保護付）である．

17. ニ.

⑰で示す工事は金属管工事で，ニの合成樹脂管用カッタ（塩ビカッタ）は使用しない．

18. イ.

⑱で示すボックス内の接続で，使用するスリーブの組み合わせは次のようになる．

- 1.6mm×2　＝小スリーブ　2個
- 2.0mm×1 + 1.6mm×3
  ＝中スリーブ　1個
- 2.0mm×1 + 1.6mm×4
  ＝中スリーブ　1個

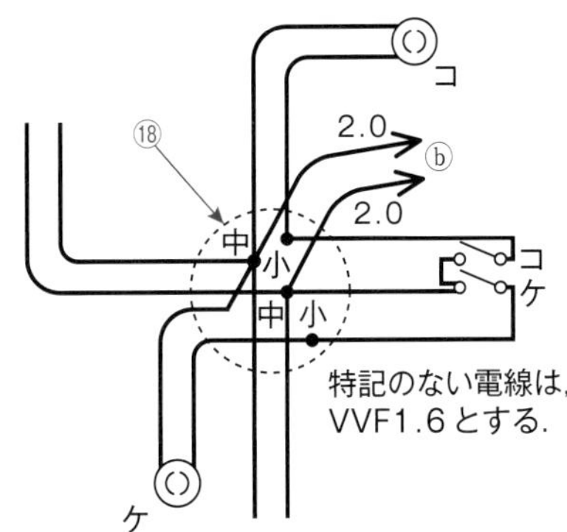

19. ニ.

ニの図記号は ◐$^{2}_{E}$ で，使用されていない．

イの図記号は ◐$_{ET}$ で，1階のリビングルームに使用されている．ロの図記号は ◐$_{EET}$ で，1階台所や便所等に使用されている．ハの図記号は ◐$^{20A250V}_{E}$ で，1階リビングルームのルームエアコンのコンセントとして使用されている．

20. ロ.

ロの上の材料は，2種金属製可とう電線管工事に使用されるストレートボックスコネクタで，この配線図の施工には使用しない．

練習問題1　解答一覧

問い	答え	問い	答え	問い	答え	問い	答え
1	イ	6	ニ	11	ロ	16	ハ
2	ロ	7	ハ	12	ニ	17	ニ
3	ロ	8	ハ	13	イ	18	イ
4	イ	9	ニ	14	ハ	19	ニ
5	イ	10	ロ	15	イ	20	ロ

練習問題2 ※ 解答・解説はP.190を参照

図は，鉄筋コンクリート造の集合住宅共用部の部分的な配線図である．この図に関する次の各問いには4通りの答え(イ，ロ，ハ，ニ)が書いてある．それぞれの問いに対して，答えを1つ選びなさい．

【注意】1．屋内配線の工事は，動力回路及び特記のある場合を除き600Vビニル絶縁ビニルシースケーブル平形(VVF)を用いたケーブル工事である．
2．屋内配線等の電線の本数，電線の太さ，その他，問いに直接関係のない部分等は省略又は簡略化してある．
3．漏電遮断器は，定格感度電流30mA，動作時間0.1秒以内のものを使用している．
4．選択肢(答え)の写真にあるコンセント及び点滅器は，「JIS C 0303:2000構内電気設備の配線用図記号」で示す「一般形」である．
5．配電盤，分電盤及び制御盤の外箱は金属製である．
6．ジョイントボックス及びプルボックスを経由する電線は，すべて接続箇所を設けている．
7．3路スイッチの記号「0」の端子には，電源側又は負荷側の電線を結線する．

1	①で示す低圧ケーブルの名称は．	イ．引込用ビニル絶縁電線 ロ．600Vビニル絶縁ビニルシースケーブル平形 ハ．600Vビニル絶縁ビニルシースケーブル丸形 ニ．600V架橋ポリエチレン絶縁ビニルシースケーブル(単心3本より線)
2	②で示す部分はワイドハンドル形点滅器である．その図記号は．	イ．◆　ロ．●D　ハ．●WP　ニ．●R
3	③で示す図記号の名称は．	イ．圧力スイッチ ロ．電磁開閉器用押しボタン ハ．フロートレススイッチ電極 ニ．フロートスイッチ
4	④で示す部分は引掛形のコンセントである．その図記号の傍記表示は．	イ．ET　ロ．EL　ハ．LK　ニ．T
5	⑤で示す部分は二重床用のコンセントである．その図記号は．	イ．　ロ．　ハ．　ニ．
6	⑥で示す図記号の機器は．	イ．制御配線の信号により動作する開閉器(電磁開閉器) ロ．タイムスイッチ ハ．熱線式自動スイッチ用センサ ニ．電流計付箱開閉器
7	⑦で示す機器の定格電流の最大値〔A〕は．	イ．15　ロ．20　ハ．30　ニ．40
8	⑧で示す部分の接地工事の種類及びその接地抵抗の許容される最大値〔Ω〕の組合せとして，**正しいものは**． なお，引込線の電源側には地絡遮断装置は設置されていない．	イ．C種接地工事　10Ω ロ．C種接地工事　50Ω ハ．D種接地工事　100Ω ニ．D種接地工事　500Ω
9	⑨で示す部分の最少電線本数(心線数)は．	イ．2　ロ．3　ハ．4　ニ．5
10	⑩で示す部分の電路と大地間の絶縁抵抗として，許容される最小値〔MΩ〕は．	イ．0.1　ロ．0.2　ハ．0.4　ニ．1.0

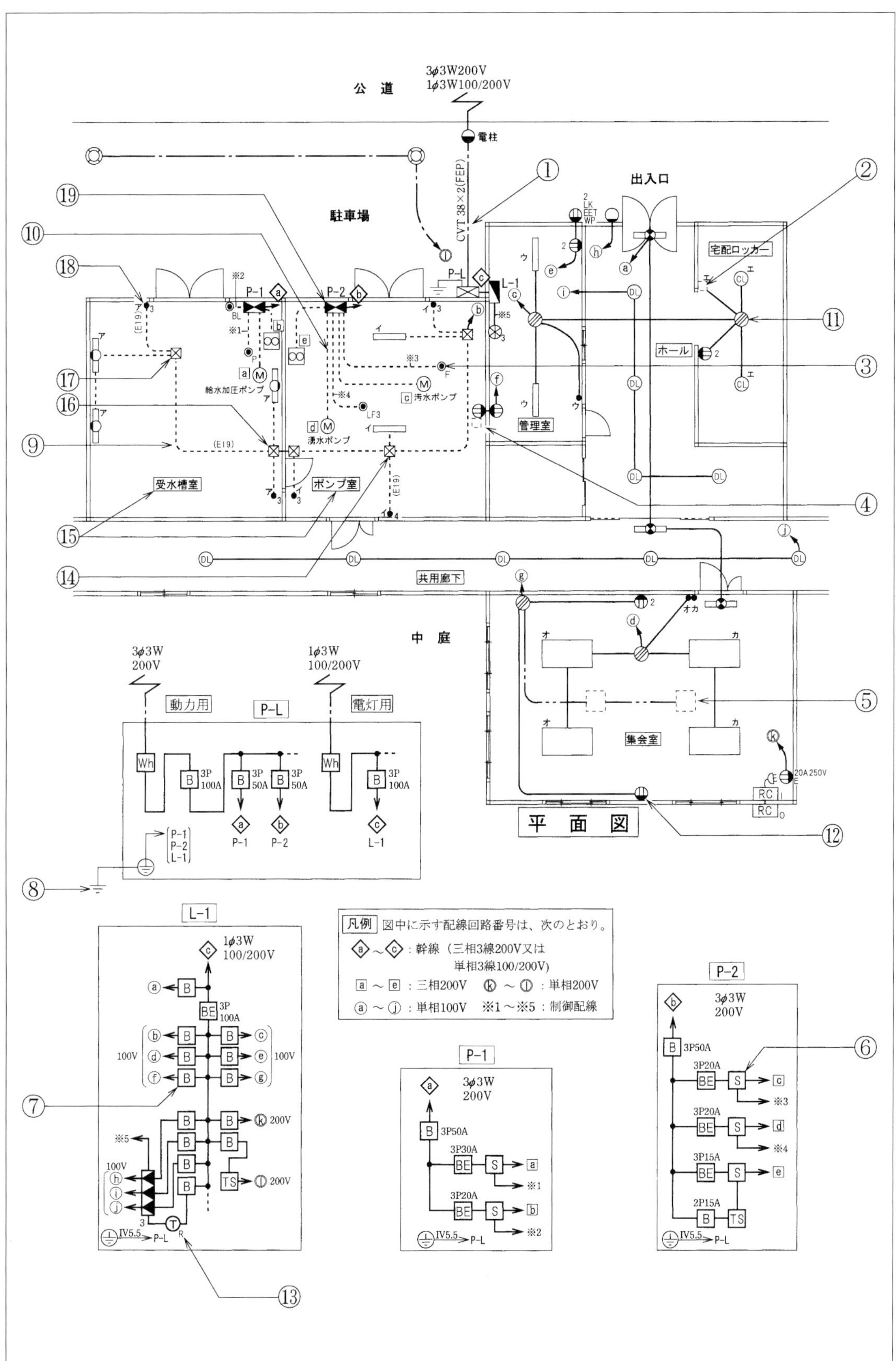
公 道
3φ3W200V
1φ3W100/200V
電柱
駐車場
出入口
宅配ロッカー
ホール
管理室
受水槽室
ポンプ室
共用廊下
中 庭
集会室
平 面 図
給水加圧ポンプ
汚水ポンプ
湧水ポンプ
CVT 38×2(FEP)
動力用
P-L
電灯用
L-1
P-1
P-2
凡例 図中に示す配線回路番号は、次のとおり。
ⓐ～ⓒ：幹線（三相3線200V又は単相3線100/200V）
a～e：三相200V ⓚ～ⓛ：単相200V
ⓐ～ⓙ：単相100V ※1～※5：制御配線

11 ⑪で示す部分の接続工事をリングスリーブ小３個を使用して圧着接続する場合の刻印は．ただし，使用する電線はすべて VVF1.6 とする．また，写真に示すリングスリーブ中央の○，小は刻印を表す．

イ．
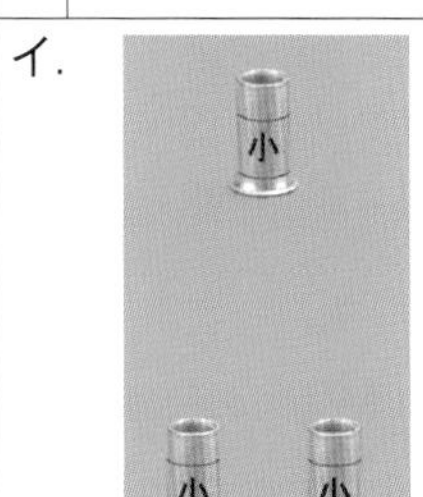

ロ．

ハ．
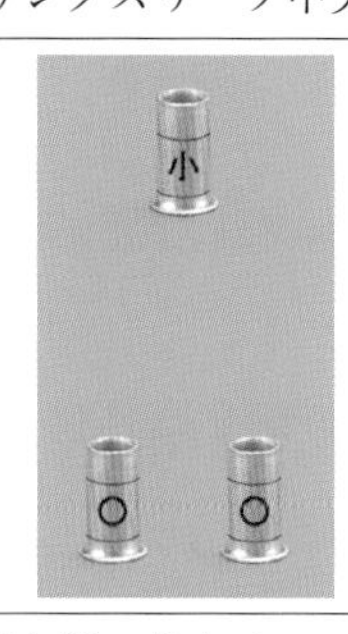

ニ．
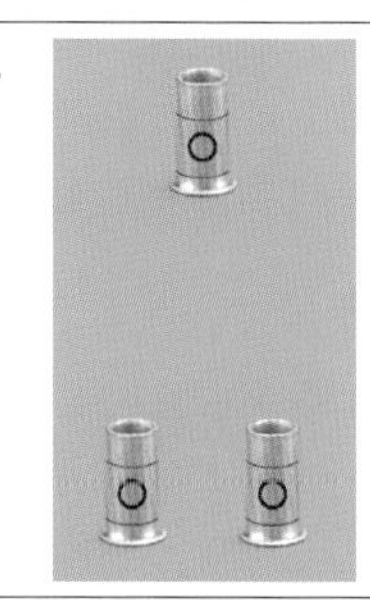

12 ⑫で示すコンセントの電圧と極性を確認するための測定器の組合せで，**正しいものは**．

イ．
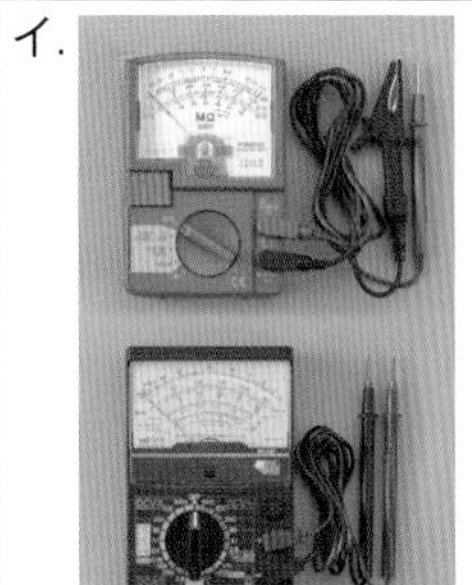

ロ．
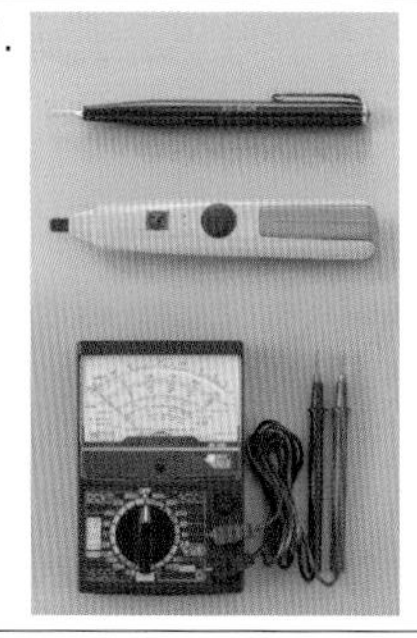

ハ．
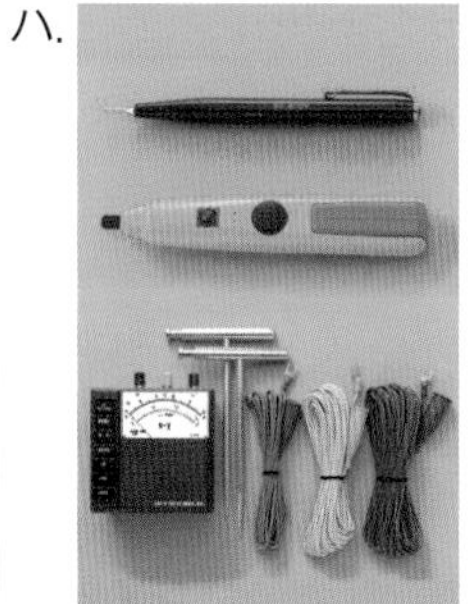

ニ．
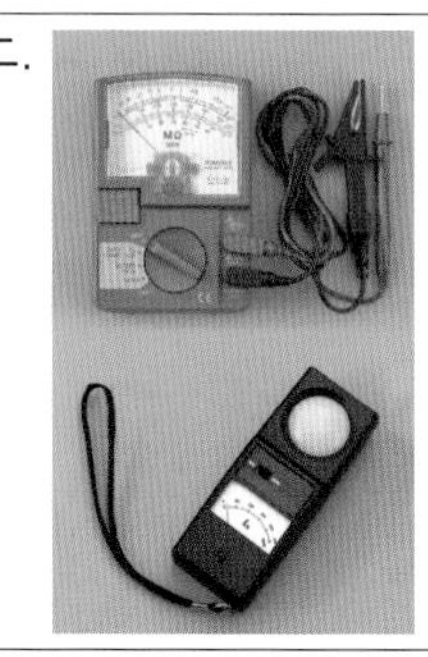

13 ⑬で示す図記号の機器は．

イ．
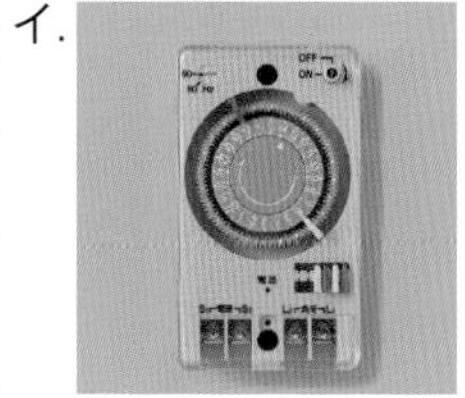

ロ．
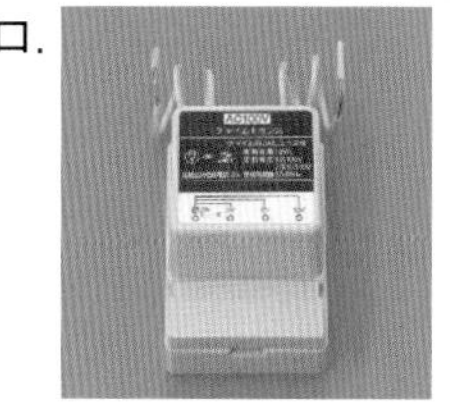

ハ．
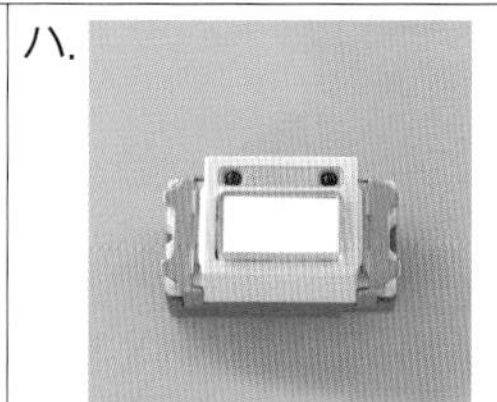

ニ．
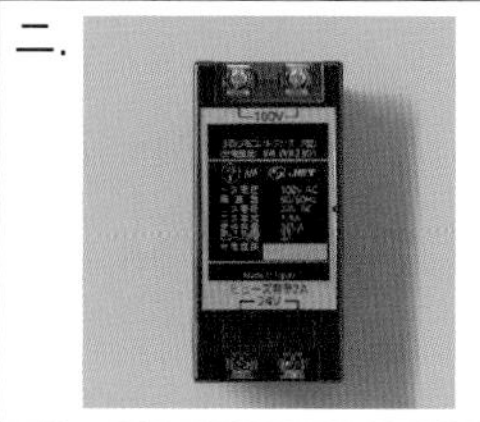

14 ⑭で示す部分の工事で管とボックスを接続するために**使用されるものは**．

イ．

ロ．

ハ．

ニ．
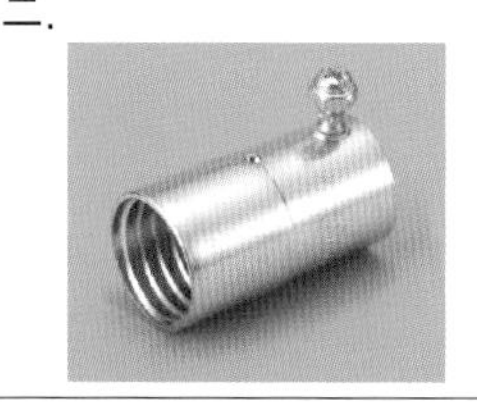

15 ⑮で示すポンプ室及び受水槽室内で**使用されていないものは**．ただし，写真下の図は，接点の構成を示す．

イ．
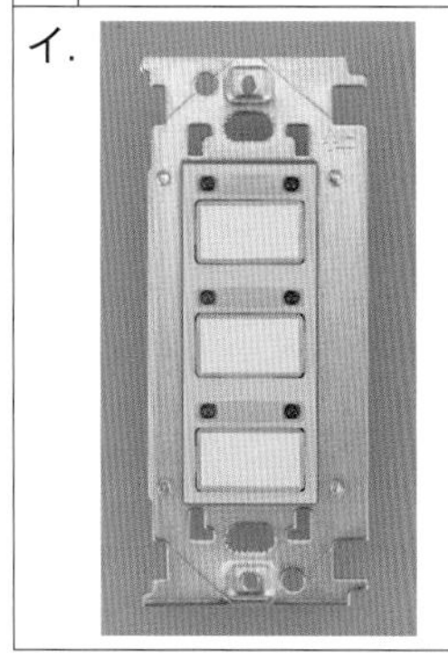

ロ．

ハ．
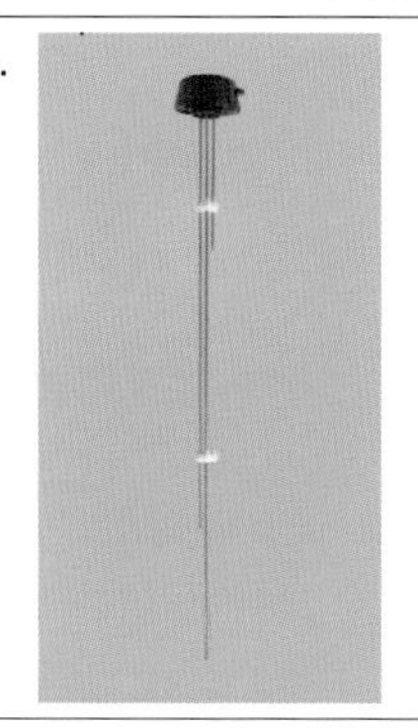

ニ．

1　2
3　4

16	⑯で示すプルボックス内の接続をすべて圧着接続とする場合，使用するリングスリーブの種類と最少個数の組合せで，**正しいものは**．ただし，使用する電線はすべて IV1.6 とする．		
イ．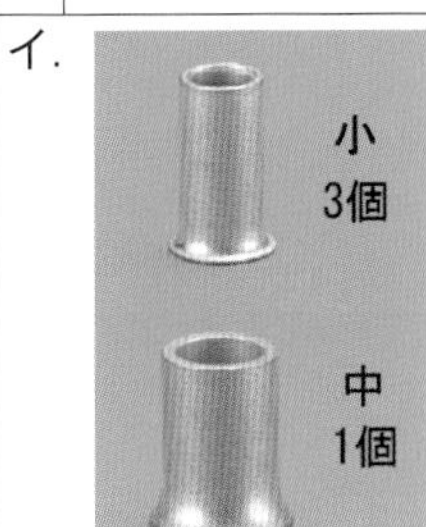	ロ．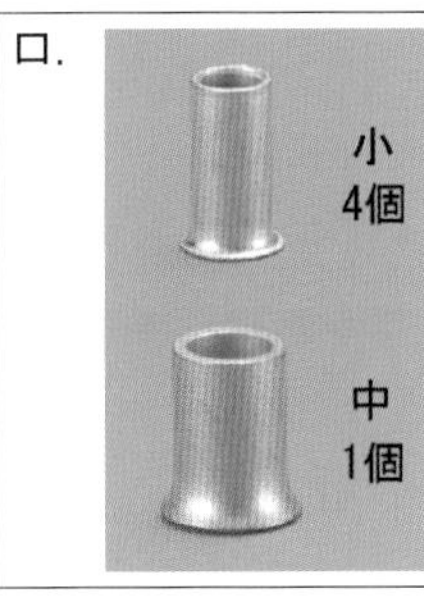	ハ．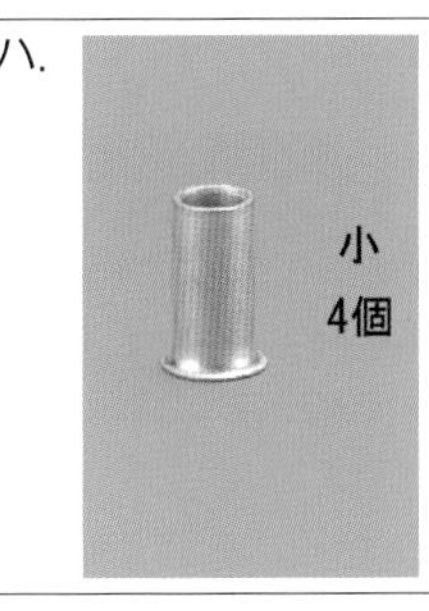	ニ．

17	⑰で示すプルボックス内の接続をすべて差込形コネクタとする場合，使用する差込形コネクタの種類と最少個数の組合せで，**正しいものは**．ただし，使用する電線はすべて IV1.6 とする．		
イ．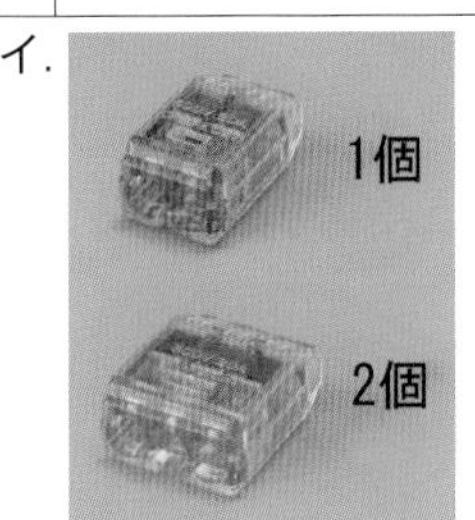	ロ．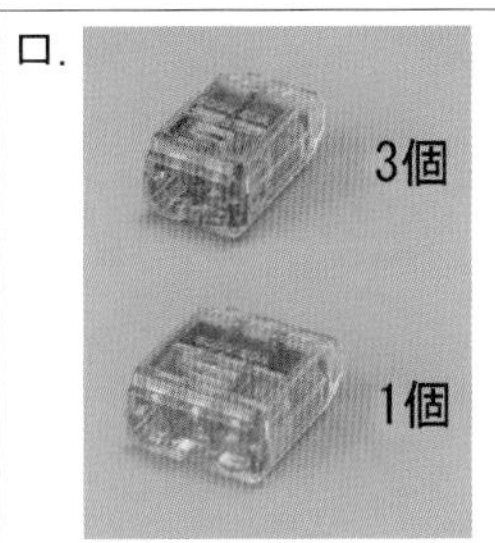	ハ．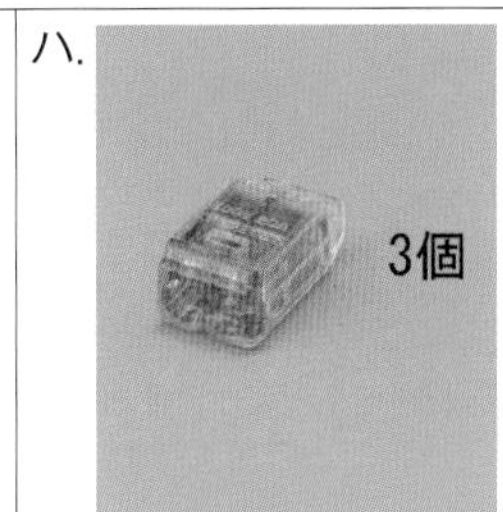	ニ．

18	⑱で示す点滅器の取り付け工事に**使用するものは**．		
イ．	ロ．	ハ．	ニ．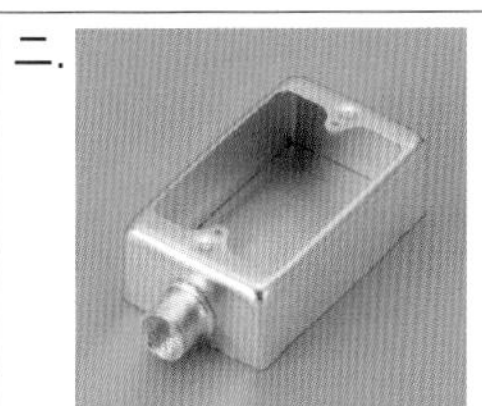

19	⑲で示す制御盤（金属製）に穴をあけるのに**使用されることのないものは**．		
イ．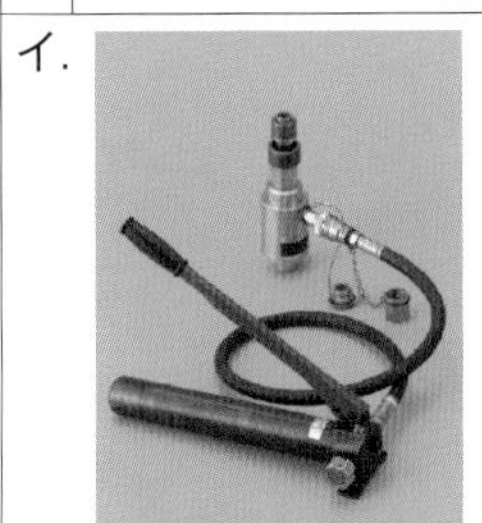	ロ．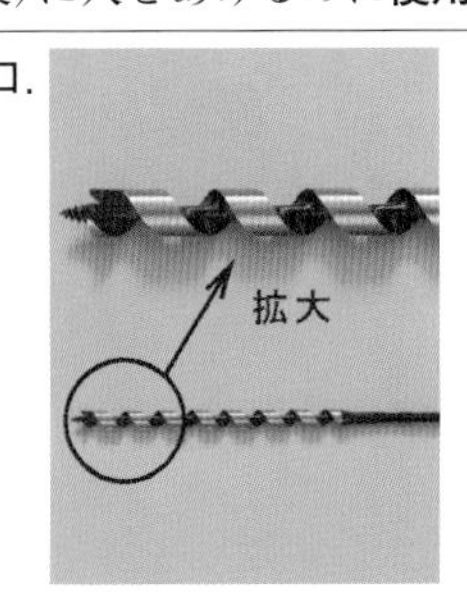	ハ．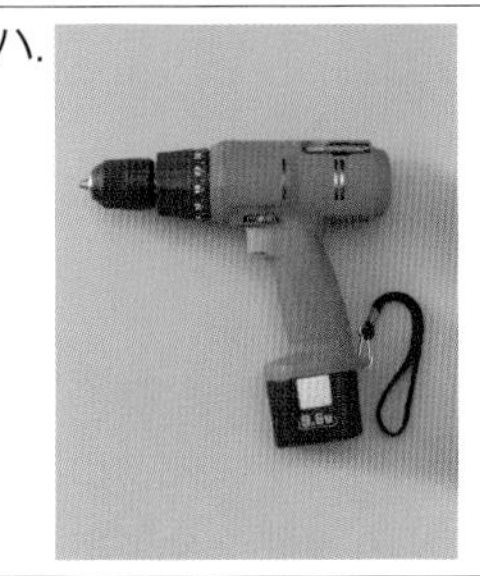	ニ．

20	この配線図で，**使用されていないものは**．		
イ．	ロ．	ハ．	ニ．

解答・解説

1．ニ．600V 架橋ポリエチレン絶縁ビニルシースケーブル（単心３本より線）

CVT38×2（FEP）と表示されているので，CVT を使用した地中配線である．CVT は，単心の CV ケーブルを３本より合わせた 600V 架橋ポリエチレン絶縁ビニルシースケーブルを表す．

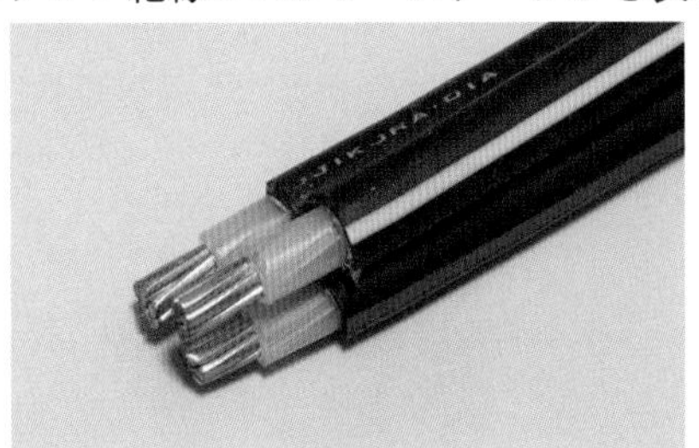

CVT

2．イ．

ワイドハンドル形点滅器の図記号は◆である．図記号●は一般形点滅器を表す．

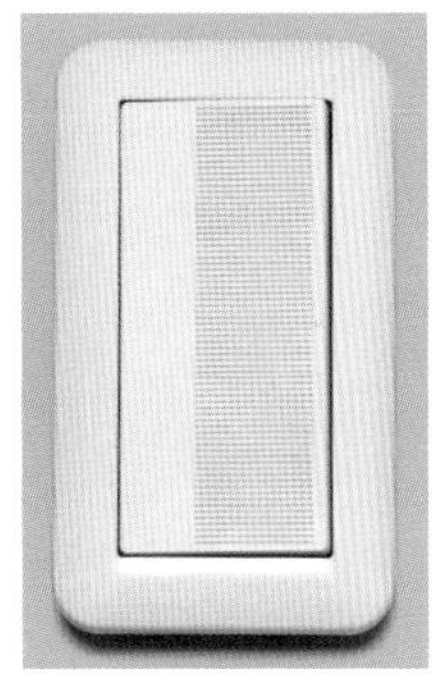

ワイドハンドル形点滅器

3．ニ．フロートスイッチ

図記号◉$_F$ は，フロートスイッチを表す．

4．ニ．T

引掛形コンセントの図記号の傍記表示は，T である．

傍記表示で，ET は接地端子付，EL は漏電遮断器付，LK は抜け止め形を表す．

5．イ．

二重床用のコンセントの図記号は⦶である．

⦶は非常用コンセント，⦶は床面に取り付けるコンセント，⦶は天井に取り付けるコンセントを示す図記号である．

6．イ．制御配線の信号により動作する開閉器（電磁開閉器）

開閉器[S]に制御線が接続されているものは，電磁開閉器である．

7．ロ．20

⑦で示す分岐回路ⓕに接続されているコンセントの定格電流は 15A である．

定格電流 15A 以下の配線用遮断器を施設した場合は，コンセントの定格電流が 15A 以下である．定格電流 20A の配線用遮断器を施設した場合はコンセントの定格電流が 20A 以下である．したがって，定格電流 15A のコンセントを保護する配線用遮断器の定格電流の最大値は 20A となる．

8．ハ．D種接地工事　100Ω

使用電圧が 300V 以下なので，接地工事の種類はD種接地工事である．

⑧で示す部分の電源側に地絡遮断装置が設置されていないので，接地抵抗の最大値は 100Ω である．

9．ハ．4

⑨で示す部分の複線図は，次の図のようになり，最少電線本数（心線数）は４本である．

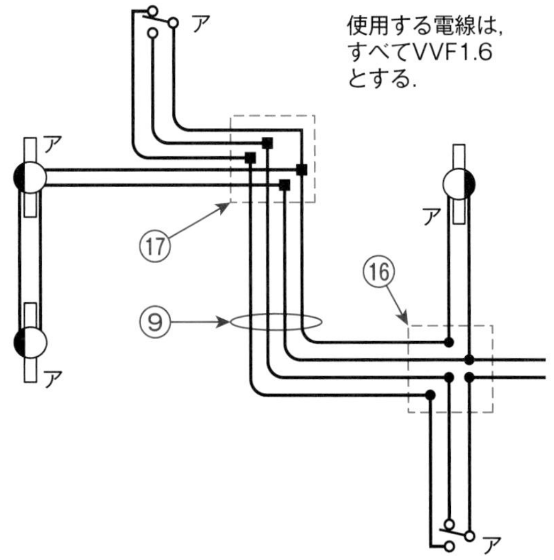

10．ロ．0.2

⑩で示す電路は，三相３線式 200V であり，使用電圧が 300V 以下で対地電圧が 150V を超

えるので，電路と大地間の絶縁抵抗の最小値は 0.2MΩ である．

11. イ.

⑪の部分の複線図は，次の図のようになる．

電線はすべて VVF1.6 とするので，3 箇所の接続には小スリーブを用い，圧着マークもすべて小になる．

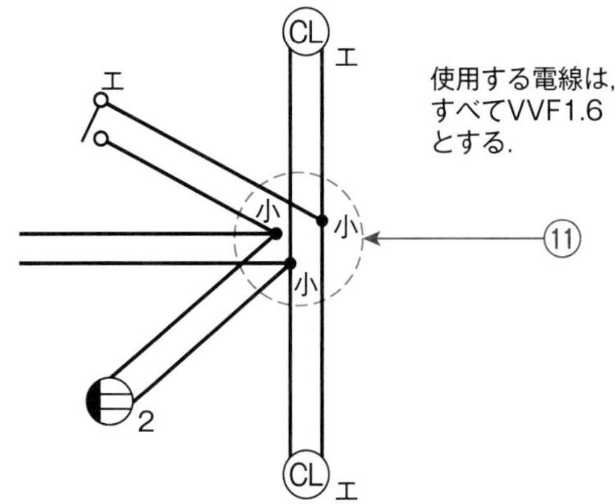

スリーブ	電線の組み合わせ			圧着マーク
	1.6 mm	2.0 mm	異なる組み合わせ	
小	2	—	—	○
	3～4	2	2.0mm×1 +1.6mm×1～2	小

12. ロ.

コンセントの電圧は回路計で，極性は検電器で確認する．

13. ニ.

図記号Ⓣ$_R$は，リモコントランスを表す．

14. ハ.

⑭で示すプルボックスには，ねじなし電線管 E19 が接続されているので，ハのねじなしボックスコネクタを使用する．

15. イ.

イは図記号⊗$_3$のリモコンセレクタスイッチで，使用されていない．

ロの電磁開閉器用押しボタン(確認表示灯付)◉$_{BL}$は受水槽室に，ハのフロートレススイッチ電極◉$_{LF3}$とニの 4 路スイッチ●$_4$はポンプ室に使用されている．

16. ニ.

⑯で示すプルボックス内の接続は，問い 9 の解説で示した図のようになり，接続は 5 箇所で，すべて小スリーブを使用する．

17. ロ.

⑰で示すプルボックス内の接続は，問い 9 の解説で示した図になり，電線の接続は 4 箇所で．使用する差込形コネクタは次のようになる．

2 本用……3 個　　3 本用……1 個

18. ハ.

ねじなし電線管を使用した露出配線工事であるので，ハのねじなし電線管用露出スイッチボックスを使用する．

19. ロ.

ロは木工用ドリルビットで，制御盤(金属製)の穴をあけるのには使用しない．

20. ハ.

ハの 15A125V 抜け止め形 1 口防雨形コンセント⦶$_{WP}^{LK}$は使用されていない．

イのプルボックス⊠は，受水槽室及びポンプ室に使用されている．ロの VVF 用ジョイントボックス⊘は管理室等に使用されている．ニの 20A250V 接地極付コンセント⦶$_{E}^{20A250V}$は，集会室に使用されている．

練習問題2　解答一覧

問い	答え	問い	答え	問い	答え	問い	答え
1	ニ	6	イ	11	イ	16	ニ
2	イ	7	ロ	12	ロ	17	ロ
3	ニ	8	ハ	13	ニ	18	ハ
4	ニ	9	ハ	14	ハ	19	ロ
5	イ	10	ロ	15	イ	20	ハ

練習問題3　※解答・解説はP.196を参照

※解答・解説はP.196を参照

図は，鉄筋コンクリート造の集合住宅共用部の部分的配線図である．この図に関する次の各問いには４通りの答え(**イ**，**ロ**，**ハ**，**ニ**)が書いてある．それぞれの問いに対して，答えを１つ選びなさい．

【注意】1．屋内配線の工事は，動力回路及び特記のある場合を除き600V ビニル絶縁ビニルシースケーブル平形（VVF）を用いたケーブル工事である．
2．屋内配線等の電線の本数，電線の太さ，その他，問いに直接関係のない部分等は省略又は簡略化してある．
3．選択肢（答え）の写真にあるコンセント及び点滅器は，JIS C 0303：2000 構内電気設備の配線用図記号」で示す「一般形」である．
4．ジョイントボックスを経由する電線は，すべて接続箇所を設けている．
5．３路スイッチの記号「０」の端子には，電源側又は負荷側の電線を結線する．

	問い	答え
1	①で示す部分に取り付ける分電盤の図記号は．	イ．⊠　ロ．(図記号)　ハ．(図記号)　ニ．(図記号)
2	②で示す部分の配線工事で用いる管の種類は．	イ．波付硬質合成樹脂管 ロ．硬質ポリ塩化ビニル電線管 ハ．耐衝撃性硬質ポリ塩化ビニル電線管 ニ．合成樹脂製可とう電線管
3	③で示す外灯は，100W の水銀灯である．その図記号の傍記表示として，**正しいものは**．	イ．N100　ロ．H100　ハ．M100　ニ．W100
4	④で示す図記号の名称は．	イ．非常用照明 ロ．一般用照明 ハ．誘導灯 ニ．保安用照明
5	⑤で示す図記号の器具は．	イ．過負荷警報を知らせるブザー ロ．確認表示灯付の電磁開閉器用押しボタン ハ．運転時に点灯する青色のパイロットランプ ニ．負荷を運転させるためのフロートスイッチ
6	⑥で示す図記号の名称は．	イ．電力計 ロ．タイムスイッチ ハ．配線用遮断器 ニ．電力量計
7	⑦で示す部分の電路と大地間の絶縁抵抗として，許容される最小値〔MΩ〕は．	イ．0.1　ロ．0.2　ハ．0.4　ニ．1.0
8	⑧で示す部分の最少電線本数（心線数）は．	イ．2　ロ．3　ハ．4　ニ．5
9	⑨で示す部分は引掛形のコンセントである．その図記号の傍記表示として，**正しいものは**．	イ．T　ロ．ET　ハ．EL　ニ．LK
10	⑩で示す引込線取付点の地表上の高さの最低値〔m〕は． ただし，引込線は道路を横断せず，技術上やむを得ない場合で，交通に支障がないものとする．	イ．2.5　ロ．3.0　ハ．3.5　ニ．4.0

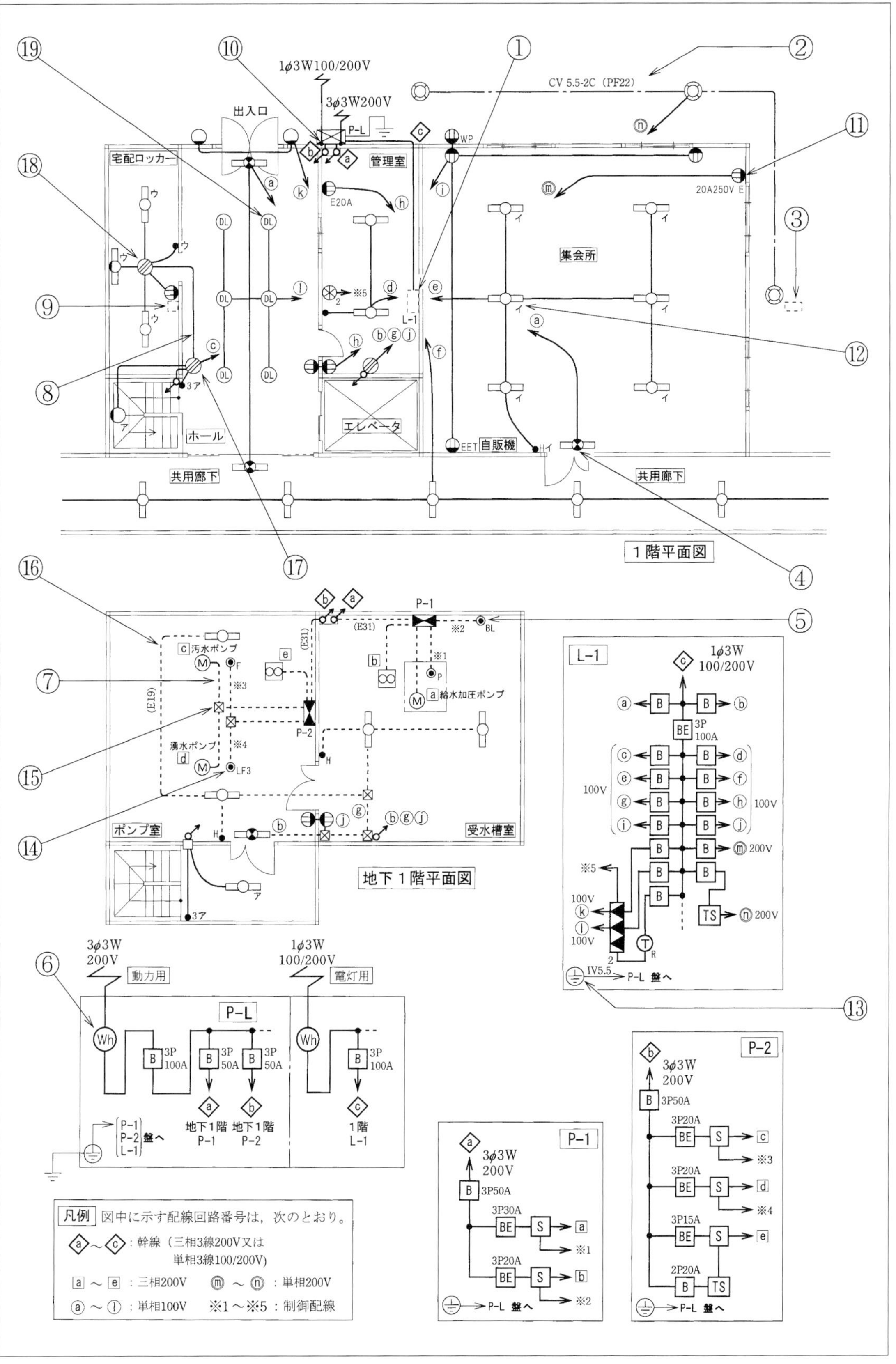
1φ3W100/200V
3φ3W200V
出入口
宅配ロッカー
管理室
CV 5.5-2C (PF22)
20A250V E
集会所
L-1
エレベータ
ホール
自販機
共用廊下
共用廊下
1階平面図
P-1
汚水ポンプ
給水加圧ポンプ
湧水ポンプ
P-2
ポンプ室
受水槽室
地下1階平面図
3φ3W
200V
動力用
1φ3W
100/200V
電灯用
P-L
3P
100A
3P
50A
3P
50A
3P
100A
地下1階
P-1
地下1階
P-2
1階
L-1
P-1
P-2
L-1
盤へ
1φ3W
100/200V
3P
100A
100V
100V
200V
200V
IV5.5
P-L 盤へ
3φ3W
200V
3P50A
3P30A
3P20A
P-L 盤へ
3φ3W
200V
3P50A
3P20A
3P20A
3P15A
2P20A
P-L 盤へ
凡例 図中に示す配線回路番号は，次のとおり。
ⓐ～ⓒ：幹線（三相3線200V又は単相3線100/200V）
ａ～ｅ：三相200V　ⓜ～ⓝ：単相200V
ⓐ～ⓛ：単相100V　※1～※5：制御配線

11　⑪で示す図記号の器具は.

イ.
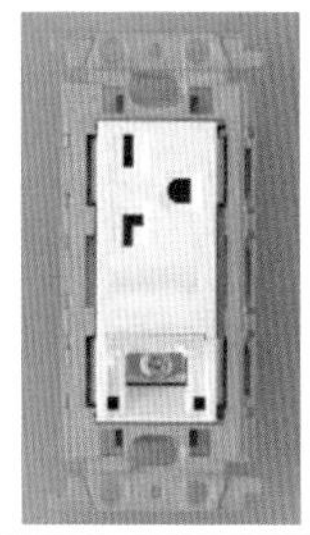

ロ.
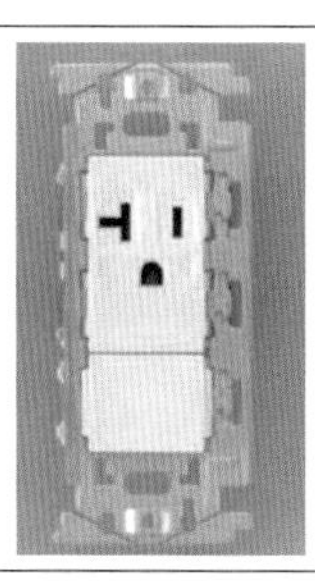

ハ.

ニ.

12　⑫で示す部分の天井内のジョイントボックス内において，接続工事をリングスリーブで圧着接続した場合のリングスリーブの種類，個数及び接続後の刻印との組合せで**正しいものは**．ただし，使用する電線はすべてVVF1.6とする．また，写真に示すリングスリーブ中央の○，小，中は接続後の刻印を表す.

イ.

ロ.
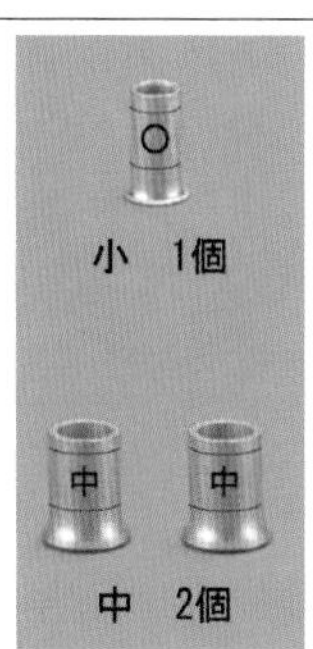

ハ.

ニ.
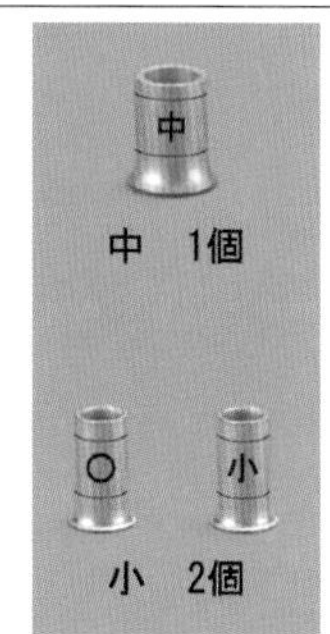

13　⑬の部分で，裸圧着端子と接地線を圧着接続するための工具として，**適切なものは**.

イ.
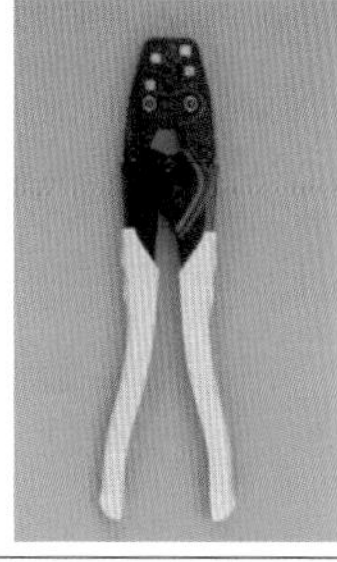

ロ.
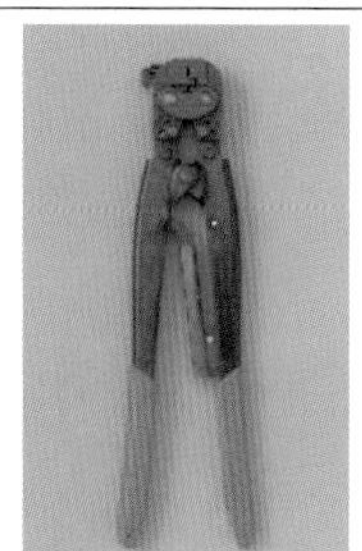

ハ.
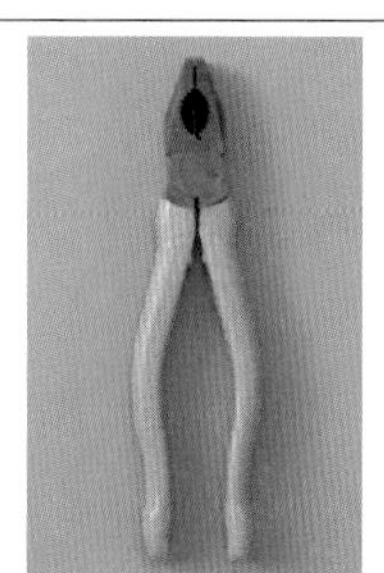

ニ.
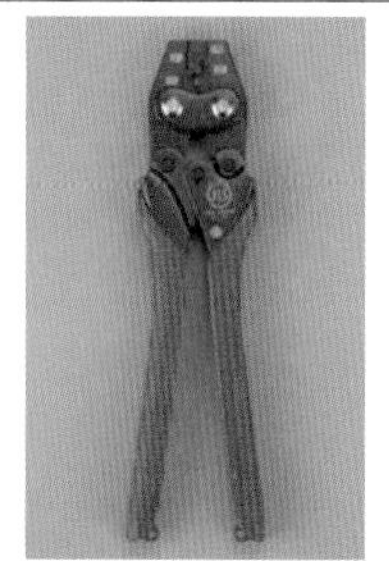

14　⑭で示す図記号の器具は.

イ.
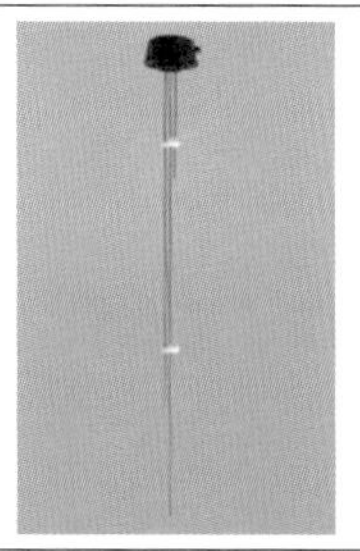

ロ.
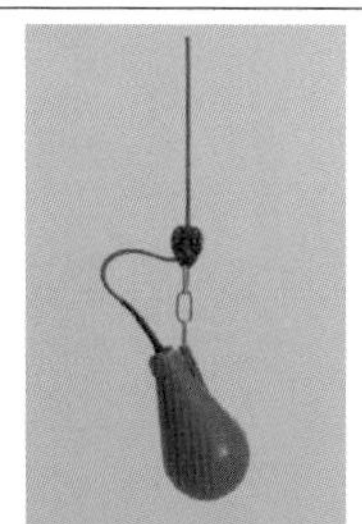

ハ.
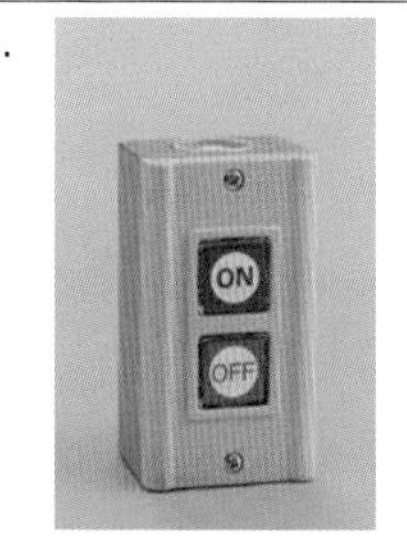

ニ.

15　⑮で示す図記号のものは.

イ.
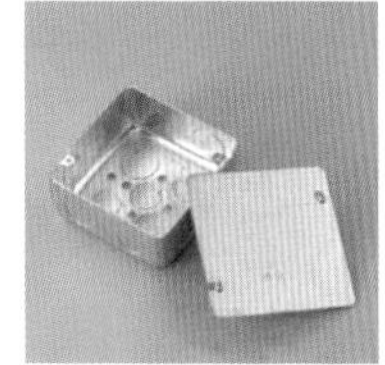

ロ.

ハ.

ニ.
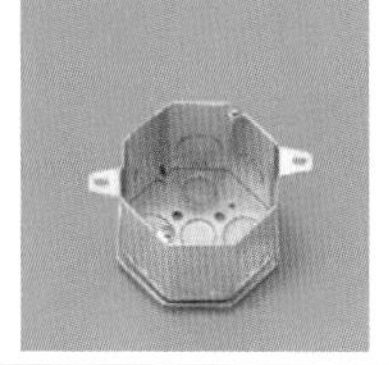

16	⑯で示す部分の工事において**使用されることのないものは**.		
イ. 	ロ. 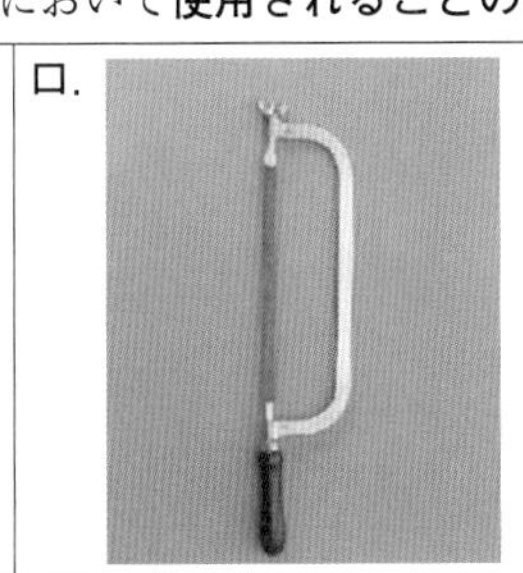	ハ. 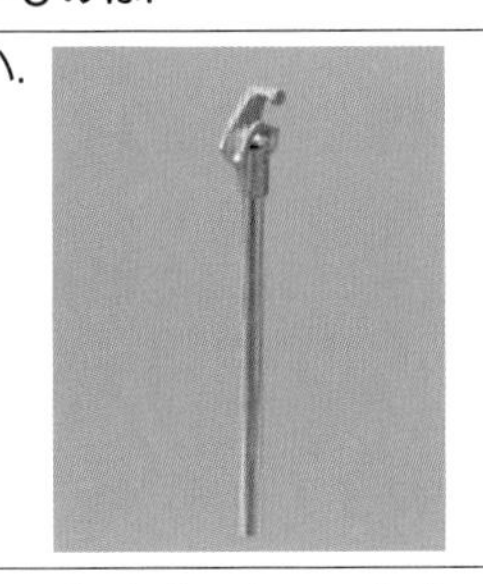	ニ. 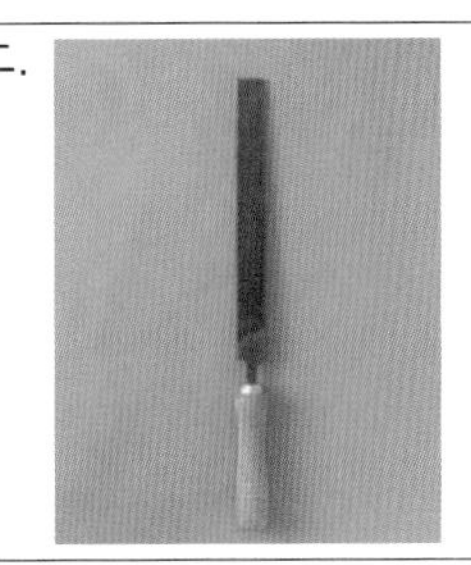

17	⑰で示す VVF 用ジョイントボックス内の接続をすべて差込形コネクタとする場合，使用する差込形コネクタの種類と最少個数の組合せで，**適切なものは**．ただし，使用する電線はすべて VVF1.6 とし，地下1階に至る配線の電線本数(心線数)は最少とする．		
イ.  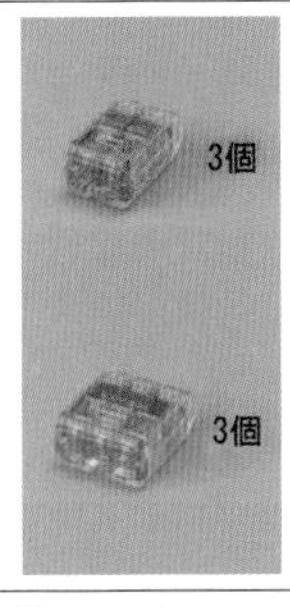	ロ. 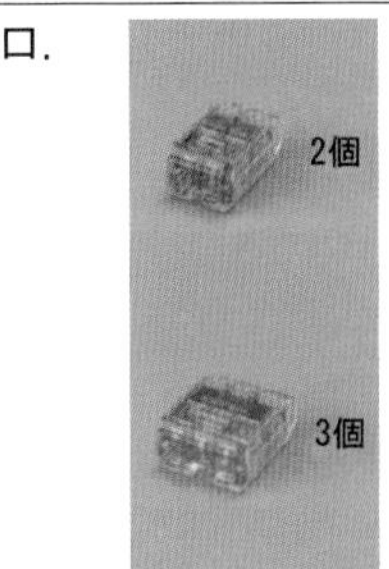	ハ. 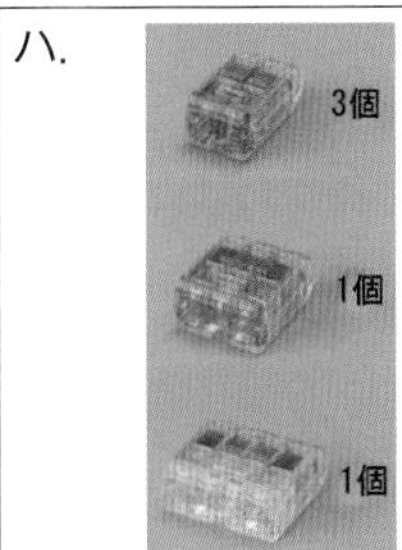	ニ. 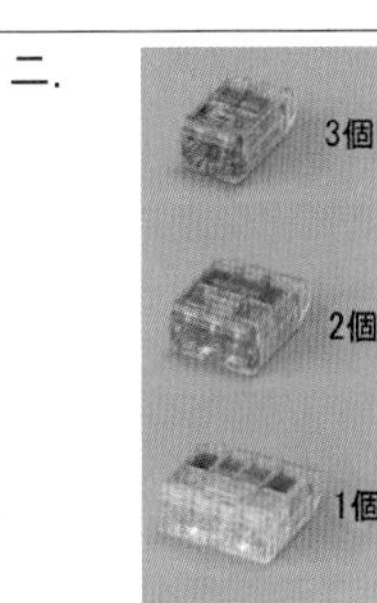

18	⑱で示す VVF 用ジョイントボックス内の接続をすべて圧着接続とする場合，使用するリングスリーブの種類と最少個数の組合せで，**適切なものは**．ただし，使用する電線はすべて VVF1.6 とする．		
イ. 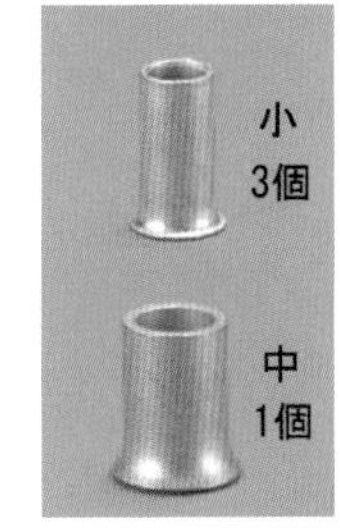	ロ. 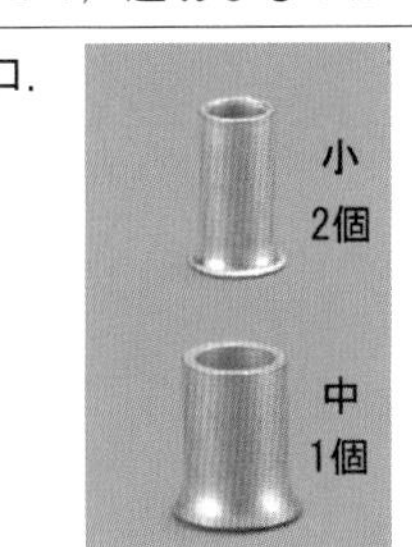	ハ. 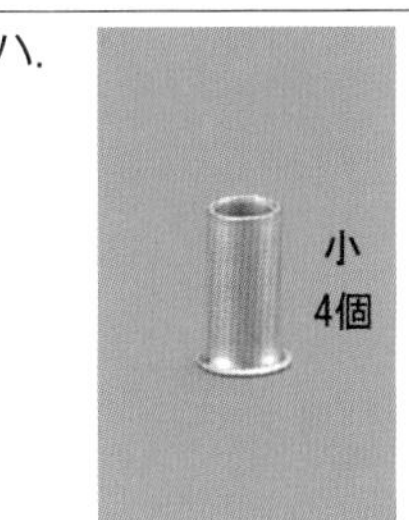	ニ. 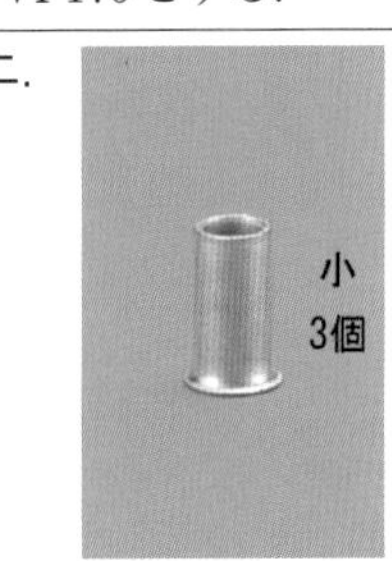

19	⑲で示す図記号の器具は．		
イ. 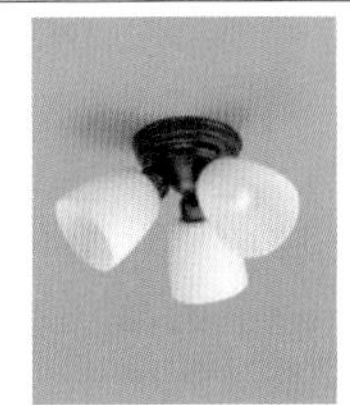	ロ.	ハ. 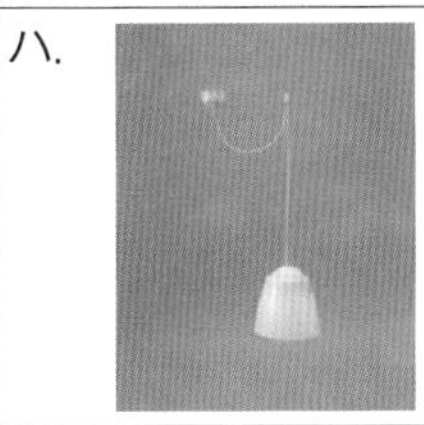	ニ. 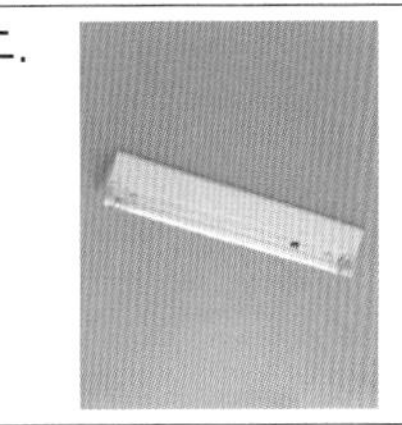

20	この配線図で，**使用されていない**スイッチは．ただし，写真下の図は，接点の構成を示す．		
イ. 	ロ.  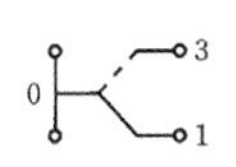	ハ. 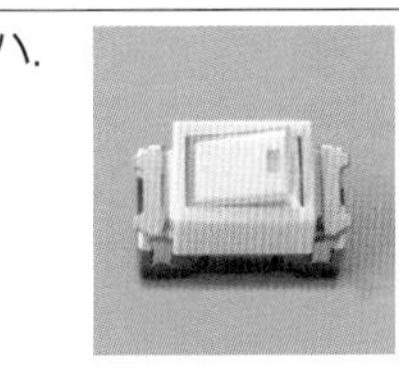 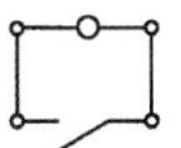	ニ.  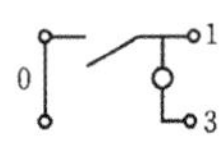

解答・解説

1．ハ．

イは配電盤，ロは制御盤，ニは実験盤を表す．

2．ニ．合成樹脂製可とう電線管

(PF22) は，内径 22mm の合成樹脂製可とう電線管(PF 管)を表す．

配管の種類	記号
硬質ポリ塩化ビニル電線管	VE
合成樹脂製可とう電線管(PF 管)	PF
耐衝撃性硬質ポリ塩化ビニル電線管	HIVE
波付硬質合成樹脂管	FEP

3．ロ．H100

水銀灯の傍記記号はHである．Nはナトリウム灯，Mはメタルハライド灯を表す．

4．ハ．誘導灯

図記号▭⊗▭は，蛍光灯の誘導灯を表す．

5．ロ．確認表示灯付の電磁開閉器用押しボタン

図記号◉$_{BL}$は，確認表示灯付電磁開閉器用押しボタンを表す．

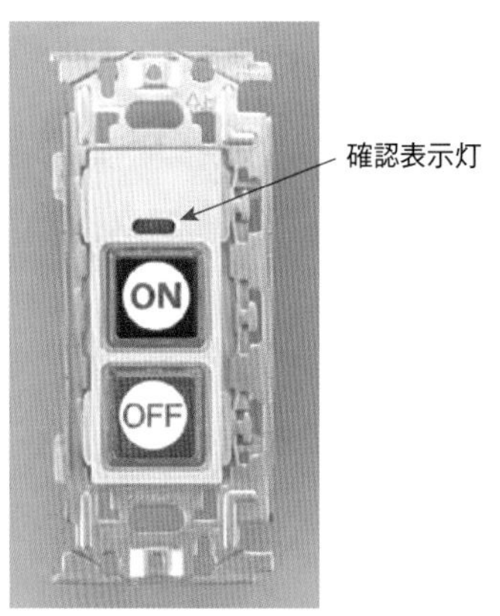

6．ニ．電力量計

図記号Ⓦⓗは，電力量計を表す．

7．ロ．0.2

⑦で示す電路は，3ϕ3W200V 回路である．使用電圧が 300V 以下で対地電圧が 150V を超えるので，電路と大地間の絶縁抵抗値は 0.2MΩ以上でなければならない．

8．イ．2

⑧で示す部分の複線図は，問い 17 の解説で示す図のようになり，最少電線本数は 2 本である．

9．イ．T

引掛形コンセントの傍記表示はTである．ET は接地端子付コンセント，EL は漏電遮断器付コンセント，LK は抜け止め形コンセントを表す．

10．イ．2.5

引込線取付点の地表上の高さは，技術上やむを得ない場合において交通に支障のないときは 2.5m 以上にできる．

11．ハ．

図記号 20A250V⊖E の器具は，20A250V 接地極付コンセントである．

12．ニ．

⑫の部分の複線図は，次の図のようになる．

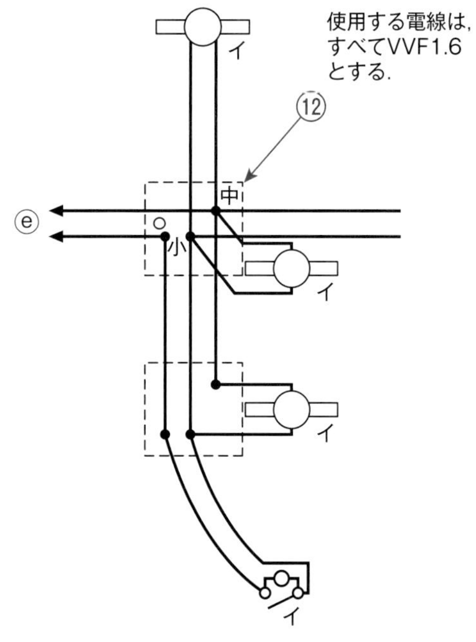

直径 1.6mm の VVF の接続で，スリーブの選定と刻印は，次の表のようになる．

1.6mm の本数	スリーブ	刻印
2 本	小	○
3～4 本	小	小
5～6 本	中	中

接続箇所は３箇所で，スリーブの種類，刻印の組み合わせは次のようになる．

- 1.6mm ２本（１箇所）：小スリーブ　刻印○
- 1.6mm ４本（１箇所）：小スリーブ　刻印小
- 1.6mm ５本（１箇所）：中スリーブ　刻印中

13. ニ.

裸圧着端子に接地線 IV5.5 を圧着するには，ニの裸圧着端子・スリーブ用圧着工具を使用する．

14. イ.

図記号◉LF3は，フロートレススイッチ電極（３極）を表す．ロはフロートスイッチ◉F，ハは電磁開閉器用押しボタン◉Bである．

15. ロ.

図記号⊠は，プルボックスを表す．

16. イ.

⑯で示す部分の工事は ---(E19)--- と示されているので，ねじなし電線管を使用した金属管工事である．ねじなし電線管は，ねじを切る必要がないので，イのリード型ねじ切り器は使用しない．

17. ハ.

⑰で示す VVF 用ジョイントボックス内の接続は，次の図のようになる．

使用する差込形コネクタと最少個数の組み合わせは，次のようになる．

- ２本用　３個
- ３本用　１個
- ４本用　１個

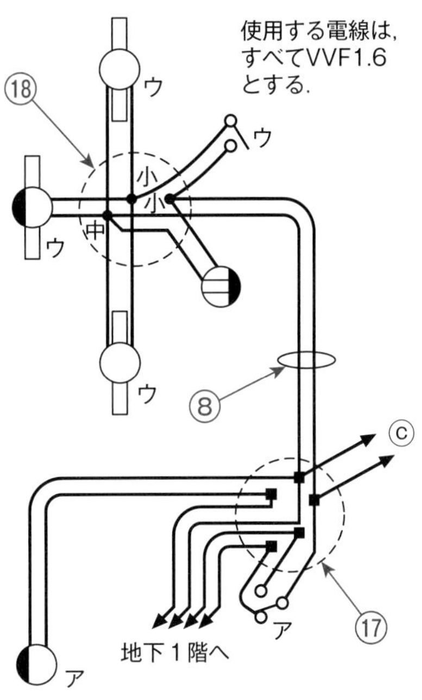

18. ロ.

⑱で示す VVF 用ジョイントボックス内の電線接続は，問い 17 の解説で示した図のようになる．

使用するリングスリーブは，問い 12 の解説で示した表により，次のようになる．

- 1.6mm ３本（１箇所）：小スリーブ
- 1.6mm ４本（１箇所）：小スリーブ
- 1.6mm ５本（１箇所）：中スリーブ

19. ロ.

図記号Ⓓ⃝L（DL）は，埋込器具（ダウンライト）を表す．

20. ニ.

ニの確認表示灯内蔵スイッチ ●L は，この配線図で使用されていない．

イの電磁開閉器用押しボタン（確認表示灯付）◉BL は受水槽室，ロの３路スイッチ ●3 は階段に，ハの位置表示灯内蔵スイッチ ●H はポンプ室・受水槽室・集会所に使用されている．

練習問題１　解答一覧

問い	答え	問い	答え	問い	答え	問い	答え
1	ハ	6	ニ	11	ハ	16	イ
2	ニ	7	ロ	12	ニ	17	ハ
3	ロ	8	イ	13	ニ	18	ロ
4	ハ	9	イ	14	イ	19	ロ
5	ロ	10	イ	15	ロ	20	ニ

[Chapter 7] 配線図の要点整理

1．引込線・引込口配線

(1) 引込線の取り付け点の高さ

- 地表上 4 m 以上が原則
- 技術上やむを得ない場合において交通に支障がないときは，地表上 2.5 m 以上

(2) 引込口配線の工事

工事の種類	条　件
がいし引き工事	露出した場所に限る．
金属管工事	木造を除く．
合成樹脂管工事	
ケーブル工事	外装が金属製のケーブルは，木造以外に限る．

2．配線用遮断器の素子数

単相 3 線式 100/200 V 回路の分岐回路

100 V 回路：2 極 1 素子(2P 1E)
　　　　　　2 極 2 素子(2P 2E)

200 V 回路：2 極 2 素子(2P 2E)

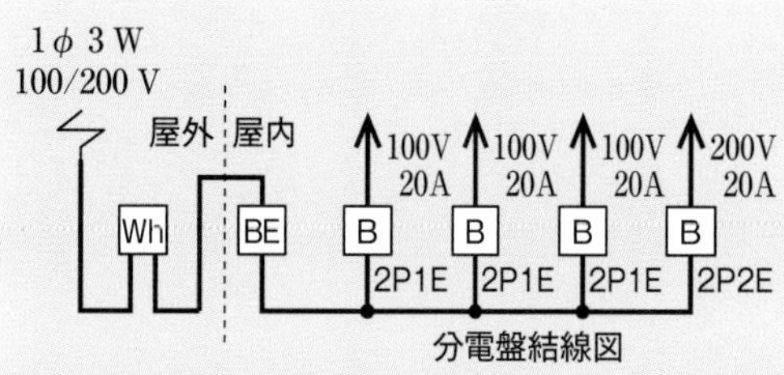

3．引込口の開閉器の施設

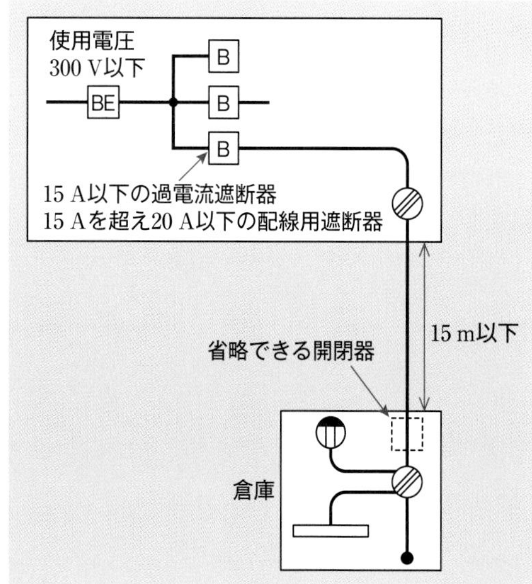

引込口に近い箇所で，容易に開閉できる箇所に開閉器を施設しなければならない．

使用電圧が 300 V 以下で，他の屋内電路(15 A 以下の過電流遮断器か 15 A を超え 20 A 以下の配線用遮断器で保護されているものに限る)に接続する長さが 15 m 以下の電路から電気の供給を受けるものは，引込口に近いところに施設する開閉器を省略することができる．

4．屋外配線の施設

屋外配線の長さが屋内電路の分岐点から 8 m 以下の場合において，屋内電路用の過電流遮断器の定格電流が 15 A (配線用遮断器は 20 A) 以下のときは，開閉器及び過電流遮断器を屋内用のものと兼用することができる．

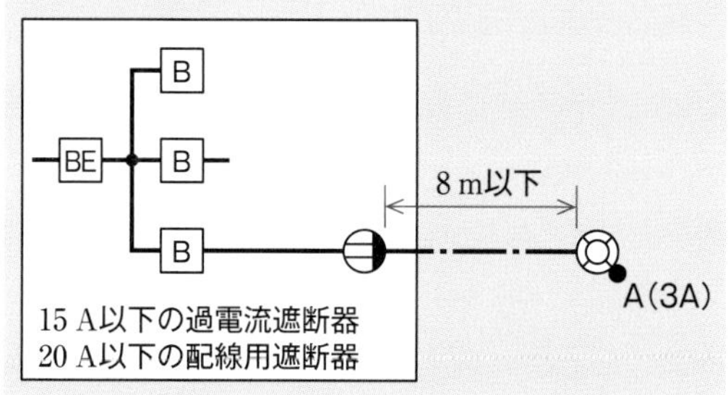

5．配線の太さ

低圧屋内配線：1.6 mm 以上の軟銅線

小勢力回路　：0.8 mm 以上の軟銅線（絶縁電線）

6．地中配線の埋設

配線にはケーブルを使用して，次の埋設深さにする．

重量物の圧力を受ける　：1.2 m 以上

重量物の圧力を受けない：0.6 m 以上

7．D 種接地工事

接地線の太さ：1.6 mm 以上の軟銅線

接地抵抗値　：100Ω 以下(0.5 秒以内に動作する漏電遮断器を設置した場合は 500Ω 以下)

8．絶縁抵抗

電路の使用電圧の区分		絶縁抵抗値
300 V 以下	対地電圧 150 V 以下	0.1 MΩ 以上
	その他の場合	0.2 MΩ 以上
300 V を超えるもの		0.4 MΩ 以上

Chapter 8

学科試験問題例と解答・解説

問題１．一般問題（問題数 30，配点は 1 問当たり 2 点）

【注】本問題の計算で $\sqrt{2}$，$\sqrt{3}$ 及び円周率 π を使用する場合の数値は次によること。 $\sqrt{2}=1.41$ ， $\sqrt{3}=1.73$ ， $\pi=3.14$

次の各問いには 4 通りの答え（イ，ロ，ハ，ニ）が書いてある。それぞれの問いに対して答えを 1 つ選びなさい。

なお，選択肢が数値の場合は最も近い値を選びなさい。

	問い	答え			
1	図のような回路で，スイッチ S を閉じたとき，a－b 端子間の電圧［V］は。 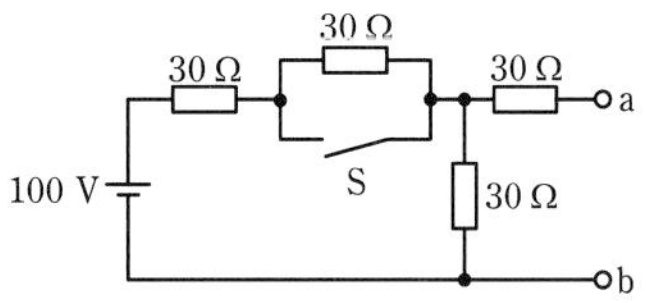	イ．30	ロ．40	ハ．50	ニ．60
2	抵抗率 ρ［Ω・m］，直径 D［mm］，長さ L［m］の導線の電気抵抗［Ω］を表す式は。	イ．$\dfrac{4\rho L}{\pi D^2}\times10^6$	ロ．$\dfrac{\rho L^2}{\pi D^2}\times10^6$	ハ．$\dfrac{4\rho L}{\pi D}\times10^6$	ニ．$\dfrac{4\rho L^2}{\pi D}\times10^6$
3	抵抗に 100 V の電圧を 2 時間 30 分加えたとき，電力量が 4 kW・h であった。抵抗に流れる電流［A］は。	イ．16	ロ．24	ハ．32	ニ．40
4	図のような回路で，抵抗 R に流れる電流が 4 A，リアクタンス X に流れる電流が 3 A であるとき，この回路の消費電力［W］は。 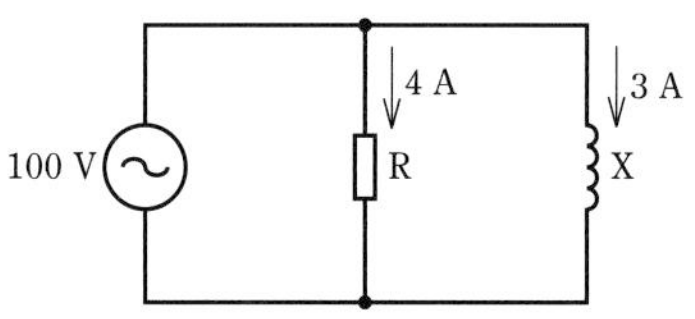	イ．300	ロ．400	ハ．500	ニ．700
5	図のような三相 3 線式回路の全消費電力［kW］は。 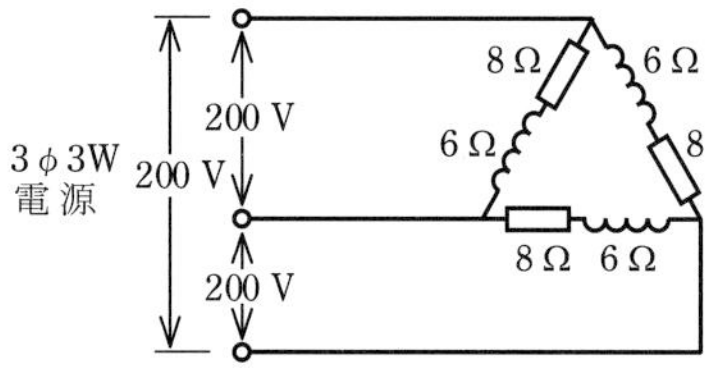	イ．2.4	ロ．4.8	ハ．9.6	ニ．19.2

	問い	答え			
6	図のような三相3線式回路で，電線1線当たりの抵抗が0.15 Ω，線電流が10 Aのとき，この配線の電力損失［W］は。 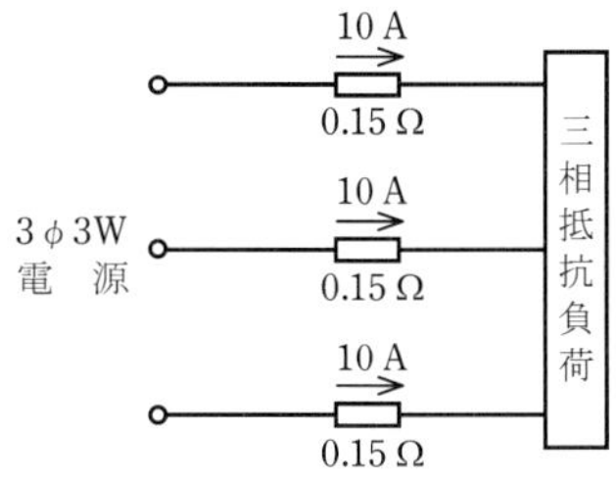 （図：3φ3W電源，各線10 A，0.15 Ω，三相抵抗負荷）	イ．15	ロ．26	ハ．30	ニ．45
7	図1のような単相2線式回路を，図2のような単相3線式回路に変更した場合，配線の電力損失はどうなるか。 ただし，負荷電圧は100 V一定で，負荷A，負荷Bはともに消費電力1 kWの抵抗負荷で，電線の抵抗は1線当たり0.2 Ωとする。 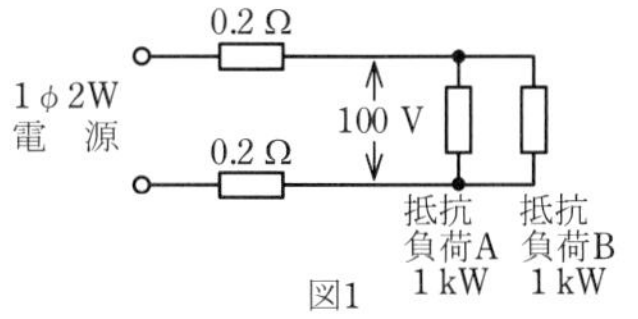 （図1：1φ2W電源，0.2 Ω，100 V，抵抗負荷A 1 kW，抵抗負荷B 1 kW） 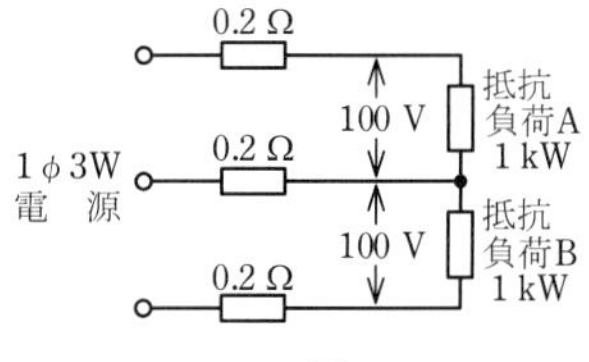 図1 （図2：1φ3W電源，0.2 Ω，100 V，抵抗負荷A 1 kW，抵抗負荷B 1 kW） 図2	イ．0になる。 ロ．小さくなる。 ハ．変わらない。 ニ．大きくなる。			
8	合成樹脂製可とう電線管（PF管）による低圧屋内配線工事で，管内に断面積5.5 mm²の600Vビニル絶縁電線（軟銅線）7本を収めて施設した場合，電線1本当たりの許容電流［A］は。 ただし，周囲温度は30 ℃以下，電流減少係数は0.49とする。	イ．13	ロ．17	ハ．24	ニ．29
9	図のように定格電流60 Aの過電流遮断器で保護された低圧屋内幹線から分岐して，10 mの位置に過電流遮断器を施設するとき，a−b間の電線の許容電流の最小値［A］は。 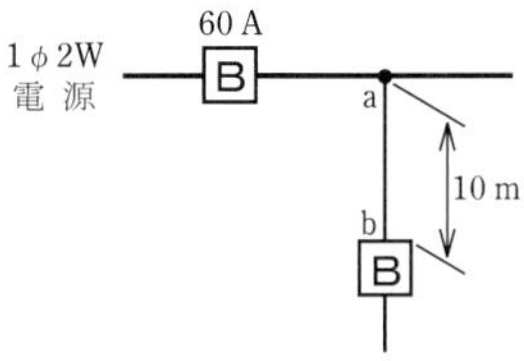 （図：1φ2W電源，60 A，B，a，b，10 m）	イ．15	ロ．21	ハ．27	ニ．33

	問　い	答　え
10	低圧屋内配線の分岐回路の設計で，配線用遮断器，分岐回路の電線の太さ及びコンセントの組合せとして，**適切なものは**。 ただし，分岐点から配線用遮断器までは3 m，配線用遮断器からコンセントまでは8 mとし，電線の数値は分岐回路の電線（軟銅線）の太さを示す。 また，コンセントは兼用コンセントではないものとする。	**イ．** B 20 A　2.0 mm　定格電流 30 Aの コンセント 1個 **ロ．** B 30 A　2.0 mm　定格電流 30 Aの コンセント 1個 **ハ．** B 40 A　8 mm²　定格電流 30 Aの コンセント 1個 **ニ．** B 30 A　2.6 mm　定格電流 15 Aの コンセント 2個
11	多数の金属管が集合する場所等で，通線を容易にするために用いられるものは。	**イ．** 分電盤 **ロ．** プルボックス **ハ．** フィクスチュアスタッド **ニ．** スイッチボックス
12	絶縁物の最高許容温度が最も高いものは。	**イ．** 600V 架橋ポリエチレン絶縁ビニルシースケーブル（CV） **ロ．** 600V 二種ビニル絶縁電線（HIV） **ハ．** 600V ビニル絶縁ビニルシースケーブル丸形（VVR） **ニ．** 600V ビニル絶縁電線（IV）
13	コンクリート壁に金属管を取り付けるときに用いる材料及び工具の組合せとして，**適切なものは**。	**イ．** カールプラグ　ステープル　ホルソ　ハンマ **ロ．** サドル　振動ドリル　カールプラグ　木ねじ **ハ．** たがね　コンクリート釘　ハンマ　ステープル **ニ．** ボルト　ホルソ　振動ドリル　サドル
14	定格周波数60 Hz，極数4の低圧三相かご形誘導電動機の同期速度［min^{-1}］は。	**イ．** 1 200　**ロ．** 1 500　**ハ．** 1 800　**ニ．** 3 000
15	組み合わせて使用する機器で，その組合せが明らかに**誤っているものは**。	**イ．** ネオン変圧器と高圧水銀灯 **ロ．** 光電式自動点滅器と庭園灯 **ハ．** 零相変流器と漏電警報器 **ニ．** スターデルタ始動装置と一般用低圧三相かご形誘導電動機

	問い	答え
16	写真に示す材料の特徴として，**誤っているものは。** なお，材料の表面には「**タイシガイセン EM600V EEF/F1.6mm JIS JET<PS>E○○社 タイネン 2014**」が記されている。	**イ**．分別が容易でリサイクル性がよい。 **ロ**．焼却時に有害なハロゲン系ガスが発生する。 **ハ**．ビニル絶縁ビニルシースケーブルと比べ絶縁物の最高許容温度が高い。 **ニ**．難燃性がある。
17	写真に示す器具の用途は。	**イ**．LED 電球の明るさを調節するのに用いる。 **ロ**．人の接近による自動点滅に用いる。 **ハ**．蛍光灯の力率改善に用いる。 **ニ**．周囲の明るさに応じて屋外灯などを自動点滅させるのに用いる。
18	写真に示す工具の用途は。	**イ**．VVF ケーブルの外装や絶縁被覆をはぎ取るのに用いる。 **ロ**．CV ケーブル(低圧用)の外装や絶縁被覆をはぎ取るのに用いる。 **ハ**．VVR ケーブルの外装や絶縁被覆をはぎ取るのに用いる。 **ニ**．VFF コード(ビニル平形コード)の絶縁被覆をはぎ取るのに用いる。
19	単相 100 V の屋内配線工事における絶縁電線相互の接続で，**不適切なものは。**	**イ**．絶縁電線の絶縁物と同等以上の絶縁効力のあるもので十分被覆した。 **ロ**．電線の引張強さが 15 %減少した。 **ハ**．差込形コネクタによる終端接続で，ビニルテープによる絶縁は行わなかった。 **ニ**．電線の電気抵抗が 5 %増加した。
20	低圧屋内配線工事(臨時配線工事の場合を除く)で，600V ビニル絶縁ビニルシースケーブルを用いたケーブル工事の施工方法として，**適切なものは。**	**イ**．接触防護措置を施した場所で，造営材の側面に沿って垂直に取り付け，その支持点間の距離を 8 m とした。 **ロ**．金属製遮へい層のない電話用弱電流電線と共に同一の合成樹脂管に収めた。 **ハ**．建物のコンクリート壁の中に直接埋設した。 **ニ**．丸形ケーブルを，屈曲部の内側の半径をケーブル外径の 8 倍にして曲げた。

	問い	答え
21	住宅（一般用電気工作物）に系統連系型の発電設備（出力 5.5 kW）を，図のように，太陽電池，パワーコンディショナ，漏電遮断器（分電盤内），商用電源側の順に接続する場合，取り付ける漏電遮断器の種類として，**最も適切なものは。** 太陽電池 → パワーコンディショナ → 漏電遮断器（分電盤内） → （商用電源側）	**イ**．漏電遮断器（過負荷保護なし） **ロ**．漏電遮断器（過負荷保護付） **ハ**．漏電遮断器（過負荷保護付　高感度形） **ニ**．漏電遮断器（過負荷保護付　逆接続可能型）
22	床に固定した定格電圧 200 V，定格出力 1.5 kW の三相誘導電動機の鉄台に接地工事をする場合，接地線（軟銅線）の太さと接地抵抗値の組合せで，**不適切なものは。** ただし，漏電遮断器を設置しないものとする。	**イ**．直径 1.6 mm，10 Ω **ロ**．直径 2.0 mm，50 Ω **ハ**．公称断面積 0.75 mm^2，5 Ω **ニ**．直径 2.6 mm，75 Ω
23	低圧屋内配線の金属可とう電線管（使用する電線管は 2 種金属製可とう電線管とする）工事で，**不適切なものは。**	**イ**．管の内側の曲げ半径を管の内径の 6 倍以上とした。 **ロ**．管内に 600V ビニル絶縁電線を収めた。 **ハ**．管とボックスとの接続にストレートボックスコネクタを使用した。 **ニ**．管と金属管（鋼製電線管）との接続に TS カップリングを使用した。
24	回路計（テスタ）に関する記述として，**正しいものは。**	**イ**．ディジタル式は電池を内蔵しているが，アナログ式は電池を必要としない。 **ロ**．電路と大地間の抵抗測定を行った。その測定値は電路の絶縁抵抗値として使用してよい。 **ハ**．交流又は直流電圧を測定する場合は，あらかじめ想定される値の直近上位のレンジを選定して使用する。 **ニ**．抵抗を測定する場合の回路計の端子における出力電圧は，交流電圧である。
25	低圧屋内配線の電路と大地間の絶縁抵抗を測定した。「電気設備に関する技術基準を定める省令」に**適合していないものは。**	**イ**．単相 3 線式 100/200 V の使用電圧 200 V 空調回路の絶縁抵抗を測定したところ 0.16 MΩであった。 **ロ**．三相 3 線式の使用電圧 200 V（対地電圧 200 V）電動機回路の絶縁抵抗を測定したところ 0.18 MΩであった。 **ハ**．単相 2 線式の使用電圧 100 V 屋外庭園灯回路の絶縁抵抗を測定したところ 0.12 MΩであった。 **ニ**．単相 2 線式の使用電圧 100 V 屋内配線の絶縁抵抗を，分電盤で各回路を一括して測定したところ，1.5 MΩであったので個別分岐回路の測定を省略した。
26	使用電圧100 Vの低圧電路に，地絡が生じた場合0.1秒で自動的に電路を遮断する装置が施してある。この電路の屋外にD種接地工事が必要な自動販売機がある。その接地抵抗値a[Ω]と電路の絶縁抵抗値b[MΩ]の組合せとして，「電気設備に関する技術基準を定める省令」及び「電気設備の技術基準の解釈」に**適合していないものは。**	**イ**．a 600　b 2.0 **ロ**．a 500　b 1.0 **ハ**．a 100　b 0.2 **ニ**．a 10　b 0.1

	問　い	答　え
27	単相交流電源から負荷に至る回路において，電圧計，電流計，電力計の結線方法として，**正しいものは**。	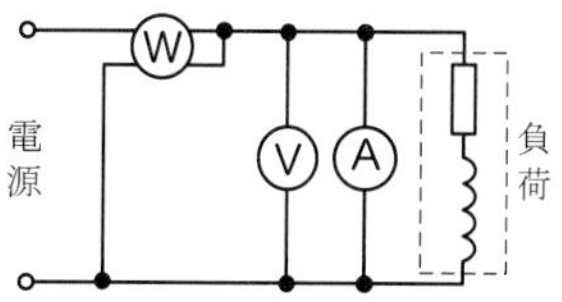 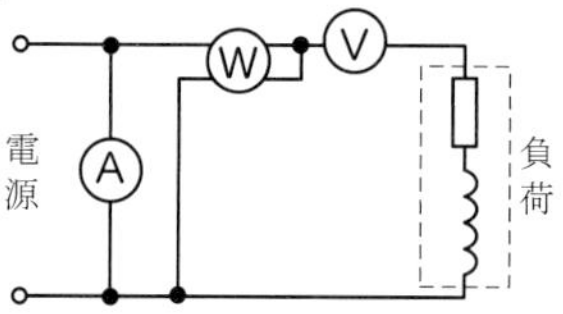 イ．（電源，A，W，V，負荷） 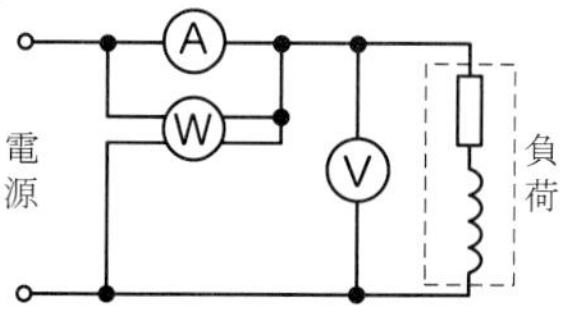 ロ．（電源，W，V，A，負荷） ハ．（電源，A，W，V，負荷） ニ．（電源，A，W，V，負荷） 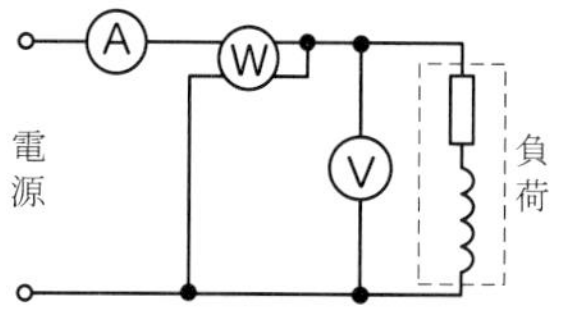
28	「電気工事士法」において，第二種電気工事士であっても**従事できない作業は**。	イ．一般用電気工作物の配線器具に電線を接続する作業 ロ．一般用電気工作物に接地線を取り付ける作業 ハ．自家用電気工作物（最大電力 500 kW 未満の需要設備）の地中電線用の管を設置する作業 ニ．自家用電気工作物（最大電力 500 kW 未満の需要設備）の低圧部分の電線相互を接続する作業
29	「電気用品安全法」の適用を受ける電気用品に関する記述として，**誤っているものは**。	イ．(PS/E)の記号は，電気用品のうち「特定電気用品以外の電気用品」を示す。 ロ．◇(PS/E)の記号は，電気用品のうち「特定電気用品」を示す。 ハ．<PS>E の記号は，電気用品のうち輸入した「特定電気用品以外の電気用品」を示す。 ニ．電気工事士は，「電気用品安全法」に定められた所定の表示が付されているものでなければ，電気用品を電気工作物の設置又は変更の工事に使用してはならない。
30	「電気設備に関する技術基準を定める省令」における電路の保護対策について記述したものである。次の空欄(A)及び(B)の組合せとして，**正しいものは**。 電路の［(A)］には，過電流による過熱焼損から電線及び電気機械器具を保護し，かつ，火災の発生を防止できるよう，過電流遮断器を施設しなければならない。 また，電路には，［(B)］が生じた場合に，電線若しくは電気機械器具の損傷，感電又は火災のおそれがないよう，［(B)］遮断器の施設その他の適切な措置を講じなければならない。ただし，電気機械器具を乾燥した場所に施設する等［(B)］による危険のおそれがない場合は，この限りでない。	イ．(A)必要な箇所　(B)地絡 ロ．(A)すべての分岐回路　(B)過電流 ハ．(A)必要な箇所　(B)過電流 ニ．(A)すべての分岐回路　(B)地絡

問題２．配線図（問題数 20，配点は１問当たり２点）

※図はP.209参照

図は，木造１階建住宅の配線図である。この図に関する次の各問いには４通りの答え（**イ**，**ロ**，**ハ**，**ニ**）が書いてある。それぞれの問いに対して，答えを１つ選びなさい。

【注意】 1．屋内配線の工事は，特記のある場合を除き600Vビニル絶縁ビニルシースケーブル平形（VVF)を用いたケーブル工事である。

2．屋内配線等の電線の本数，電線の太さ，その他，問いに直接関係のない部分等は省略又は簡略化してある。

3．漏電遮断器は，定格感度電流 30 mA，動作時間 0.1 秒以内のものを使用している。

4．選択肢（答え）の写真にあるコンセント及び点滅器は，「JIS C 0303：2000 構内電気設備の配線用図記号」で示す「一般形」である。

5．分電盤の外箱は合成樹脂製である。

6．ジョイントボックスを経由する電線は，すべて接続箇所を設けている。

7．３路スイッチの記号「0」の端子には，電源側又は負荷側の電線を結線する。

	問い	答え			
31	①で示す図記号の名称は。	**イ**．白熱灯	**ロ**．通路誘導灯	**ハ**．確認表示灯	**ニ**．位置表示灯
32	②で示す図記号の名称は。	**イ**．一般形点滅器	**ロ**．一般形調光器	**ハ**．ワイド形調光器	**ニ**．ワイドハンドル形点滅器
33	③で示す器具の接地工事における接地抵抗の許容される最大値［Ω］は。	**イ**．10	**ロ**．100	**ハ**．300	**ニ**．500
34	④の部分の最少電線本数(心線数)は。	**イ**．2	**ロ**．3	**ハ**．4	**ニ**．5
35	⑤で示す図記号の名称は。	**イ**．プルボックス	**ロ**．VVF 用ジョイントボックス	**ハ**．ジャンクションボックス	**ニ**．ジョイントボックス
36	⑥で示す部分の電路と大地間の絶縁抵抗として，許容される最小値［MΩ］は。	**イ**．0.1	**ロ**．0.2	**ハ**．0.3	**ニ**．0.4
37	⑦で示す図記号の名称は。	**イ**．タイマ付スイッチ	**ロ**．遅延スイッチ	**ハ**．自動点滅器	**ニ**．熱線式自動スイッチ
38	⑧で示す部分の小勢力回路で使用できる電線(軟銅線)の最小太さの直径［mm］は。	**イ**．0.8	**ロ**．1.2	**ハ**．1.6	**ニ**．2.0
39	⑨で示す部分の配線工事で用いる管の種類は。	**イ**．硬質ポリ塩化ビニル電線管	**ロ**．波付硬質合成樹脂管	**ハ**．耐衝撃性硬質ポリ塩化ビニル電線管	**ニ**．耐衝撃性硬質ポリ塩化ビニル管
40	⑩で示す部分の工事方法で**施工できない**工事方法は。	**イ**．金属管工事	**ロ**．合成樹脂管工事	**ハ**．がいし引き工事	**ニ**．ケーブル工事

（次頁へ続く）

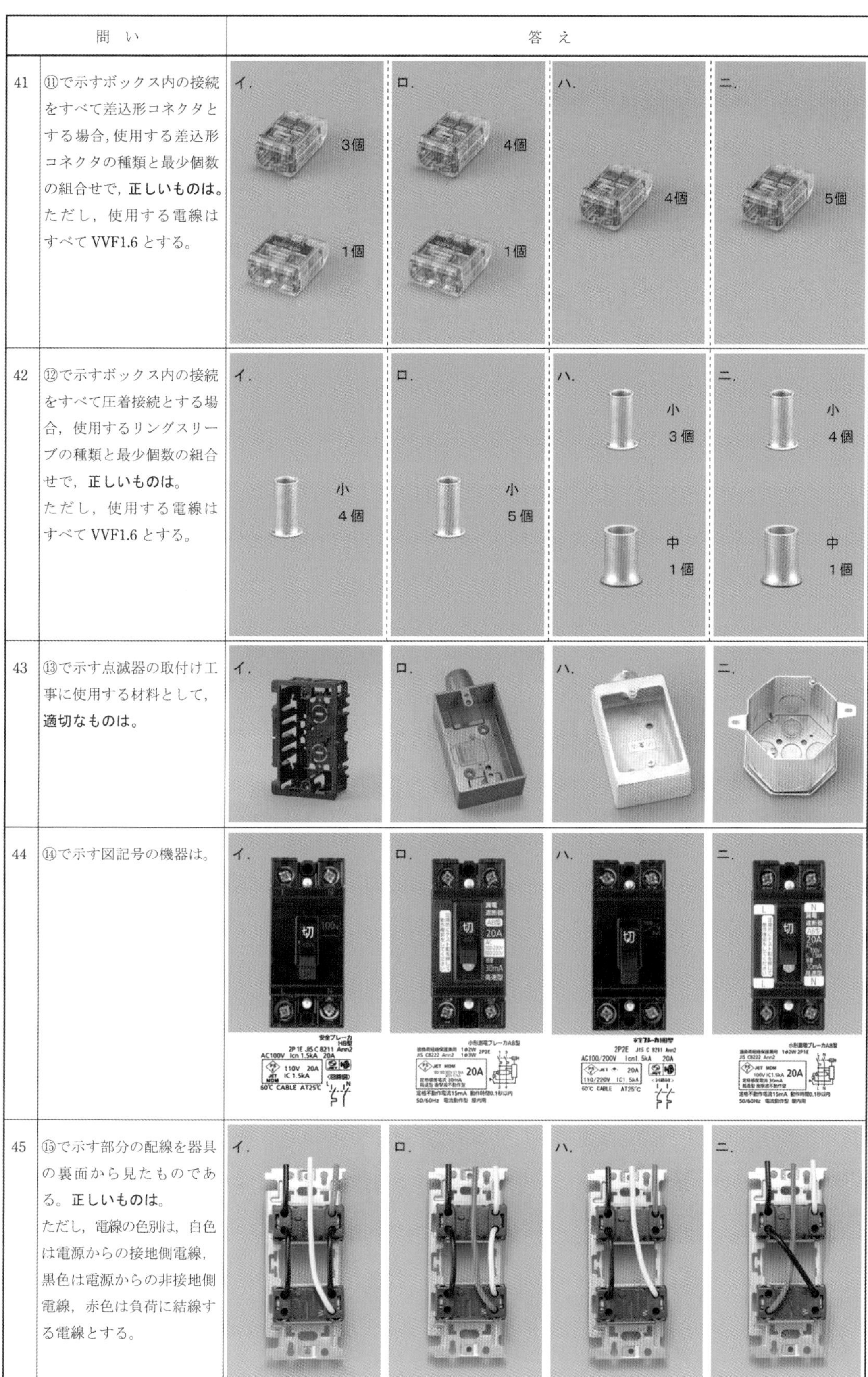

	問い	答え			
		イ.	ロ.	ハ.	ニ.
41	⑪で示すボックス内の接続をすべて差込形コネクタとする場合，使用する差込形コネクタの種類と最少個数の組合せで，**正しいものは。** ただし，使用する電線はすべて VVF1.6 とする。	3個 1個	4個 1個	4個	5個
42	⑫で示すボックス内の接続をすべて圧着接続とする場合，使用するリングスリーブの種類と最少個数の組合せで，**正しいものは。** ただし，使用する電線はすべて VVF1.6 とする。	小 4個	小 5個	小 3個 中 1個	小 4個 中 1個
43	⑬で示す点滅器の取付け工事に使用する材料として，**適切なものは。**				
44	⑭で示す図記号の機器は。				
45	⑮で示す部分の配線を器具の裏面から見たものである。**正しいものは。** ただし，電線の色別は，白色は電源からの接地側電線，黒色は電源からの非接地側電線，赤色は負荷に結線する電線とする。				

	問　い	答　え
46	⑯で示す部分に使用するケーブルで，**適切なものは。**	イ． 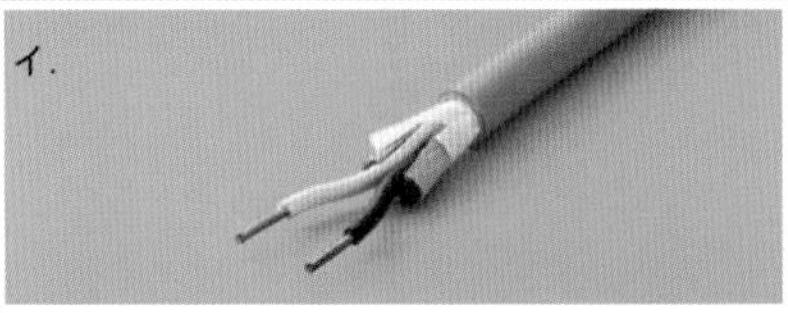　ロ． 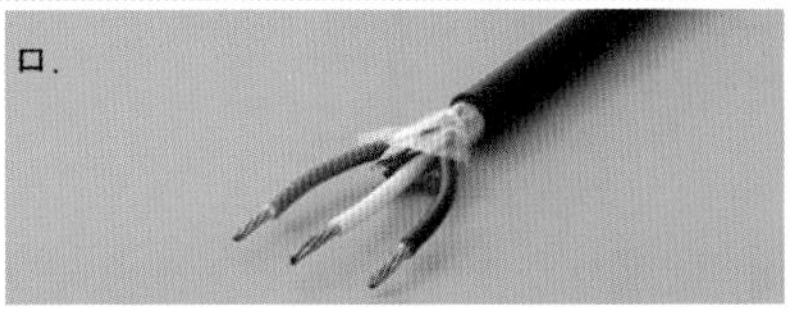　ハ． 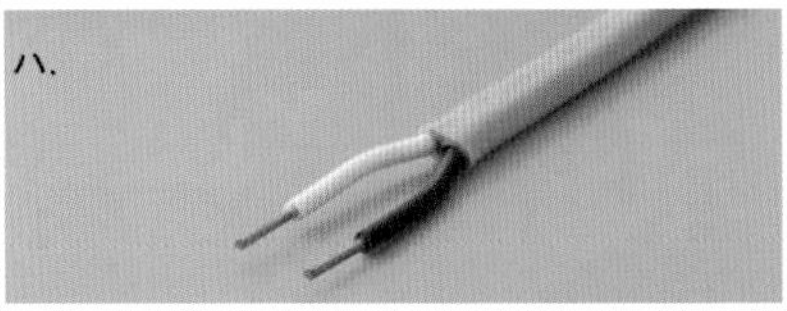　ニ． 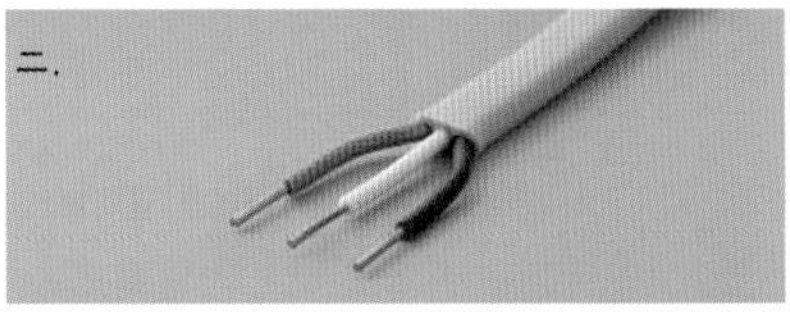
47	⑰で示すボックス内の接続をリングスリーブで圧着接続した場合のリングスリーブの種類，個数及び圧着接続後の刻印との組合せで，**正しいものは。** ただし，使用する電線はすべてVVF1.6とする。 また，写真に示す**リングスリーブ中央**の○，小，中は刻印を表す。	イ．○ 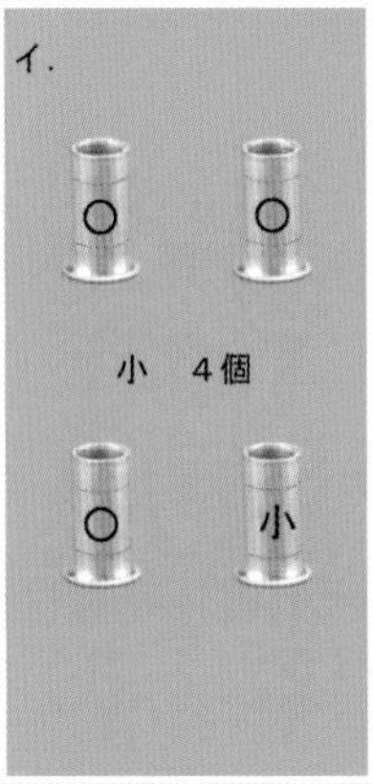 ○ 小　4個 ○ 小　ロ．○ ○ 小　4個 小 小　ハ．中 中　1個 ○ ○ ○ 小　3個　ニ．中 中　1個 小 小 小 小　3個 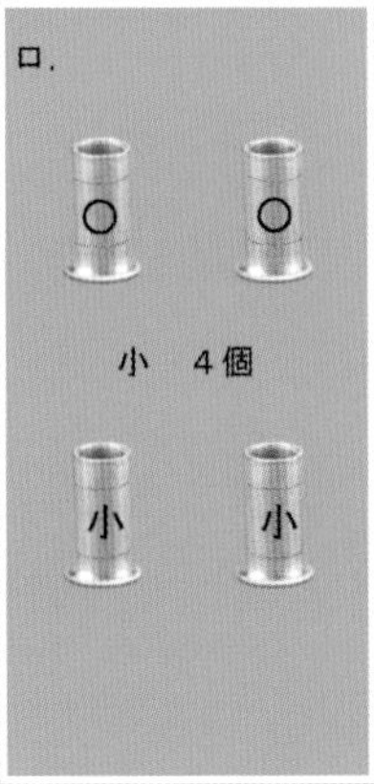 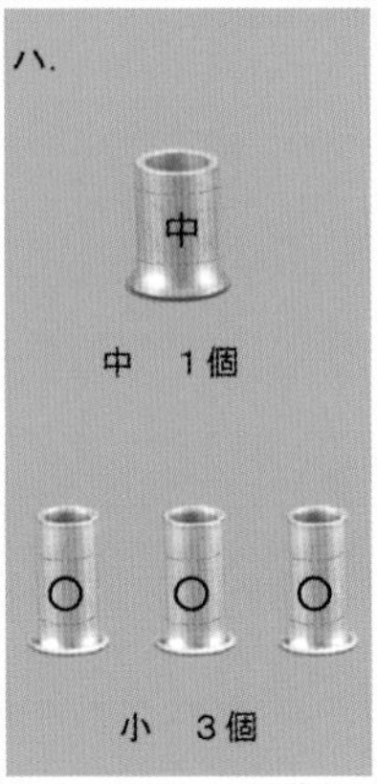 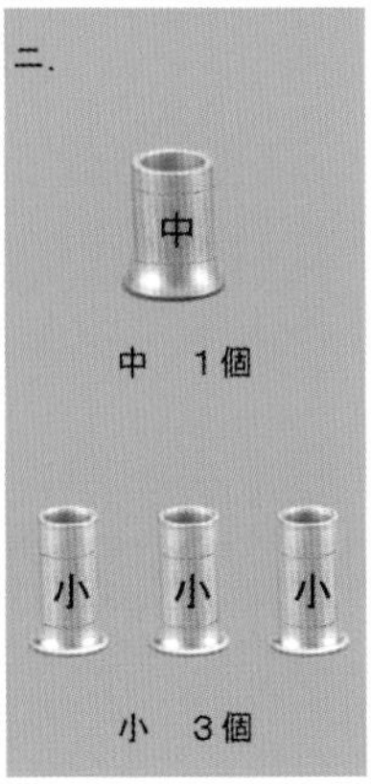
48	この配線図で，**使用しているコンセントは。**	イ． 　ロ． 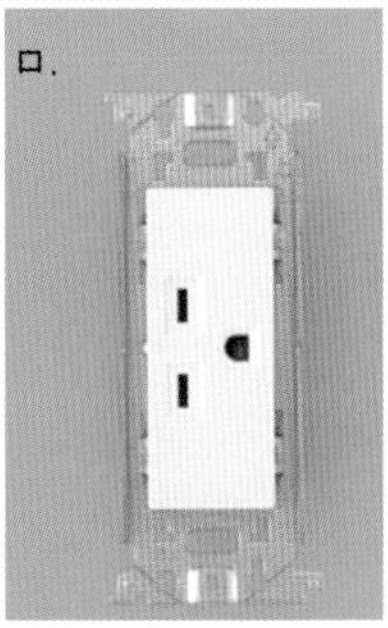　ハ． 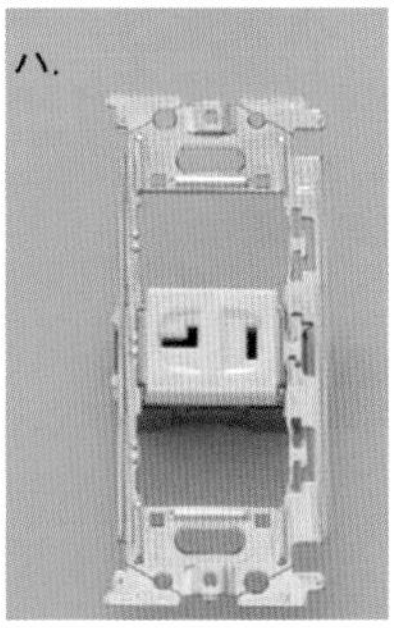　ニ． 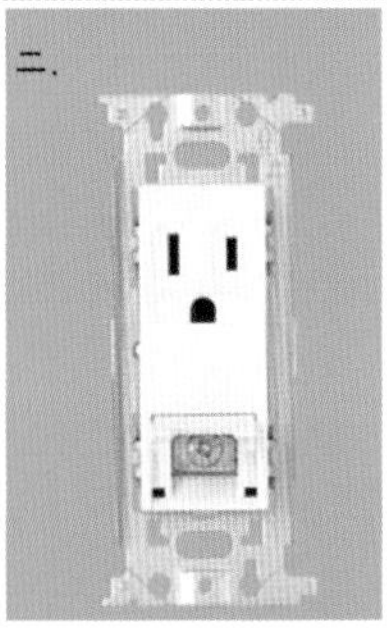
49	この配線図で**使用していないスイッチは。** ただし，写真下の図は，接点の構成を示す。	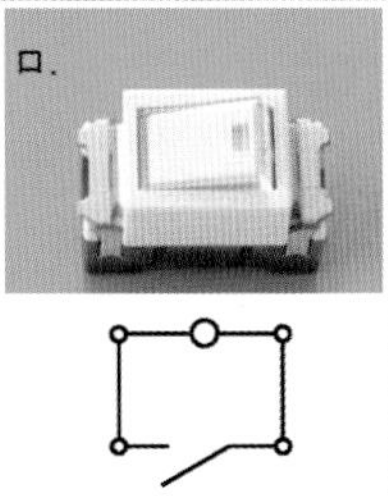 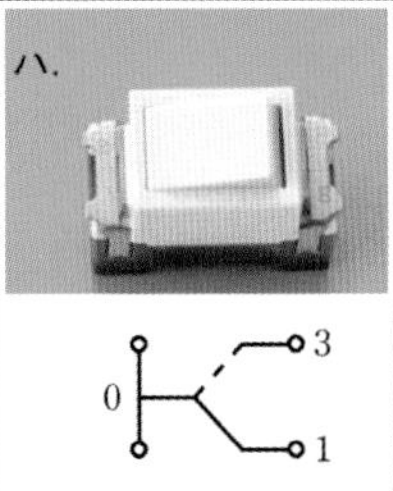 イ．0 1 3　ロ．　ハ．0 3 1　ニ． 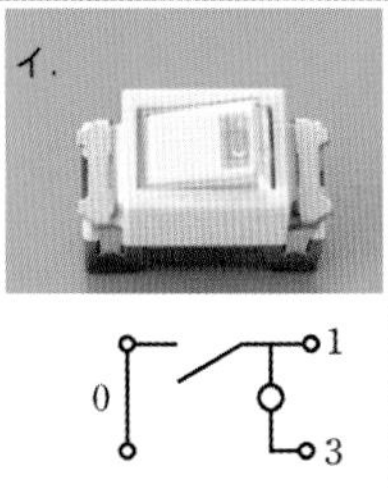 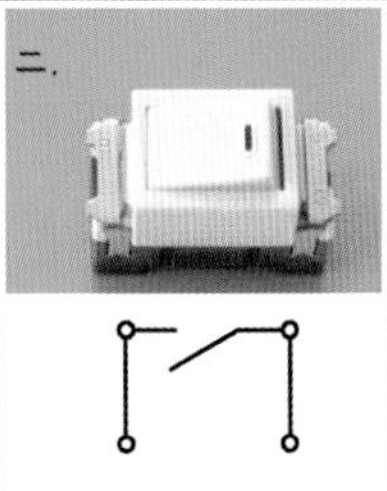
50	この配線図の施工に関して，一般的に使用するものの組合せで，**不適切なものは。**	イ． 　ロ． 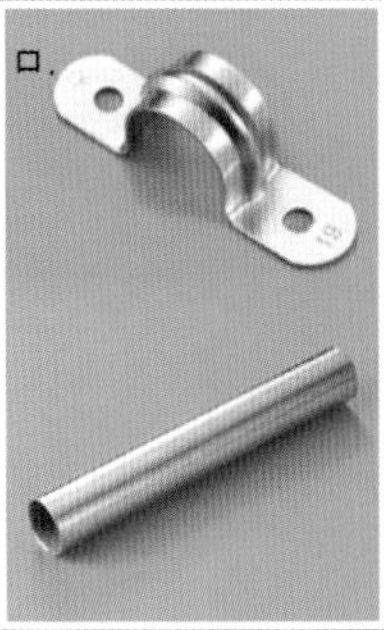　ハ． 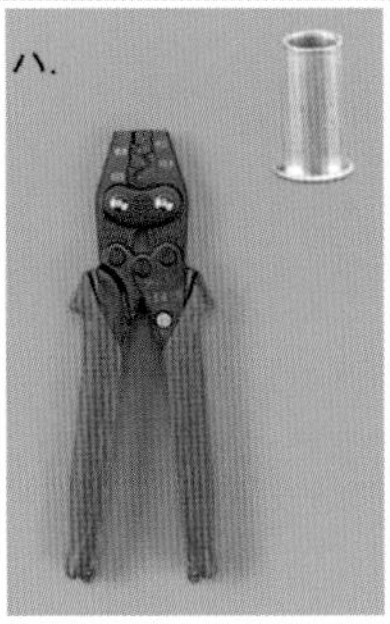　ニ． 

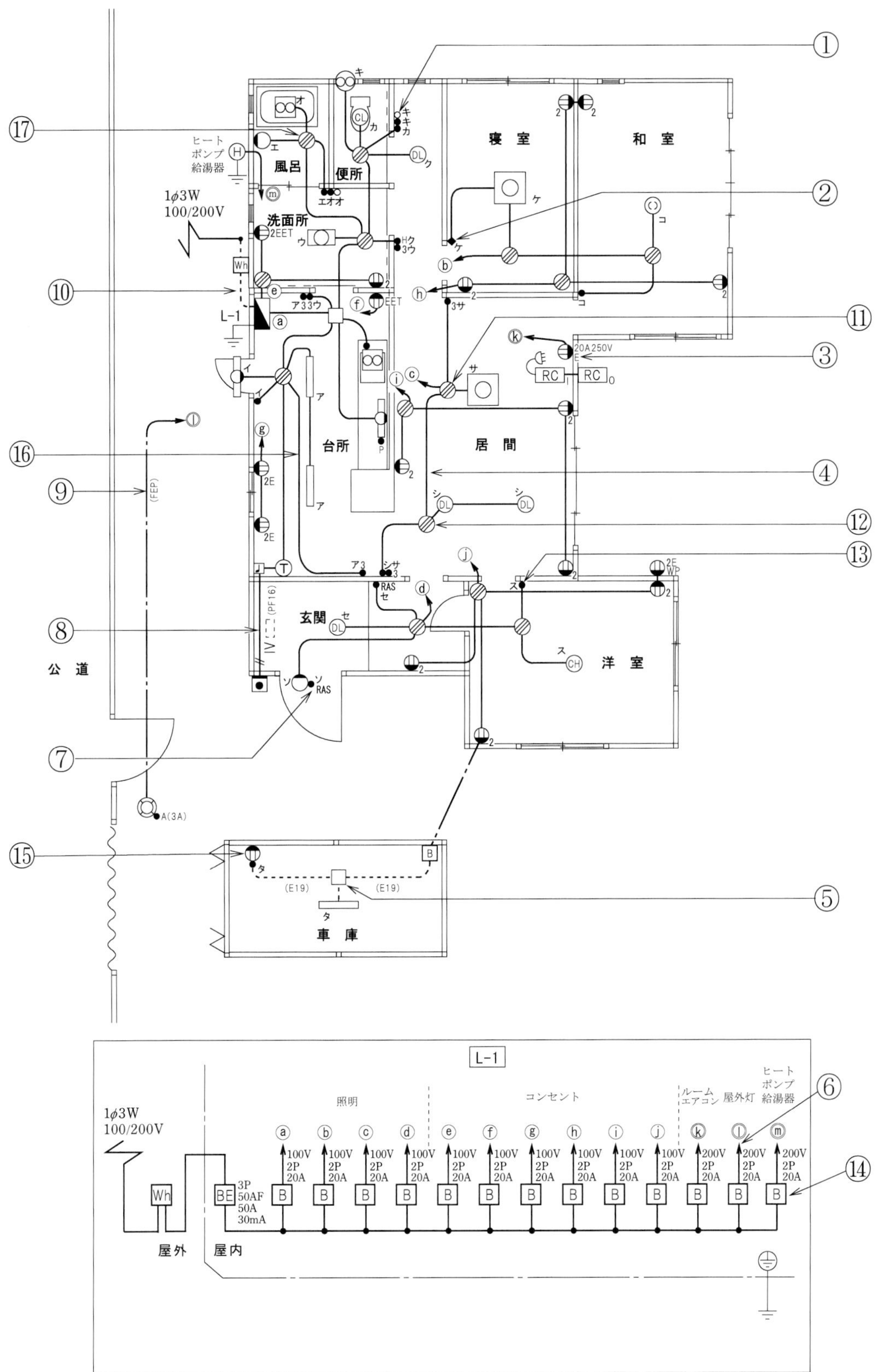

寝 室
和 室
風呂
便所
洗面所
台所
居 間
玄関
洋 室
車 庫
公 道
ヒート
ポンプ
給湯器
1φ3W
100/200V
L-1
20A 250V
E
RC
(FEP)
(PF16)
(E19)
A(3A)
RAS
照明
コンセント
ルーム
エアコン
屋外灯
3P
50AF
50A
30mA
100V
2P
20A
200V
屋外
屋内

問題1．一般問題の解答・解説

1．ハ．50

スイッチSを閉じたときの回路は，**第1図**のようになる．

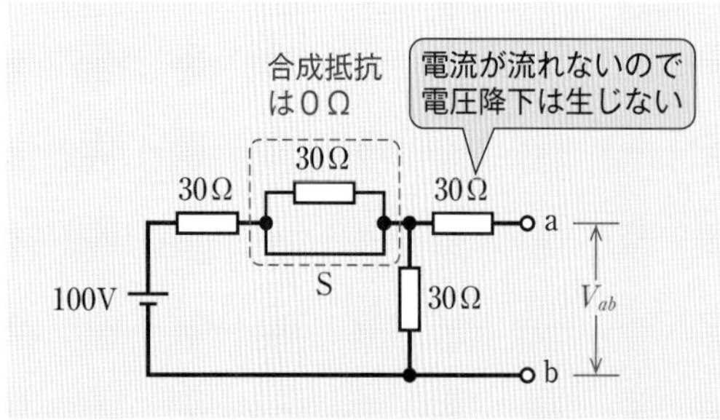

第1図

スイッチSを閉じると，電線の抵抗0Ωと抵抗30Ωの合成抵抗は，次のように0Ωとなる．

$$R = \frac{0 \times 30}{0 + 30} = \frac{0}{30} = 0\ [\Omega]$$

また，端子aに接続されている抵抗30Ωには電流が流れないので，電圧降下は生じない．

これらのことから，a−b端子間の電圧 V_{ab} は，**第2図**の回路で求めることができる．

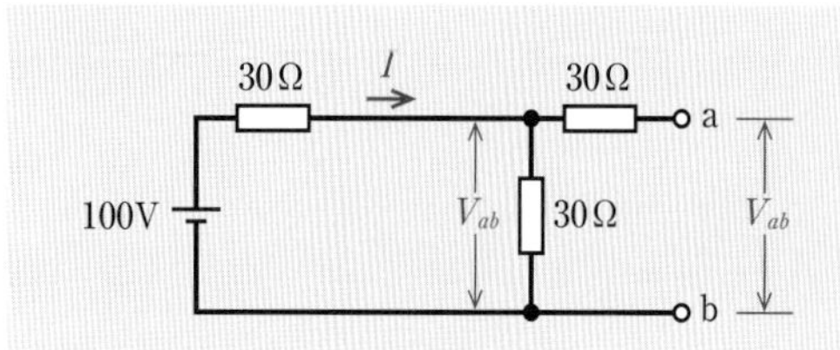

第2図

回路に流れる電流 I〔A〕は，

$$I = \frac{100}{30 + 30} = \frac{100}{60}\ [\mathrm{A}]$$

a−b端子間の電圧 V_{ab}〔V〕は，

$$V_{\mathrm{ab}} = I \times 30 = \frac{100}{60} \times 30 = 50\ [\mathrm{V}]$$

2．イ．$\dfrac{4\rho L}{\pi D^2} \times 10^6$

導線の電気抵抗を求める場合，抵抗率が ρ〔Ω・m〕で示されたときは，長さを〔m〕，断面積を〔m^2〕の単位で計算しなければならない．

第3図において，直径 D〔mm〕は $D \times 10^{-3}$〔m〕であるから，断面積 A〔m^2〕は，

$$A = \frac{\pi\,(D \times 10^{-3})^2}{4} = \frac{\pi D^2 \times 10^{-6}}{4}\ [\mathrm{m}^2]$$

したがって，電気抵抗 R〔Ω〕は次式で表される．

$$R = \rho\frac{L}{A} = \frac{\rho L}{\dfrac{\pi D^2 \times 10^{-6}}{4}}$$

$$= \rho L \times \frac{4}{\pi D^2 \times 10^{-6}} = \frac{4\rho L}{\pi D^2} \times 10^6\ [\Omega]$$

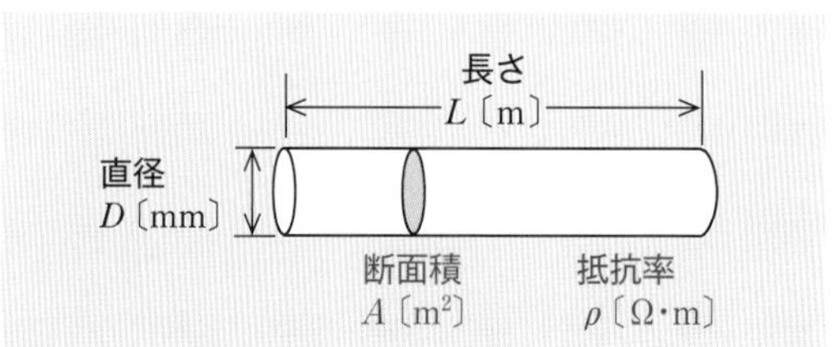

第3図

3．イ．16

電力量 W〔kW・h〕は，電力 P〔kW〕と使用時間 t〔h〕の積である．

2時間30分は，時間 t〔h〕に換算すると，

$$t = 2 + \frac{30}{60} = 2 + 0.5 = 2.5\ [\mathrm{h}]$$

電力 P〔kW〕（〔W〕）は，

$$W = Pt\ [\mathrm{kW \cdot h}]$$

$$4 = P \times 2.5$$

$$P = \frac{4}{2.5} = 1.6\ [\mathrm{kW}] = 1\,600\ [\mathrm{W}]$$

抵抗に流れる I〔A〕電流は，

$$P = VI\ [\mathrm{W}]$$

$$I = \frac{P}{V} = \frac{1\,600}{100} = 16\ [\mathrm{A}]$$

4．ロ．400

電力を消費するのは，抵抗 R だけである．この回路の消費電力 P〔W〕は，

$$P = VI_R = 100 \times 4 = 400\ [\mathrm{W}]$$

5．ハ．9.6

交流回路において，電力を消費するのは抵抗だけである．△結線の全消費電力は，1つの抵抗で消費する電力を3倍することによって求めることができる．

第4図において，1相のインピーダンス Z〔Ω〕は，

$$Z = \sqrt{8^2 + 6^2} = \sqrt{64 + 36} = \sqrt{100} = 10\ [\Omega]$$

8Ωの抵抗に流れる電流 I〔A〕は，

$$I = \frac{200}{Z} = \frac{200}{10} = 20 \text{〔A〕}$$

したがって，全消費電力 P〔kW〕は，

$$P = 3I^2R = 3\times20^2\times8 = 3\times400\times8$$
$$= 9\,600 \text{〔W〕} = 9.6 \text{〔kW〕}$$

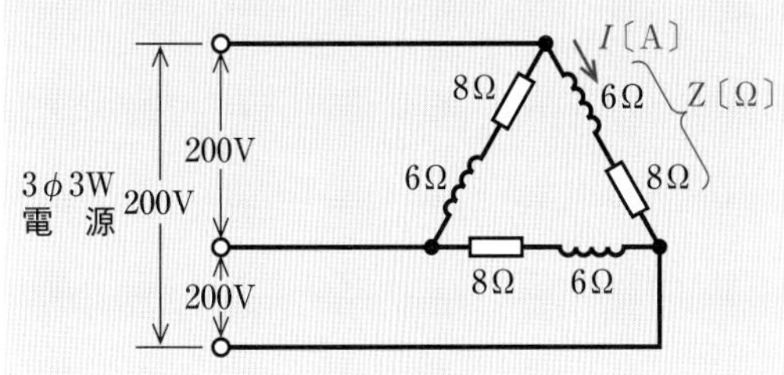

第４図

6．ニ．45

すべての電線に流れる電流が等しい三相３線式回路の配線の電力損失 P_l〔W〕は，電線１本当たりの損失の３倍になる．

$$P_l = 3I^2r = 3\times10^2\times0.15 = 300\times0.15$$
$$= 45 \text{〔W〕}$$

7．ロ．小さくなる．

負荷電圧 100V で，消費電力１kW の抵抗負荷に流れる電流 I〔A〕は，

$$I = \frac{P}{V} = \frac{1\,000}{100} = 10 \text{〔A〕}$$

単相２線式回路の配線の電力損失 P_1〔W〕は，

$$P_1 = 2I_1{}^2r = 2\times20^2\times0.2 = 160 \text{〔W〕}$$

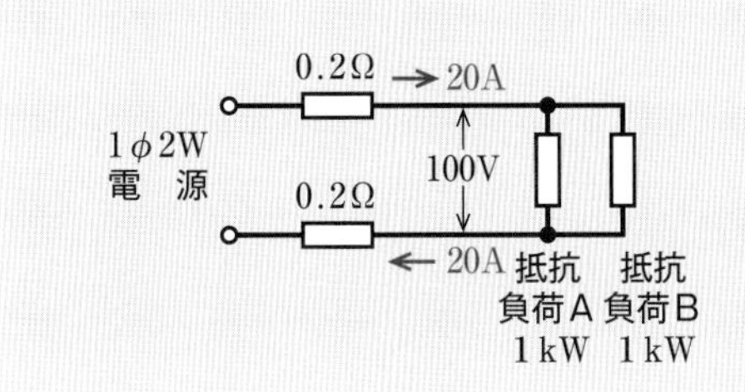

第５図

単相３線式回路の配線の電力損失 P_2〔W〕は，

$$P_2 = 2I_2{}^2r = 2\times10^2\times0.2 = 40 \text{〔W〕}$$

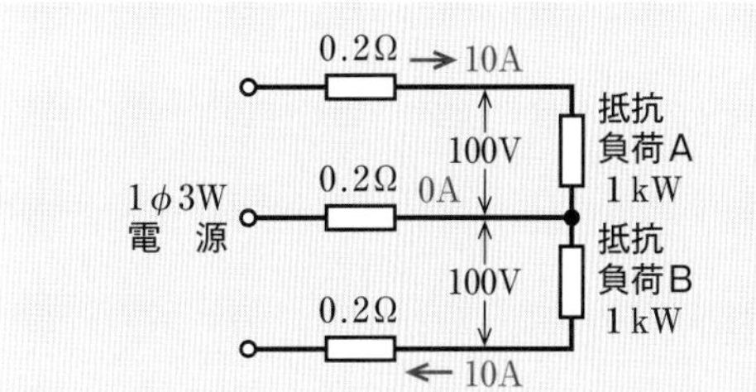

第６図

したがって，単相３線式回路に変更した場合，配線の電力損失は小さくなる．

8．ハ．24

600V ビニル絶縁電線（IV）の許容電流は，周囲温度 30℃以下で，**第１表**のとおりである．

第１表　600V ビニル絶縁電線の許容電流

電線の太さ	許容電流	電線の太さ	許容電流
1.6mm	27A	3.5mm²	37A
2.0mm	35A	5.5mm²	49A

断面積が 5.5mm^2 の 600V ビニル絶縁電線（軟銅線）の許容電流は 49A である．電線７本を合成樹脂製可とう電線管（PF 管）に収めた場合の電線１本当たりの許容電流〔A〕は，電流減少係数が 0.49 であるから，

$$49\times0.49 = 24.01 \rightarrow 24\text{A}$$

（小数点以下１位を７捨８入）

9．ニ．33

a－b 間の長さが８m を超えているので，a－b 間の電線の許容電流 I_W〔A〕は，幹線を保護する過電流遮断器の定格電流の 0.55 倍以上でなければならない．

$$I_W \geqq 0.55I_B = 0.55\times60 = 33 \text{〔A〕}$$

10．ハ．

配線用遮断器の定格電流，電線の太さ，コンセントの定格電流の組み合わせは，**第２表**のようにしなければならない．

第２表　分岐回路

配線用遮断器の定格電流	電線の太さ	コンセントの定格電流
20A	1.6mm 以上	20A 以下
30A	2.6mm （5.5mm²）以上	20A 以上 30A 以下
40A	8 mm² 以上	30A 以上 40A 以下
50A	14mm² 以上	40A 以上 50A 以下

（注）配線用遮断器の定格電流が 30A の場合，定格電流 20A 未満の差込みプラグが接続できるものを除く．

ハの分岐回路は，40A 配線用遮断器の分岐回路で，電線の太さ及び接続されたコンセントの定格電流は適切である．

イは，30A のコンセントは接続できない．ロは，2.0mm の電線は接続できない．ニは，定格電流 15A のコンセントは接続できない．

11. ロ．プルボックス

プルボックスは，多数の金属管や太い金属管が集合する場所で，通線を容易にするために用いられる．

12. イ．600V 架橋ポリエチレン絶縁ビニルシースケーブル(CV)

600V 架橋ポリエチレン絶縁ビニルシースケーブル(CV)の絶縁材料に使用されている架橋ポリエチレンの最高許容温度は，90℃で最も高い．

13. ロ．サドル　振動ドリル　カールプラグ　木ねじ

コンクリート壁に金属管を取り付けるには，まず，振動ドリルでコンクリート壁にカールプラグを埋め込むための穴をあける．次に，カールプラグを穴に埋め込む．続いて，ドライバで木ねじをカールプラグにねじ込んでサドルを固定する(**第7図**)．

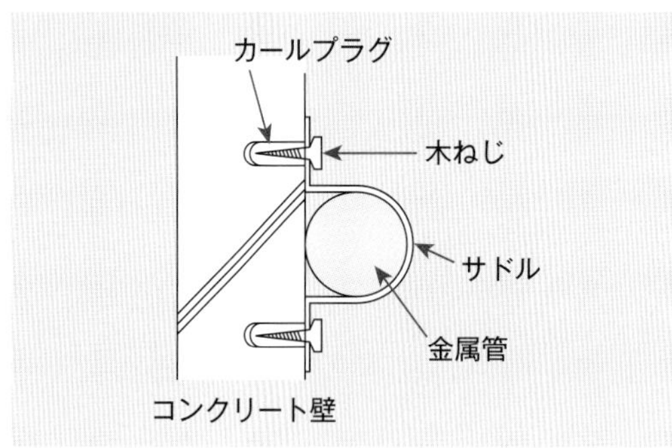

第７図

14. ハ．1 800

三相かご形誘導電動機の同期速度 N_S〔min^{-1}〕は，電源の周波数を f〔Hz〕，極数を p〔極〕とすると，

$$N_S=\frac{120f}{p}=\frac{120\times 60}{4}=1\,800\ 〔\mathrm{min}^{-1}〕$$

15. イ．ネオン変圧器と高圧水銀灯

ネオン変圧器はネオン放電灯を放電させるものであり，高圧水銀灯には安定器が使用される．

16. ロ．焼却時に有害なハロゲン系ガスが発生する．

写真に示す材料は，600V ポリエチレン絶縁耐燃性ポリエチレンシースケーブル平形である．絶縁材料及びシースに使用されているポリエチレンは，焼却時に有害なハロゲン系ガスが発生しない．

17. ニ．周囲の明るさに応じて屋外灯などを自動点滅させるのに用いる．

写真に示す器具は，自動点滅器である．

18. イ．VVF ケーブルの外装や絶縁被覆をはぎ取るのに用いる．

ケーブルストリッパで，VVF ケーブルや EM-EEF ケーブルの外装と絶縁被覆をはぎ取ることができる．

19. ニ．電線の電気抵抗が５％増加した．

電線を接続する場合には，電気抵抗を増加させてはならない．

20. ニ．丸形ケーブルを，屈曲部の内側の半径をケーブル外径の８倍にして曲げた．

600V ビニル絶縁ビニルシースケーブルの屈曲部の内側の半径は，多心・単心より合わせの場合は仕上がり外径の６倍以上，単心の場合は仕上がり外径の８倍以上である．

接触防護措置を施した場所で，造営材の側面に沿って垂直に取り付ける場合，支持点間の距離は６m以下としなければならない．C種接地工事を施した金属製遮へい層を有する電話用弱電流電線でなければ，低圧屋内配線のケーブルと同一の電線管に収めてはならない．臨時配線工事の場合を除いて，600V ビニル絶縁ビニルシースケーブルを，コンクリート壁に直接埋設してはならない．

21. ニ．漏電遮断器（過負荷保護付　逆接続可能型）

太陽光発電設備に至る回路に漏電遮断器を施設する場合は，漏電遮断器が「切」の状態で負荷側に電圧がかかっても故障するおそれのないもの(逆接続可能型など)でなければならない．

22. ハ．公称断面積 0.75mm^2，5Ω

定格電圧が 200V であることから，接地工事の種類はD種接地工事である．接地線(軟銅線)の太さは，直径 1.6mm 以上でなければならない．直径 1.6mm の断面積は 2 mm^2 で，それより細い公称断面積 0.75mm^2 の接地線（軟銅線）は使用できない．

漏電遮断器を設置しないので，接地抵抗値は 100Ω 以下でなければならない．

23. ニ．管と金属管（鋼製電線管）との接続に TS カップリングを使用した．

TS カップリングは，硬質ポリ塩化ビニル電線管相互を接続するものである．

24. ハ．交流又は直流電圧を測定する場合は，あらかじめ想定される値の直近上位のレンジを選定して使用する．

回路計で電圧を測定する場合，測定するレンジより大きな電圧を加えると，内部の抵抗を焼損したり指針が振り切れたりする．想定される値の直近上位のレンジを選定して測定しなければならない．

25. ロ．三相３線式の使用電圧 200V（対地電圧 200V）電動機回路の絶縁抵抗を測定したところ 0.18MΩ であった．

三相３線式の使用電圧 200V（対地電圧 200V）電動機回路の絶縁抵抗値は，0.2MΩ 以上でなければならない．

低圧電路の絶縁抵抗は，開閉器又は過電流遮断器で区切ることのできる電路ごとに，**第３表**の値以上でなければならない．

第３表　低圧電路の絶縁性能

電路の使用電圧の区分		絶縁抵抗値
300V 以下	対地電圧が 150V 以下の場合	0.1MΩ
	その他の場合	0.2MΩ
300V を超えるもの		0.4MΩ

26. イ．a 600　　b 2.0

D種接地工事の接地抵抗値は 100Ω 以下であるが，地絡が生じた場合に 0.5 秒以内に電路を自動的に遮断する装置を施設するときは，500Ω 以下にすることができる．

絶縁抵抗値は，使用電圧が 300V 以下で対地電圧が 150V 以下の場合，0.1MΩ 以上でなければならない．

27. ニ．

電圧計は負荷と並列に，電流計は負荷と直列に接続する．電力計は，電圧コイルを負荷と並列に接続し，電流コイルは負荷と直列に接続する．

28. ニ．自家用電気工作物（最大電力 500kW 未満の需要設備）の低圧部分の電線相互を接続する作業

自家用電気工作物（最大電力 500kW 未満の需要設備）の低圧部分の電線相互を接続する作業は，簡易電気工事に該当する．簡易電気工事は，認定電気工事従事者認定証の交付を受けている者又は第一種電気工事士の免状を受けている者でなければ作業に従事できない．

29. ハ．<PS> E の記号は，電気用品のうち輸入した「特定電気用品以外の電気用品」を示す．

<PS> E の記号は，電気用品のうち「特定電気用品」を示す．

30. イ．(A)必要な箇所　(B)地絡

「電気設備に関する技術基準を定める省令」における電路の保護対策について，次のように定められている．

第 14 条（過電流からの電線及び電気機械器具の保護対策）

電路の必要な箇所には，過電流による過熱焼損から電線及び電気機械器具を保護し，かつ，火災の発生を防止できるよう，過電流遮断器を施設しなければならない．

第 15 条（地絡に対する保護対策）

電路には，地絡が生じた場合に，電線若しくは電気機械器具の損傷，感電又は火災のおそれがないよう，地絡遮断器の施設その他の適切な措置を講じなければならない．ただし，電気機械器具を乾燥した場所に施設する等地絡による危険のおそれがない場合は，この限りでない．

問題2．配線図の解答・解説

31. ハ．確認表示灯

図記号 ○ は，確認表示灯（パイロットランプ）を表す．

32. ニ．ワイドハンドル形点滅器

図記号 ◆ は，ワイドハンドル形点滅器（**第８図**）を表す．

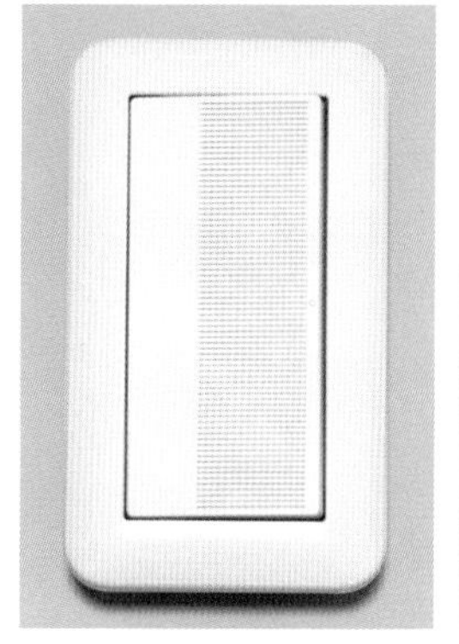

第８図　ワイドハンドル形点滅器

33. ニ．500

③はコンセントの接地極の接地である．使

用電圧が300V以下の機械器具が接地されるので，接地工事の種類は，D種接地工事である．

分電盤(L-1)に動作時間0.1秒以内の漏電遮断器が施設してあるので，接地抵抗値は500Ω以下にすればよい．

34. ハ．4

④の複線図は**第９図**のようになり，最少電線本数(心線数)は4本である．

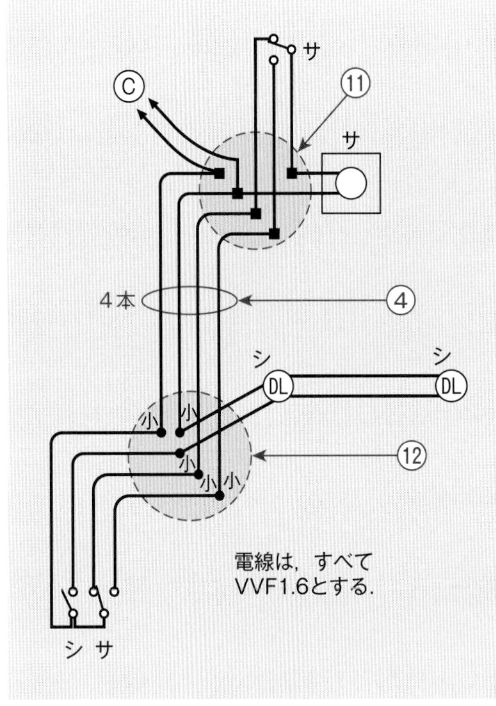

第９図

35. ニ．ジョイントボックス

図記号□は，ジョイントボックス（アウトレットボックス)を表す．

36. イ．0.1

使用電圧300V以下で対地電圧150V以下なので，絶縁抵抗値は0.1MΩ以上である．

37. ニ．熱線式自動スイッチ

図記号 ●RAS は，人の接近によって点滅する熱線式自動スイッチ(**第10図**)である．

38. イ．0.8

小勢力回路の電線(軟銅線)は，ケーブルの場合を除いて，最小太さは直径0.8mmである．

39. ロ．波付硬質合成樹脂管

(FEP)は，波付硬質合成樹脂管(**第11図**)を表す．

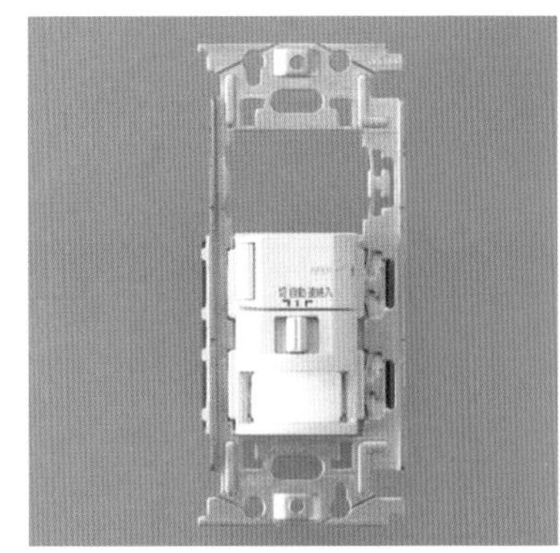

第10図　熱線式自動スイッチ

第11図　波付硬質合成樹脂管

40. イ．金属管工事

木造であるから，金属管工事は施工できない．

低圧引込線取付点から引込口装置までの工事として，認められているのは次のとおりである．

①がいし引き工事(露出場所に限る)
②金属管工事(木造以外の造営物に限る)
③合成樹脂管工事
④ケーブル工事（シースが金属製の場合は木造以外の造営物に限る)

41. ロ．

⑪で示すボックス内の接続は，**第９図**のようになる．

・2本用　4個　　・3本用　1個

42. ロ．

⑫で示すボックス内の接続は，**第９図**のようになる．電線1.6mmの2本の接続が5箇所で，小スリーブを5個使用する．

43. イ．

⑬で示す点滅器は，VVFケーブル工事で樹脂製の埋込スイッチボックスを使用して，壁に埋め込んで施工する．

44. ハ.

図記号 B は配線用遮断器である．200V の分岐回路に使用されているので，2 極 2 素子 (2P2E) のものでなければならない．

45. ハ.

⑮部分の配線は，**第 12 図**のようになる．

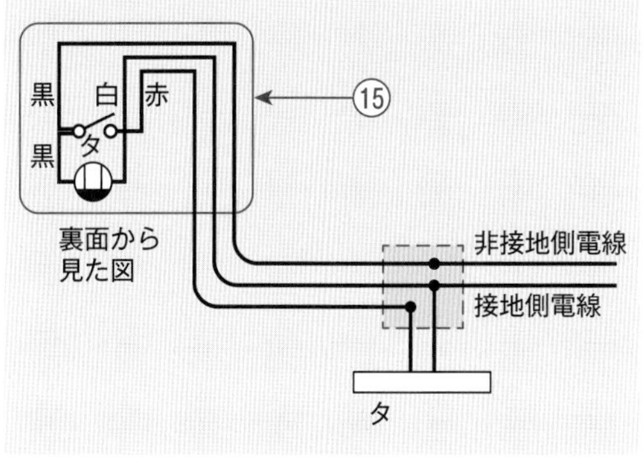

第 12 図

46. ニ.

⑯で示す部分は，3 路スイッチへの配線で，VVF ケーブル 3 心である．

47. イ.

⑰で示すボックス内の接続は，**第 13 図**のようになる．

小スリーブは，電線 1.6mm を 4 本まで接続できる．小スリーブの刻印は，電線 1.6mm 2 本の接続は○で，他の接続は小である．

接続箇所は 4 箇所で，すべて小スリーブである．刻印は，○が 3 個，小が 1 個である．

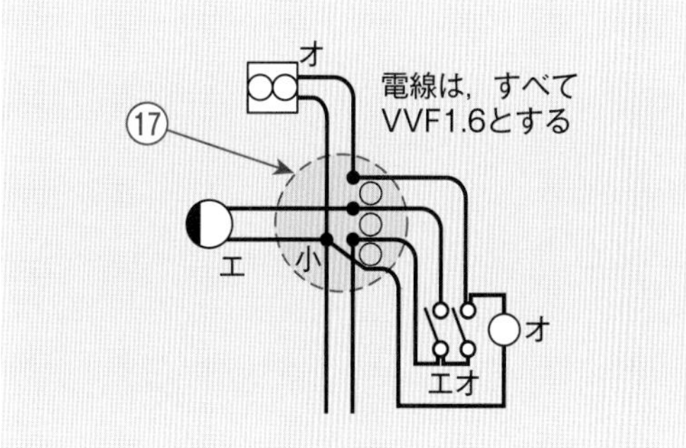

第 13 図

48. ニ.

ニの図記号は ◓$_{\mathrm{EET}}$ で，台所で使用されている．

49. イ.

イの図記号は ●$_{\mathrm{L}}$ で，使用していない．

ロの図記号は ●$_{\mathrm{H}}$ で，洗面所入口で使用されている．ハの図記号は ●$_{3}$ で，居間や台所等で使用されている．ニの図記号は ● で，洋間や和室等で使用されている．

50. ハ.

リングスリーブの圧着用工具は，柄の部分の色が黄色の専用の工具(**第 14 図**)でなければならない．

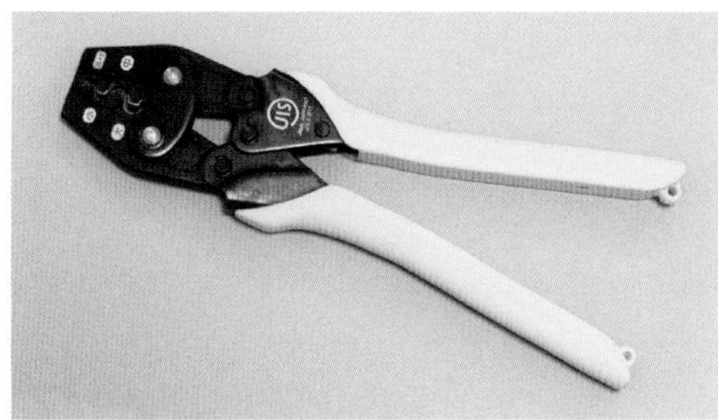

第 14 図　リングスリーブ用圧着工具

●学科試験問題例の解答一覧

問い	答え	問い	答え	問い	答え	問い	答え	問い	答え
1	ハ	11	ロ	21	ニ	31	ハ	41	ロ
2	イ	12	イ	22	ハ	32	ニ	42	ロ
3	イ	13	ロ	23	ニ	33	ニ	43	イ
4	ロ	14	ハ	24	ハ	34	ハ	44	ハ
5	ハ	15	イ	25	ロ	35	ニ	45	ハ
6	ニ	16	ロ	26	イ	36	イ	46	ニ
7	ロ	17	ニ	27	ニ	37	ニ	47	イ
8	ハ	18	イ	28	ニ	38	イ	48	ニ
9	ニ	19	ニ	29	ハ	39	ロ	48	イ
10	ハ	20	ニ	30	イ	40	イ	50	ハ

第二種電気工事士学科試験出典一覧表

一般財団法人電気試験技術者試験センター実施の第二種電気工事士学科試験から引用した問題の一覧表を次に示します。

ページ		引　用
3	例題1	平成12年午前・問い2
	例題2	平成 8年午前・問い2
	例題3	平成13年午前・問い2
4	練習問題1	平成27年上期・問い1
	練習問題2	令和 4年上期午前・問い1
	練習問題3	令和元年上期・問い1
	練習問題4	令和 4年下期午後・問い1
7	練習問題1	令和 5年上期午前・問い2
	練習問題2	令和 3年上期午後・問い2
	練習問題3	平成11年午前・問い1
	練習問題4	平成27年上期・問い3
8	例題	令和 4年下期午後・問い2
	練習問題1	令和 3年上期午後・問い1
9	練習問題2	令和 5年上期午前・問い3
	練習問題3	令和 4年下期午後・問い3
	練習問題4	令和 3年上期午前・問い3
	練習問題5	令和 4年下期午前・問い3
11	例題	平成12年午前・問い3
12	練習問題1	平成 8年午後・問い6
	練習問題2	令和 4年上期午後・問い4
	練習問題3	平成11年午後・問い3
	練習問題4	令和元年下期・問い4
	練習問題5	平成20年・問い1
14	例題1	令和 4年上期午前・問い4
	例題2	令和 3年下期午前・問い4
15	練習問題1	令和 4年下期午前・問い4
	練習問題2	令和 2年下期午後・問い4
	練習問題3	令和 4年下期午後・問い4
16	例題1	平成10年午前・問い4改変
17	例題2	平成22年・問い4改変
	練習問題1	令和 5年上期午前・問い4
	練習問題2	令和 3年上期午前・問い4
	練習問題3	令和 3年上期午後・問い4
18	例題1	令和 3年下期午前・問い5改変
19	例題2	平成10年午前・問い2
	例題3	平成30年下期・問い5
20	練習問題1	令和 5年上期午後・問い5
	練習問題2	令和 4年下期午前・問い5
	練習問題3	令和 3年上期午前・問い5
	練習問題4	令和 5年上期午前・問い5
23	例題	令和 3年下期午後・問い4
	練習問題1	令和 5年上期午後・問い4
	練習問題2	令和 2年下期午前・問い5
	練習問題3	平成29年上期・問い4
27	例題	令和元年下期・問い30
	練習問題1	令和 5年上期午後・問い30
	練習問題2	令和 2年下期午前・問い24
28	例題1	平成30年上期・問い6
	例題2	令和 3年下期午後・問い6
29	練習問題1	平成29年下期・問い6
	練習問題2	令和 3年上期午後・問い6
30	例題1	平成10年午後・問い3
31	例題2	平成20年・問い6改変
	例題3	令和 3年下期午後・問い7
32	練習問題1	令和 3年上期午前・問い6
	練習問題2	平成25年上期・問い7
	練習問題3	令和 3年下期午前・問い7
	練習問題4	令和 4年下期午前・問い7
33	練習問題5	令和 4年上期午前・問い7
	練習問題6	平成28年下期・問い6
34	例題1	令和元年下期・問い7
	例題2	令和 3年上期午前・問い7
35	練習問題1	平成23年下期・問い8
	練習問題2	平成25年下期・問い7
	練習問題3	令和 4年上期午前・問い6
36	例題	令和 4年下期午後・問い23
37	練習問題1	令和 4年下期午前・問い8
	練習問題2	令和 4年上期午前・問い8

ページ		引　用
37	練習問題3	平成30年下期・問い8
	練習問題4	令和 3年下期午前・問い12
	練習問題5	令和 4年下期午前・問い2
38	例題	令和 2年下期午前・問い15
39	練習問題1	令和 3年下期午前・問い15
	練習問題2	平成30年上期・問い11
	練習問題3	令和 4年下期午後・問い15
	練習問題4	平成 2年午前・問い13
	練習問題5	平成 8年午後・問い7
40	例題1	平成 7年午前・問い10
41	例題2	令和 4年上期午後・問い9
	例題3	令和 3年上期午前・問い9
42	練習問題1	令和 3年下期午後・問い9
	練習問題2	平成29年下期・問い8
	練習問題3	令和 2年下期午前・問い9
43	練習問題4	令和 2年下期午後・問い9
44	例題	令和 4年下期午後・問い10
45	練習問題1	令和 4年下期午後・問い9
	練習問題2	令和 3年上期午後・問い10
	練習問題3	令和 2年下期午前・問い10
47	例題	平成10年午前・問い17
	練習問題1	平成10年午後・問い17
	練習問題2	令和 5年上期午後・問い21
49	例題	令和 2年下期午後・問い21
	練習問題1	平成25年上期・問い9改変
	練習問題2	令和元年上期・問い21
53	例題	令和 4年上期午前・問い14
	練習問題1	令和 4年上期午後・問い14
	練習問題2	令和 5年上期午後・問い14
	練習問題3	令和 5年上期午前・問い14
	練習問題4	令和 3年下期午前・問い22
55	例題	平成30年上期・問い15
	練習問題1	平成28年上期・問い15
	練習問題2	平成23年下期・問い14
	練習問題3	令和 4年上期午前・問い15
	練習問題4	令和 4年下期午前・問い15
	練習問題5	令和 5年下期午後・問い15
57	例題	令和 3年上期午前・問い12

ページ		引　用
57	練習問題1	令和 5年上期午後・問い12
	練習問題2	令和 3年上期午後・問い12
	練習問題3	令和 4年上期午前・問い12
	練習問題4	令和 4年上期午後・問い12
	練習問題5	令和 5年上期午前・問い12
60	例題	平成18年・問い13
	練習問題1	令和 4年下期午後・問い21
	練習問題2	令和 3年上期午後・問い21
	練習問題3	平成22年・問い11
	練習問題4	令和元年下期・問い11
61	練習問題5	平成30年下期・問い11
	練習問題6	平成27年上期・問い12
	練習問題7	令和 5年上期午後・問い11
	練習問題8	令和 4年下期午後・問い11
	練習問題9	平成29年上期・問い11
	練習問題10	令和 3年上期午後・問い11
	練習問題11	令和 4年上期午後・問い11
62	練習問題12	令和 3年上期午前・問い11
	練習問題13	令和 5年上期午後・問い23
	練習問題14	令和 5年上期午前・問い21
65	例題	令和元年下期・問い13
	練習問題1	令和 2年下期午後・問い13
	練習問題2	令和元年上期・問い13
	練習問題3	令和 4年下期午後・問い13
	練習問題4	令和 3年上期午後・問い13
74	例題-1	平成25年上期・問い17
75	例題-2	令和 2年下期午前・問い16
	例題-3	令和 5年上期午後・問い17改変
	例題-4	平成21年・問い18
	例題-5	令和 5年上期午前・問い18
76	練習問題1-1	平成22年・問い18
	練習問題1-2	令和 5年上期午後・問い16
	練習問題1-3	令和 5年上期午前・問い16
	練習問題1-4	令和元年下期・問い16
	練習問題1-5	令和 3年下期午後・問い17
	練習問題1-6	令和元年下期・問い17
77	練習問題1-7	令和 4年上期午前・問い17
	練習問題1-8	平成24年下期・問い15改変

ページ		引　用
77	練習問題1-9	平成26年下期・問い16
	練習問題1-10	令和 5年上期午後・問い18
78	練習問題2-1	令和 4年上期午前・問い16
	練習問題2-2	令和元年上期・問い16
	練習問題2-3	令和 3年下期午前・問い16改変
	練習問題2-4	令和 2年下期午前・問い17
	練習問題2-5	令和 4年下期午後・問い17
	練習問題2-6	平成18年・問い17
79	練習問題2-7	平成26年下期・問い18
	練習問題2-8	平成30年上期・問い16
	練習問題2-9	令和 3年下期午後・問い18
	練習問題2-10	平成29年上期・問い16改変
80	練習問題3-1	令和 2年下期午後・問い16
	練習問題3-2	令和 4年上期午後・問い16
	練習問題3-3	令和 3年上期午後・問い16
	練習問題3-4	令和元年上期・問い17
	練習問題3-5	令和 4年上期午後・問い17
	練習問題3-6	令和 5年上期午前・問い17
81	練習問題3-7	令和 3年下期午前・問い17
	練習問題3-8	令和 4年上期午後・問い18
	練習問題3-9	令和 3年上期午前・問い18
	練習問題3-10	令和 3年上期午後・問い17
84	例題	平成30年上期・問い20
85	練習問題1	令和 2年下期午前・問い19
	練習問題2	令和 2年下期午後・問い20
	練習問題3	令和元年下期・問い20
	練習問題4	令和 4年下期午前・問い20
88	例題	令和 5年上期午前・問い19
	練習問題1	平成23年下期・問い23
	練習問題2	平成30年下期・問い20
	練習問題3	令和 4年下期午後・問い19
89	練習問題4	令和 4年上期午前・問い19
	練習問題5	令和元年下期・問い19
	練習問題6	令和 5年上期午後・問い19
91	例題	令和 4年上期午後・問い22
	練習問題1	令和 2年下期午前・問い26
	練習問題2	令和 5年上期午後・問い22
94	例題	令和 3年下期午前・問い23

ページ		引　用
94	練習問題1	平成30年上期・問い21
	練習問題2	令和 3年下期午前・問い20
	練習問題3	令和 4年下期午前・問い23
95	練習問題4	令和 5年上期午前・問い23
	練習問題5	令和 2年下期午後・問い23
	練習問題6	令和元年下期・問い23
97	例題	平成28年上期・問い21
	練習問題1	平成13年午前・問い18
	練習問題2	令和 5年上期午前・問い20
99	例題	令和 4年上期午後・問い23
	練習問題1	平成25年下期・問い20改変
	練習問題2	令和 4年上期午前・問い23
	練習問題3	令和元年下期・問い21改変
102	例題	令和 3年上期午後・問い20
	練習問題1	令和 2年下期午前・問い20
103	練習問題2	平成28年上期・問い22
	練習問題3	令和 3年下期午後・問い21
	練習問題4	平成27年下期・問い23
104	例題	平成29年下期・問い23
105	練習問題1	平成25年上期・問い20
	練習問題2	令和 4年下期午前・問い22
	練習問題3	令和 4年上期午前・問い11
108	例題1	令和 4年上期午後・問い27
109	例題2	平成30年上期・問い27改変
	練習問題1	令和 2年下期午前・問い27
	練習問題2	令和 3年上期午前・問い27
	練習問題3	平成28年下期・問い27
111	例題	令和元年下期・問い24
	練習問題1	令和 4年下期午後・問い24
	練習問題2	令和 3年下期午前・問い24
	練習問題3	令和 3年下期午後・問い24
112	練習問題4	令和 5年上期午前・問い24
	練習問題5	令和 3年下期午後・問い25
	練習問題6	令和 5年上期午後・問い26
	練習問題7	平成26年下期・問い24
	練習問題8	令和 5年上期午後・問い27
113	練習問題9	令和 4年下期午後・問い27
	練習問題10	令和 4年下期午前・問い27

ページ		引　用
115	例題1	令和 3年下期午前・問い25
	例題2	令和 4年上期午後・問い26
	練習問題1	令和 4年上期午前・問い25
	練習問題2	令和 4年上期午前・問い26
116	練習問題3	令和 5年上期午前・問い25
	練習問題4	令和元年上期・問い25
	練習問題5	平成23年下期・問い26
	練習問題6	令和 4年下期午前・問い26
	練習問題7	令和 2年下期午後・問い27
	練習問題8	平成28年上期・問い24
117	練習問題9	令和 5年上期午後・問い24
119	練習問題1	令和 4年下期午後・問い18
	練習問題2	令和 2年下期午後・問い18
	練習問題3	令和 3年下期午前・問い18
	練習問題4	平成27年下期・問い16
123	例題	令和 2年下期午後・問い30改変
	練習問題1	令和 3年下期午前・問い30改変
124	練習問題2	令和 4年上期午後・問い30改変
	練習問題3	令和 4年下期午後・問い30改変
	練習問題4	平成20年・問い29改変
	練習問題5	令和 3年下期午後・問い30
	練習問題6	平成13年午前・問い30
127	例題	令和 4年上期午後・問い28
	練習問題1	令和 2年下期午前・問い28
	練習問題2	平成23年上期・問い28改変
128	練習問題3	令和 3年下期午前・問い28
	練習問題4	平成30年下期・問い28
	練習問題5	令和元年下期・問い28
	練習問題6	平成27年上期・問い29
129	練習問題7	令和 4年上期午前・問い28
	練習問題8	令和 3年上期午前・問い28
131	例題	平成 6年午前・問い30
	練習問題1	平成21年・問い28
	練習問題2	平成 7年午前・問い28
133	例題	令和 4年下期午後・問い29
	練習問題1	平成14年午後・問い30
134	練習問題2	令和 4年下期午前・問い28
	練習問題3	令和 3年下期午後・問い29

ページ		引　用
134	練習問題4	平成26年上期・問い29
	練習問題5	令和 4年下期午前・問い29
135	練習問題6	令和 2年下期午前・問い29
	練習問題7	令和 2年下期午後・問い29
	練習問題8	令和 3年下期午前・問い29
156	練習問題1	平成28年上期・問い31～40改変
158	練習問題2	令和 3年下期午後・問い31～40改変
180	練習問題1	令和 2年下期午前・問い31～50改変
186	練習問題2	平成30年上期・問い31～50
192	練習問題3	平成29年上期・問い31～50改変
200	問題例	令和 5年上期午前・問い1～50

索　引

あ 行

か 行

さ 行

た 行

な 行

は　行

ま　行

や　行

ら・わ　行

数字・アルファベット

第二種電気工事士学科試験完全マスター

2023 年 11 月 15 日　　第 1 版第 1 刷発行

編　者　オーム社
発行者　村上和夫
発行所　株式会社 オーム社
郵便番号　101-8460
東京都千代田区神田錦町 3-1
電話　03(3233)0641(代表)
URL https://www.ohmsha.co.jp/

組版　アトリエ渋谷　　印刷・製本　三美印刷
ISBN978-4-274-23112-4　Printed in Japan